"十三五"普通高等教育本科规划教材

高等院校机械类专业"互联网+"创新规划教材

低速单向走丝电火花线切割

南京航空航天大学　刘志东　编著

内 容 简 介

低速单向走丝电火花线切割是特种加工技术皇冠上的明珠，其优异的加工性能具有不可替代性。鉴于业内还没有对该加工技术系统性论述著作的现状，南京航空航天大学刘志东教授编撰了本书。

全书共6章，第1章为电火花加工基础知识，第2章为低速单向走丝电火花线切割机床，第3章为低速单向走丝电火花线切割控制系统，第4章为低速单向走丝电火花线切割加工指标及工艺规律，第5章为低速单向走丝电火花线切割加工工艺及应用，第6章为我国电火花线切割的发展和未来。

书中链接了与电火花线切割技术及工艺相关的视频数十段，体现了该工艺方法的基本原理、工艺特点及工程应用，读者可利用移动设备扫描对应二维码在线观看。

本书可作为机械工程等专业的本科生及研究生教材，也可供电火花加工的工程技术人员及设备操作人员学习、参考使用。

图书在版编目(CIP)数据

低速单向走丝电火花线切割/刘志东编著．—北京：北京大学出版社，2019.1

高等院校机械类专业“互联网+”创新规划教材

ISBN 978-7-301-30006-0

Ⅰ. ①低… Ⅱ. ①刘… Ⅲ. ①低速度—电火花线切割—高等学校—教材 Ⅳ. ①TG484

中国版本图书馆CIP数据核字(2018)第250092号

书 名 低速单向走丝电火花线切割
DISU DANXIANG ZOUSI DIANHUOHUA XIANQIEGE

著作责任者 刘志东 编著

策划编辑 童君鑫

责任编辑 黄红珍

数字编辑 刘 蓉

标准书号 ISBN 978-7-301-30006-0

出版发行 北京大学出版社

地 址 北京市海淀区成府路205号 100871

网 址 http://www.pup.cn 新浪微博：@北京大学出版社

电子信箱 pup_6@163.com

电 话 邮购部 010-62752015 发行部 010-62750672 编辑部 010-62750667

印 刷 者 北京溢漾印刷有限公司

经 销 者 新华书店

787毫米×1092毫米 16开本 17.75印张 420千字

2019年1月第1版 2019年1月第1次印刷

定 价 54.00元

前　言

特种加工在国民经济的许多关键领域起着不可替代的作用，如在航空航天、军工、汽车、模具、冶金、机械、轻纺等工业中，能解决关键的、特殊的、传统机械切削加工难以解决的加工难题。特种加工技术是先进制造技术的重要组成部分，是衡量一个国家先进制造技术水平和能力的重要标志。而低速单向走丝电火花线切割可以说是特种加工技术皇冠上的明珠。低速单向走丝电火花线切割优异的加工性能使其具有不可替代性，目前还未找到别的加工技术可以与之竞争。近年来，低速单向走丝电火花线切割加工技术发展迅速，已被越来越广泛地作为最终加工手段，“以割代磨”的趋势越来越明显。目前高档、精密的低速单向走丝电火花线切割机床全部被瑞士及日本厂家垄断，我国除台湾生产的低速单向走丝电火花线切割机床因性价比较高而具有较强的市场竞争力外，其他产品在技术性能方面仍然存在明显差距。

鉴于目前还没有对低速单向走丝电火花线切割技术进行系统性论述的图书，编者结合自己在特种加工领域三十多年的科研、教学及实践经验，收集、整理了大量资料，编撰了本书。本书首先从理论上对电火花线切割加工的规律及特点进行分析，阐述了低速单向走丝电火花线切割加工的特点及规律；然后对低速单向走丝电火花线切割机床的结构、控制系统、工艺规律及加工工艺进行系统阐述，便于读者在了解当今低速单向走丝电火花线切割机床优异性能的基础上，学会运用该工艺方法去解决工程实践中的实际问题。

全书分为 6 章，第 1 章为电火花加工基础知识，第 2 章为低速单向走丝电火花线切割机床，第 3 章为低速单向走丝电火花线切割控制系统，第 4 章为低速单向走丝电火花线切割加工指标及工艺规律，第 5 章为低速单向走丝电火花线切割加工工艺及应用，第 6 章为我国电火花线切割的发展和未来。

书中链接了与电火花线切割技术及工艺相关的数十段视频，并在书稿对应部分植入了二维码，读者只需利用移动设备扫描二维码即可在线观看视频内容。视频学习可以增强读者对低速单向走丝电火花线切割技术的直观了解，从而进一步加深对这种工艺方法的认识，达到提高学习效果的目的。

本书由中国机械工程学会特种加工分会常务理事、电火花线切割加工技术委员会副主任委员，江苏省特种加工学会理事长，南京航空航天大学博士生导师刘志东教授编著。

在本书的编写过程中，编者参阅了国内外同行的有关资料、样本及视频资料；得到了特种加工界许多专家和朋友的支持与帮助；电光制造团队的研究生张明、邓聪、季益超、张燕滨、张月芹、潘红伟及其他学生参与了大量资料的收集、编辑和整理工作；南京航空航天大学机电学院陈建宁老师，南京南方电加工有限公司的关宝英、郑宁工程师对本书提出了许多有益的建议和意见，在此一并表示衷心的感谢。

本书涉及内容广泛，局限于编者收集的资料及水平，以及技术的迅速发展，书中难免有不妥之处，望读者批评指正。

编者的电子邮箱：liutim@nuaa. edu. cn

电光制造团队网址：http://edmandlaser. com

编　者

2018 年 12 月

【资源索引】

目　录

第1章 电火花加工基础知识

所谓电火花加工（Electrical Discharge Machining，EDM），是指在介质中，利用两极（工具电极与工件电极）之间脉冲性火花放电时的电蚀现象对导电材料进行加工，使零件的尺寸、形状和表面质量达到预定要求的加工方法。电火花放电时，火花通道内会瞬时产生大量的热，致使放电区域两电极表面的金属产生局部熔化甚至汽化而被蚀除，工件电极表面的蚀除称为加工，电极表面的蚀除称为损耗。因此电火花加工表面不同于普通金属切削表面具有规则的切削痕迹，其表面是由无数不规则的放电凹坑组成的。图 1.1 所示为磨削加工和电火花线切割表面的微观形貌。

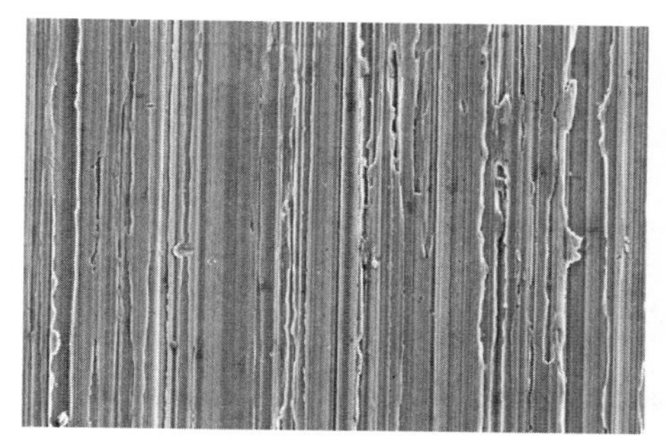

(a) 磨削加工

(b) 电火花线切割加工

图 1.1　不同加工方式表面微观形貌

1.1　电火花加工的产生、发展及分布

真正的电火花放电加工开始于 1943 年，以苏联莫斯科大学教授拉扎连科夫妇（Professors Dr. Boris Lazarenko and Dr. Natalya Lazarenko）发现电火花放电原理为标志。当时正值第二次世界大战，苏联政府要求他们研究如何减少钨开关触点由于通电时产生火花而导致的电蚀，以延长钨开关的使用寿命。因为该问题在当时的机动车辆，尤其是坦克上表现突出，并且大大影响了坦克的使用可靠性及寿命。在试验中，他们把触点浸入油中（图 1.2），希望可以减少

火花导致的电蚀问题，但试验并未获成功。不过，通过该试验，他们发现浸入油中的触点产生的火花电蚀凹坑比空气中的更加一致，并且大小与输入能量相关。于是他们就想到利用这种现象采用火花放电的方法进行材料的放电腐蚀，由此发明了世界上第一台电火花加工机床，并应用于取出折断于零件中的钻头和丝锥。1946 年，拉扎连科夫妇因此获得斯大林奖章。

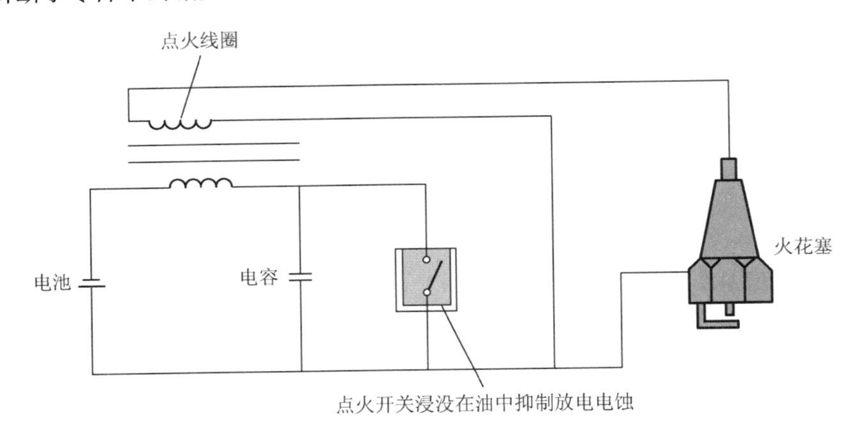

图 1.2　拉扎连科夫妇试验用的钨开关自动点火系统

而几乎与此同时，美国一家公司的三位电气工程师 Harold Stark，Victor Harding 和 Jack Beaver 也发明了一种用电火花加工的方法去除在铝制水阀上折断的钻头和丝锥的装置（图 1.3）。具体做法是采用手动的方法将电极首先与折断在水阀中的钻头或丝锥接触，而后脱离，利用脱离瞬间产生的火花放电以蚀除折断的钻头或丝锥。而后他们又对这种方法进行了不断的改进并申请了专利。

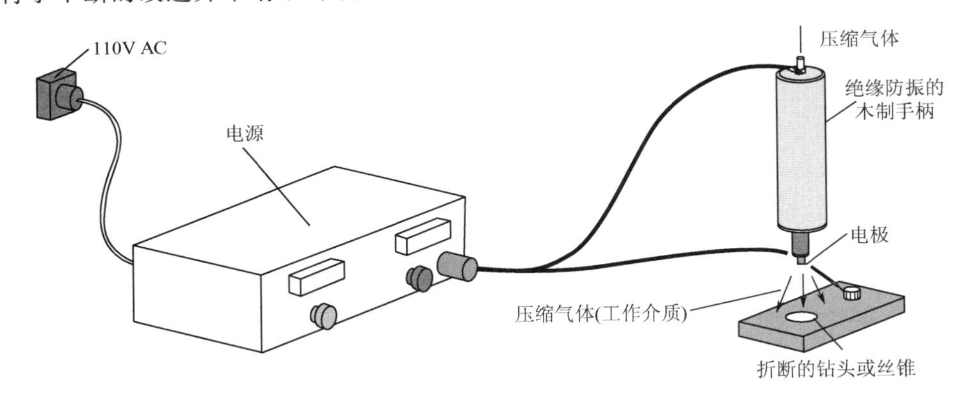

图 1.3　美国电气工程师研制的电火花去除钻头和丝锥的装置

随着人们对电火花蚀除研究的逐步深入，到 20 世纪 50 年代，出现了第一台商业化的电火花加工机床。到 20 世纪 60 年代，半导体工业的振兴为电火花加工的发展提供了良机，提高了电火花成形机床的可靠性，而且加工表面质量也得到改善，在这个时期，电火花线切割开始起步。到 20 世纪 60 年代末 70 年代初，数控技术的介入使加工更加精确，同时使电火花加工技术前进了一大步。通过几十年的努力，电火花加工的电源技术、自动化技术，以及控制功能都得到了极大提高。

电火花线切割的诞生经历了从 20 世纪 60 年代到 70 年代约 10 年的发展历程。随着电火花成形加工技术逐步走向成熟，研究人员一直在考虑如何降低电极制作的劳动强度和制造成本。最初采用静止的金属线电极进行加工，结果因为电极表面的火花放电削弱了线电极的强度，加上开始使用的主要是纯铜线电极，因此极易造成线电极频繁熔断，后来发现使用连续移动的金属线电极，可以较好地解决这一问题，由此发明了电火花线切割。电火花线切割取得重大进步是数字控制（Numerical Control，NC）技术的出现，机床通过读取穿孔纸带，控制拖板运动来实现工作台的精确定位，从而实现了形状切割，而后随着计算机数字控制（Computer Numer Control，CNC）逐步取代NC广泛用于电火花线切割机床，使得切割的精度得到很大提高。第一代电火花线切割机床的走丝速度很低，采用纯铜线电极，并且在煤油介质中进行切割，切缝较窄，排屑不畅，所以加工效率也很低。目前公认的第一台商业化的电火花线切割机床是1967年在加拿大魁北克参展的苏联生产的以步进电动机驱动的机床，其切割效率约为9mm²/min，切割精度为0.02mm；1972年，日本SEIBU公司制造了世界上第一台CNC电火花线切割机床（图1.4），由此低速走丝电火花线切割机床开始得到迅速发展。

图1.4　日本SEIBU公司制造的世界上第一台CNC电火花线切割机床

目前电火花加工机床在发达国家的生产企业主要分布在日本及欧洲一些国家，而美国及美洲其他地区很少，其主要原因是日本在第二次世界大战中基础工业设施遭受毁灭性的重创，借助朝鲜战争的订单，日本的工业在一片废墟中开始恢复，因此对于电火花加工这种新型的加工方式十分愿意接纳，同时也投入了相当的精力促成了电火花加工业在日本的发展；同样在欧洲，电火花加工业借助于苏联研究成果也迅速在欧洲得到了推广；而对于美国而言，由于第二次世界大战并没有触及其工业基础，并且其制造业拥有众多熟练的产业工人，因此直到现在对电火花加工产业的接受仍然需要一定的过程。

1.2　电火花线切割的基本原理及步骤

电火花线切割加工（Wire Cut Electrical Discharge Machining，WEDM）是在电火花加工的基础上于20世纪50年代末60年代初最先在苏联发展起来的一种新的工艺形式，是用线状电极（铜丝或钼丝）靠火花放电对工件进行的切割，故称为电火花线切割，简称线切割。电火花线切割机床按其电极丝移动方式的不同，可以分为高速往复走丝电火花线切割机床和低速单向走丝电火花线切割机床两类。高速往复走丝电火花线切割机床或往复走丝电火花线切割机床简称高速走丝机，俗称“快走丝”，是我国在 20 世纪 60 年代研制成功的。由于它结构简单，性价比较高，在我国得到迅速发展，并出口到世界各地，目前年产量达 30000～50000 台，整个市场的保有量已近 60 万台。现在业内俗称的“中走丝”实际上是具有多次切割功能的高速走丝机。低速单向走丝电火花线切割机床或单向走丝电火花线切割机床简称低速走丝机，俗称“慢走丝”，是源于欧洲发展起来的电火花线切割产品。电火花线切割机床外形照片及结构示意图如图 1.5 所示。

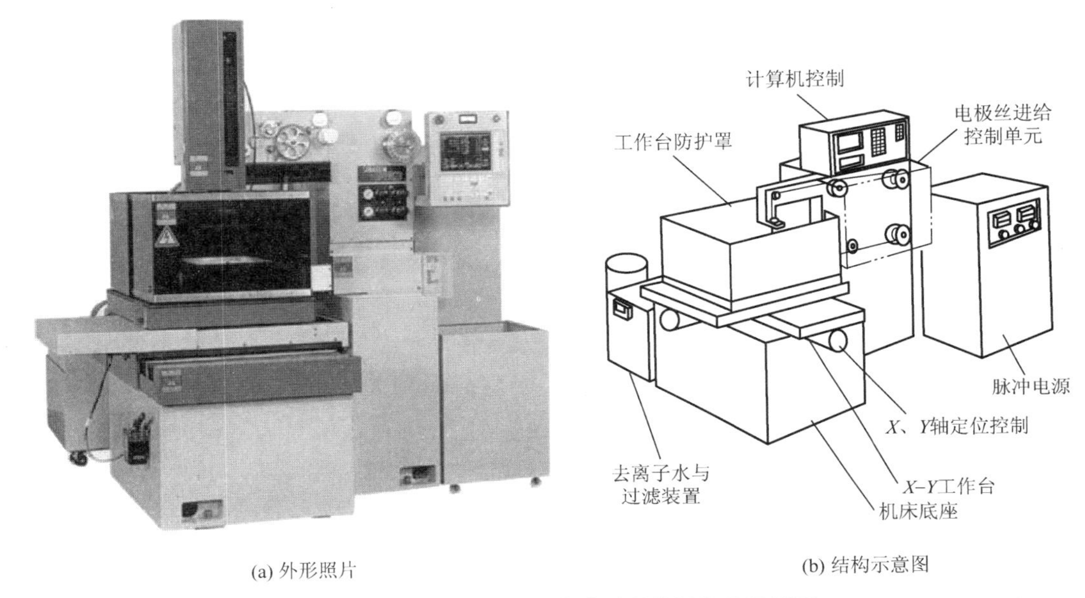

(a) 外形照片　　(b) 结构示意图

图 1.5　电火花线切割机床外形照片及结构示意图

电火花线切割加工与电火花成形加工一样，都是基于电极间脉冲放电时的电蚀现象。所不同的是，电火花成形加工必须事先将工具电极做成所需的形状及尺寸精度，在电火花加工过程中将它逐步复制到工件上，以获得所需要的零件。电火花线切割加工则不需要成形工具电极，而是用一根细长的金属丝做电极，并以一定的速度沿电极丝轴线方向移动，不断进入和离开切缝内的放电加工区，并在电极丝与工件切缝之间喷注工作液，如图 1.6(a) 所示。同时，安装工件的工作台由控制装置根据预定的切割轨迹控制伺服电动机驱动，从而加工出所需要的零件。此外也可以控制上导丝器进行运动，与工作台联动，实现各种锥度的切割，如图 1.6(b) 所示。控制加工轨迹（加工的形状和尺寸）是由控制装置来完成的。随着计算机技术的发展，目前电火花线切割加工都是采用 CNC 装置。

低速走丝机切割包含 X、Y、Z、U、V 和 B 轴，如图 1.7 所示。XY 坐标工作台是用来装夹被加工工件的，Z 轴控制上导丝器高度，B 轴用于工件的旋转。在进行一般加工时，X、Y 轴接收控制系统发出的进给信号，分别控制其伺服电动机，进行预定轨迹的加工；在进行锥度切割时，采用 X、Y、U、V 四轴联动方式，主要依靠上导丝器做纵横两轴（U、V 轴）驱动，与工作台的 X、Y 轴一起构成四轴联动控制，依靠功能丰富的软件，以实现上下异型截面形状的加工。

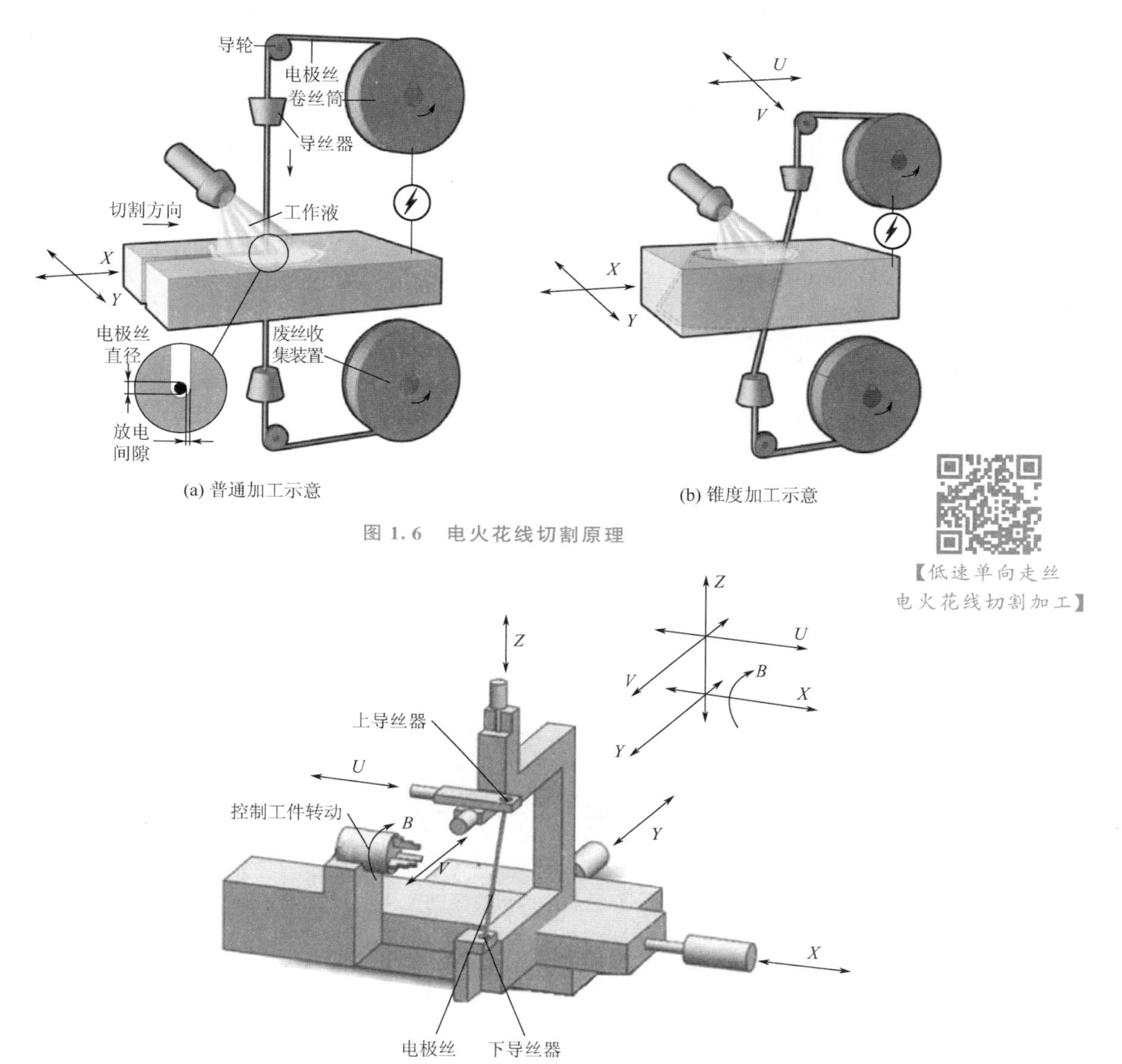

(a) 普通加工示意 (b) 锥度加工示意

图 1.6 电火花线切割原理

【低速单向走丝电火花线切割加工】

图 1.7 线切割机床各运动轴定义示意图

电火花线切割加工的零件如图 1.8 所示，加工的级进模及冲压件如图 1.9 所示。

加工时，电极丝以黄铜丝或镀锌黄铜丝为工具电极，一般以低于 0.2m/s 的速度做单向走丝运动，脉冲电源的正极接工件，负极接电极丝，在电极丝与工件间施加 60～300V 的脉冲电压，并在电极丝与工件切缝之间喷注不导电液体介质，一般是去离子水，为保障进入极间的工作液具有足够的压力以带走蚀除产物，要求上下喷嘴贴近加工表面（通常间距为 0.05～0.10mm，否则切割效率会降低 15%～20%，甚至更多）。工作液循环如图 1.10 所示。去离子水一般由自来水或蒸馏水通过去除杂质并经过去离子树脂过滤装置过滤后达到绝缘要求。在加工过程中，由于蚀除产物的增多，去离子水的导电性会逐渐增加，此时过滤系统中的过滤泵会工作，使去离子水再次通过树脂过滤装置恢复到绝缘状态。

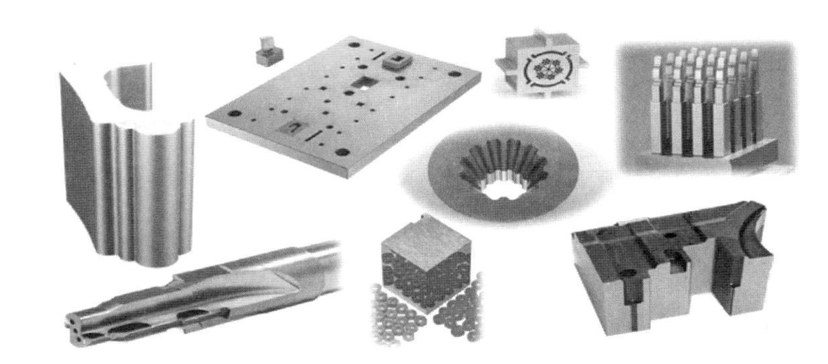

【电火花线切割加工的零件】

图 1.8 电火花线切割加工的零件

图 1.9 电火花线切割加工的级进模及冲压件

放电时，在电极丝与工件之间加上脉冲电压，两极间相对距离最小处或绝缘强度最低处的工作液将在电场的作用下，发生电离击穿，形成放电通道，而后在可控的放电能量作用下，金属材料发生熔化甚至汽化蚀除。虽然每个脉冲放电蚀除的金属量很少，但由于每秒有数万次脉冲放电发生，蚀除产物会在高压工作液的冷却下形成固态圆球状颗粒，并被高压工作液冲刷，从极间排出，如图 1.11 所示。工作液中的蚀除产物将通过纸质过滤器去除，带电微粒通过去离子树脂去除。为减少工作液温度变化对加工精度的影响，通过冷却装置使工作液的温度保持在一个恒定的范围。

机床的取样进给控制系统会使电极丝与工件的放电间隙保持在一定的范围内（根据放电能量的大小及切割材料的不同，一般放电间隙在 0.05～0.10mm），以保障加工中进给速度和蚀除速度相等。两极之间的火花放电在工件表面电蚀出无数小坑，通过控制系统的监测和管控、伺服机构执行，使放电均匀一致，最终成为合乎尺寸大小及形状精度的产品。低速单向走丝电火花线切割加工电极丝通常使用 ϕ0.10～ϕ0.36mm 的黄铜丝或镀锌黄铜丝，

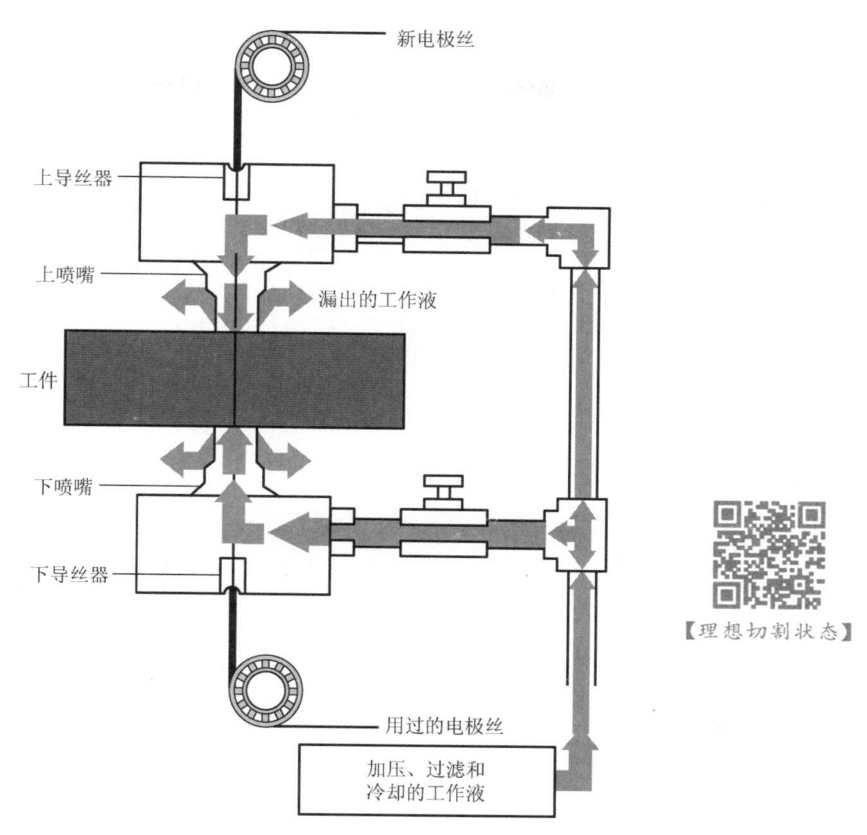

图 1.10 工作液循环

【理想切割状态】

ϕ0.05mm 以下的电极丝通常使用钼丝或钨丝，目前最细的电极丝是 ϕ0.02mm。电极丝只使用一次，因此低速走丝机的走丝系统稳定性高，加工精度也高，高档低速走丝机切割表面质量已经接近磨削水平。但由于低速走丝机的电极丝只使用一次，致使其运行成本高，并且由于走丝速度低，极间冷却主要依靠高压喷水，因此在切割较高厚度（如 200mm 以上）的工件时，各项工艺指标会明显降低，在较大锥度尤其是相对较高厚度锥度工件切割方面，同样由于冷却的问题，各项切割工艺指标会大幅度下降。目前商品化的低速走丝机最高切割厚度是 800mm，是由西班牙 ONA 公司制造的 AF 系列机床创下的，在切割高厚度工件时走丝速度、喷液压力、选用的电极丝及其他加工参数均必须做相应调整以保证极间正常稳定的放电状态。

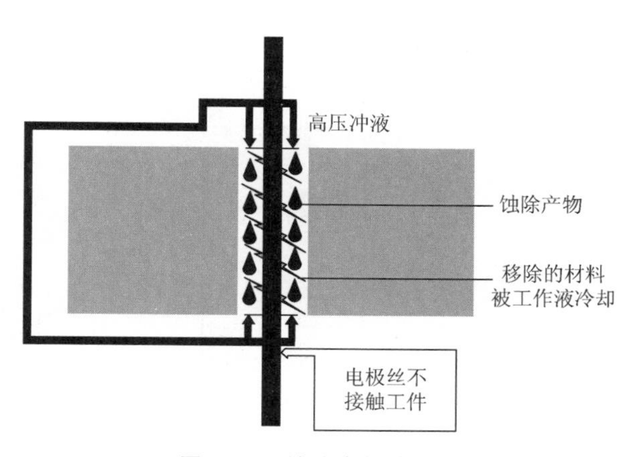

图 1.11 蚀除产物的形成

电火花线切割加工的步骤如下。

(1) 电极丝和切缝被去离子水包裹，在电极丝和工件之间施加脉冲电压，如图 1.12 所示。

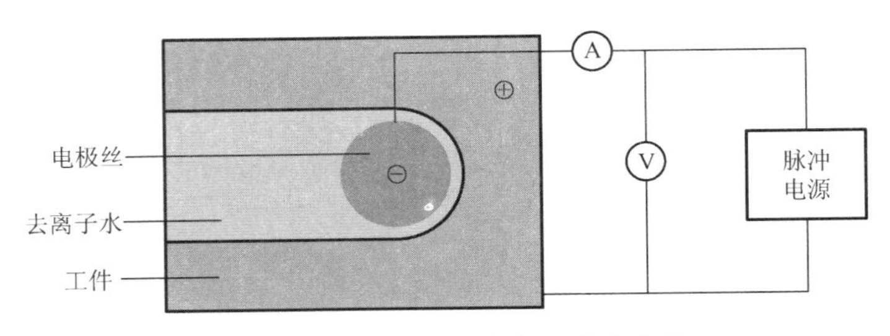

图 1.12　电火花线切割加工基本条件

(2) 去离子水被击穿，形成放电通道，产生火花放电，工件材料熔化和汽化，同时也伴随着电极丝材料的少量熔化和汽化，如图 1.13 所示。

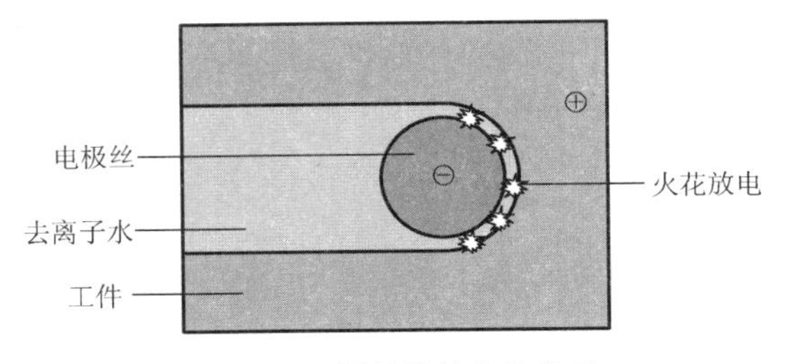

图 1.13　材料的熔化和汽化

(3) 蚀除的工件材料被高压去离子水带出放电区域，放电区域被冷却，如图 1.14 所示。

(4) 蚀除的颗粒产物和去离子水一起向切缝后方流动，排出极间，放电区域恢复去离子水充满的绝缘状态，如图 1.15 所示。

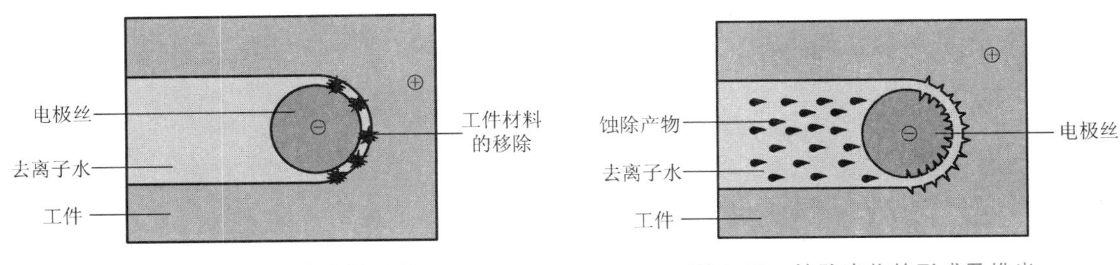

图 1.14　蚀除产物的形成

图 1.15　蚀除产物的形成及排出

1.3　电火花线切割加工的特点

电火花线切割具有电火花加工的共性，金属材料的硬度和韧性并不影响加工效率，常用来加工淬火钢和硬质合金，其加工特点如下。

(1) 不需像电火花成形加工那样需要制造特定形状的电极，只要输入控制程序。

（2）加工对象主要是贯穿的平面形状，当机床加上能使电极丝做相应倾斜运动的 U、V 轴后，也可加工锥面或各种上下异型面。

（3）利用数字控制的多轴复合运动，可方便地加工复杂形状的直纹表面，如上下异型面。

（4）电极丝直径较细（ϕ0.02～ϕ0.36mm），切缝很窄，有利于材料的利用，还适合加工细小零件。例如，采用 ϕ0.03mm 的钨丝作电极丝时，切缝可小到 0.04mm，内角半径可小到 0.02mm。

（5）电极丝在加工中是移动的，不断更新，可以完全或短时间内不考虑电极丝损耗对加工精度的影响。

（6）依靠计算机对电极丝轨迹的控制和偏移轨迹的计算，可方便地调整凹凸模具的配合间隙，依靠锥度切割功能，有可能实现凹凸模一次同时加工。

（7）常用去离子水作为工作介质，没有火灾隐患，可连续运行。

（8）自动化程度高、操作方便、加工周期短，借助各种自动化设备（如机械手等）可以长期实现无人化运转。

相对于大家比较熟悉的高速往复走丝电火花线切割，低速单向走丝电火花线切割除了具有上述的一些普遍特性外，还有其一些独特的加工特点。高速走丝机与低速走丝机加工对比见表 1－1。

表 1－1 高速走丝机与低速走丝机加工对比

比较内容	高速走丝机	低速走丝机
走丝速度	8～12m/s（兔子跑）	1～10m/min（乌龟爬）
走丝方向	往复	单向
工作液	乳化液、复合或水基工作液	去离子水（高压喷液）
电极丝材料	钼丝、钨钼丝	黄铜丝、镀锌丝、细钨丝
切割效率/（mm^2/min）	80～150	120～250
最高切割效率/（mm^2/min）	＞350	＞500
加工精度/mm	0.01～0.02	±0.005～±0.01
最高加工精度/mm	±0.005	±0.001～±0.002
表面粗糙度 Ra/μm	2.5～5.0	0.63～1.25
最佳表面粗糙度 Ra/μm	0.6	0.05
最高切割厚度/mm	1000～2000	500～800
参考价格（中等规格）/元	RMB 2 万～10 万	RMB 40 万～200 万

两类电火花线切割方式除了最显著的走丝方式不同外，低速单向走丝电火花线切割还具有以下加工特点。

（1）低速走丝机主切时必须采用高压喷液。由于低速走丝机加工蚀除产物基本不能由电极丝带出极间，因此必须采用高压喷液方式，用去离子水将蚀除产物带离极间，从而起到冷却、排屑及消电离作用，而高速走丝机则采用普通浇注冷却的方式，其极间的冷却主要是由电极丝将工作液带入极间进行。

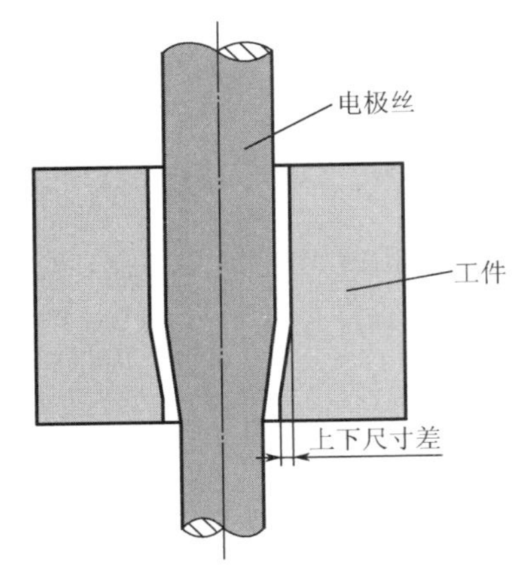

图 1.16　电极丝在工件入口及出口出现上下尺寸差

(2) 虽然采用的是单向走丝方式，但在高效切割或厚度较高工件切割时，由于此时电极丝损耗的增加，也会导致电极丝在工件入口及出口处出现尺寸变细现象，如图 1.16 所示，因此对于切割精度要求较高的情况，需打开自动补偿功能，或在程序中加入一定锥度，用锥度进行自动补偿，目前低速走丝机一般均具有此功能。

(3) 进行大能量切割时，在引入阶段，由于喷液为开放式，喷液不均，电极丝不稳定，为防止断丝，开始切割时必须降低放电能量，如图 1.17 所示。

(4) 需要尽可能采用贴面加工方式。贴面加工就是将上喷嘴贴紧工件表面（保持间距为 0.05～0.10mm），如图 1.18 所示，使工作液充分喷入放电加工区。但由于受工件形状及装夹的限制，有时不得不将上下导丝器离开工件表面而形成开放式加工方式，此时加工效率将会降低 15%～20%，并且断丝概率上升，由于极间得不到充分的冷却，为保障加工稳定、不断丝，只能降低放电能量。

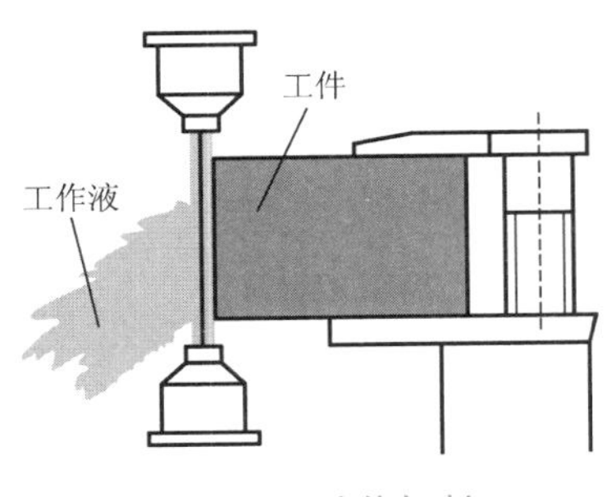

图 1.17　边缘切割

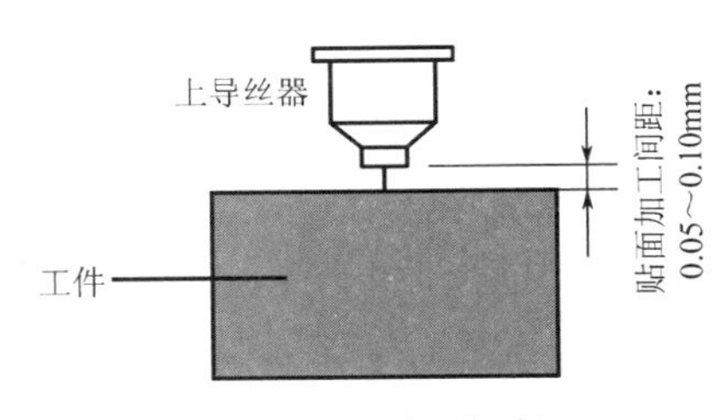

图 1.18　贴面切割

(5) 低速走丝机加工工艺及参数特点。低速单向走丝电火花线切割均采用多次切割的方式进行加工，一次切割，也称主切、粗切或切割一，其主要目标是完成工件的高速粗加工，并为二（修一）、三（修二）次切割留出精修余量。对于变形大的工件，一次切割后，使其完成应力释放。第二次切割，目的是保证精度，切除应力变形部分及第一次切割后在工件表面形成的变质层，此时喷液压力要下降到 $1～2kg/cm^2$，以防止高压水流对电极丝的干扰，保障加工精度。对于第一次切割产生较大变形的工件，则第一次切割可预留较大的加工余量，再以比第一次切割稍小的参数切割一次，切去变形部分，变成四次切割。第三次切割的主要目的是提高表面质量。

由于低速走丝加工属于精密加工，而放电间隙又与放电能量、去离子水电阻率及工件厚度有关，因此不同于高速走丝机通常将单边放电间隙设定为恒定的 0.01mm，低速走丝机单边放电间隙一般在 0.05～0.10mm，其机床的“专家数据库”会根据不同的工艺条件、工件的材质、切割厚度给出相应的放电间隙。而修刀时“专家数据库”也会根据切割要求、工件的材质及厚度给出相应的修刀次数、修刀能量及修刀偏移量。

1.4 电火花线切割加工的应用范围

电火花线切割加工现已广泛应用于国民经济各个生产制造部门，并成为一种必不可少的工艺手段，目前主要用于冲模、挤压模、拉伸模、塑料模、电火花成形用的工具电极及各种复杂零件的加工等。由于其切割效率、表面质量、精度的迅速提高，已达到可与坐标磨床相竞争的程度，加上它能加工的内角半径很小，使许多采用镶拼结构及曲线磨削加工的复杂模具和零件，现都改用电火花线切割加工，而且制造周期缩短3/4～4/5，成本降低2/3～3/4。常见电火花线切割加工应用与加工精度要求分布如图1.19所示。

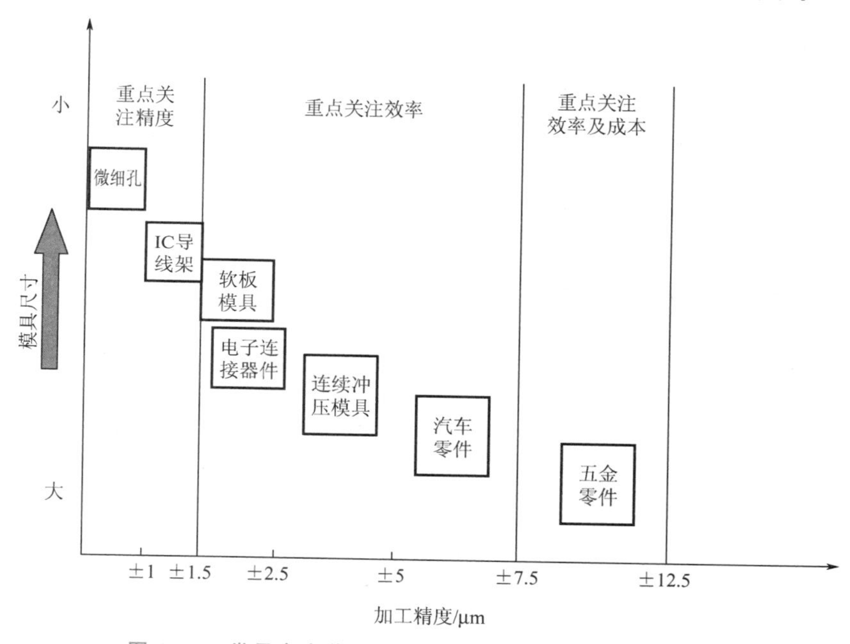

图1.19 常见电火花线切割加工应用与加工精度要求分布

随着计算机控制技术的发展，电火花线切割加工不仅可以加工各种复杂形状的直壁零件，而且可以加工包括大锥度、上下异型面在内的立体形状复杂模具和零件。按用途不同可将它的适用领域分为平面形状金属模具加工、立体形状金属模具加工、电火花成形用工具电极加工、微细精密加工、试制品及零件加工、特殊材料零件加工，见表1-2。

表1-2 电火花线切割加工的适用领域

分　类	适用领域
平面形状金属模具加工	冷冲模（冲裁模、弯曲模和拉伸模），粉末冶金模，挤压模，塑料模
立体形状金属模具加工	冲裁模，落料凹模，三维型材挤压模，拉丝模
电火花成形用工具电极加工	微细形状复杂的电极，通孔加工用电极，带斜度的型腔加工用电极
微细精密加工	化学纤维喷丝头，异型窄缝、槽，微型精密齿轮及模具
试制品及零件加工	试制品直接加工，多品种、小批量加工几何形状复杂的零件，材料试件
特殊材料零件加工	半导体材料、陶瓷材料、聚晶金刚石、非导电材料、硬脆材料微型零件

1.5 电火花放电的微观过程

每次电火花放电的微观过程都是电场力、磁力、热力、流体动力、电化学和胶体化学等综合作用的过程。这一过程大致可分为以下四个连续阶段：极间介质的电离、击穿，形成放电通道；介质热分解、电极材料熔化、汽化热膨胀；电极材料的抛出；极间介质的消电离。

1. 极间介质的电离、击穿，形成放电通道

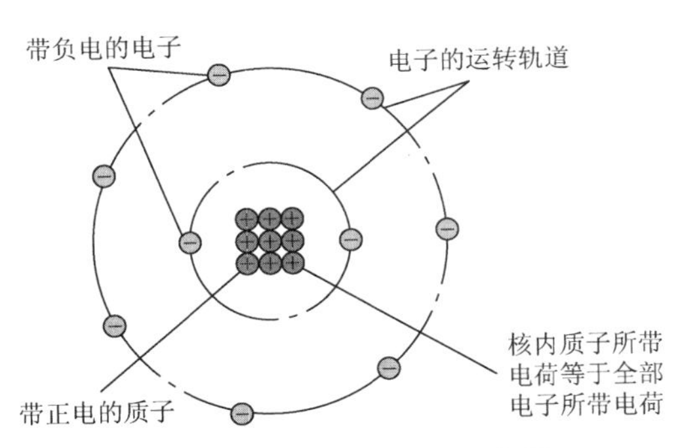

图 1.20　介质原子结构示意图

任何物质的原子均是由原子核与围绕着原子核并且在一定轨道上运行的电子组成的，而原子核又由带正电的质子和不带电的中子组成，如图 1.20 所示。极间的介质，如低速单向走丝电火花线切割用的去离子水，当极间未施加放电脉冲时，两电极的极间状态如图 1.21 所示。当脉冲电压施加于工具电极与工件之间时，两极间立即形成一个电场。电场强度与电压成正比，与距离成反比，随着极间电压的升高或极间距离的减小，极间电场强度增大。由于工具电极和工件的微观表面凹凸不平，极间距离又很小，因而极间电场强度是不均匀的，两极间离得最近的突出或尖端处的电场强度最大。当电场强度增大到一定程度后，将导致介质原子中绕轨道运行的电子摆脱原子核的吸引成为自由电子，而原子核则成为带正电的离子，电子和离子在电场力的作用下，分别向正极与负极运动，构成放电通道，如图 1.22 所示。

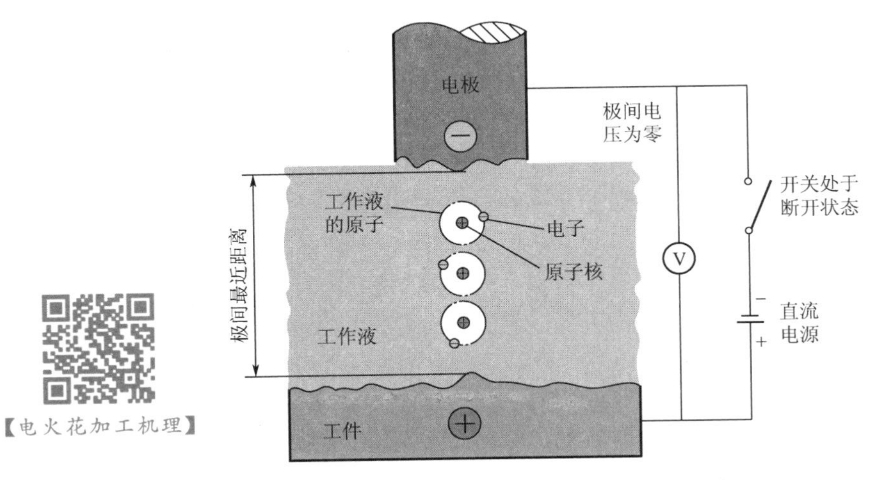

【电火花加工机理】

图 1.21　极间未施加放电脉冲时的情况

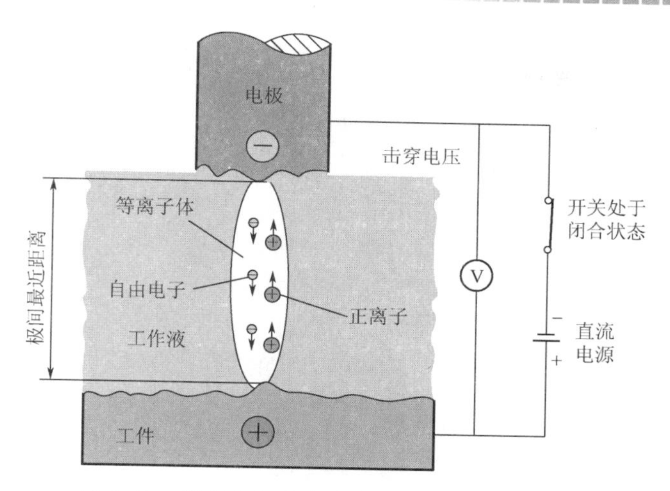

图 1.22 极间施加放电脉冲形成放电通道的情况

2. 介质热分解、电极材料熔化、汽化热膨胀

极间介质一旦被电离、击穿，形成放电通道后，脉冲电源形成的电场将使通道内的电子高速奔向正极，正离子奔向负极，此时电能则转变为带电粒子的动能，动能通过带电粒子对相应电极进行高速碰撞，由此转变为热能。这一过程犹如一颗陨石从天外高速撞击地球表面时产生了巨大的热量，造成了爆炸，形成了陨石坑（图 1.23）的现象一样。于是在通道内正极和负极表面分别产生瞬时热源，并达到很高的温度。正负极表面的高温除使工作液汽化、热分解外，也使金属材料熔化甚至沸腾汽化，这些汽化的工作液和金属蒸气，由于从固态和液态瞬间转换成气态，因此体积猛增，在放电间隙内形成气泡，迅速热膨胀，就像火药、爆竹点燃后具有爆炸特性一样。观察电火花加工过程，可以看到放电间隙冒出气泡，工作液变黑，并可听到轻微而清脆的爆炸声。

图 1.23 陨石撞击地球表面形成陨石坑

3. 电极材料的抛出

通道内的正负电极表面放电点瞬时高温使工作液汽化并使得两电极对应区域表面金属材料产生熔化、汽化，如图 1.24 所示。通道内的热膨胀产生很高的瞬时压力，使汽化了

的气体体积不断向外膨胀，形成一个个扩张的“气泡”，从而将熔化或汽化的金属材料推挤、抛出而进入工作液中，抛出的两极带电荷的材料在放电通道内汇集后进行中和及凝聚，如图 1.25 所示，最终形成了细小的中性圆球颗粒，成为电火花加工的蚀除产物，如图 1.26 所示。实际上熔化和汽化了的金属在抛离电极表面时，向四处飞溅，除绝大部分抛入工作液中收缩成小颗粒外，还有一小部分飞溅、镀覆、吸附在对面的电极表面上。这种互相飞溅、镀覆及吸附的现象，在某些条件下可以用来减少或补偿工具电极在加工过程中的损耗。

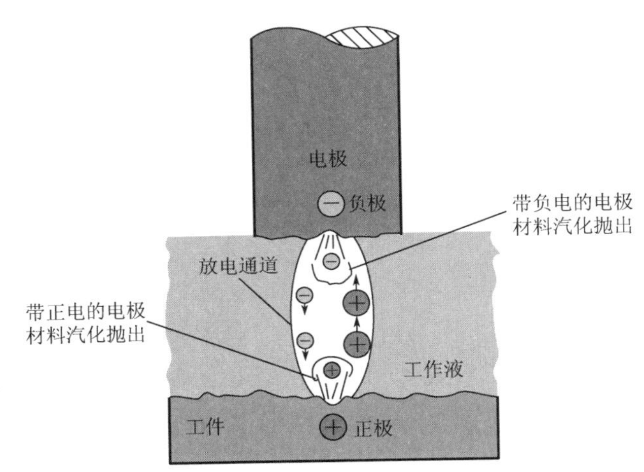

图 1.24　电极对应区域表面金属材料产生熔化、汽化

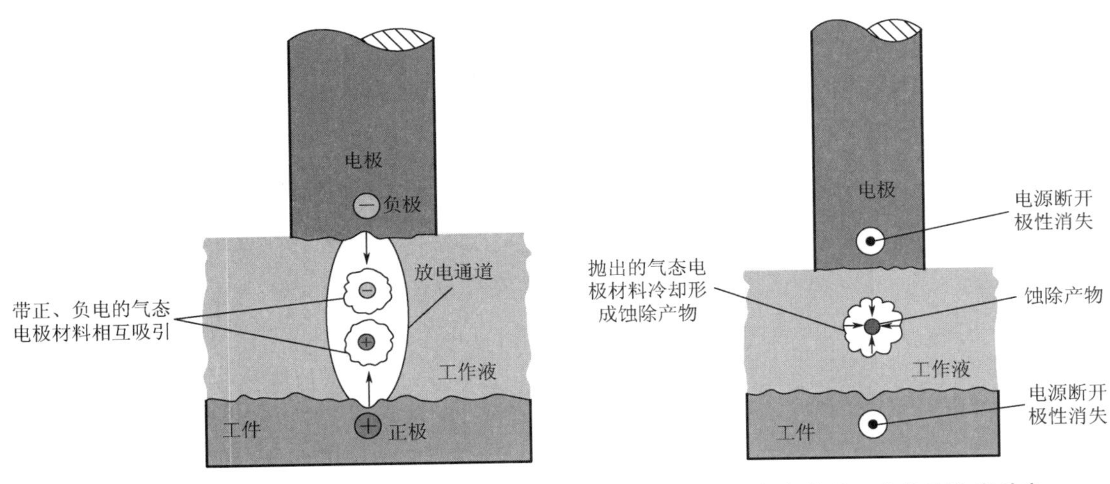

图 1.25　两电极被蚀除的材料在放电通道内汇集

图 1.26　极间熔化、汽化产物在放电通道内汇集形成蚀除产物

4. 极间介质的消电离

随着脉冲电压的结束，脉冲电流也迅速降为零，但此后仍应有一段间隔时间，使放电通道区域间隙介质消除电离，即放电通道中的正负带电粒子复合为中性粒子（原子），并且将通道内已经形成的放电蚀除产物及一些中和的带电微粒尽可能排出通道，恢复本次放

电通道处间隙介质的绝缘强度，以及降低电极表面温度等，从而避免由于此放电通道处绝缘强度较低，下次放电仍然可能在此处击穿进而导致的总是重复在同一处击穿产生电弧放电现象的出现，以保证下一个脉冲到来时在极间按两极相对最近处的原则形成下一放电通道，形成均匀的电火花加工表面。

结合上述微观过程的分析可知，在放电加工过程中，实际得到的典型放电加工波形如图1.27所示。

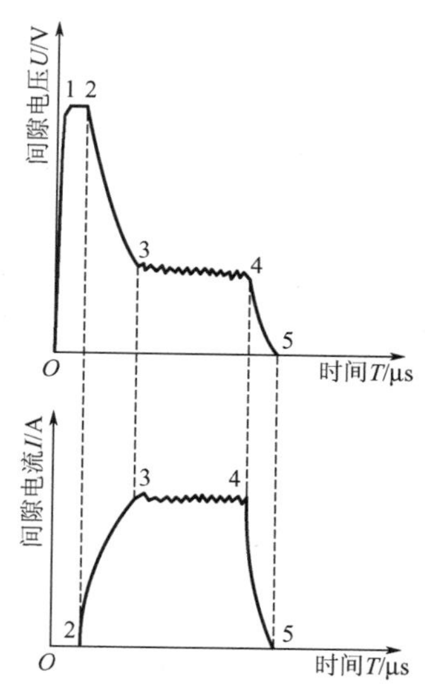

图1.27 典型放电加工波形

0～1阶段，当脉冲电压施加于两极间时，极间电压迅速升高，并在两极间形成电场。

1～2阶段，由于极间处于间隙状态，因此极间介质的击穿需要有延时时间。

2～3阶段，介质在2点开始击穿后，直至3点建立起一个稳定的放电通道，在此过程中极间间隙电压迅速降低，而极间电流则迅速升高。

3～4阶段，放电通道建立后，脉冲电源建立的极间电场使通道内电离介质中的电子高速奔向正极，正离子奔向负极。电能转变为动能，动能又通过碰撞转变为热能，因此在通道内使正极和负极对应表面达到很高的温度。正负极表面的高温使金属材料产生熔化甚至汽化，工作液及电极材料汽化形成的爆炸气压将蚀除产物推出放电凹坑，形成工件的蚀除及电极的损耗。稳定放电通道形成后，放电维持电压及放电峰值电流基本维持稳定。

4～5阶段，4点开始，脉冲电压关断，通道中的带电粒子复合为中性粒子，逐渐恢复液体介质的绝缘强度，极间电压、电流随着放电通道内绝缘状态的逐步恢复，回到零位5。当然极间介质的冷却、洗涤及消电离的完全恢复还需要通过后续的脉间进行。

电火花放电加工中，极间的放电状态一般分为五种，加工波形如图1.28所示。

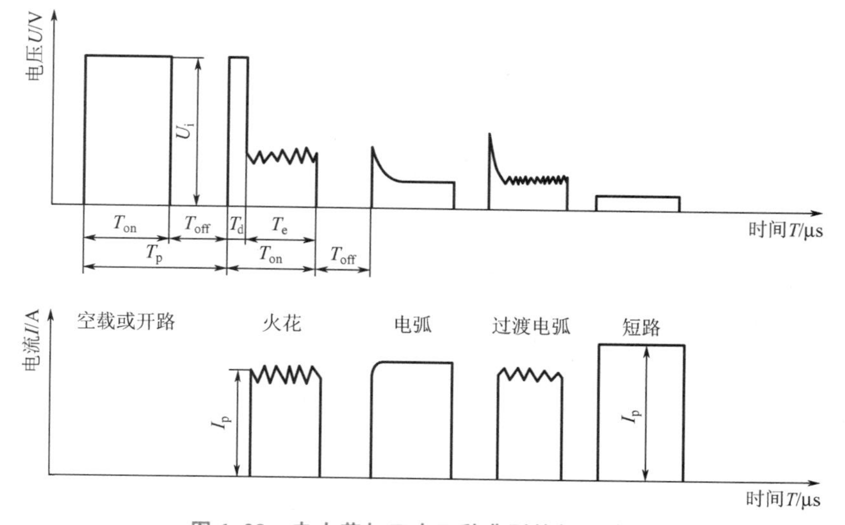

图1.28 电火花加工中五种典型的加工波形

(1) 空载或开路状态。放电间隙没有击穿，极间有空载电压，但间隙内没有电流流过。

(2) 火花放电。极间介质被击穿产生放电，产生有效蚀除，图 1.27 即为一正常火花放电波形，其放电波形上有高频振荡的小锯齿。

(3) 电弧放电（稳定电弧放电）。排屑不良使放电点不能形成转移而集中在某一局部位置，由于放电点固定在某一点或某一局部，因此称为稳定电弧，常使电极表面形成烧伤。电弧放电的波形特点是没有击穿延时，并且放电波形中高频振荡的小锯齿基本消失。

(4) 过渡电弧放电（不稳定电弧放电，或称不稳定火花放电）。过渡电弧放电是正常火花放电与稳定电弧放电的过渡状态，是稳定电弧放电的前兆，其波形中击穿延时很少或接近于零，仅成为一尖刺，电压、电流波形上的高频分量成为稀疏的锯齿形。

(5) 短路。放电间隙直接短路，间隙短路时电流较大，但间隙两端的电压很小，极间没有材料蚀除。

低速单向走丝电火花线切割是一种传统的电火花加工方式，具有间隙放电的特征，并且每个脉冲只产生一次火花放电。与传统电火花成形加工方式略有不同的是，低速单向走丝电火花线切割由于采用电极丝作为电极进行加工，因此对于极间的冷却、洗涤及消电离要求更高，基本不会出现过渡电弧的放电方式，在极间状态不好的情况下，一旦出现电弧放电，电极丝即会熔断，因此正常加工中，主要的加工波形为空载、加工及短路波形。

1.6 电火花加工的极性效应

由电火花放电的微观过程可知，在电火花加工过程中，无论是正极还是负极，都会受到不同程度的电蚀，但在正、负电极的电蚀量是不同的。这种单纯由于正、负极性不同而彼此电蚀量不一样的现象称为极性效应。在我国，通常把工件接脉冲电源的正极（工具电极接负极），定义为“正极性”加工；反之，工件接脉冲电源的负极（工具电极接正极），定义为“负极性”加工，又称“反极性”加工。产生极性效应的原因很复杂，对这一问题的原则性解释是，在火花放电过程中，正、负电极表面分别受到负电子和正离子的轰击，此时粒子的动能会转变为轰击产生的热能，由于在两极表面分配到的能量不一样，因此熔化、汽化抛出的电蚀量也不一样。因为电子的质量和惯性均小，容易很快获得很大的加速度和速度，在击穿放电的初始阶段就有大量的电子奔向正极，把能量传递到正极表面，使其迅速熔化和汽化；而正离子则由于质量和惯性较大，起动和加速较慢，在击穿放电的初始阶段，大量的正离子来不及到达负极表面，到达负极表面并传递能量的只有一小部分正离子。所以在用短脉冲加工时，电子对正极的轰击作用大于正离子对负极的轰击作用，故正极的蚀除速度大于负极的蚀除速度，这时工件应接正极。当采用长脉冲（即放电持续时间较长）加工时，质量和惯性大的正离子将有足够的时间获得加速，到达并轰击负极表面的离子数将随放电时间的延长而增多。由于正离子的质量大，对负极表面的轰击破坏作用强，因此长脉冲时负极的蚀除速度将大于正极，这时工件应接负极。综上所述，当采用窄脉冲（如脉宽 $T_{on}<100\mu s$）精加工时，应选用正极性加工；当采用长脉冲（如脉宽 $T_{on}>100\mu s$）粗加工时，应采用负极性加工，以得到较高的蚀除效率和较低的电极损耗。

能量在两极上的分配对两电极电蚀量的影响是一个极重要的因素，而电子和正离子对电极表面的轰击则是影响能量分布的主要因素。因此，电子轰击和正离子轰击无疑是影响极性效应的重要因素。但是近年来的生产实践和研究结果表明，电火花成形加工，由于是在油性工作介质中进行的放电加工，正电极表面能吸附分解油性工作介质因放电高温而产生游离出来的碳微粒，减小电极损耗。极性效应是一个较复杂的问题，除了受脉宽、脉间的影响外，还受到正极吸附炭黑保护膜和脉冲峰值电流、放电电压、工作液及电极对材料等因素的影响。从提高加工生产率和减少工具损耗的角度来看，极性效应越显著越好，故在电火花加工过程中必须充分利用极性效应。当用交变的脉冲电压加工时，单个脉冲的极性效应便会相互抵消，增加了工具的损耗。因此，电火花加工一般都采用单向脉冲电源。

电火花线切割由于采用小脉宽进行加工，因此所有的电火花线切割均采用正极性加工，当然对于低速单向走丝电火花线切割而言，由于其单向走丝的特性，电极丝损耗有时不是重点考虑的因素，而如何提高加工表面的完整性，减少变质层和软化层的厚度是主要的关注目标，因此目前大部分低速单向走丝电火花线切割普遍采用平均电压为零的抗电解（Anti－electrolytic，AE）脉冲电源（详见第3章）。

1.7 影响电火花线切割蚀除效率的因素

电火花线切割加工时，电极丝和工件同时遭到不同程度的电蚀，单位时间内工件的蚀除量称为蚀除（加工）效率，也即生产率，一般用 V_W（mm^3/min）表示

$$V_W = V_C b h$$

式中 V_C——切割速度（mm/min）；

b——切缝宽度（切割后测量）；

h——工件厚度（mm）。

由上式可以看出，蚀除效率由切割速度、切缝宽度及工件厚度决定。蚀除效率与加工时选择的电参数、工作液、工件材料等因素有关，切缝宽度与电极丝直径、电参数等有关。

1. 电参数的影响

研究结果表明，在电火花加工过程中，无论正极或负极，单个脉冲的蚀除量均与单个脉冲能量在一定范围内成正比关系，而工艺系数与电极材料、脉冲参数、工作介质等有关。某一段时间内的总蚀除量约等于这段时间内各单个有效脉冲蚀除量的总和，因此正、负极的蚀除效率与单个脉冲能量、脉冲频率成正比。

为了形象描述，如图1.29所示，假设放电击穿延时时间相等，则放电脉宽决定了放电凹坑直径的大小，而如图1.30所示，放电脉冲峰值电流则决定了放电凹坑的深浅。

近期的研究还发现放电的蚀除量不仅与脉冲能量的大小有关，还与蚀除的形式有关。对于窄脉宽高峰值电流，放电产生的蚀除形式主要以材料的汽化为主，而大脉宽低峰值电流的蚀除形式主要是熔化方式。汽化形式的蚀除效率比熔化形式的蚀除效率要高30%～50%。这主要是由于放电后，金属材料从固态转变为气态将产生比固态转变为液态更大的爆炸气压，因此汽化蚀除形式一方面会将蚀除的金属材料快速推离放电区域，导致蚀除效

率的提高，另一方面由于爆炸气压增加，残留在放电坑中的金属残留较少，导致两种蚀除形式产生的放电坑表面残留的金属及表面质量有明显差异，如图 1.31 所示。

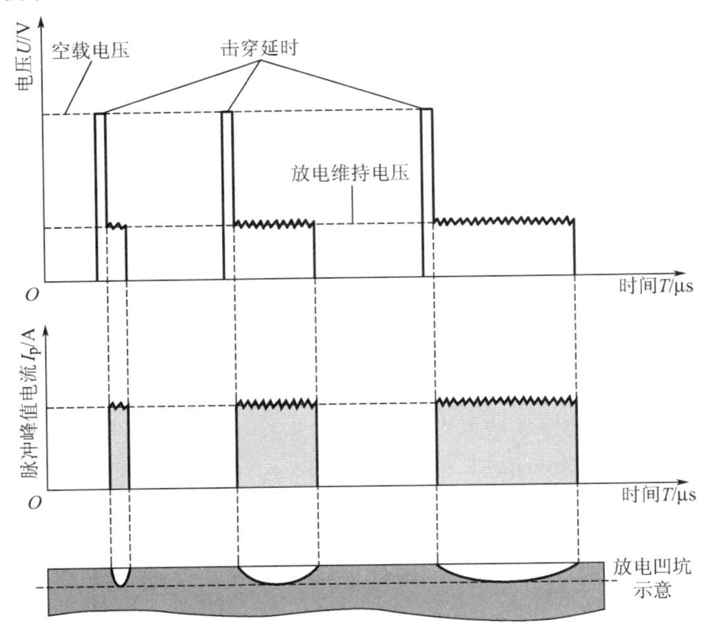

图 1.29　放电凹坑与放电脉宽的对应关系

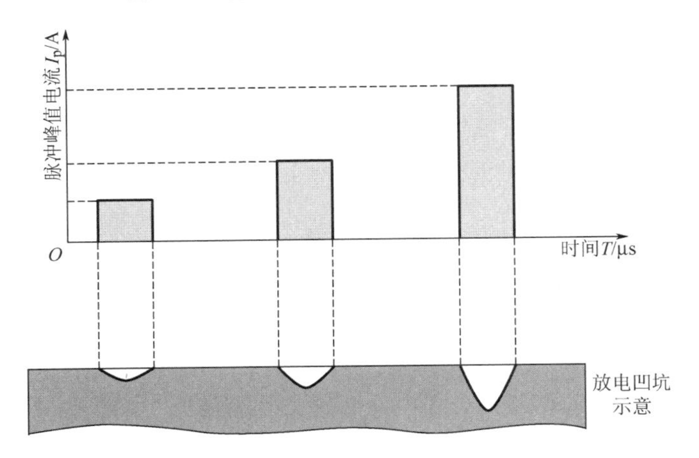

图 1.30　放电凹坑与放电脉冲峰值电流的对应关系

由上述分析可知，如果要提高蚀除效率，可以通过提高脉冲频率，增加单个脉冲能量，或者说通过增加平均放电电流（或脉冲峰值电流）和脉宽，减小脉间的方式获得。此外，还可以通过增加脉冲峰值电流，采用小脉宽高脉冲峰值电流的放电方式，以获得汽化的蚀除方式，从而达到既提高蚀除效率，又改善表面质量和降低变质层厚度的目的。

当然，实际加工时要考虑到这些因素之间的相互制约关系和对其他工艺指标的影响。例如，脉间时间过短，将产生电弧放电；随着单个脉冲能量的增加，加工表面粗糙度值也随之增大等。

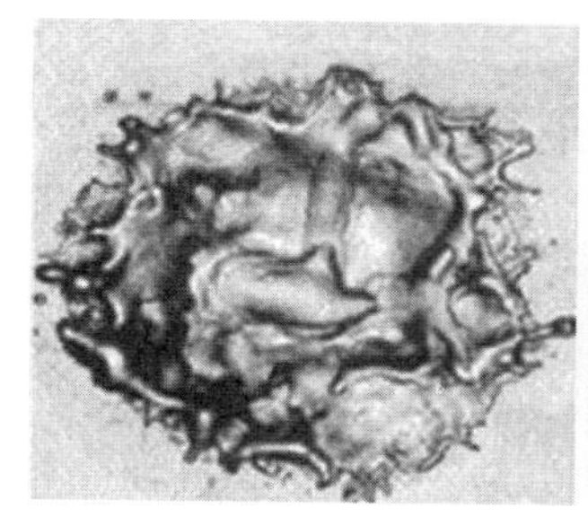

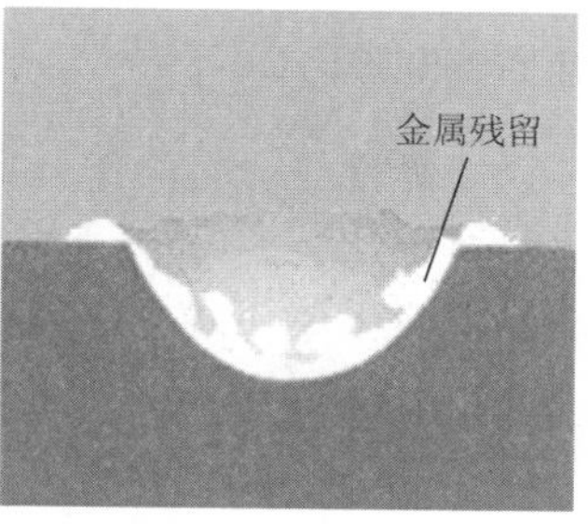

(a) 熔化蚀除

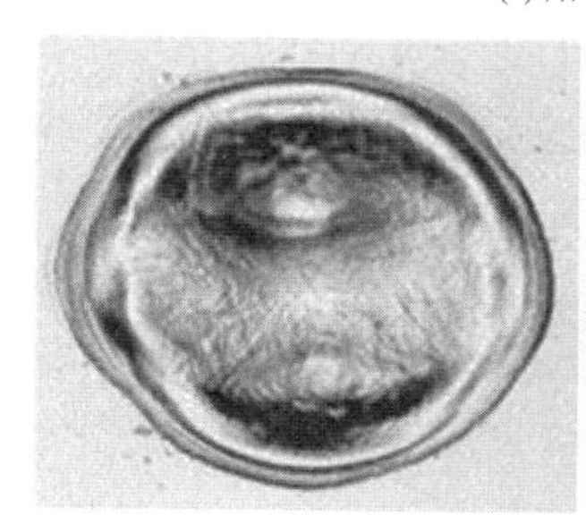

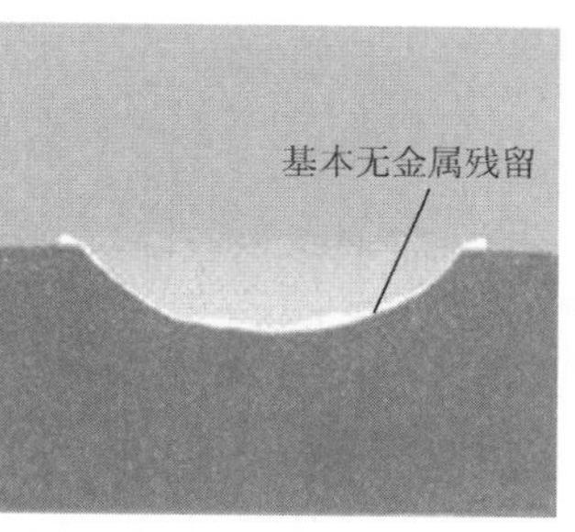

(b) 汽化蚀除

图 1.31　放电蚀除形式不同产生的表面质量及蚀除凹坑形状差异

2. 金属材料热学物理常数的影响

金属材料热学物理常数是指熔点、沸点（汽化点）、热导率、比热容、熔化热、汽化热等。显然当脉冲放电能量相同时，一方面，金属的熔点、沸点、比热容、熔化热、汽化热越高，电蚀量将越少，加工越困难；另一方面，热导率大，瞬时产生的热量容易传导到材料基体内部，也会降低放电点本身的蚀除量。

钨、钼、硬质合金等的熔点、沸点较高，所以难以蚀除；纯铜的熔点虽然比铁（钢）的低，但因导热性好，所以耐蚀性也比铁好；铝的热导率虽然比铁（钢）的大好几倍，但其熔点较低，所以耐蚀性比铁（钢）差。石墨的熔点、沸点相当高，热导率也不太低，故耐蚀性好，适合于制作电极。表 1-3 列出了常用材料的热学物理常数。

表 1-3　常用材料的热学物理常数

热学物理常数	材　料				
	铜	石墨	钢	钨	铝
熔点 T_r/℃	1083	3727	1535	3410	657
比热容 c/[J/(kg·K)]	393.56	1674.7	695.0	154.91	1004.8
熔化热 q_r/(J/kg)	179258.4	—	209340	159098.4	385185.6
沸点 T_f/℃	2595	4830	3000	5930	2450
汽化热 q_q/(J/kg)	5304256.9	46054800	6290667	—	10894053.6
热导率 λ/[W/(m·K)]	3.998	0.800	0.816	1.700	2.378
热扩散率 a/(cm^2/s)	1.179	0.217	0.150	0.568	0.920
密度 ρ/(g/cm^3)	8.9	2.2	7.9	19.3	2.54

3. 工作介质对电蚀量的影响

在电火花加工过程中，工作介质的作用如下：被电离击穿后形成放电通道，并在放电结束后迅速恢复极间的绝缘状态；对放电通道产生压缩作用；帮助电蚀产物的抛出和排除；对电极、工件起到冷却作用，所以它对电蚀量也有较大的影响。介电性能好、密度和黏度大的工作液有利于压缩放电通道，提高放电的能量密度，强化电蚀产物的抛出效果；但黏度大，不利于电蚀产物的排出，影响正常放电。目前低速单向走丝电火花线切割主要选用去离子水作为工作介质，加工过程中通过去离子树脂控制其电阻率，而在精加工时，为进一步提高表面完整性，有些机床还采用煤油类的油性介质作为工作液。油性工作介质的绝缘电阻高且稳定，可以产生比去离子水更小的放电间隙，常用于窄缝和小半径圆弧的微细加工，而且油性工作介质可以消除电火花加工中由于电解作用产生的表面变质层。但油性工作介质比去离子水加工效率低，特别是在电极丝直径小于 ϕ0.10mm 的细丝切割中，去离子水有更好的冷却效果，蚀除效率的差别更加明显。

4. 影响电蚀量的其他因素

加工过程的稳定性也会对电蚀量产生较大的影响。加工过程不稳定将干扰甚至破坏正常的火花放电，使有效脉冲利用率降低。例如，大厚度、大锥度的加工，由于不利于电蚀产物的排出，均会影响加工稳定性，降低加工效率，严重时造成电极丝熔断，使蚀除效率大幅度下降。

1.8 影响电火花线切割加工精度的主要因素

电火花线切割的加工精度主要包括加工尺寸精度、加工面平直度及角部形状精度等。影响加工精度的因素很多，主要有脉冲参数、电极丝、工件材料、进给方式、机床精度及加工环境等，但重要的因素实际上是机床的运动控制精度、电极丝空间位置的稳定性、工件加工变形的控制和环境条件等。

1. 机床的运动控制精度

机床的结构和制造精度比较高，通常采用半闭环甚至闭环的控制方式，因此工作台的运动控制精度较高。标准型普通低速走丝机的移动增量在 0.001mm，加工精度在±0.005mm 之内，表面粗糙度 Ra<0.6μm；精密型低速走丝机的移动增量在 0.00025mm，加工精度在±0.003mm 之内，表面粗糙度 Ra<0.2μm；超精密型低速走丝机采用了众多新技术，移动增量在 0.0001mm，以保证加工尺寸误差在 0.001～0.002mm，表面粗糙度 Ra<0.1μm。

2. 电极丝空间位置的稳定性

低速单向走丝电火花线切割由于采用导丝器定位，而且采用低速单向走丝方式，因此基本可以不考虑电极丝的损耗；又由于电极丝张力恒定，电极丝空间位置的稳定性很高，配合高精度的工作台及闭环或半闭环的控制方式，可以获得稳定的加工尺寸精度。

3. 工件加工变形的控制

放电加工中，工件与电极丝之间存在放电间隙，所以在线切割加工时，工件的理论轮廓与电极丝的实际轨迹之间存在一定距离，这个距离就是加工的偏移量。由于低速单向走丝电火花切割为多次切割，每一次切割的偏移量是不同的，并依次减少，每一次切割的偏移量的差值即为偏移量间隔。偏移量间隔的大小会直接影响线切割加工的精度和表面质量。为了达到高加工精度和良好的表面质量，修切加工时的电参数将依次减弱，非电参数也应做相应调整，其放电间隙也不同。如果偏移量间隔太大，放电不稳定；但偏移量间隔太小，其后面的精修切割不起作用。在切割加工中应根据不同机床和不同的电规准来选择不同偏移量间隔。表 1－4 为不同型号机床切割同一工件时的偏移量，由此可知偏移量间隔各不相同。

表 1－4　不同型号机床切割同一工件时的偏移量

机　　床	丝径/mm	切割次数	偏移量/mm			
			1	2	3	4
AGIE 200D	ϕ0.2	4	0.172	0.129	0.108	0.103
AGIE 250HSS	ϕ0.2	4	0.218	0.140	0.115	0.108
Sodick A500WP	ϕ0.2	4	0.193	0.128	0.113	0.108

4. 环境条件

影响加工精度的环境条件主要是室温和振动。研究发现，室温变化 1℃，中型机床在全行程范围内会产生 0.001mm 的误差；而环境存在的振动源，也会使电极丝（工具）与工件的相对位置发生变化。因此，在精密加工时，应设法使环境温度恒定，并与周围的振动源隔离。

1.9　电火花线切割加工表面质量

电火花线切割加工的表面质量主要包括表面粗糙度、表面变质层和表面机械性能。

1. 表面粗糙度

电火花线切割加工表面和机械加工的表面不同，它由无方向性的无数放电凹坑和硬凸边叠加而成，而机械加工表面则存在切削或磨削刀痕，具有方向性。

对表面粗糙度影响最大的因素是单个脉冲能量，因为脉冲能量大，每次脉冲放电的蚀除量也大，放电凹坑既大又深，从而使表面粗糙度恶化。工件材料对加工表面粗糙度也有影响，熔点高的材料（如硬质合金），在相同能量下加工的表面粗糙度要比熔点低的材料（如钢）好。当然，蚀除效率会相应下降。

2. 表面变质层

电火花线切割加工过程中，由于火花放电的瞬时高温和工作介质的快速冷却作用及工作介质（一般为去离子水）具有一定的导电能力，在加工过程中还伴有一定的电解作用，因此材料的表面层化学成分和组织结构会发生很大变化，其改变的部分称为表面变质层，如图 1.32 所示。表面变质层包括熔化层和热影响层。熔化层上还有一层松散层。松散层是由放电后蚀除产物的飞溅黏附在熔化层表面而形成的，极易剥落，因此通常不将其列为表面变质层的组成部分。表面变质层的厚度随脉冲能量的增大而变厚，一般厚度为几到几十微米。由于电火花放电过程的随机性，在相同的加工条件下，变质层的厚度往往是不均匀的，会有几微米的变动范围。

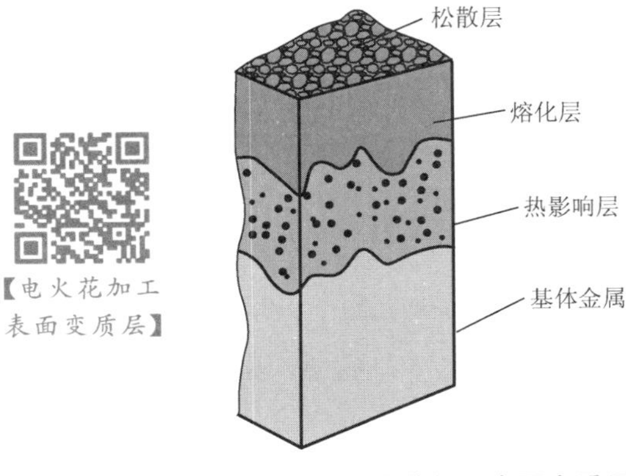

图 1.32　电火花加工表面变质层

（1）熔化层。熔化层处于工件表面上层，被放电时的瞬时高温熔化或汽化后而又滞留在工件表面，受工作介质快速冷却而凝固，因此其与内层的结合不牢固，通常含有电极丝材料和基体材料。对于碳钢，熔化层在金相照片上呈现白色，故又称“白层”，它与基体金属完全不同，是一种晶粒细小的树枝状淬火铸造组织。

（2）热影响层。热影响层处于熔化层和基体金属之间。热影响层的金属材料并没有熔化，只是受到高温的影响，使材料的金相组织发生了变化。对于淬火钢，热影响层包括再淬火区、高温回火区和低温回火区；对于未淬火钢，热影响层主要为淬火区。因此，淬火钢的热影响层厚度比未淬火钢厚。

（3）显微裂纹。火花加工表面由于受到瞬时高温作用并迅速冷却而产生拉应力，往往出现显微裂纹。实验表明，一般裂纹仅在熔化层内出现，只有在脉冲能量很大的情况下（粗加工时）才有可能扩展到热影响层。

脉冲能量对显微裂纹的影响是非常明显的，能量越大，显微裂纹越宽越深。不同工件材料对裂纹的敏感性也不同，硬脆材料更容易产生裂纹。工件预先的热处理状态对裂纹产生的影响也很明显，加工淬火材料要比加工淬火后回火或退火的材料容易产生裂纹，因为淬火材料脆硬，原始内应力也较大。

为了提高电火花线切割加工的表面质量和切割效率，低速走丝机采用多次切割工艺，第一次加工采用大能量高速切割，会形成较粗糙的加工表面，通过后续的修切，可以降低表面粗糙度及减小或基本消除表面变质层。

3. 表面机械性能

（1）显微硬度及表面软化层。低速走丝机使用去离子水作为工作介质加工时，表面层硬度比基体硬度低；使用油性工作介质加工时，由于表面层中有渗碳作用，硬度要比基体硬度高。

形成表面软化的原因主要如下：首先，由于熔化层内含有大量奥氏体，在常用电参数范围内，奥氏体含量均高于马氏体，并且随着脉冲能量的增大而增加；其次，低速走丝机一般使用黄铜丝、镀锌丝等作为电极丝，加工时工件表面会渗入铜、锌等电极丝所含元素，形成硬度较低的固熔体而导致表面硬度降低，对于钴作为结合剂的硬质合金，由于钴的熔点只有800℃，比碳化钨熔点低很多，因此加工中钴先发生熔化、烧损，影响硬质合金的结合力而造成表面硬度降低；最后，低速走丝机加工时采用去离子水，并且是在去离子水中进行长时间切割，去离子水中不可避免地存在一定数量的氢氧根离子（OH^-），而且去离子水不具备防锈能力，在脉冲电源的作用下必然产生微弱的电解及锈蚀现象。当工件接正极时，在电场的作用下，氢氧根离子（OH^-）会在工件上不断沉积，使铁、铝、铜、锌、钛、碳化钨等材料氧化、腐蚀，造成“软化层”。尤其是切割硬质合金时，硬质合金中的结合剂钴以离子状态溶解在水中，同样形成软化层。这层软化层将存在于电火花线切割表面变质层甚至基体的表面，表面变质层金相组织和元素含量的变化，将导致工件表面的显微硬度明显下降。例如，在去离子水中进行电火花线切割加工后，工件表面硬度值由加工前的970HV下降到加工后的670HV，通常在距表面十几微米的深度内会出现软化层。因此，目前的低速单向走丝电火花线切割通常采用抗电解电源来减少软化层对精密模具加工的影响。

（2）残余应力。电火花线切割加工表面存在由于瞬时先热胀后冷缩作用而形成的残余应力，而且大部分表现为拉应力。残余应力的大小和分布，主要与材料在加工前的热处理状态及加工时的脉冲能量有关。因此，对表面层质量要求较高的工件，应尽量避免使用较大的放电加工规准加工。

（3）耐疲劳性能。电火花线切割加工表面存在较大的拉应力，还可能存在显微裂纹，因此其耐疲劳性能比机械加工的表面低许多倍。采用回火、喷丸处理等有助于降低残余应力，或使残余拉应力转变为压应力，从而提高其耐疲劳性能。

1.10 低速走丝机的主要生产厂家

低速走丝机有优异的加工性能，如较高的蚀除效率、加工精度和表面质量，可以满足航天航空、军工、模具行业对精密零件和模具制造的更高要求。目前国外低速走丝机制造厂商主要有瑞士GF Machining Solutions（原瑞士Agie Charmilles，简称+GF+），日本三菱电机（MITSUBISHI）、发那科（FANUC）、沙迪克（SODICK）、牧野（MAKINO）、西部（SEIBU），西班牙欧纳（ONA），以及俄罗斯APTA公司等。各个厂家均采用高、中、低档次不同产品配置。总体而言，瑞士+GF+公司的加工方案代表着低速走丝电火花线切割加工的国际领先水平。

我国台湾地区的低速走丝机起步虽然较晚，但发展迅速。其关键的一个举措就是由若干家电加工机床制造企业共同出资，在有关部门一定程度的支持下，投入大量的人力、物力进行关键技术的研发。经过十多年的攻关，在控制系统及电源等关键技术上取得了突破。台湾各企业制造的低速走丝机目前属中档产品，一般都采用无电阻防电解电源，具有锥度切割、浸入式加工等功能，目前已有庆鸿（CHMER）、徕通（ACCUTEX）、精呈（EXCETEK）等厂商可以批量生产。由于性价比较高，台湾低速走丝机的年产量占世界市场的20%以上。大陆能够自主研发生产低速走丝机的厂家为数不多，对新一代低速单向走丝电火花线切割加工技术研究起步也较晚。大陆生产低速走丝机的主要骨干企业有北京安德建奇数字设备有限公司（NOVICK）、苏州三光科技股份有限公司和苏州电加工机床研究所有限公司（DK76系列）等。

国外电火花线切割机床制造商为了占领中国低速走丝机的市场份额，纷纷采取不同的竞争策略，采取高、中、低价位和技术水平不同档次的产品布局，最大限度地满足不同层次客户的使用需求，同时在市场销售量最大的中档技术性能指标的低速走丝机上不断开发新的实用技术，以扩大机床的加工范围及提高各项工艺指标。例如，日本MITSUBISHI公司的线切割产品系列（图1.33），其中有顶级的油基切割机床MX600。

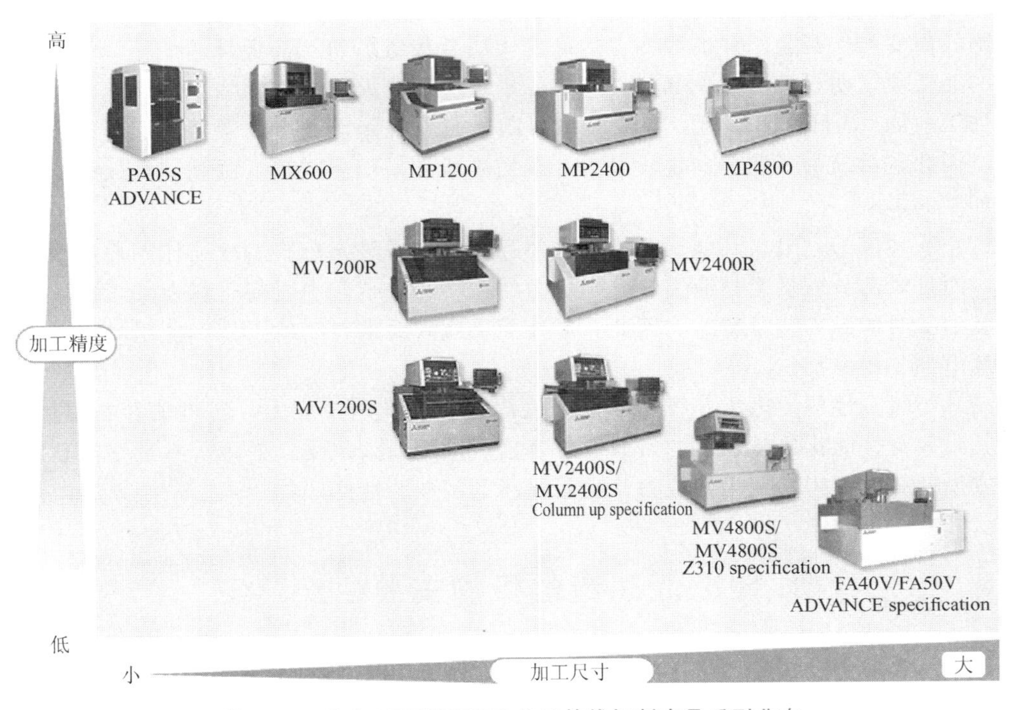

图1.33 日本MITSUBISHI公司的线切割产品系列分布

我国台湾地区生产的低速走丝机在性能、精度等方面已经达到国际中档且接近高档低速走丝机的水平，在高精度低速走丝机方面，其价位仅为瑞士和日本机床的1/3～1/2，因此具有比较好的性价比优势。图1.34所示为线切割机床加工精度及价格的分布趋势。总体而言，我国（大陆）低速走丝机在整机性能、可靠性、稳定性等方面与国外的机床相比仍然存在明显的差距。该产业如何发展这一战略问题值得业内专家深思。我国（大陆）自主研发的具有多次切割功能的高速走丝机（俗称“中走丝”）在加工精度、表面质量及相关性能方面虽然近年来获得了某些突破性的进展，部分精密“中走丝”已接近低档低速走丝机的加工水平，而且在价格及运行成本方面也保持着绝对的竞争优势，但由于往复走丝的特点，在精度方面是不可能与低速走丝机相抗衡的。

为提高电火花线切割工艺水平，提高机床自动化程度和智能化程度，满足市场的不同要求，国内外电加工研究人员及制造商都在积极采用现代研究手段和先进技术进行深入研究开发，向电火花线切割加工信息化、智能化和绿色化方向发展。低速走丝机主要生产厂商及产品外观如图1.35～图1.48所示。

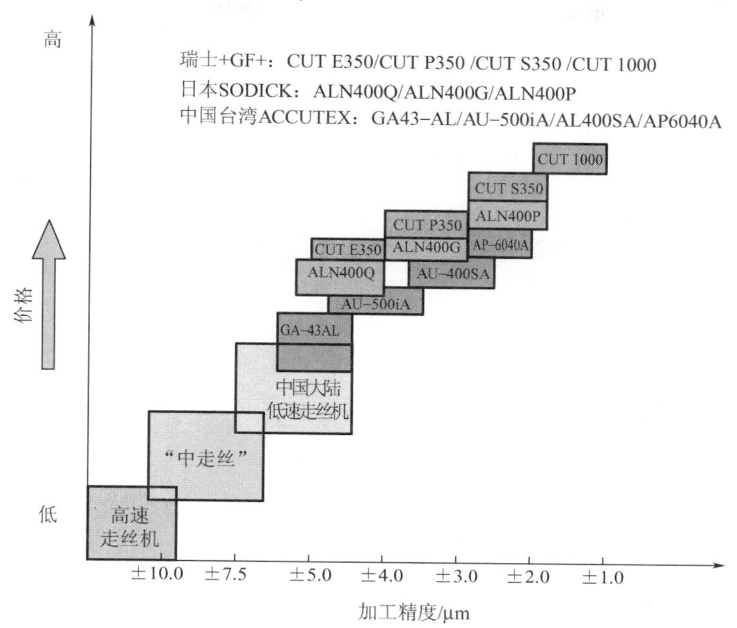

图1.34 线切割机床加工精度及价格的分布趋势

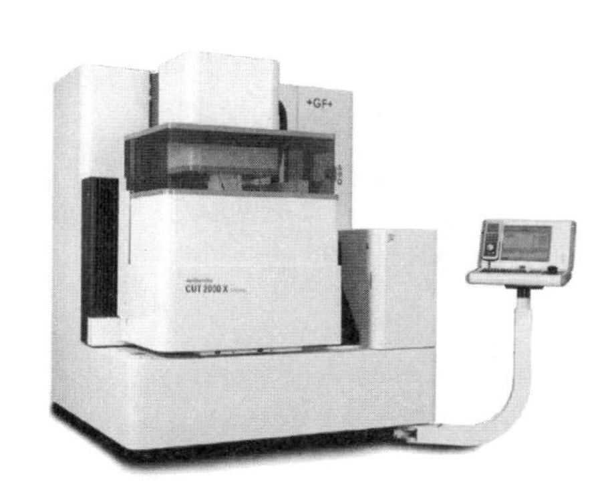

图1.35 瑞士+GF+公司产品

图1.36 日本MITSUBISHI公司产品

图1.37 日本FANUC公司产品

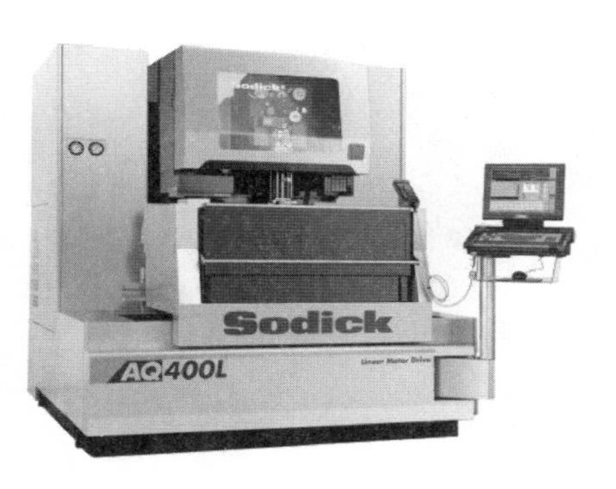

图1.38 日本SODICK公司产品

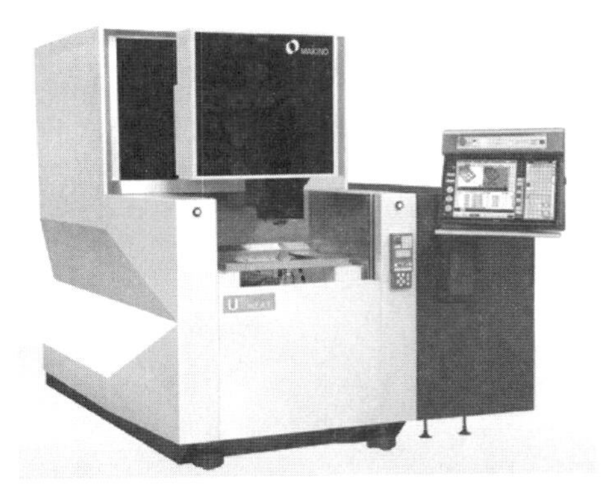

图 1.39　日本 MAKINO 公司产品

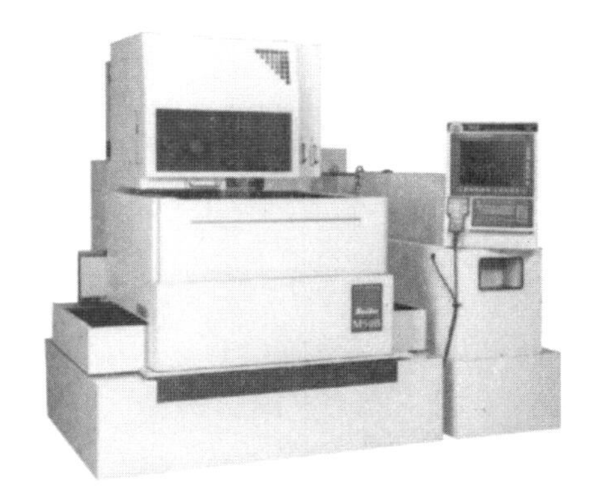

图 1.40　日本 SEIBU 公司产品

【线切割机床简介 1】

【线切割机床简介 2】

【线切割机床简介 3】

图 1.41　西班牙 ONA 公司产品

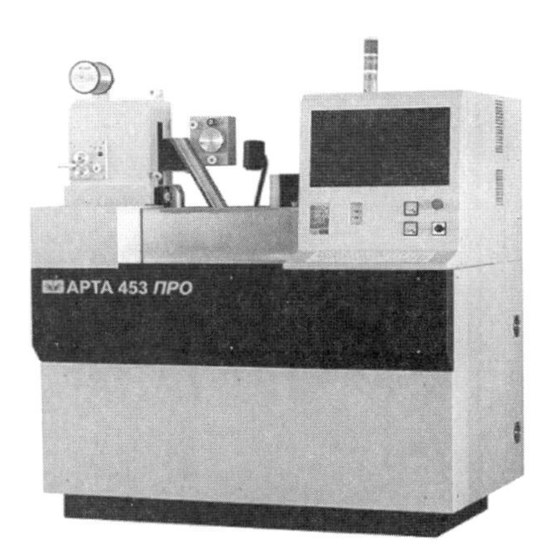

图 1.42　俄罗斯 APTA 公司产品

图 1.43　中国台湾 CHMER 公司产品

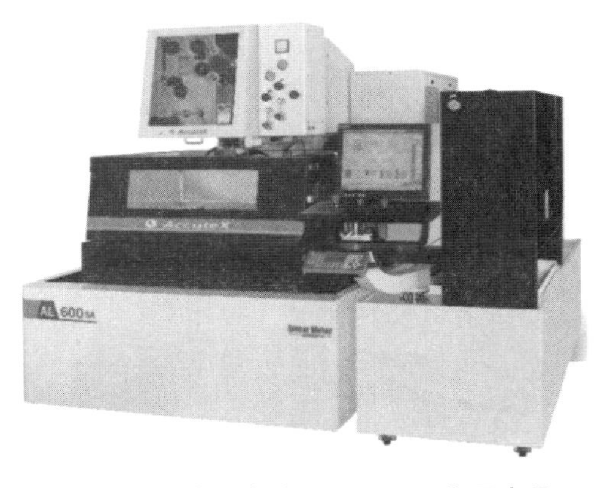

图 1.44　中国台湾 ACCUTEX 公司产品

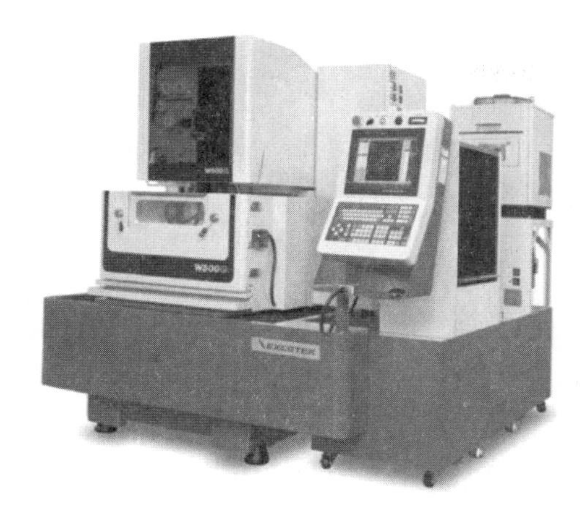

图 1.45 中国台湾 EXCETEK 公司产品

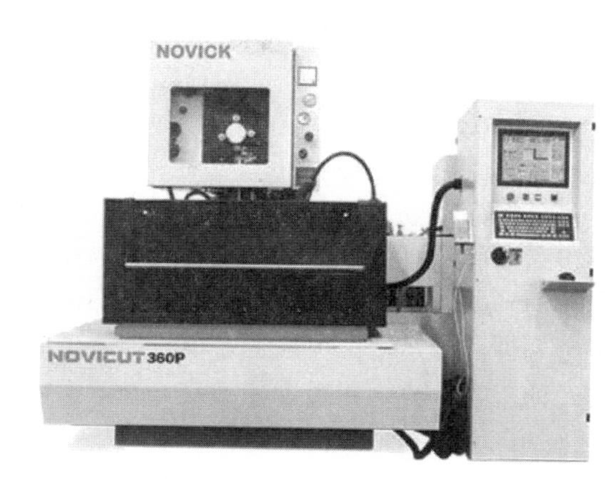

图 1.46 中国北京 NOVICK 公司产品

图 1.47 中国苏州三光科技公司产品

图 1.48 中国苏州电加工机床研究所产品

目前业内通常将低速走丝机分为顶级、高档、中档、入门级四个档次。

(1) 顶级低速走丝机。顶级低速走丝机代表了目前的最高水平，主要由瑞士、日本制造。这类机床的加工精度能保证在±0.002mm 以内，最高切割效率可达 400～500mm^2/min，最佳表面粗糙度可达 *Ra* 0.05μm，具有完美的加工表面质量，表面几乎无变质层，能使用 ϕ0.02mm 的电极丝进行微精加工，主机具有热平衡系统，一些机床采用油中切割加工。这类机床功能齐全，自动化程度高，可以直接完成模具的精密加工，所加工的模具寿命已达到机械磨削水平。

(2) 高档低速走丝机。高档低速走丝机基本上由瑞士和日本公司生产，中国台湾地区的一些性能好的机床的技术水准也能达到这个档次。这类机床具有自动穿丝功能，无电阻防电解电源，整体热恒定系统，能采用 ϕ0.05mm 的电极丝进行切割，加工精度在±0.003mm，最高加工效率能达 350mm^2/min 以上，最佳表面粗糙度可达 *Ra* 0.10μm，具有适时检测工件截面变化、实时优化放电功率功能。这类机床也广泛用于精密冲压模加工。

(3) 中档低速走丝机。中档低速走丝机一般由瑞士和日本公司在中国的制造工厂生产，中国台湾地区的机床技术水准也已经进入这个档次，中国大陆研发的性能较好的低速走丝机也开始进入这一领域，其配置和性能满足了国内大多数精密线切割加工的要求。这类机床一般都采用无电阻抗电解电源，具有浸水式加工、锥度切割功能，实用的最高切割效率为 200～250mm^2/min，最佳表面粗糙度达 Ra 0.30μm，加工精度可达±0.005mm，一般采用 ϕ0.10mm 及以上的电极丝进行切割，配备的防撞保护系统可避免由编程错误或误操作引起的碰撞受损，配备或者可选配自动穿丝机构。

(4) 入门级低速走丝机。入门级低速走丝机一般是中国大陆自主研发生产的机床，其配置和性能满足中国大陆普通模具与零件的加工要求。这类机床一般使用割一修一、割一修二的工艺，表面粗糙度能稳定在 Ra 0.60μm 左右，加工精度在±0.008mm，大多只能使用 ϕ0.15mm 及以上的电极丝进行切割，加工的表面微观组织、拐角精度与先进的机床有一定的差距。

总的来说，低速走丝机与高速走丝机相比，在加工效率、精度、表面质量等方面都具有非常明显的优越性。目前中国大陆的具有多次切割功能的高速走丝机虽然已经达到可以替代或部分取代入门级低速走丝机的水平，但要进一步达到更高的加工要求，还有相当大的差距，尤其是在切割精度方面。但也必须看到，低速走丝机的运行成本比较高，一般是高速走丝机的几十倍甚至上百倍，并且机床的一次性投入较大，因此低速走丝机和高速走丝机将会长期并存，并将会越来越多地应用于各加工领域。

1.11 低速走丝机的主要技术进展

为了保证低速走丝机高精度及高表面完整性的加工，机床的机械精度、脉冲电源精度和伺服控制精度（包括对机械运动、脉冲参数、走丝系统和工作液系统的控制）都已达到极高的水准。采用水温冷却装置，使机床基体内部温度与水温相同，从而减小了机床的热变形；采用闭环数字交（直）流伺服控制系统，确保了机床具有优良的动态性能和高定位精度，加工精度可控制在若干微米以内，精密定位可实现 0.1μm 当量的控制；加工中采用浸水式加工，降低了工件热变形；采用闭环电极丝张力控制，提高了电极丝的稳定性；采用电压调制对刀电源实现了高精度对刀，对刀精度可达 0.002mm。

目前精密低速走丝机的主要技术进展体现在以下几个方面。

1. 采用高质量、高刚性的机械结构并采用均恒温控方式

机械结构的高刚性是实现高精度加工的基础，同时高精度低速走丝机多采用闭环控制系统，在工作台上装有位置测量装置（如光栅、磁尺等），以便随时反馈工作台的位置，进行“多退少补”，实现全闭环控制。此外，提高低速走丝机的加工精度是一个系统工程，除了脉冲电源、各种控制系统、工作液系统、加工工艺技术等以外，机床布局的合理性及机械刚性、传动链的传动刚性及传动精度、主机及工作液系统的热平衡等均对提高加工精度和改善控制性能起到显著的作用。

2. 高效脉冲电源技术

超窄脉冲电流的上升速率、加工过程检测及脉冲参数的适应控制能力及控制策略是影响切割效率的关键技术。脉宽作用时间长，易造成熔化方式蚀除，使加工表面形貌变差，变质层增厚，内应力加大，并且易产生微裂纹，同时还会增加断丝概率；而当脉宽小到一定值时，放电作用时间短，极间易形成汽化蚀除加工，可以减小变质层厚度，改善表面质量，减小加工表面内应力，避免加工表面微裂纹的产生。

国外低速走丝机窄脉宽高峰值电流脉冲电源在窄脉宽的情况下，其峰值电流可以达到1200A，高峰值电流与其他条件配合（各种控制方式、供液条件、复合电极丝等），可使最高切割效率达到400～500mm²/min。例如，瑞士+GF+公司的CUT PROGRESS机床，最高切割效率达500mm²/min，其e-cut新型电源具有窄脉宽高峰值电流（≥600A/μs）的特点，使粗加工时也能实现汽相抛出，因此在切割效率达300mm²/min时，表面粗糙度 $Ra \leqslant 0.8\mu m$，这种具有实用价值的高效加工可减少多次切割次数，使平均加工效率成倍提高。日本MITSUBISHI公司生产的FA-V系列机床，采用高速V500电源，最高切割效率可达470mm²/min，特别在较高厚度（100mm以上）加工时，切割效率的优势尤其明显。日本MAKINO公司的DUO64机床，采用H.E.A.T高能量技术，在上下喷水嘴不能贴近工件的情况下，能实现 $\phi 0.25$mm电极丝120mm²/min的高效加工，切割效率比以往提高了25%～75%。日本FANUC公司的ROBOCUT α系列机床，采用AI脉冲控制技术，统计单位时间内的有效和无效放电脉冲数，适时控制放电能量和进给速度，使放电能量分布均衡，防止由于集中放电而引起的断丝，实现了机床的稳定高效加工。瑞士+GF+公司的CUT 200C机床，采用最新一代的CC（Clean Cut）数字脉冲电源，利用快速开关元件，对放电回路进行整合，通过高频窄脉冲放电，既可提高切割效率，又能获得高品质的加工表面，同时，其新的脉冲波形可减少加工变质层，使加工的模具或工具使用寿命明显延长，加工工件厚度为70mm时，表面粗糙度达 Ra 0.05μm。日本MITSUBISHI公司的FA10S和FA20S Advance机床，装备了新开发的形状控制电源（Digital-AEⅠ、Digital-AEⅡ），通过控制上下进电块进电能量的配比，对放电位置进行控制，可有效减小加工零件的腰鼓度，在粗加工、半精加工和精加工中实现了零件的高垂直度。该方法对提高大厚度工件垂直度非常有效，它改变了以往通过试加工，人工寻找合适的加工参数及通过增加加工次数修正垂直度的传统方法。利用该方法对厚度为200mm的工件只进行一次粗加工，其加工垂直度可控制在5μm以内，并由于粗加工精度的提高，使得后续精加工时间缩短了20%。

我国生产的低速走丝机脉冲电源技术近年来也获得了比较大的进步，但与国外先进水平相比还存在一定的差距。苏州三光科技股份有限公司研发的LA500低速走丝机配有无电解粗加工电源，同时其研制的纳秒级微精加工电源已经实现了脉宽小于50ns的功率脉冲的放大及传输，实现了最佳加工表面粗糙度 Ra 0.20μm的微细准镜面加工。通过优化脉冲电源主振控制策略，强化功率回路的阻抗配置、能量传输效率，提高加工状态检测的精准度及快速性，较大幅度地提高了切割效率，最高切割效率可达350mm²/min。北京NOVICK公司推出的AW310T带自动穿丝装置的浸水式高精密低速走丝机使用先进的脉冲电源和放电回路控制技术，实现了全数字化控制，能够精确检测和控制每一个放电脉冲，从而获得高的切割效率和好的表面质量，能实现最佳表面粗糙度 Ra 0.30μm 的准镜面加工，尺寸精度在±3μm 以内；另外该机床还内置了人造金刚石（PCB）加工电源，可以满足特殊需求的加工。

3. 表面质量

低速走丝机目前普遍采用平均电压为零的抗电解脉冲电源，使得电解的破坏降到最低程度。此外，由于脉冲电源的改进，加工普遍采用高峰值、窄脉宽，材料大多数为汽相蚀除抛出，带走了大量的热，工件表面温度不会升高，开裂的现象大大减少，不仅切割效率高，而且使表面质量大大提高。采用抗电解电源进行电火花线切割加工，可使表面变质层控制在 2μm 以下。切割的硬质合金冲模刃口的耐磨性和磨削没有什么不同，甚至优于机械磨削加工，越来越多的零件加工可以做到“以割代磨”。

4. 高速自动穿丝功能

国外低速走丝机几乎全部配置了自动穿丝机构（Automatic Wire Threader，AWT），穿丝成功率和自动化程度都很高。自动穿丝系统是一个综合了电动、气动、喷流、控制、检测等多个环节的复杂系统。断丝点穿丝降低了重新从起始点加工的不必要时间，避免了在起始孔穿丝后通过间隙沿轨迹返回可能产生的夹丝危险。在浸水式穿丝方面，电极丝采用通电双向拉断系统和小孔自动搜索功能形成水下穿丝。低速走丝机自动穿丝系统不断提高直径小于 ϕ0.10mm 电极丝的穿丝成功率，以及在曲面工件或中空工件上的穿丝成功率。日本 MITSUBISHI、MAKINO 及 SEIBU 公司的低速走丝机重点研发了 ϕ0.20mm 电极丝在多级中空零件上的自动穿丝技术。瑞士+GF+公司的 CUT 系列机床设计了开放式导丝嘴，即使电极丝直径非常细（ϕ0.03mm），也能方便地通过导丝嘴。自动穿丝系统在即使实际穿丝孔与编程穿丝孔稍有偏移的情况下，也能自动探测所偏移的穿丝孔、自动穿丝和修正加工起始点。机床的穿丝速度也越来越快，日本 MAKINO 公司机床的自动穿丝时间为 15s；日本 SODICK 公司机床的穿丝时间为 13s；日本 MITSUBISHI 公司具有全世界最快的自动穿丝装置，当板厚为 50mm 时，穿丝时间为 10s，切丝、穿丝总时间为 25s，目前用 ϕ0.10mm 的电极丝，可穿过 ϕ0.16mm 的起始孔 50 次，成功率 100%，一次穿丝时间 10～15s。重穿丝可以在切缝中进行，不必回到起始孔位置，其范围已扩大到 ϕ0.07～ϕ0.30mm 的电极丝。

国内苏州三光科技股份有限公司研发的自动穿丝系统，通过对电极丝通电加热，再用压缩空气迅速冷却的方式，对穿丝前的电极丝进行淬硬预处理，解决了电极丝柔软易弯曲、不易成形的问题；电极丝的运动采用高压水喷流、真空吸气等技术进行引导，结合检测传感技术，及时判断穿丝状况，同时对电极丝可能出现的弯曲等异常情况及时进行检测判断和快速多次试穿。该公司带有抽真空功能的新型的自动穿丝喷嘴装置，在电极丝通过下喷流管路的进水端处连接抽真空装置，在穿丝时能吸收上喷流水柱落下时溅出的水滴，以减少对喷流水柱的干扰，有效地保证了水流的稳定性，使得穿丝能顺利、自动进行，提高了穿丝成功率。

5. 双丝系统

双丝系统能实现在一台机床上自动切换两种材质、直径不同的电极丝，从而解决了高精度与高效率加工的矛盾。在系统中，粗（ϕ0.33～ϕ0.36mm）、细（≤ϕ0.10mm）电极丝分别采用相互联锁的两套类似的走丝系统，而导丝器系统是统一的，没有移动部件，用以保证最佳精度，换丝时间不到45s。两种电极丝采用的加工规准、切割路径及偏移量等均由专家系统自动设定。粗加工时，采用直径较大的电极丝进行加工，使电极丝可承受更大的张力与热负载，因此可选择电流较大的加工规准进行加工，提高加工效率。精加工时，选择直径小的电极丝用精规准进行加工，确保良好的形状精度与尺寸精度。这种系统大大提高了加工效率和加工零件的表面质量。瑞士+GF+公司的 ROBOFIL 2050TW、ROBOFIL 6050TW 低速走丝机配备了双丝系统，如图 1.49 所示。实验证明，用双丝系统进行粗、精加工，比用原来传统的更换电极丝方式进行加工节省了 30%～50%的加工时间，而且随着工件厚度的增加，节省时间的效果更加明显。

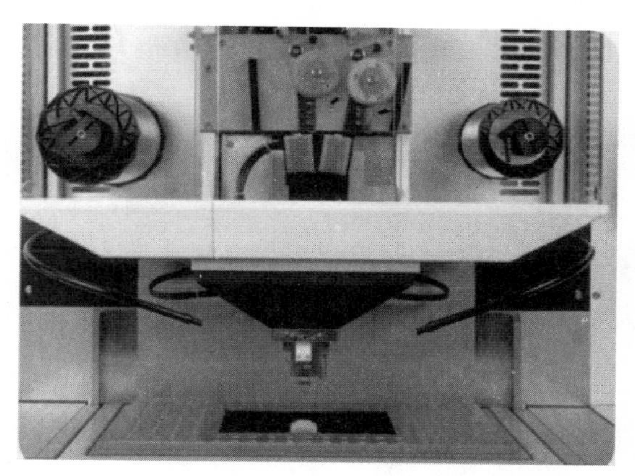

【双丝系统线切割机床】

图 1.49　瑞士+GF+公司双丝系统机床

6. 细丝切割

细丝切割属于精密加工，采用微细电极丝加工可获得更好的加工表面质量与加工精度，而且特别适用于微小零件窄槽、窄缝的加工，因此得到了国外许多研究机构与制造商的重视。微细电极丝切割一直是电火花线切割加工的难点，因为随着电极丝直径的减小，其物理、化学与机械特性都会发生很大的变化，从而使得进行正常加工的难度大大增加。首先，微细电极丝不仅刚性更小，而且抗拉能力也远小于普通直径电极丝，所以电极丝对张力波动的敏感度十分高，加工过程中容易造成断丝或加工质量恶化；其次，在放电加工过程中，电极丝及其周围介质的温度是在不断变化的，而电极丝材料的力学性能与温度密切相关，如果温度过高，即使张力很小，也有可能造成断丝。目前世界主要的几家低速走丝机制造商可以采用 ϕ0.02～ϕ0.03mm 的电极丝进行切割。此时采用钨丝进行切割，主要用于IC（集成电路）行业的引线框架模加工，还有微型插接件、微型马达铁心、微型齿轮等模具加工，如图 1.50 所示。图 1.51 所示为采用 ϕ0.02mm 钨丝切割的冰花图形（工件厚度 0.5mm，材料 PD613，尺寸外形 1.0mm）。日本 SODICK 公司采用 ϕ0.02mm 的钨丝，能加工出外径为 0.264mm，内径为 0.164mm，模数为 0.22mm、齿数为 10 的超微细齿轮（材料为 SK5、板厚 0.3mm、*Ra* 0.7μm）。

苏州电加工机床研究所有限公司研制的 DK7632 低速走丝机，采用了其研发的恒速、恒张力控制的细丝走丝系统，能实现最小电极丝直径 ϕ0.05mm 的稳定加工。

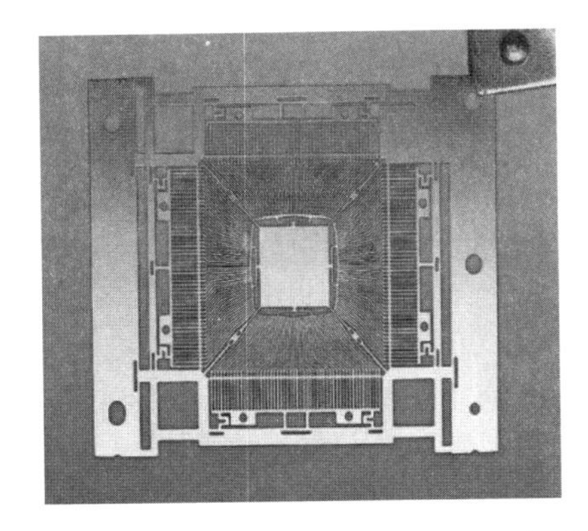

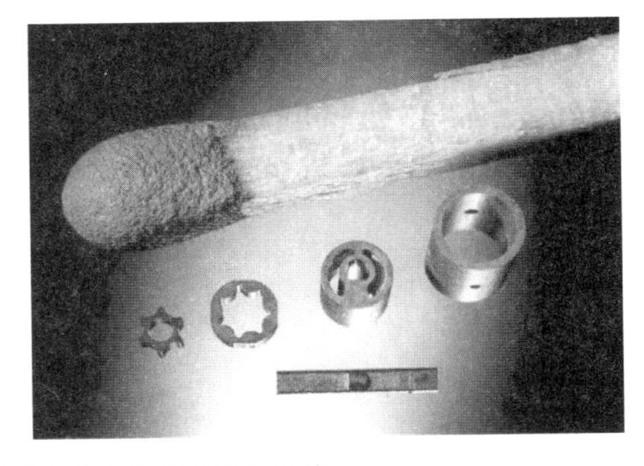

图 1.50　细丝切割的引线框架模及微小零件

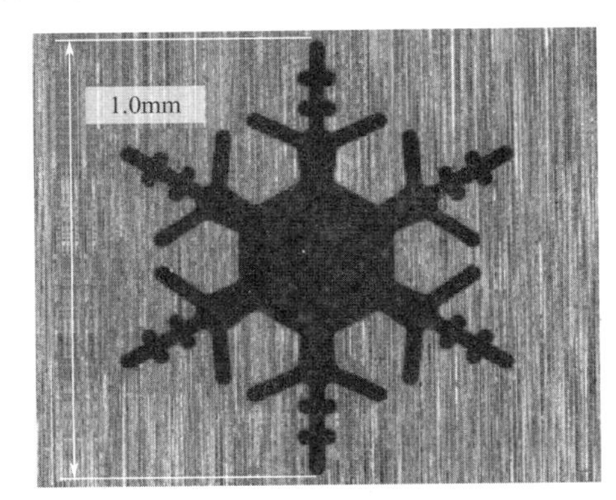

图 1.51　采用 ϕ0.02mm 钨丝切割的冰花图形

7. 变截面加工

低速走丝机在实际的模具加工过程中，不可避免地会遇到不同的加工截面。由于加工过程中工件截面发生变化时电极丝上的热密度也会发生改变从而易导致断丝，而且高度变化会引起加工间隙的变化进而引起加工精度的变化。因此随着加工截面的变化，通过自动检测，根据截面的变化自动控制加工能量，使切割效率和加工精度自始至终保持最佳状态，是提高变截面切割效率的有效措施。例如，日本 MITSUBISHI 公司的 FA 系列机床采用了加工电源控制系统。该系统由工件厚度检测器、加工状态检测器和脉冲能量输出控制器等部分组成，以适应加工截面的变化，尤其适合台阶形、中空形、薄形等零件加工，应用这种专家系统切割效率一般能提高 30%左右。这种变截面加工技术在日本、瑞士生产的机床上应用较广。

变截面加工技术在我国还处于初始阶段。苏州电加工机床研究所有限公司通过对切割速度及其相关放电及运动参数进行理论建模，以实验数据回归得出相应的模型系数，通过检测放电率、工作台进给速率及放电电流等参数，采用递推算法在线实时计算出切割厚度的预测值，然后根据计算得出的厚度，实时调节放电电流的频率和伺服进给速度，以确保放电截面的电流能量密度不超过断丝的临界值，在保证不断丝的前提下实现变厚度切割时切割速度最大化。

8. 多次切割加工工艺

多次切割技术是提高低速走丝机加工精度及表面质量的根本手段，一般通过一次切割成形，二次切割提高精度，三次以上切割提高表面质量。低速走丝机近年来在达到同样的加工质量的情况下，多次切割的次数大为减少。例如，原来为达到高质量的表面，多次切割的次数需高达7～9次，现在只需3～4次，节省了大量时间。这主要依赖于脉冲电源高效粗加工的技术进步，即如前所述，第一次高效切割（350～500mm^2/min）就能使表面粗糙度达到Ra 0.8μm，自然会减少多次切割次数，而且能达到精密加工的水平。

9. 复合加工

电火花线切割加工时，速度和精度是两个相互矛盾的加工指标，速度提高，则加工精度降低；加工精度升高，则速度降低。日本SODICK公司为了同时提高加工速度和加工精度，提出了电火花线切割和水射流复合加工的形式（图1.52）。这种技术在保证加工精度的同时，大幅度地提高了加工速度。线切割与水射流复合加工可以实现超高速加工，但不会降低各自单独的加工性能，通常把水射流加工作为一次切割的高速粗加工，而把线切割加工作为两次及以后切割的精加工。如图1.53所示，工件厚度为25mm，水射流加工作为粗加工可以节省约1/3的加工时间，切割效率可达3000mm^2/min，经过一次精加工后表面粗糙度Ra<1.2μm。

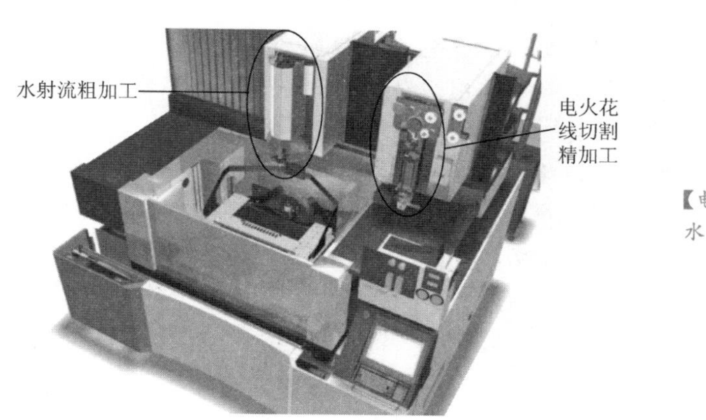

【电火花线切割和水射流复合加工】

图1.52 电火花线切割和水射流复合加工机床

10. 自动化、人工智能的控制系统

自动化、人工智能技术一直是电火花线切割加工技术不断追求的目标，自动化程度的高低直接决定了切割效率与加工精度。电火花线切割加工的自动化、人工智能技术已经由原来的某项关键技术的自动化、人工智能技术的应用扩展到整体电火花线切割加工的自动

化、人工智能技术的应用。此外，电火花线切割加工专家系统在不断完善后已不是一个单纯的数据库，其内容变得十分丰富，功能十分强大，具有很强的实用性。

图 1.53　电火花线切割和水射流复合加工零件

（1）拐角专家系统。影响加工精度的因素很多，除机床的机械精度和走丝系统的稳定性外，加工间隙中放电时的爆炸力和高压水在加工缝隙中向加工路径后方的压差推力对电极丝的滞后作用，也会造成电极丝实际运动轨迹偏离数控代码的预定轨迹，体现在加工小圆弧时实际圆弧直径偏小、加工拐角处出现塌角，影响加工质量和精度。目前用于减小或补偿电极丝变形的方法主要有拐角能量控制策略、轨迹控制策略和实时检测修正法与人工智能技术应用。例如，日本 MITSUBISHI 公司 CM 角部加工控制系统，针对较薄的工件，用轨迹控制修正电极丝可得到修正的角部几何形状，将加工速度作为主要考虑因素；对较厚的工件和精细的几何形状，主要用能量控制来提高拐角精度。此控制系统可防止小角度加工短路，无需在程序中改变形状或加工零件，使粗加工的角部形状误差减少 70%，对于带角的凹凸模，一次切割可达到 5μm 的配合精度。

（2）自动化、智能化技术应用。自动化、智能化是未来工业的发展方向，而线切割技术能很好地适用于自动化，并与智能化相融合，符合未来工业的发展方向。此外，计算机集成制造技术、网络技术在电火花线切割加工中大量采用。新型的 CAD/CAM/CIMS 及互联网技术的应用使电火花线切割加工模式发生了很大变化，从独立、单一的生产模式发展为高度集成的、形式多样的生产模式，使电火花线切割加工制造技术进入了一个崭新的发展阶段。

在电火花线切割加工中，除了正常的加工时间，工件装夹过程所花费的时间占整个生产周期的较大部分，这种比例随着生产规模的扩大越来越显著，因而延长了产品的生产周期，提高了生产成本，不利于大批量生产的需要。此外，对于一些形状特殊或微小的工件，装夹过程也将花费大量的时间，因此，工件装夹系统的自动化操作是十分重要的。针对这种情况，目前国外一些机床制造商将机械手应用于工件装夹和操作自动化系统中。机械手的作用是调整工件与装夹装置的相对位置，以实现准确的定位与装夹。瑞士+GF+公司的 ROBOFIL 240CC/440CC 机床配备了小型 HSR－5 机器人，在进行工件自动交换时，将一个 5kg 的工件装进工作液槽中的时间不超过 10s。它还可对工件进行反转、组合装卸操作。ROBOFIL 240CC/440CC 机床还可配备内装式 QCRW 机械手，可装卸 100kg 的托盘，可承载重达100kg的工件。机械手由机床的CNC系统控制，可与局域网连接，实现远程通知、远程监控，可长时间无人看管加工，成为真正的柔性制造单元（Flexible Manufacturing Cell，FMC）。日本MITSUBISHI公司的AF20 LSWEDM机床外设3R系统的机械手可进行工作台交换，同时可纳入局域网，传输CAD/CAM格式文件，进行远程监控操作等。日本FANUC公司的ROBOCUT机床将带有视觉传感器的机械手应用于机床上，可以实现工件的自动装夹、清洗及料芯的自动处理等操作，如图1.54所示。图1.55所示为具有PCD（聚晶金刚石）刀具加工和自动装卸的ROBOCUT机床机械手系统。

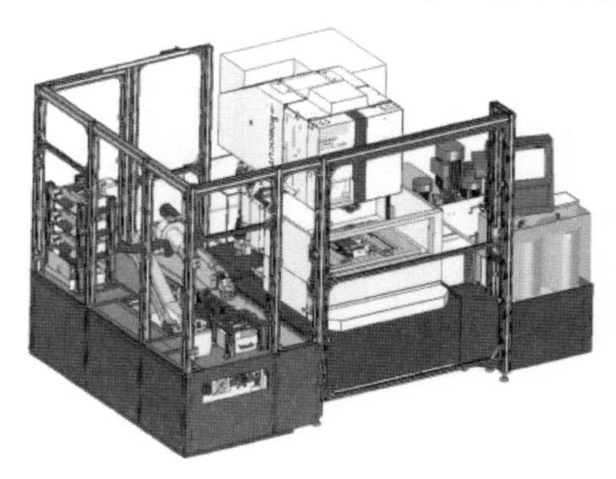

图1.54 夹具自动装卸和料芯自动处理系统

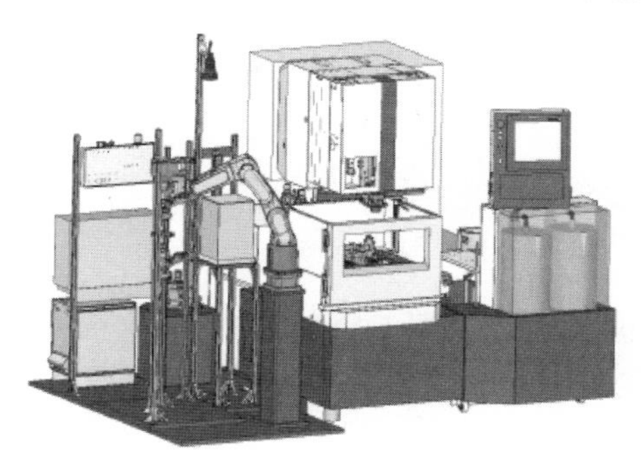

【PCD刀具加工和自动装卸系统】

图1.55 具有PCD（聚晶金刚石）刀具加工和自动装卸的ROBOCUT机床机械手系统

目前对高效、高精度及生产模式进步的不断追求，已经使得电火花线切割加工技术成为制造业中重要的生产方式之一。

思考题

1. 简述电火花加工的定义及电火花线切割加工的基本原理。
2. 高速往复走丝电火花线切割和低速单向走丝电火花线切割有什么异同点？
3. 简述电火花线切割的加工步骤、加工特点及应用范围。
4. 结合电火花加工放电波形描述电火花放电的微观过程。
5. 什么是电火花加工的极性效应？
6. 影响电火花线切割蚀除效率和加工质量的因素有哪些？
7. 电火花线切割加工的表面质量由哪些部分组成？
8. 简述目前低速单向走丝电火花线切割机床生产的主要厂家及分布。
9. 简述低速单向走丝电火花线切割技术的主要技术进展。

第2章 低速单向走丝电火花线切割机床

2.1 机床型号及主要技术参数

2.1.1 机床型号

我国生产的低速走丝机型号是根据GB/T 15375—2008《金属切削机床 型号编制方法》的规定编制的，机床的型号由汉语拼音和阿拉伯数字组成，分别表示机床的类别、特性和技术特征的基本参数。

由于各生产厂家近年来生产的机床的参数或加工工艺指标较国家标准有了较大的改进，因此一些机床型号没有采用国家标准推荐的编制方法，而是在借鉴国家标准的情况下自定义机床型号。

2.1.2 主要技术参数

低速走丝机的主要技术参数可以分为机床参数、工作区域参数、轴驱动参数、走丝系统参数、水箱参数、脉冲电源参数和数控系统参数等。

机床参数：机床尺寸、机床总质量和机床占地面积。

工作区域参数：工作台尺寸、最大工件尺寸、最大工件质量、液槽门转角、工作台到地面高度和工作液位设置。

轴驱动参数：X、Y、Z行程，U、V行程，测量装置、最小分辨率、最大加工锥度、轴运动速度和防碰撞保护。

走丝系统参数：电极丝直径、导丝器直径、电极丝张力和走丝速度。

水箱参数：洁水箱容量、污水箱容量、过滤器数量、去离子筒容量和加工液温度。

脉冲电源参数：最大加工电流和最佳表面粗糙度。

数控系统参数：硬盘容量、显示器、操作系统、控制轴数、通信接口、掉电记忆和3D/2D图形校验/缩放/移动功能。

2.1.3 精度检验标准及检验方法

国家标准GB/T 19361—2003《电火花线切割机床（单向走丝型）精度检验》和机械标准JB/T 5544—2012《电火花线切割机床（单向走丝型）技术条件》是低速单向走丝电火花线切割机床各项精度指标的检验依据。

2.2 低速走丝机结构

低速走丝机的机械结构各不相同，图2.1所示为典型低速单向走丝电火花线切割机床结构。机床主要由床身、立柱、XY坐标工作台、穿丝机构、走丝系统、工作液系统、夹具等组成。

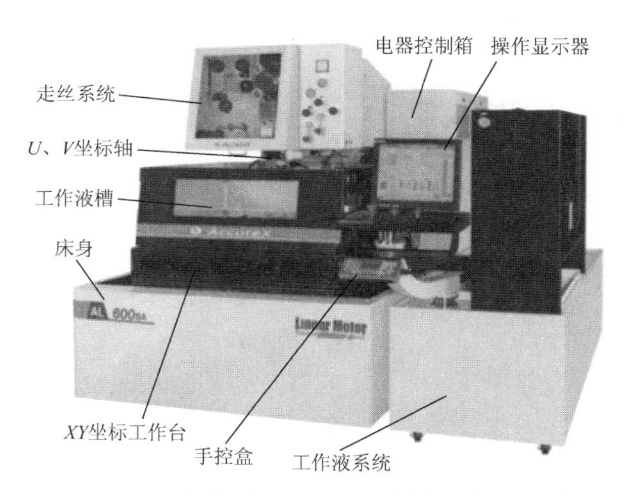

图2.1 典型低速单向走丝电火花线切割机床结构

2.2.1 床身、立柱

低速走丝机结构需要具有高刚性、高精度的特点，此外考虑到加工时热变形的影响，大多数机床采用对称结构设计，并且配有床身、立柱的热平衡装置，目的是使机床各部件受热后均匀、对称变形，减少因机床温度变化引起的精度变化。目前比较具有代表性的机床为瑞士+GF+公司的CA系列机床。该系列机床具有独特的一体化机械设计，每一部件的设计和制造都通过分析软件验证，达到最佳的性能要求，改善铸件刚性，实现铸件最优化。其T型床身采用大壁厚优质铸件，各机械部件所承受的载荷均匀施加在独立床身上，避免了振动干扰现象且不影响加工精度。X、Y 轴分别安装在独立床身上，各轴运行不影响其他轴的精度；为了减少力的传递距离（力矩）和可能产生的几何尺寸漂移，所有的运动轴安排在距离放电加工区最近的极限位置；各个轴采用直线光栅尺和编码器双位置测量反馈伺服系统，在运动时独立检测实际位置，达到 0.1μm 位置检测控制精度，开机时无需找机械原点。典型低速走丝机结构及整机外观如图 2.2 所示。

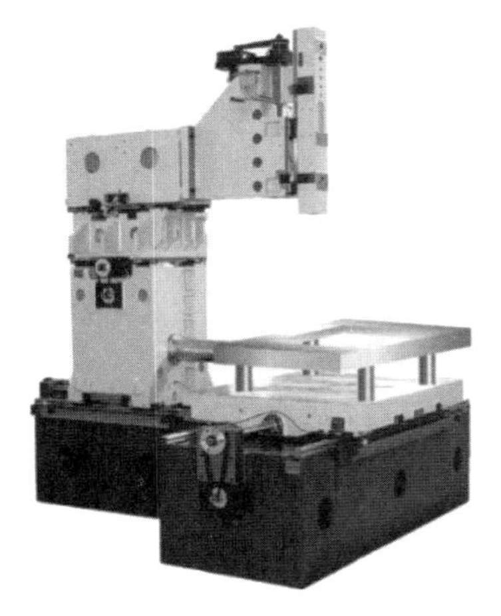

图 2.2　典型低速走丝机结构及整机外观

2.2.2　XY 坐标工作台

XY 坐标工作台是用来装夹被加工工件的，X 轴和 Y 轴由控制系统发出进给信号，分别控制其伺服电动机，进行预定的轨迹加工；与 U、V 轴伺服联动，可实现各种锥度加工。低速走丝机坐标轴示意图如图 2.3 所示。

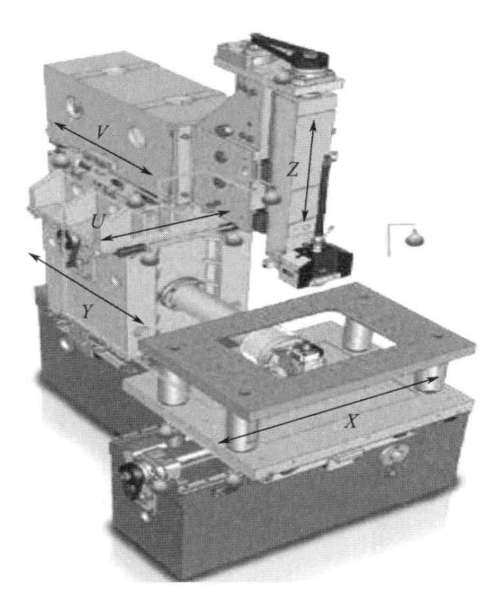

图 2.3　低速走丝机坐标轴示意图

1. 工作台

低速走丝机工作台采用的材料有氧化铝陶瓷、石材（花岗岩）、灰铸铁（HT200）等，其性能特点见表 2－1。因为氧化铝陶瓷材料用在精密机床上具有其他材料不可替代的优点，所以目前对其的应用有增加的趋势。

表 2－1　低速走丝机工作台材料种类及性能特点

材料种类	性能特点
氧化铝陶瓷	（1）线膨胀系数小，是铸铁的 1/3，热导率低，热变形小。 （2）绝缘性高，减小了两极间的寄生电容，精加工能准确地在两极间传递微小的放电能量，可实现小功率的精加工。 （3）耐蚀性好，在纯水中加工不会锈蚀。 （4）密度轻，是铸铁的 1/2，减轻了工作台的质量。 （5）硬度高，是铸铁的 2 倍，提高了工作台面的耐磨性，精度保持性好。 （6）耐高温、耐磨、强度高，具有良好的抗氧化性、真空气密性及透微波特性，一般随 Al_2O_3 含量的增加耐高温性能、力学性能、耐蚀性能均相应提高
石材（花岗岩）	（1）具有优良的加工性能，如锯、切、磨、钻孔、雕刻等，加工精度可达 0.5μm 以下，耐磨性能好，比铸铁高 5～10 倍，具有良好的防振、减振性。 （2）线膨胀系数小，不易变形，与钢铁相仿，受温度影响极小。 （3）弹性模量大，高于铸铁。 （4）刚性好，内阻尼系数大，比钢铁大 15 倍。 （5）具有脆性，受损后只是局部脱落，不影响整体表面精度。 （6）化学性质稳定，不易风化，能耐酸、碱及腐蚀气体的侵蚀，其化学性质与 SiO_2 含量成正比，使用寿命约 200 年。 （7）花岗岩不导电，不导磁，场位稳定
铸铁（HT200）	（1）铸造性能好，具有良好的减振性、耐磨性及切削加工性能，低的缺口敏感性。 （2）热稳定性高，成本低，耐蚀性差

XY 坐标工作台的移动是以下机头移动为主，而 *U*、*V* 轴移动则为上机头移动，*Z* 轴移动则是上下移动。图 2.4 所示为机床工作台运动示意图。

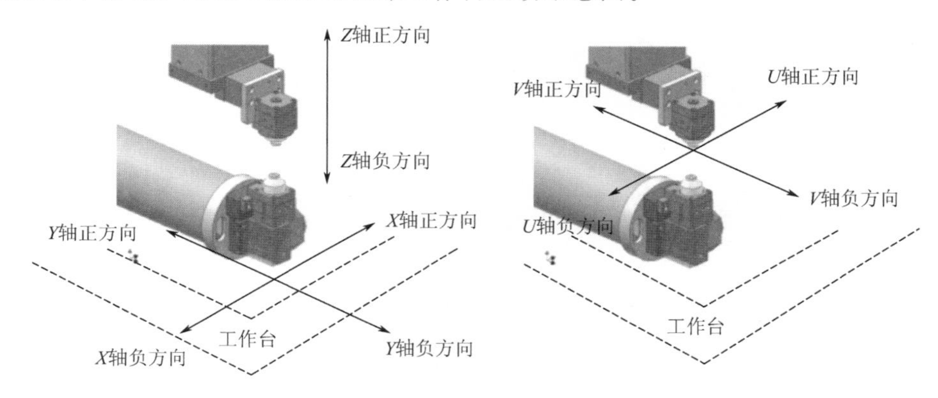

图 2.4　机床工作台运动示意图

2. 工作台驱动方式

(1) 精密滚珠丝杠、滚动直线导轨和高性能伺服电动机驱动方式。这是目前数控机床常采用的导向传动方式，X、Y 轴的伺服进给机构形式一般采用伺服电动机（或手轮）通过联轴器带动丝杠转动，进而带动螺母及拖板移动。双向推力球轴承和单列向心球轴承起支撑和消除反向间隙作用，丝杠副多采用消间隙结构。传动系统原理如图 2.5 所示。也有伺服进给运动由伺服电动机经同步带带动同步带轮减速，再带动丝杠副转动的。

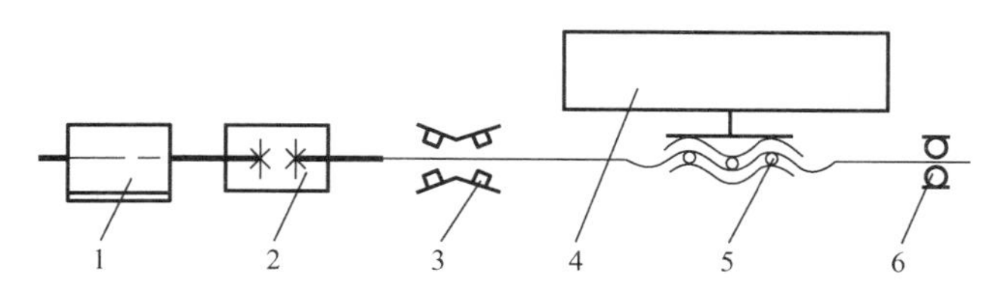

图 2.5　传动系统原理

1—伺服电动机（或手轮）；2—联轴器；3—双向推力球轴承；
4—拖板；5—丝杠副；6—单列向心球轴承

精密机床工作台的传动部分采用精密滚珠丝杠来实现；导向部分采用两根承载大、刚度高的滚动直线导轨来实现。直线导轨安装形式如图 2.6 所示。

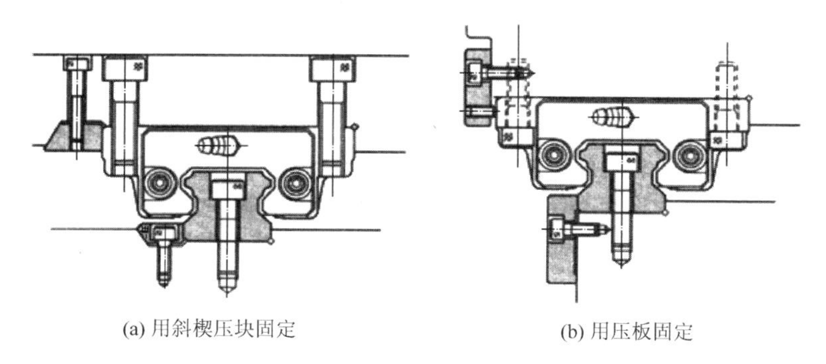

(a) 用斜楔压块固定　　(b) 用压板固定

图 2.6　直线导轨安装形式

直线导轨是目前数控机床常采用的导向结构形式，一般由导轨、滑块、反向器、滚动体和保持器等组成。它是一种新型的做相对往复直线运动的滚动支承，能以滑块和导轨的钢球滚动来代替直接的滑动接触，并且滚动体可以借助反向器在滚道和滑块内实现无限循环，具有结构简单、动摩擦系数小、定位精度高、精度保持性好等优点。直线导轨常用于需要精确控制工作台行走平行度的直线往复运动场合，拥有比直线轴承更高的额定负载，同时可以承担一定的扭矩，可在高负载的情况下实现高精度的直线运动。直线导轨结构如图 2.7 所示。

(2) 直线电动机驱动方式。直线电动机可以认为是旋转电动机在结构上的一种演变。图 2.8(a) 表示一台旋转电动机，设想将它沿径向剖开，并将定子、转子圆周展成直线，如图 2.8(b) 所示，这就得到了最简单的直线电动机。在旋转电动机中转子是绕轴做旋转运动的，而在直线电动机中动子是做直线移动的。由定子演变而来的一侧称为初级，由转子演变而来的一侧称为次级。在初级绕组中通入多相交流电，便产生一个平移交变磁场，称为行波磁场。在行波磁场与次级永磁体的作用下产生驱动力，从而实现运动部件的直线运动。

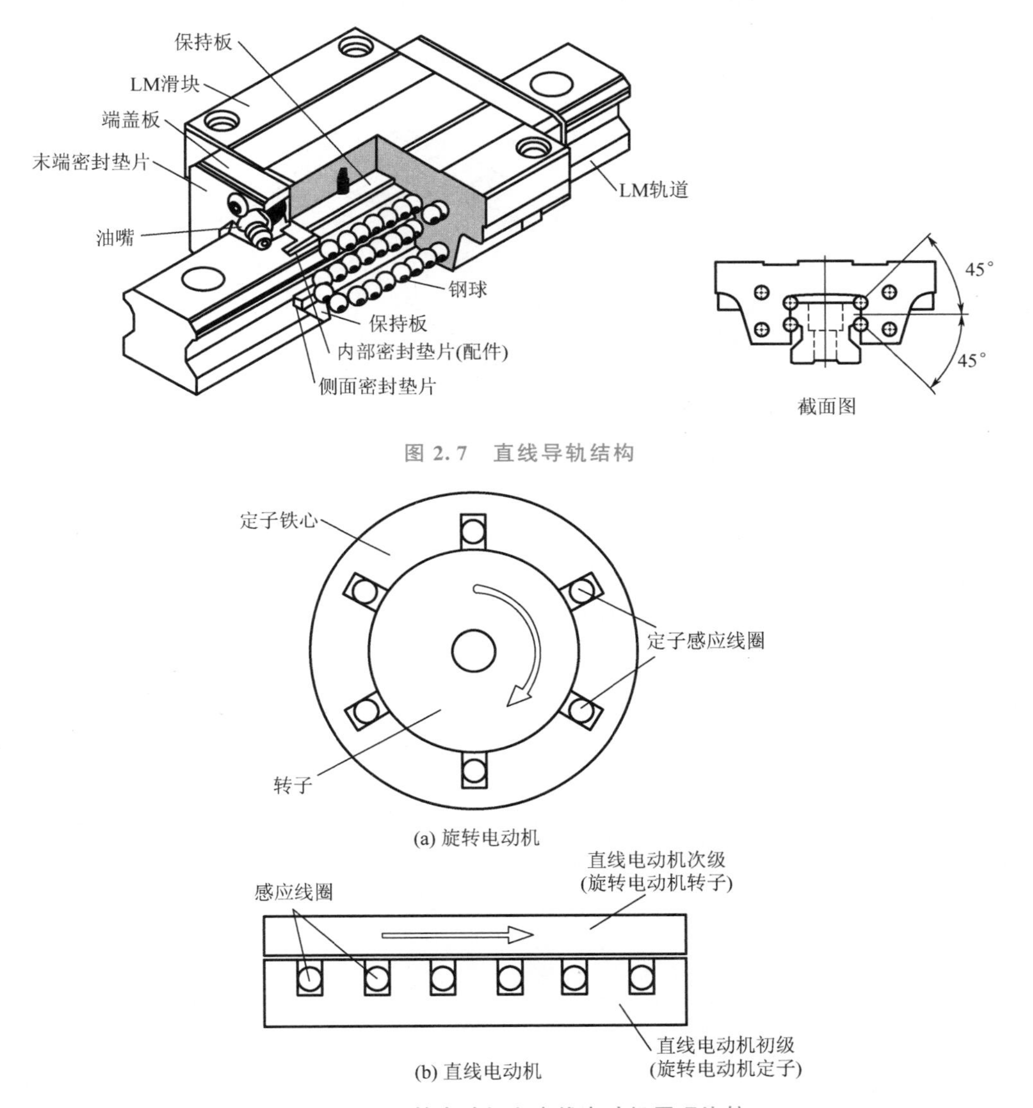

图 2.7 直线导轨结构

图 2.8 旋转电动机和直线电动机原理比较

图 2.8 中直线电动机的初级和次级长度是相等的，由于在运行时初级和次级之间要相对运动，为了保证在所需的行程范围内，初级与次级之间的耦合保持不变，因此实际应用中将初级与次级制造成不同长度，既可以是初级短次级长，又可以是初级长次级短。前者称为短初级长次级，后者称为长初级短次级。次级的感应电流和气隙磁场相互作用便产生了电磁推力，如果初级是固定不动的，次级就能沿着行波磁场运动的反向做直线运动。当然也可以固定次级，初级做正向直线运动。由于短初级在制造成本和运行费用上比短次级低得多，因此目前除特殊场合外，一般均采用短初级。把直线电动机的初级和次级分别直接安装在机床的工作台与床身上，即可实现直线电动机直接驱动工作台的进给方式。由于

这种进给传动方式的传动链缩短为零，称为机床进给系统的“零传动”。图 2.9 所示为直线电动机直接驱动工作台。这种结构是由直线电动机的陶瓷溜板（主轴）、电枢线圈、永久磁铁构成执行机构；由平衡气缸、直线滚动导轨构成导向和防扭机构；由光栅尺进行位置检测，并输出检测信号；还配置了冷却系统，以减少因热变形而造成的精度误差。

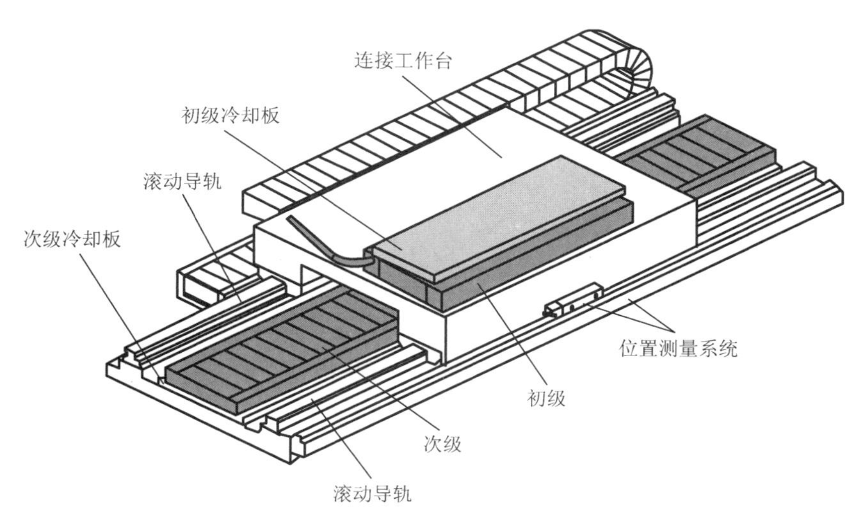

图 2.9 直线电动机直接驱动工作台

目前应用于低速走丝机的直线电动机主要有两种，即以日本 SODICK 公司为代表的平板型直线电动机和以日本 MITSUBISHI 公司为代表的圆筒型直线电动机。

日本 SODICK 公司是最早在低速走丝机上采用直线电动机驱动方式的。其自主研发和制造的平板型直线电动机为水平配置，磁体与线圈可以直接安装在机械工作台或机座等结构体上，因而能够将直线电动机的推进力无损地传递到机械结构上，长期保持高度响应性，而且，水平配置可以降低容纳直线电动机的空间高度，从而降低工作台驱动部分的重心，实现稳定驱动。日本 SODICK 公司直线电动机布局如图 2.10 所示。

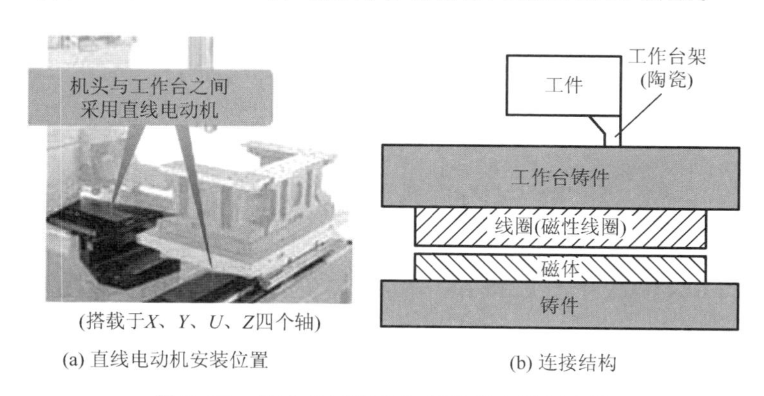

(a) 直线电动机安装位置　　(b) 连接结构

图 2.10 日本 SODICK 公司直线电动机布局

以往低速走丝机的滚珠丝杠驱动方式部件数量多，装配和调整需要熟练技术，也就是说，基于驱动装置装配精度的动态精度取决于作业人员的技术水平。日本 SODICK 公司机床采用直线电动机驱动方式，其部件少，装配和调整简便，即使长期使用也能以稳定的性能正确动作。滚珠丝杠驱动方式与日本 SODICK 公司直线电动机驱动方式对比如图 2.11 所示。

【直线电动机】

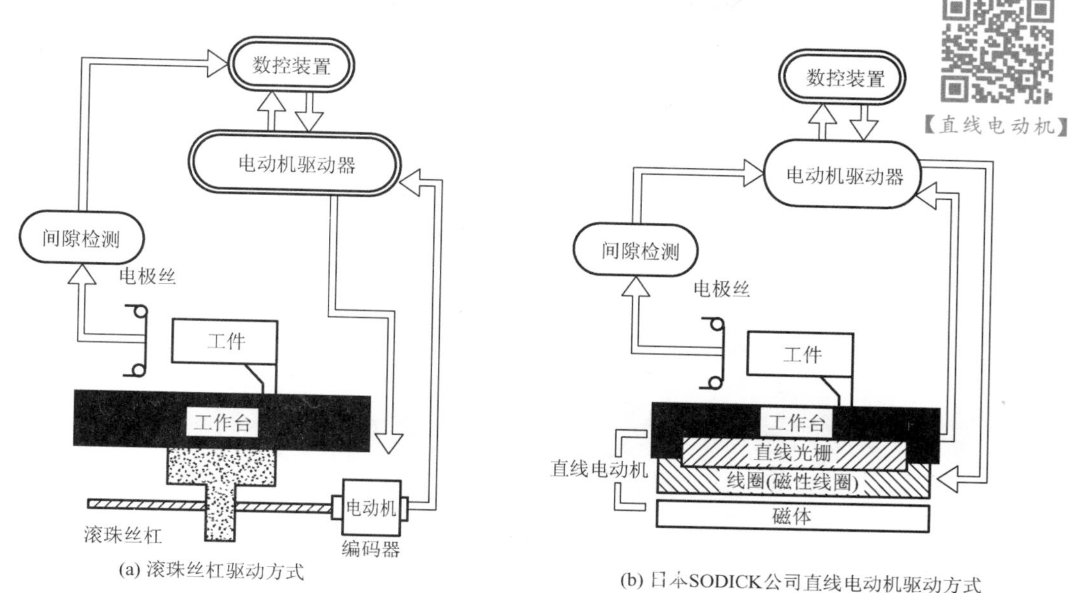

图 2.11 滚珠丝杠驱动方式与日本 SODICK 公司直线电动机驱动方式对比

圆筒型直线电动机也称套筒型直线电动机，把平板型直线电动机沿着与直线运动相垂直的方向卷成筒形，就形成了圆筒型直线电动机，其剖面图如图 2.12 所示。圆筒型直线电动机的磁路对称性好，基本上没有单边磁拉力，漏磁少，铁心和线圈的利用率高，所以推力对动子重量比值大。平板型结构必须用铣床铣槽，而圆筒型结构的平行槽用普通车床就可以加工成型，因此加工成本更低。平板型直线电动机的动子一般采用低碳钢板覆铜板或镶铜条，也可以用导电良好的金属板（铜板或铝板）；与平板型直线电动机不同，圆筒型直线电动机的动子多采用厚壁钢管，在管外覆盖 1mm 厚的铜管或铝管。

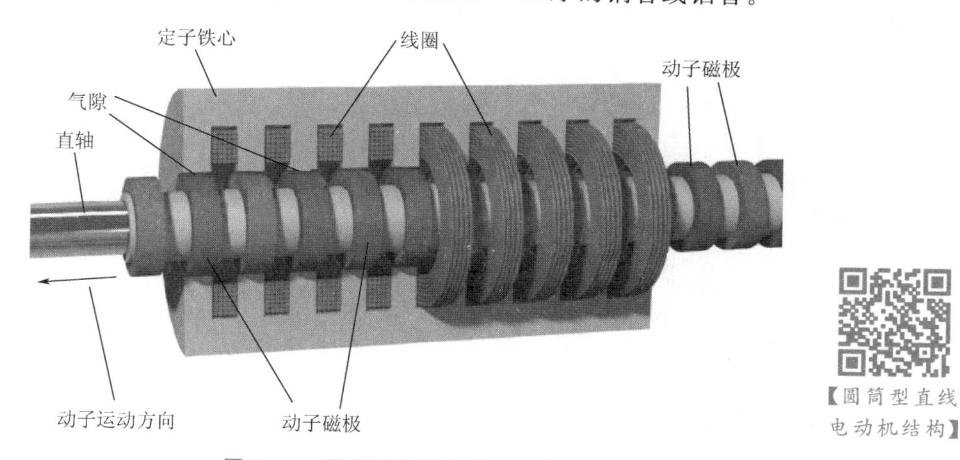

【圆筒型直线电动机结构】

图 2.12 圆筒型直线电动机剖面图

圆筒型直线电动机的定子铁心轴线剖面如图 2.13 所示。铁心呈圆筒形，圆筒内圆柱面有多个圆环形槽，线圈呈环形，槽之间的间隔为齿。一般平板型直线电动机线圈采用集中线圈，横跨于定子齿上，而圆筒型的磁通切换电动机绕线方式不同，线圈是以定子环中心轴为轴嵌于定子槽内。图 2.14(a) 所示为圆筒型直线电动机动子，动子由动子磁轭与多个永磁体磁极组成，安装在直轴上。磁轭是覆在直轴上的良导磁体，是磁极间的磁通路，环状磁极的厚度与定子齿宽相同，磁极安装在磁轭外周，间隔安装，间距与定子齿距相同。图 2.14(b) 所示为动子与定子的装配，动子磁极与定子齿之间留有气隙，动子沿定子轴线方向往复运动。

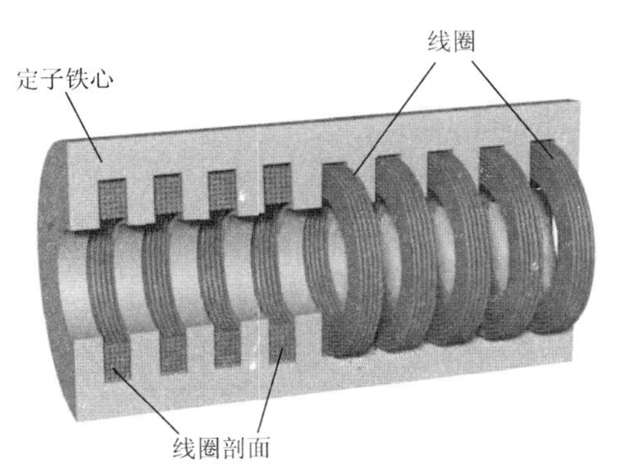

图 2.13　圆筒型直线电动机定子铁心轴线剖面

图 2.14　圆筒型直线电动机动子原理

日本 MITSUBISHI 公司 MV 系列机床的 X、Y 轴采用高推力圆筒型直线电动机，如图 2.15 所示。这种直线电动机已为 MV/NA 系列机床采用，不但能实现高精度的轴定位移动，提高真圆度，而且因全周 360°利用磁通量，高效变换磁通量为驱动力，因而能够大幅减少用电量、散热量及温度和电磁效应对精度的影响，实现机床长久精度保持。日本 MITSUBISHI 公司圆筒型直线电动机具有如下特点：高效变换全磁通为推力，可减小用电量；可实现无空转（齿隙）的高精度移动；非接触动力转动，可长时间保持稳定驱动。

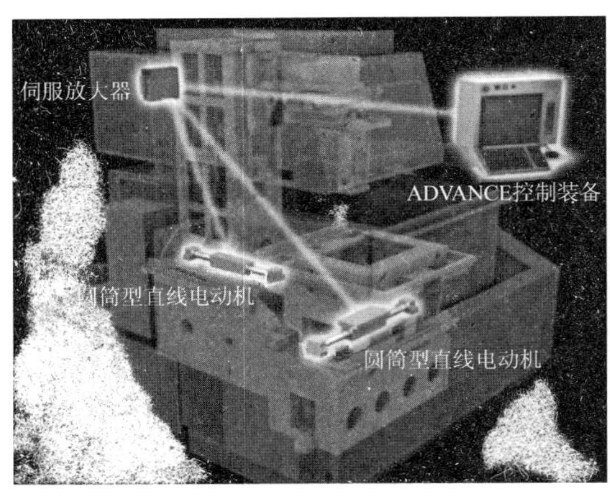

图 2.15　日本 MITSUBISHI 公司 MV 系列机床圆筒型直线电动机的应用

普通低速走丝机的定位控制由旋转电动机执行，需要附加额外的传动机构，如滚珠丝杠、齿轮或同步带等，通过这些传动机构将电动机的旋转运动转变为机床工作台的往复直线运动。然而，滚珠丝杠的使用会出现螺距误差，丝杆和螺母的间隙误差、换向时的反向间隙误差、丝杆螺母的摩擦及磨损，甚至丝杆本身也会产生弹性变形等问题，因此传统滚珠丝杠驱动方式会导致工作台定位的不准确和不确定性。在滚珠丝杠驱动系统中，为消除螺母与丝杆的间隙误差，厂家通常采用在生产中预加载荷的方式以消除间隙，但丝杆螺母副在组装精度和可靠性方面仍然存在很多不可解决的问题。

直线电动机的特点在于直接产生直线运动，不需要附加额外的传动机构，避免了滚珠丝杠存在的很多难题。因此，直线电动机驱动方式在进给速度、定位精度、横向平直度和加工稳定性方面性能更佳，而且比滚珠丝杠具有更好的刚度和更广泛的带宽响应。总之，直线电动机与间接产生直线运动的“旋转电动机＋滚珠丝杠”相比，具有以下特点。

① 定位精度高，容易获得高的传动精度。直线电动机可使摩擦系数减小到滑动导轨的1/50，使驱动扭矩减少90%。因此，可将机床定位精度设定到亚微米甚至更低级别。

② 总成本低，降低机床造价并大幅度节约电力，节约能源。

③ 可实现无间隙轻快的高速运动。直线电动机由于摩擦阻力小，因此发热少，可实现机床的高速运动，使机床的工作效率提高20%～30%。

④ 可长期维持机床的高精度，直线电动机的滚动面接触摩擦耗能小，能使直线电动机系统长期处于高精度状态；同时，由于使用润滑油少，大多数情况下只需脂润滑就足够了，这使得机床的润滑系统在设计及使用维护方面都变得非常容易。

⑤ 所有方向都具有高刚性。直线电动机的滑块与导轨间为微间隙和负间隙，因此可以极大地提高导轨的整体刚性和运动精度。

⑥ 容许负荷大。滑块和导轨紧密配合成一整体，刚性大，四个方向等负荷，因此具有较大的负荷承载能力。

作为精密加工机床，低速走丝机需要精密的运动控制系统，因此，导轨的精度对于工件加工来说至关重要。采用滚珠丝杠驱动方式和直线电动机驱动方式进行窄缝直线切割比较，如图2.16所示，可以看出直线电动机驱动方式加工的切缝均匀，表面轮廓更加清晰，更加精确。

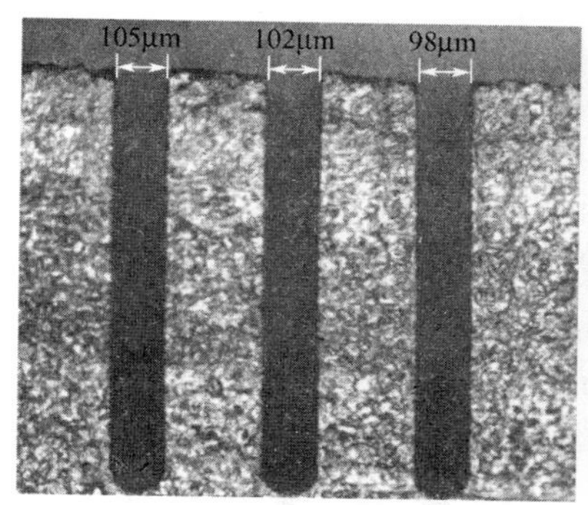

(a) 滚珠丝杠驱动方式

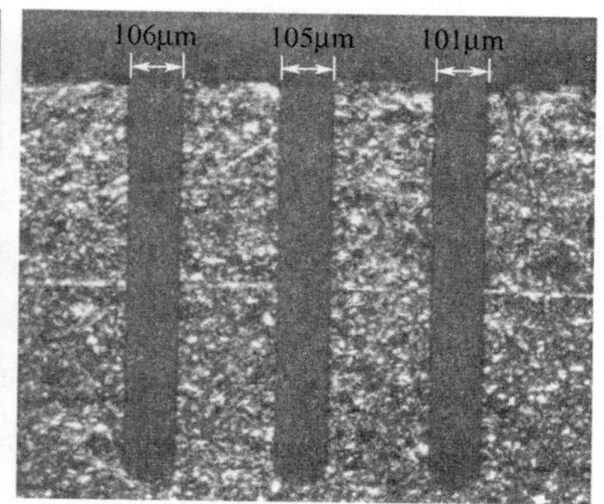

(b) 直线电动机驱动方式

图2.16 线切割窄缝加工比较

使用ϕ70μm的电极丝加工齿轮时，通过光学显微镜获得齿轮沟槽的平直度和齿的平均间距，齿轮轮廓比较如图2.17所示。从图中可以看出直线电动机驱动方式（偏差为±2.1μm）加工的齿轮比滚珠丝杠驱动方式（偏差为±3.5μm）加工的齿轮具有更好的轮廓精度和平均齿距。这是因为滚珠丝杠传动的准确性和可重复性差，导致滚珠丝杠驱动切割的槽往往是不均匀的。

由此可看出，直线电动机因为在传动精度、响应特性及精度保持性方面具有十分显著的特点，因此十分适合精密及微小型零件的切割。

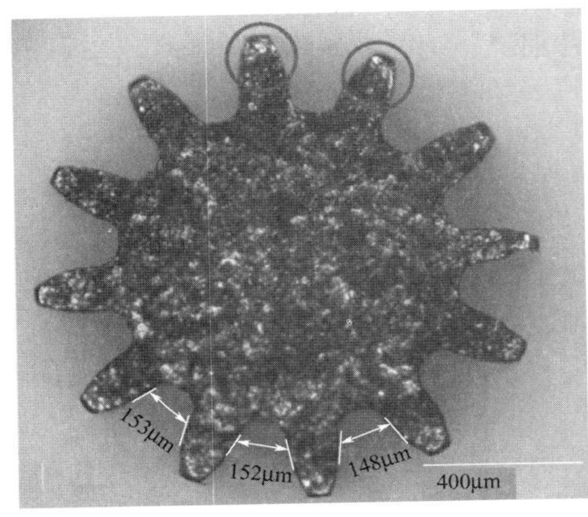

(a) 滚珠丝杠驱动方式

(b) 直线电动机驱动方式

图 2.17　线切割齿轮轮廓比较

3. 热位移补偿

低速走丝机作为一种高精度加工设备，为提高其精度的稳定性，必须考虑温度变化对机床精度的影响，如结构不合理，切割过程中机床的热变形，都会造成加工起始处与结束处的尺寸精度有较大的差异。温度对低速走丝机加工精度的影响主要体现在线架和工作台及丝杠的热胀冷缩、工件受热不均匀、环境温度的变化等；此外，在加工过程中因放电产生的大量热量也会使工作介质温度不断升高，使去离子水与机床环境温差不断增大，造成工件与工作台温度的差异，导致加工精度降低。因此，对于加工精度要求较高的工件，应将机床置于恒温环境中，还需要配置冷水机，结合机体温度自动控制水温与环境温度保持一致，并对机床热位移进行补偿，以提高加工精度保持性。如图 2.18 所示，上下导丝器位置在加工过程中因为温差的变化形成位置漂移，并且上下导丝器漂移的距离不同，导致电极丝空间位置的变化和倾斜，因此需要结合机体温度和水温进行机床的热位移补偿，使其回归原位。同时，为了使工作介质冷却装置启动与关闭时的温差控制在最小范围，精密加工机床工作介质冷却装置能够以±0.1℃为单位进行高精度的温度控制。低速走丝机的温度控制，就是使机床内部温度与通过工作介质冷却装置控制的去离子水温度相同，降低本体铸件的热变形，从而实现高精度的加工。

日本 FANUC 公司生产的低速走丝机能够实现稳定加工的热位移补偿功能。机床的所有发热源，如电子器件、电缆、驱动电动机、制动泵、电源柜、剪丝和加工产生的热量，都进行冷却或隔热处理，用循环冷空气和冷却水两套冷却系统保持机床整体温度一致，其中发电机和水泵还有自己的冷却系统，所有设备都能避免机床发热产生的影响，这种热稳定性有助于保证机床的高精度。机床热位移补偿如图 2.19 所示。其具体做法如下。

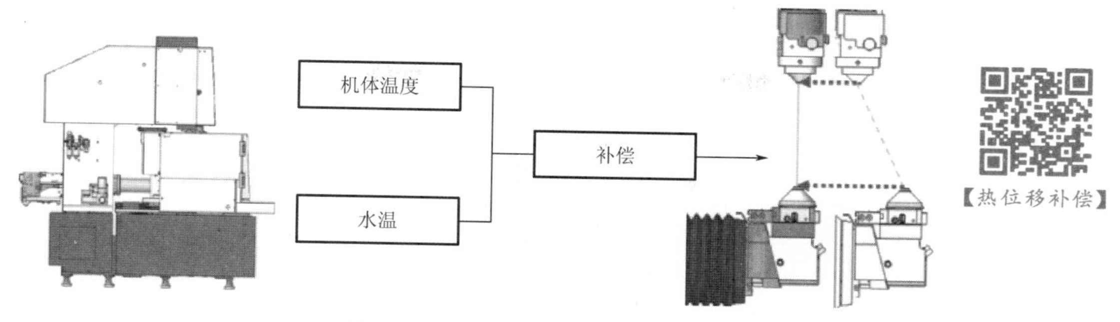

图 2.18 机床热位移补偿

（1）利用多个温度传感器（多达七个），实现精密的热位移补偿，如图 2.19(a) 所示。

（2）减少由于室温变化而导致的上下导丝器变位。有无热补偿的导丝器位置变化的差异如图 2.19(b) 所示。

（3）根据用户实际加工环境，自动调整整机温度使之处于合适范围，如图 2.20 所示。虽然室温在一天内有较大的变化，但通过机床自身冷却系统的调节，机床整体的温差变化很小，从而保证了机床加工的精度。

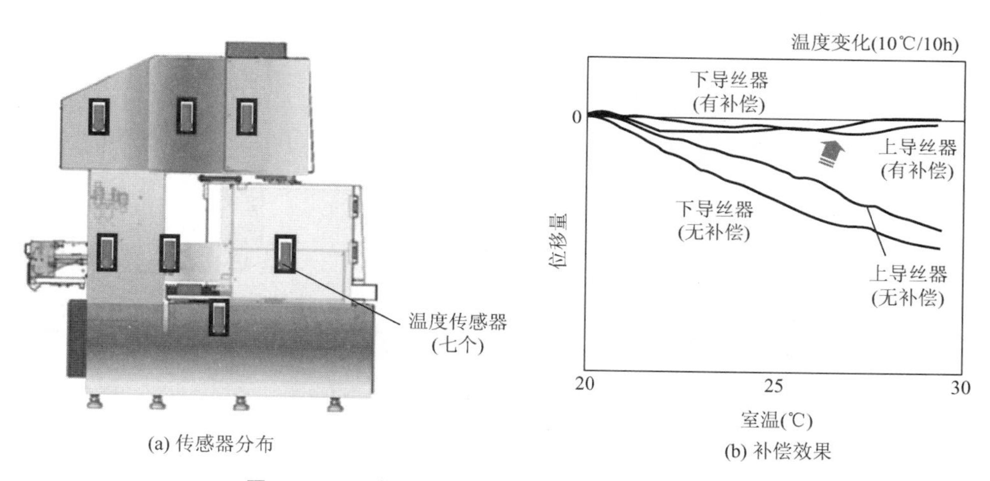

图 2.19 日本 FANUC 公司机床热位移补偿功能

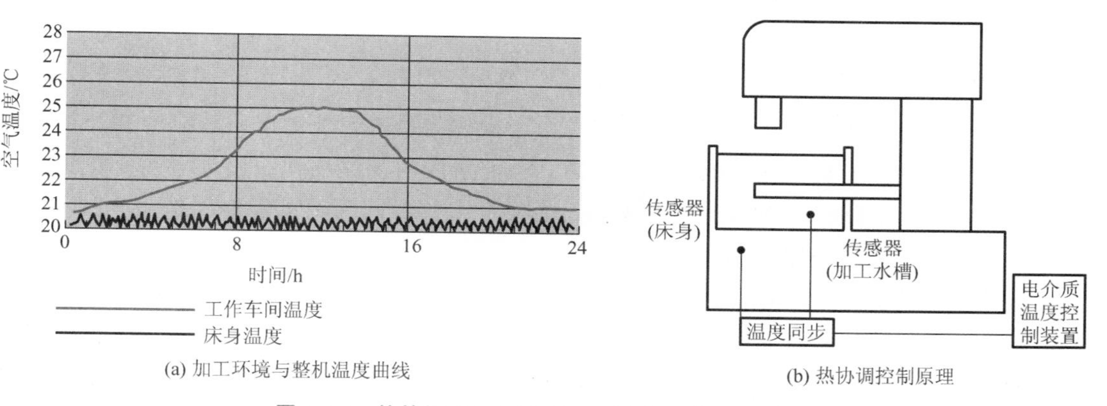

图 2.20 热协调及控制后机床整体温度的变化效果

由于一般低速走丝机在 X 轴方向均采用对称结构设计，因此热变形量的控制主要体现在 Y 轴和 V 轴方向，如图 2.21 所示。图 2.22 为日本 FANUC 公司机床热循环系统简图。

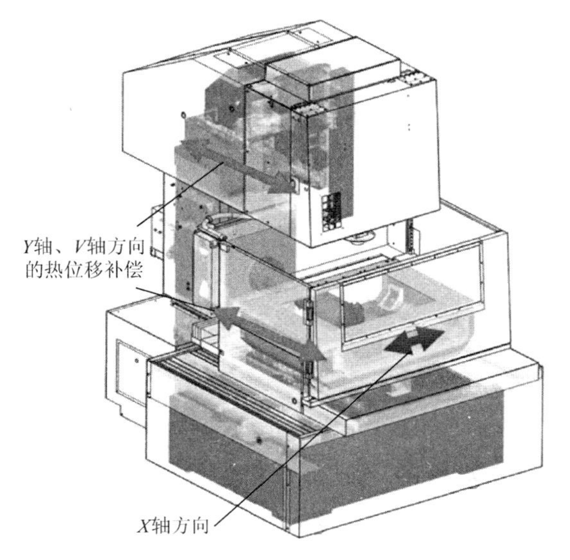

图 2.21　机床热变形控制

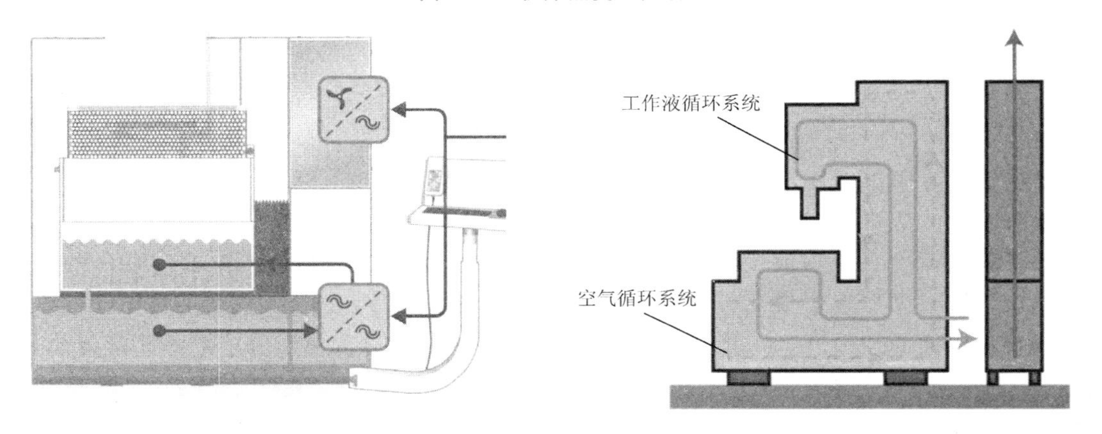

图 2.22　日本 FANUC 公司机床热循环系统简图

4. 机床防碰撞保护系统

低速走丝机的防碰撞装置可以有效避免由于操作失误或编程错误而造成的在加工行程范围内机床上下机头与工件发生的碰撞，防止由此造成的工件损伤、报废，以及机头的损伤和机床精度的下降，从而节省维修成本，确保机床长时间高精度运行。瑞士+GF+公司采用了集成化智能防碰撞保护（Integrated Collision Protection，ICP）系统，如图 2.23 所示。这种保护系统完全内置于运动控制部件（线切割的运动轴），不仅有效缩小了系统体积，而且具有独特的防碰撞保护功能。当发生碰撞时，该系统通过位置双检测装置检测编码器给出的位置与直线光栅尺给出的位置的偏差，一旦发现极其轻微的异常受力就及时停止运动轴的驱动，同时通过能量吸收系统吸收机床振动并立刻停止机床的惯性运动，从而避免机床导向部件及工件受损而造成不必要的损失。在工作台移动速度达到 3m/min 的情况下，该保护装置也能起到有效的保护作用。集成化智能防碰撞保护系统就如同机床增强了自身的免疫力一般，是机床自我保护的一道新屏障，使得机床能够一直安全运转。目前大多数厂家的线切割机床都安装了类似的防碰撞保护系统。

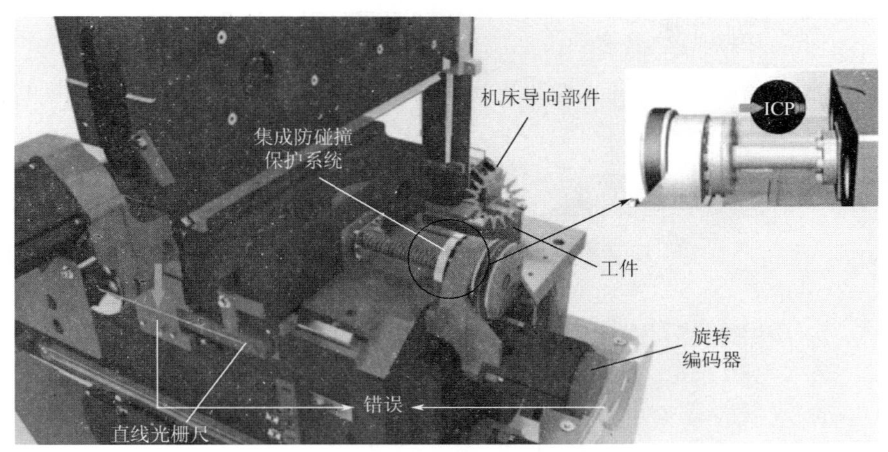

【碰撞保护功能】

图 2.23 集成化智能防碰撞保护系统

2.2.3 走丝系统

走丝系统是低速走丝机的重要组成部分，对切割效率和加工质量起着关键性作用。它包括电极丝的送丝机构、断丝检测、恒速恒张力机构、导向机构、收丝机构等。走丝系统主要是对电极丝的走丝速度、张力大小及稳定性进行控制，以达到既保证加工时可以获得高的加工精度和好的表面质量，又满足高效加工的要求。当电极丝在切割加工过程中始终保持某一恰当的恒定走丝速度和恒定张力时，可使电极丝抖动最小，在其他加工条件不变的情况下提高加工精度。此外，走丝系统的高可靠性也是一项重要指标。走丝系统各部件在尺寸精度及装配精度方面很高的要求，因此对工作环境、操作过程及维护有很严格的要求，否则会缩短走丝系统的使用寿命，或降低走丝系统工作的可靠性。

走丝系统运行时，电极丝由卷丝筒送出，经过导丝轮到张力轮、压紧轮、上导轮、自动穿丝装置、剪丝器，然后进入上导丝器、加工区和下导丝器，使电极丝保持精确定位；再经过下导轮、收丝轮，使电极丝以恒定张力、恒定速度回收进入废丝箱，完成整个走丝过程。典型低速走丝机走丝系统路径如图 2.24 所示。

1. 送丝机构

低速走丝机的送丝机构将缠绕在卷丝筒上的电极丝稳定匀速地传送到走丝系统的张力控制装置上，其主要目的是消除电极丝在卷丝筒上左右往复引丝时出现的不规律振动和跳跃现象［图 2.25(a)］；其次可以消除电极丝因在卷丝筒上引出点 O 和 O' 的位置变化而引起的电极丝送出速度和送丝张力的变化［图 2.25(b)］。送丝机构是低速走丝机中重要的一部分，可以保证电极丝在进入走丝系统张力控制装置前稳定运行，对低速单向走丝电火花线切割加工指标的提升有很大帮助。

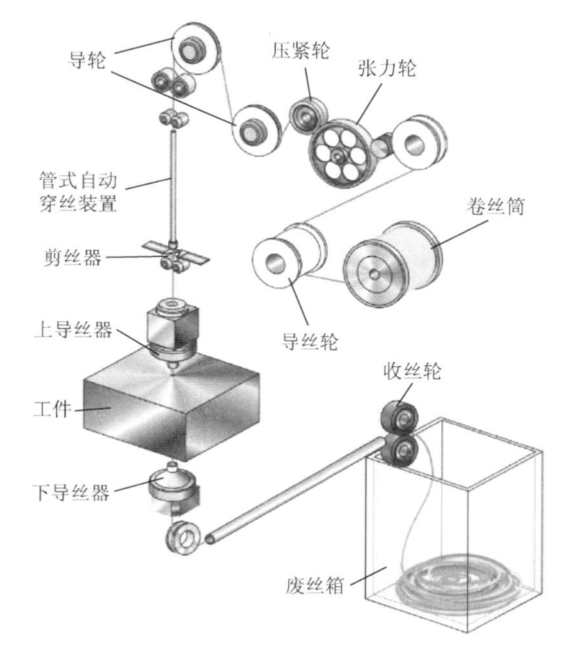

【电极丝上丝操作】

图 2.24 典型低速走丝机走丝系统路径

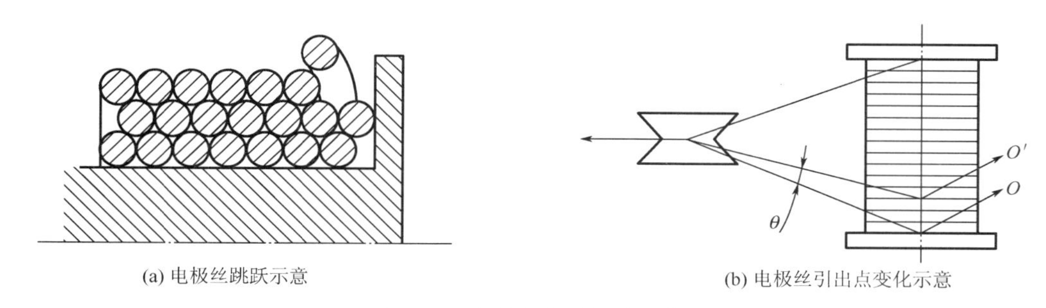

(a) 电极丝跳跃示意

(b) 电极丝引出点变化示意

图 2.25 电极丝送丝运动示意图

低速走丝机的送丝机构有多种形式，比较典型的是日本 MITSUBISHI 公司和瑞士+GF+公司的送丝机构和电动机拉丝送丝机构。

(1) 日本 MITSUBISHI 公司低速走丝机送丝机构原理图及实物照片如图 2.26 所示，电极丝从卷丝筒引出后，先经过一个光滑梭形长圆筒（不转动），然后绕过一个高强度导轮（绕中心轴以丝速为线速度转动）送往张力控制装置。随着电极丝的送出，卷丝筒上电极丝引出点从 O 点逐渐移动到 O' 点，而长圆筒的弧形表面将电极丝绕过长圆筒的点从 P 点牵引至 P' 点，由电极丝在长圆筒上产生的轴向位移偏量，有效补偿了电极丝在卷丝筒上往复摆动导致的侧向位移偏量，从而减小了电极丝的振动和跳跃，稳定了走丝速度。

(2) 瑞士+GF+公司低速走丝机送丝机构原理图及实物照片如图 2.27 所示。电极丝由卷丝筒引出，先后绕过一个摆动导轮和两个起稳定作用的导轮，摆动导轮安装在摇杆上，摇杆转轴的延伸段和电极丝最后离开稳定导轮的分离点对准，同时还和两个稳定导轮的入丝点对齐，继续输送的电极丝没有位置变化，有效减缓了电极丝的振动。安装在摆动导轮上的测力装置对电极丝的张力进行测量，控制装置反馈测量值以适当地调节卷丝筒的转速，使卷丝筒和张力轮之间的电极丝维持基本的张力值。

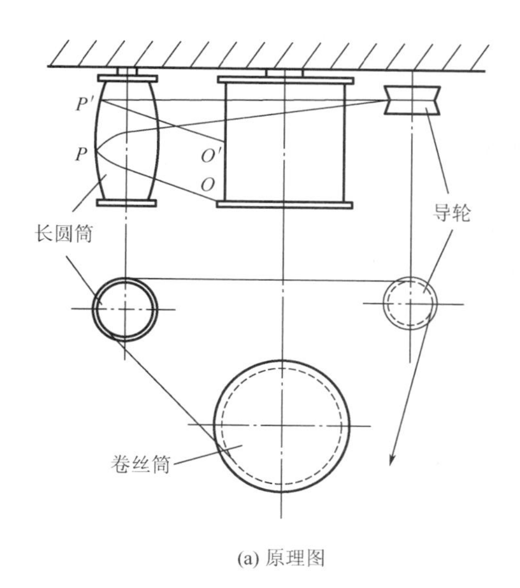

(a) 原理图

(b) 实物照片

图 2.26　日本 MITSUBISHI 公司低速走丝机送丝机构原理图及实物照片

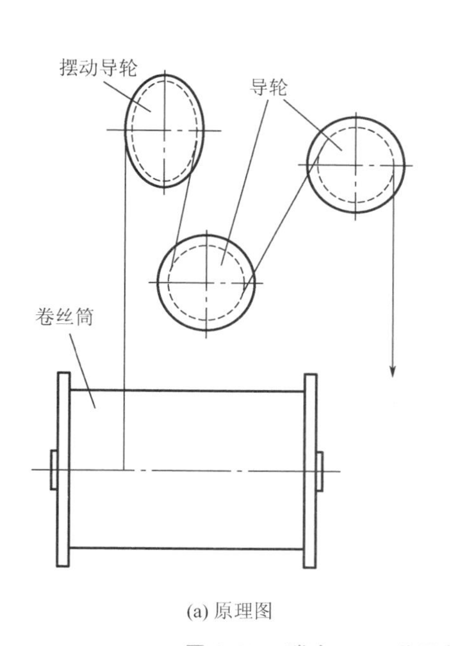

(a) 原理图

(b) 实物照片

图 2.27　瑞士+GF+公司低速走丝机送丝机构原理图及实物照片

(3) 电动机拉丝送丝机构主要是用一套摆轮和取丝轮将电极丝从卷丝筒中抽出来实现低速走丝机的送丝功能。取丝电动机按照给定的走丝速度使摆轮臂回转一定的角度，当摆轮轴上连接的编码器给取丝轮特定的速度指令时，取丝轮电动机就会起动，将电极丝从卷

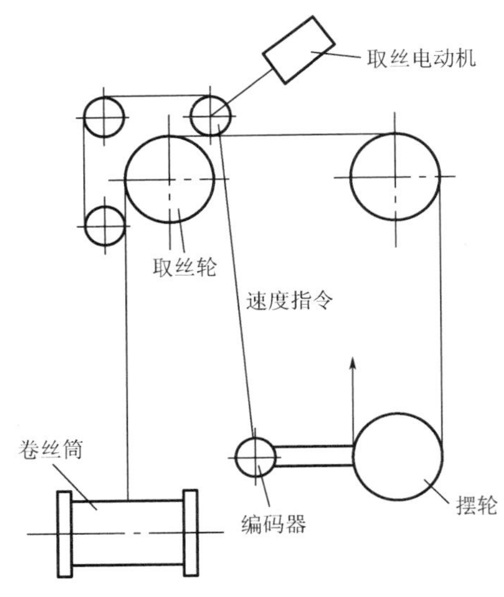

图 2.28 电动机拉丝送丝机构工作原理

丝筒中拉出，从而将前端电极丝阻力进行有效隔离。图 2.28 所示为电动机拉丝送丝机构工作原理。

2. 电极丝张力机构

在低速单向走丝电火花线切割加工过程中，由于电极丝受到放电作用力、静电引力、电磁力及走丝过程中摩擦力等的影响，其张力值是波动的，波动的张力必然导致加工精度受到影响，因此需要对电极丝进行恒张力控制。张力的精确控制包括两方面，即张力大小的精确控制和张力分布的均匀性控制。张力太大容易断丝，太小则影响加工精度，所以要求电极丝的张力应该保持适中，根据丝径大小，一般在 2～25N。张力装置在电极丝强度极限下尽可能维持高而稳定的张力，以保证电极丝在粗加工较大的放电爆炸力及喷液压力条件下维持最小的滞后弯曲量，并减小电极丝的振动幅度。此外，稳定的张力对大锥度切割尤其重要，因为张力不同，电极丝在导丝器喇叭口处的贴合程度不同。张力产生波动是锥面切割出现波纹的重要因素。

目前低速单向走丝线切割张力控制装置主要有磁粉制动器加载式、电动机加载式和双电动机转速差加载式等。

(1) 磁粉制动器加载式张力控制装置。它是利用电磁效应下的磁粉来传递转矩的。励磁电流和传递转矩基本呈线性关系，通过改变励磁电流的大小可以任意调节和控制转矩的大小，实现电极丝的张力的可调控制。磁粉制动器具有响应速度快、结构简单、无冲击、无振动、无噪声、无污染、控制简单等优点。日本 MITSUBISHI 公司低速走丝机走丝系统的张力控制就是通过高精度的磁粉制动器加载式控制（图 2.29），通过编程控制恒定的张力，并且丝卷容易接近，更换维护方便。

图 2.29 日本 MITSUBISHI 公司低速走丝机的磁粉制动张力控制装置

（2）电动机加载式张力控制装置。它的原理是当电极丝由硬特性的拖动系统实施匀速走丝时，一个伺服电动机在后面加载；电动机采用力矩输出方式控制，将电极丝绷紧；走丝过程中的张力检测仪实时监测电极丝的张力大小，用反馈的张力信号控制伺服电动机的输出转矩，以达到要求的张力。伺服电动机的输出转矩和电动机的控制电流呈线性关系，通过改变伺服电动机控制电流的大小可以调节电极丝张力至合适值。电动机加载式张力控制装置具有响应速度快、精度高、无振动、无污染等优点。

（3）双电动机转速差加载式张力控制装置。这种张力控制装置是通过控制送丝电动机和拉丝电动机的转速不同，进而控制电极丝的移动速度，实现电极丝的张力控制。一般情况下送丝电动机的转速稍低，即每转少放出电极丝的长度等于该张力下相当于送丝轮周长的电极丝的伸长量，在电极丝的强度极限下保持恒定的张力，而且有效的阻尼系统也会使电极丝的振动幅度降到最低，实现机床的精加工。另外，两个电动机的速度差和电极丝的直径、材质和要求的张力有关，因此需要在走丝系统中增加一个张力检测装置，将反馈的张力信号传输至控制系统，可以更加精确地控制拉丝电动机和送丝电动机的转速。

为更加精确地控制电极丝张力，日本FANUC公司低速走丝机采用了高可靠性、高性能双伺服电动机张力控制系统（图2.30），可有效抑制电极丝的振动，正确控制电极丝的张力。

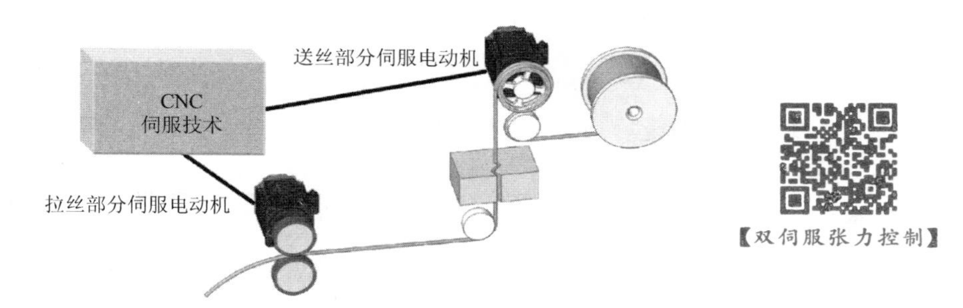

图2.30 日本FANUC公司低速走丝机双伺服电动机张力控制系统

在低速走丝机加工时，不仅要保证电极丝维持恒定的张力，而且要使电极丝在拉丝轮和张力轮上有可靠的夹持，保证电极丝夹牢而不压扁和拉毛。特别是张力轮在电极丝运行时，不能有损伤或打滑，使电极丝自然状态通过张力轮后即进入张力状态，电极丝的长度变长，在轮缘上会有微量规律性的滑移，从而造成张力轮工作面的磨损，因此需要将张紧的路程延长，减少磨损，即轮缘上的包角增大，使之更加平缓，或者采用外加回绕槽轮的方式，使夹持行程加倍，将微小滑移程度分散以减小磨损，如图2.31所示。常用的电极丝夹持机构有带式和轮式两种结构，如图2.32所示。从夹持力分布的均匀性来说，带式的夹持效果更好，但带的使用寿命偏低；如果采用电极丝横向摆动的方式，电极丝的夹持及带来的磨损就不再固定在一个点上，从而使带的寿命大大延长。

对于电极丝张力的调节，可以根据不同的加工情况调节相应的参数，对于粗丝，张力可加大些，如采用ϕ0.2mm电极丝，张力可选12N左右，当选用ϕ0.25mm电极丝时，张力可加大到18N；当执行找中心、找端面功能时，可提高张力，以提高找正精度；当切割工件厚度大于50mm时，可以适当减少张力，以避免断丝；在进行第二刀、第三刀加工时，提高精度及表面质量为主要考虑因素，此时可以适当增加张力，以保证电极丝在放电产生的爆炸力作用下仍能保持平直，防止因电极丝的弯曲造成切割轨迹滞后，产生变形。

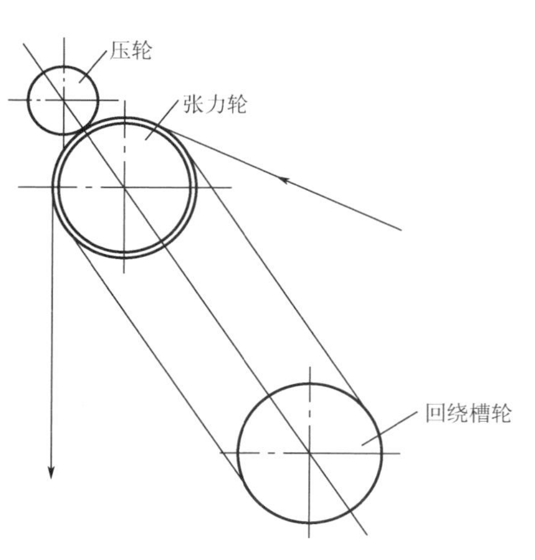

图 2.31　外加回绕槽轮的电极丝夹持结构

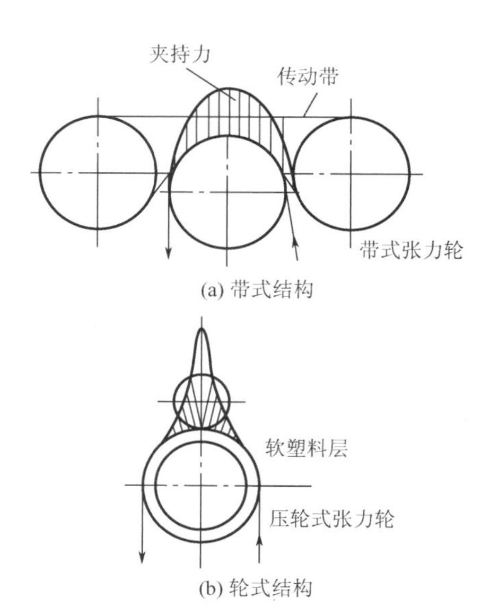

图 2.32　常用的电极丝夹持机构

3. 自动穿丝系统

目前低速走丝机一般都配置自动穿丝（Automatic Wire Threading，AWT）系统（有些厂家称其为 AT 系统），通常采用高压水柱引导穿丝。高压水柱很细，将电极丝包裹在中间，保证电极丝尖端到达下导丝器时的位置在导向喇叭口范围内，如图 2.33 所示。水柱喷水自动穿丝功能一般用于工件厚度较高（大于 100mm）的自动穿丝情况，目前最高工件厚度已经超过 700mm。这种自动穿丝系统对于一般孔的穿丝情况具有很高的穿丝成功率。

【自动穿丝】

【0.05mm 细丝自动穿丝】

图 2.33　高压水柱引导式自动穿丝系统

传统的自动穿丝系统对于电极丝常采用剪切方式，但刀钝化后，在剪断电极丝时，横向剪切力的作用导致电极丝断口极不稳定，如图 2.34(a) 所示，影响穿丝的成功率，因此目前新的自动穿丝技术普遍采用退火拉直的方式先将电极丝通电加热拉直后拉断，并冷却成最佳化的针型，如图 2.34(b) 所示。自动穿丝机构原理图如图 2.35(a) 所示。其工作过程为电极丝导入送丝轮，再穿入导丝管，然后导入穿丝专用的拉力轮，导丝管上下两侧接入加热专用进电块，给两进电块之间的电极丝加热，送丝轮与拉力轮旋转方向相反，将加热变红的电极丝在指定点拉伸变细，尖端细化、拉断、喷液冷却，电极丝变硬，完成以上动作后，加热进电块和拉力轮自动退回原位，产生的废丝由机械机构移到侧面的废丝箱中，如图 2.35(b) 所示，已经成针状的电极丝由高压水柱将其穿过上导丝器、工件加工起始孔、下导丝器。高压水柱仅做导向用，与加工用的冲水水柱相比，穿丝水柱要细得多，电极丝包在细水柱中，保证电极丝尖端到达下导丝器时的位置在导向喇叭口范围内。因此喷流必须均匀、稳定、对准。整个穿丝过程时间一般为 15～20s。采用这种通电退火拉直措施后，电极丝变得挺直、坚硬、尖端细化并具有针状外形，大大提高了各种情况下的穿丝成功率，甚至可以做到在断丝点原地穿丝。北京 NOVICK 公司低速走丝机的自动穿丝系统主体结构如图 2.36 所示。

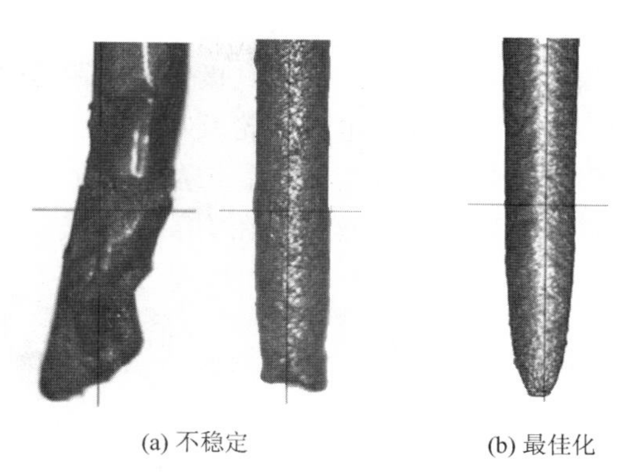

图 2.34 电极丝断口比较照片

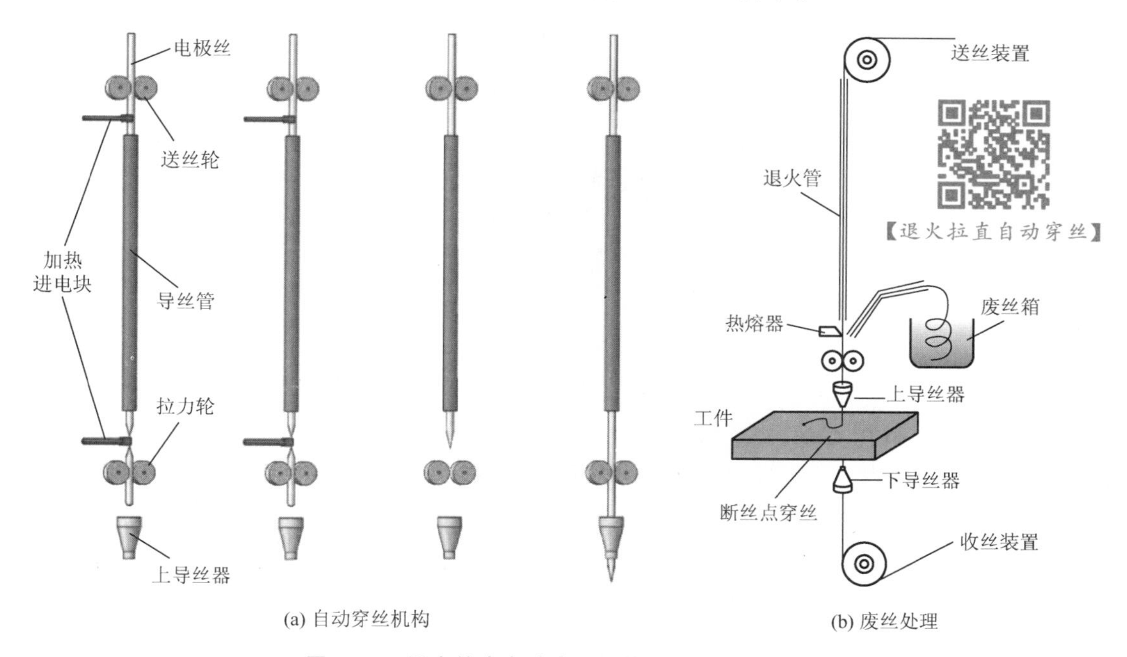

图 2.35 退火拉直自动穿丝机构及废丝处理

日本 SODICK 公司进一步完善了自动穿丝功能，设计了导管可下降的管式自动穿丝系统，如图 2.37 所示。自动穿丝系统有一根外径 2mm、内径 0.7mm 的管子组件，由气缸驱动，可在上下限位间上下移动。电极丝从线架主动轮送出后，在主动轮与切断用主动轮及夹紧轮之间加上张力，切断通电单元的一对馈电部件之间流过的电流，将电极丝在切断

通电单元附近熔断并保持电极丝端部具有最佳化的针状变细的形状，而后将电极丝穿入管中，自动走丝系统的喷水功能开启，导管下降，从管中喷出水流，将电极丝自动带出管子下端，其端部到达上部线电极导轮的附近，利用主动轮的送丝动作，线电极的前端通过导管，再通过上部线电极导轮及喷嘴后，经过工件的加工起始孔，到达下部线电极导轮，再利用辊轮将方向改变 90°后，通过回收管，到达卷绕辊。整个过程利用由喷嘴喷出的水柱加以约束，自动穿丝可以在 10s 内完成。

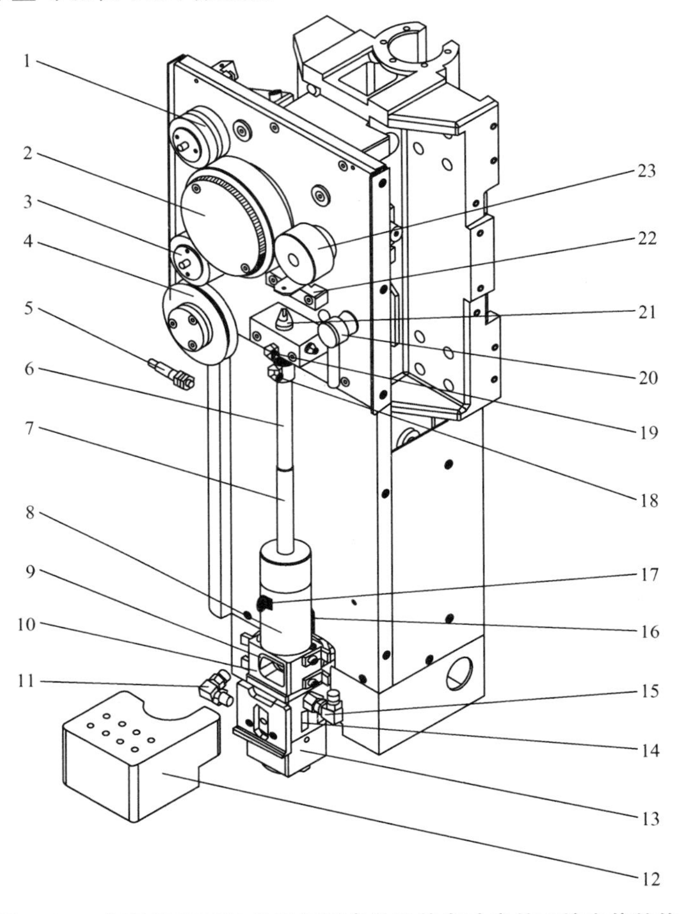

图 2.36　北京 NOVICK 公司低速走丝机的自动穿丝系统主体结构

1—压紧轮组件；2—张紧轮组件；3—压紧轮；4—过渡轮组件；5—绕丝电动机准停传感器；
6—上导丝管；7—下导丝管；8—烧丝装置；9—旋转绕丝加电装置；10—收废丝机构；
11—上冲水接头；12—收废丝盒；13—上机头；14—移动加电装置（导电块）；
15—自动穿丝冲水接头；16—消音器；17—进气口 A；18—进气口 B；19—进气口 C；
20—压紧轮手柄；21—上导丝器；22—丝弯曲检测装置；23—带电压紧轮组件

为了进一步提高生产率，应对各种不同工况下的自动穿丝工作，20 世纪 80 年代日本 SEIBU 公司研制了一种自动穿丝系统——电极丝自动送进穿丝（Automatic Wire Feeding，AWF）系统。该系统首先对电极丝进行通电加热及退火拉直，然后通过专用刀具对电极丝进行剪切，再将这段挺直的电极丝不断送进并穿过工件，如图 2.38 所示。这种电极丝自动送进穿丝系统配置专用的摩擦传感器，如图 2.39(a) 所示。当电极丝在穿丝过程中碰到

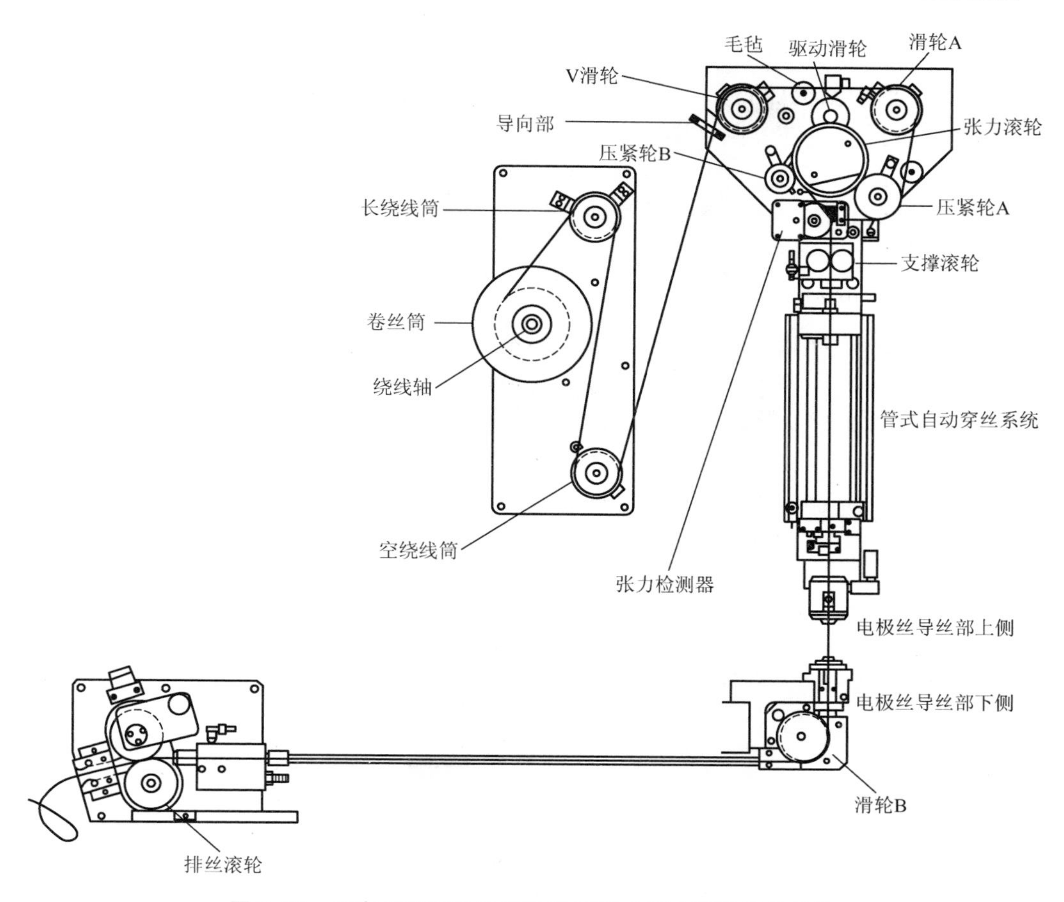

图 2.37　日本 SODICK 公司机床的管式自动穿丝走丝系统

切缝或孔边缘时，会产生摩擦阻力，阻止电极丝继续前进，摩擦传感器会及时检测电极丝的阻力，并调整电极丝前进的方向和角度，直到电极丝顺利穿过切缝和孔，如图 2.39(b)、图 2.39(c) 所示。

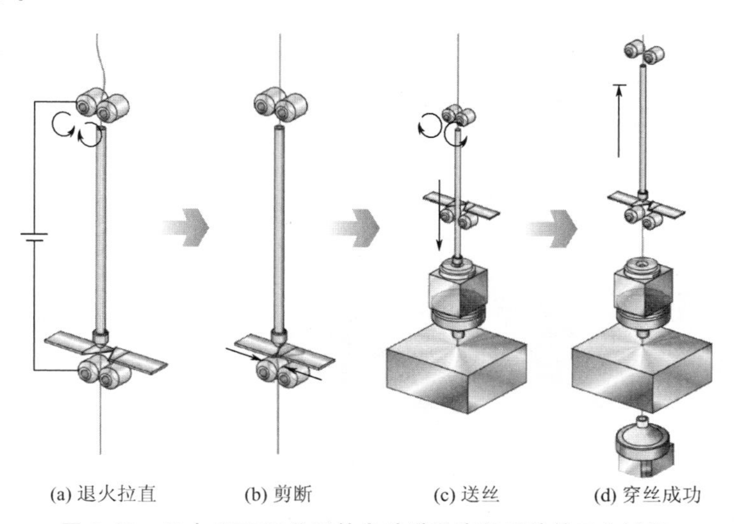

图 2.38　日本 SEIBU 公司的自动送进穿丝系统的工作过程

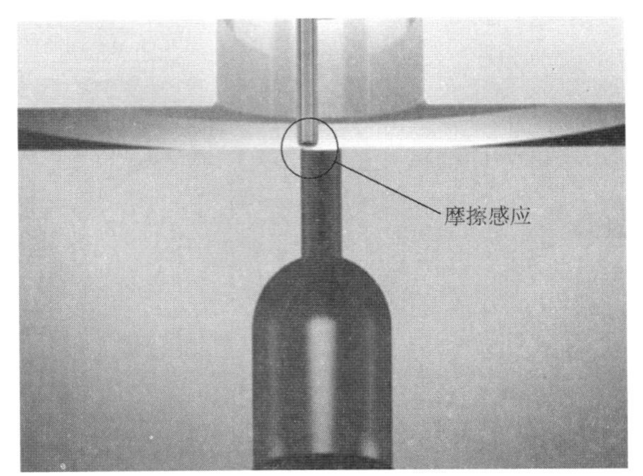

【自动送进穿丝技术】

(a) 摩擦传感器感知

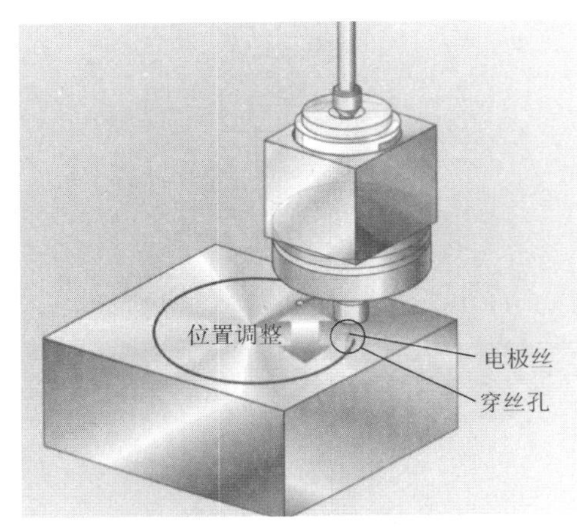

(b) 调整电极丝的穿入位置

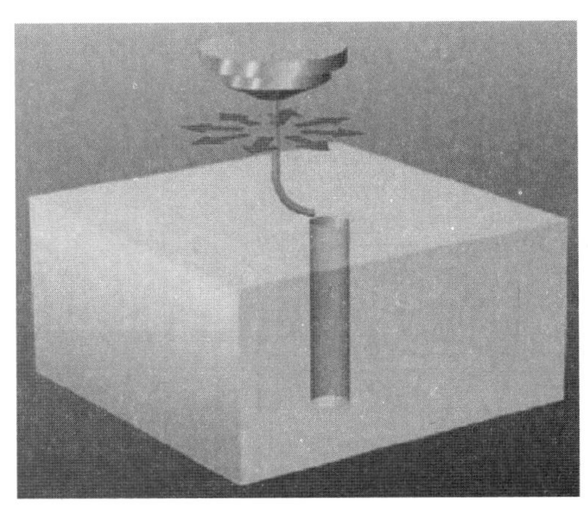

(c) 自动寻找圆孔

图 2.39　自动送进穿丝系统调整穿丝位置

这种电极丝自动送进穿丝系统适用于在断丝点处原地穿丝（图 2.40），在浸液条件下不需要排空水槽工作液自动穿丝（图 2.41），以及断续多孔条件下自动穿丝（图 2.42）。

图 2.40　断丝点自动穿丝

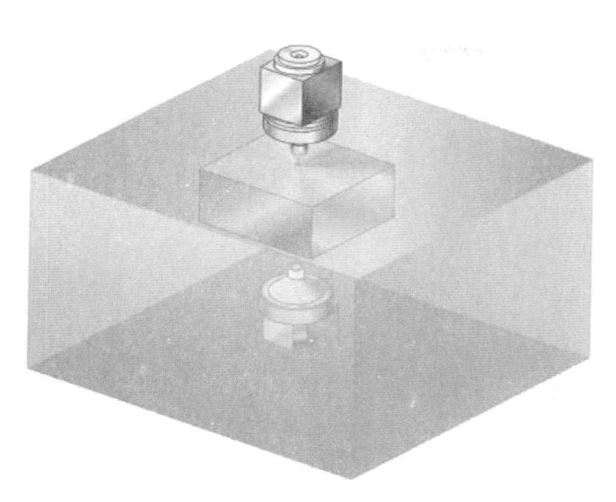

图 2.41 浸液条件下自动穿丝

图 2.42 断续多孔条件下自动穿丝

随着机械制造智能化程度的提升，低速走丝机为适应各种不同情况下无人化加工的需求，已经推出了多种不同的自动穿丝系统，典型的如日本 FANUC 机床的自动穿丝走丝系统，如图 2.43 所示。该自动穿丝系统具有退火拉直、上端高压气流送丝下端高压水流穿丝、自动送丝及智能检测穿丝等功能，如图 2.44 所示。该自动穿丝系统已经能实现多种条件下的自动穿丝，如水中自动穿丝、断丝点自动穿丝、软线自动穿丝、高速自动穿丝、锥度切割自动穿丝等，并且穿丝时间大大缩短。

图 2.43 日本 FANUC 机床的自动穿丝走丝系统

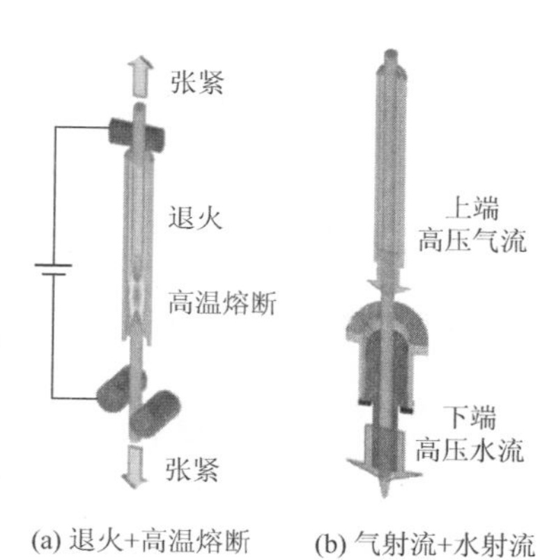

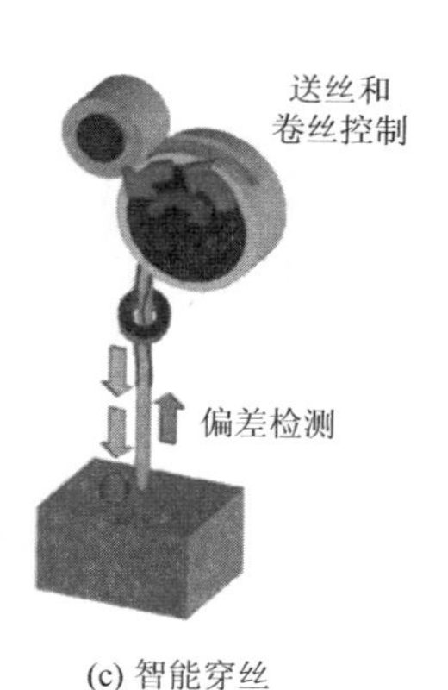

图 2.44 日本 FANUC 机床自动穿丝系统功能示意图

(1) 水中自动穿丝。水中自动穿丝技术就是可在工作液槽中完成自动穿丝，工作液槽无须排水与进水，大大缩短了穿丝时间，提高了加工效率。图 2.45 所示为日本 FANUC 公司低速走丝机采用自动送进穿丝系统的水中自动穿丝技术。在加工 200mm 厚工件时，可以完成水中自动穿丝，并且所用时间由以前的 230s 缩短为现在的 40s，节省了 83%的穿丝时间。

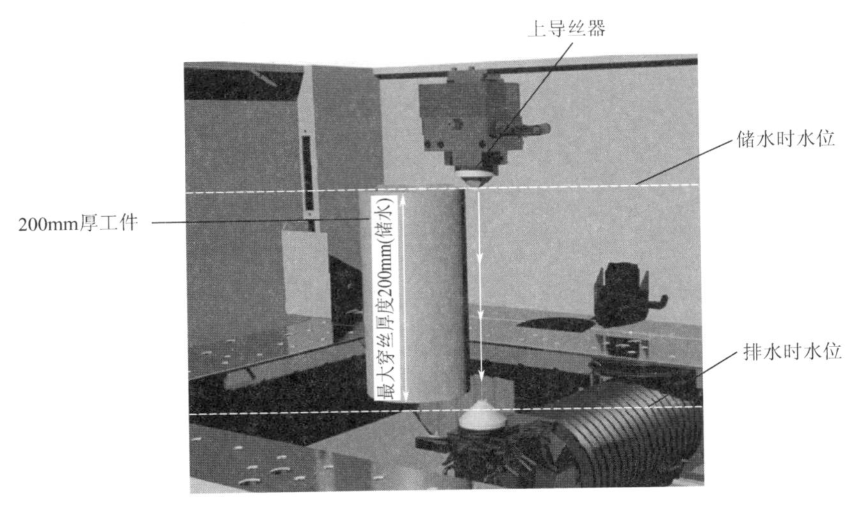

图 2.45 日本 FANUC 公司低速走丝机的高厚度工件水中自动穿丝技术

(2) 断丝点自动穿丝。断丝点自动穿丝技术是使用预先通电硬化的电极丝，直接从断丝点开始自动穿丝。以往机床切割过程中发生断丝，往往需要返回加工起始点，完成自动穿丝后再沿加工路径到断丝点继续加工。但在加工过程中，工件往往会产生热位移变形和扭曲变形，使得加工轨迹难以沿原路径顺利返回。图 2.46 所示为日本 FANUC 公司低速走丝机采用新型自动送进穿丝系统的断丝点自动穿丝技术，可以直接在断丝点处自动穿丝，缩短了穿丝时间，同时可防止穿丝失误，保证了工件的加工精度。

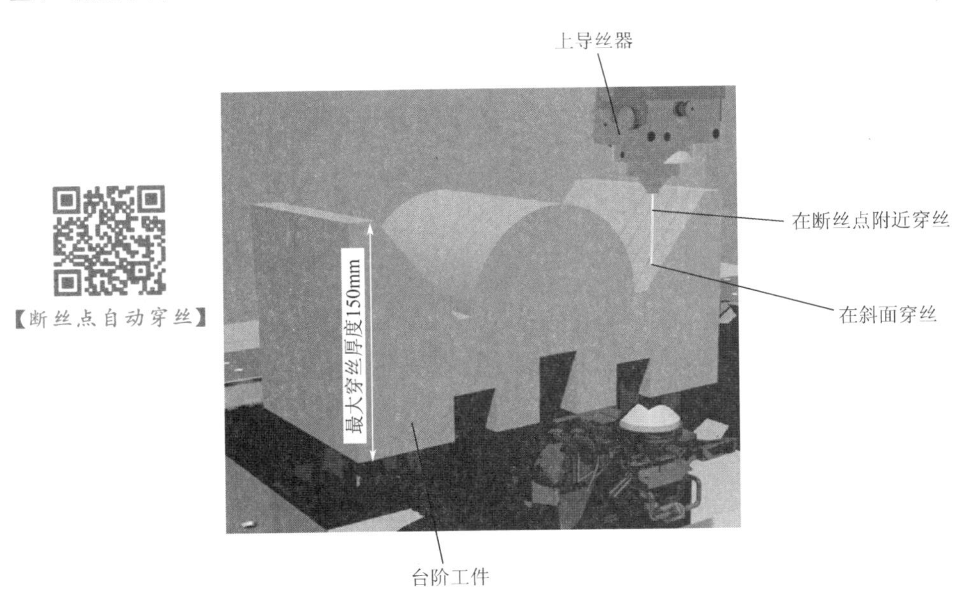

图 2.46 日本 FANUC 公司低速走丝机的断丝点自动穿丝技术

(3) 软丝自动穿丝。在低速单向走丝线切割加工中，软丝通常应用于大锥度工件切割，以扩大锥度加工的适用范围，提高加工工件的表面质量和精度。因为软丝的拉伸强度低，更容易断丝，所以软丝自动穿丝需要精确控制剪丝的能量和电极丝的张力，剪丝时采用合适的电压，形成平直的电极丝末端，从而提高自动穿丝的成功率。图 2.47 所示为日本 FANUC 公司低速走丝机采用新型自动送进穿丝系统的软丝自动穿丝技术，在加工厚度为 100mm 工件时，软丝自动穿丝成功率由以前的 60%提高到近 100%。

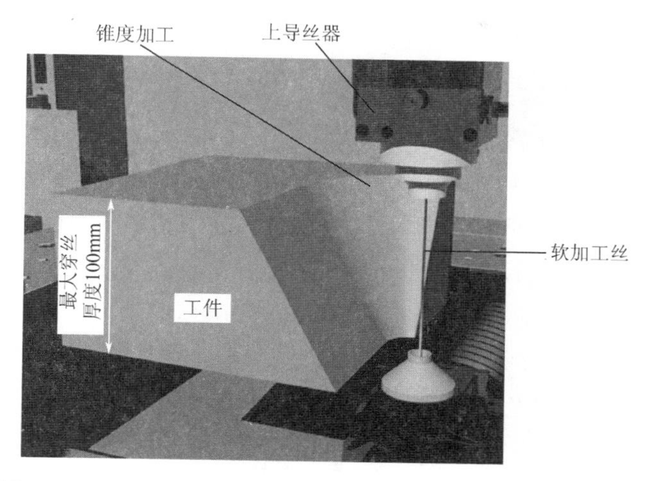

图 2.47　日本 FANUC 公司低速走丝机的软丝自动穿丝技术

（4）高速自动穿丝。高速自动穿丝技术主要应用于多型腔工件的加工。由于需要对很多的加工孔进行定位穿丝，因此高速自动穿丝装备具备优秀的电极丝穿丝功能，不论是在水中还是在空气中，都可以发挥高穿丝成功率的性能，即使在小孔径及特殊形状等自动穿丝困难的情况下，高速自动穿丝技术也可以迅速启动穿丝重试功能，从而缩短了加工时间并提高了自动穿丝的可靠性。高速自动穿丝通常采用窄间隙圆形导丝器作为标准配置。图 2.48 所示为日本 FANUC 公司低速走丝机采用的高速自动穿丝技术，可将 500 个加工起始孔的穿丝总时间由以前的 8.3h 缩短为现在的 1.4h，大大提高了多型腔加工的穿丝效率。

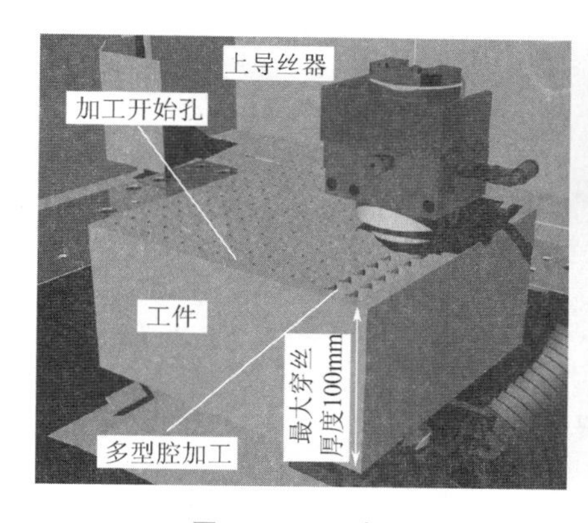

图 2.48　日本 FANUC 公司低速走丝机的高速自动穿丝技术

（5）锥度切割自动穿丝。图 2.49 所示为日本 FANUC 公司低速走丝机采用新型自动送进穿丝系统的锥度切割自动穿丝技术，可穿丝的最大锥度为 5°。

目前高档的低速走丝机为适应无人化加工的需求，还具有自动寻找打偏的穿丝孔并穿丝的功能，以搜索起始孔的正确位置并穿丝后进行短路检测，具体步骤如下。

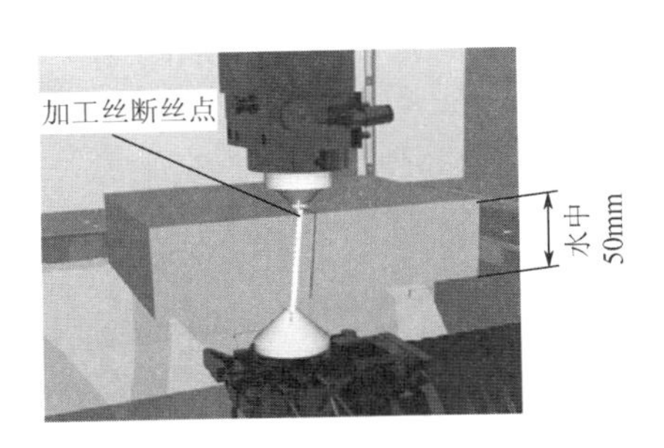

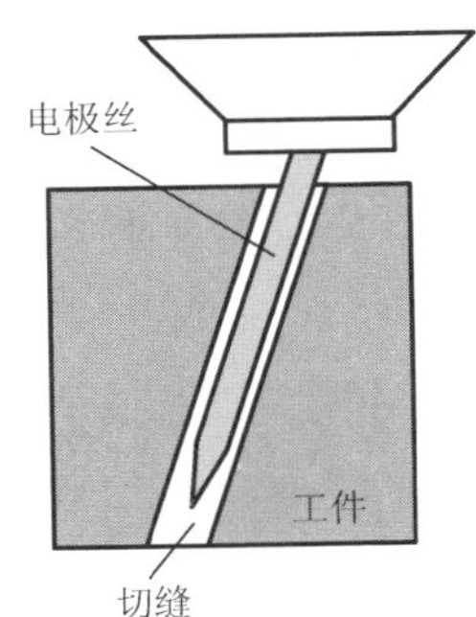

图 2.49　日本 FANUC 公司低速走丝机的锥度切割自动穿丝技术

（1）在穿丝操作中可以对孔搜索进行编程，通过一个特定的代码编程激活搜索孔的功能。围绕事先定义的一圆形轨迹的点对多达八个不同的位置点进行搜索，如图 2.50(a) 所示。

（2）对于打偏的孔，由于穿丝时电极丝触及工件，导致短路发生而无法加工，采用自动搜索功能后，会使电极丝沿一个螺旋轨迹进行短路检测直至找到附近的非短路点，然后开始加工，如图 2.50(b) 所示。

（3）在自动穿丝过程中如果忘记打孔或找不到程序中规定的起始孔，自动搜索功能会驱动机床自动移至下一个穿丝孔，如图 2.50(c) 所示。此操作避免了在无人值守操作期间或在夜间、周末期间进行加工时机床的停机。此外，在多型腔的加工过程中，如果出现自动穿丝失败的情况，智能穿丝系统会跳过该穿丝孔，并将该穿丝孔的位置记录在存储器中，待后续多型腔加工完成后再返回失败的穿丝孔，等待人工干预处理，直至完成整个型腔加工，如图 2.51 所示。

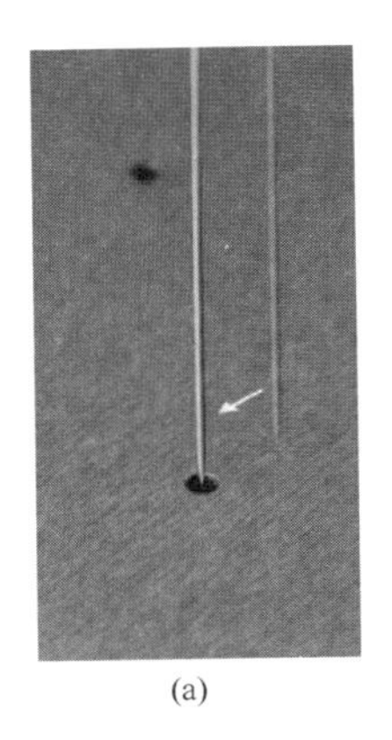
(a)

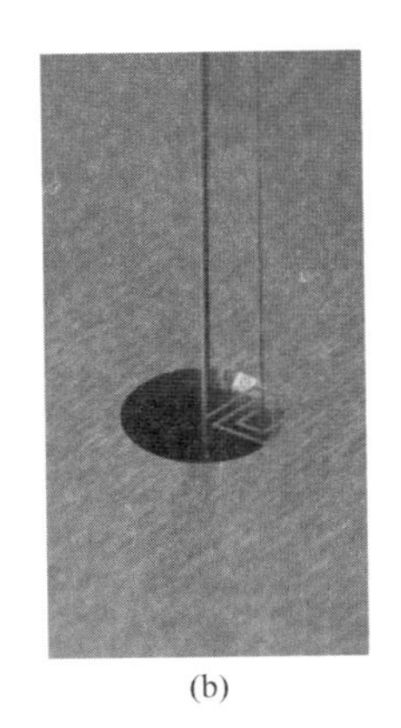
(b)

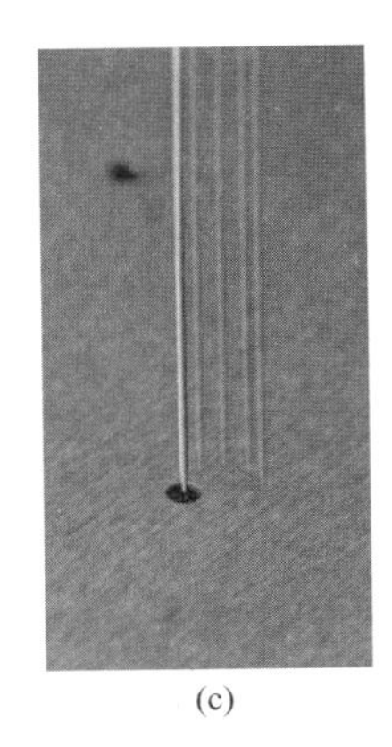
(c)

图 2.50　自动寻找穿丝孔功能

4. 电极丝导向机构

电极丝导丝器一般分为 V 形导丝器、圆形导丝器及拉丝模式导丝器三种。

（1）上下均为 V 形导丝器。早期的 V 形导丝器分别用进电块将电极丝压靠在导丝器上，共同决定电极丝的位置。这种形状的导丝器结构和安装较复杂，但自动穿丝比较方便，电极丝与导丝器之间为无间隙配合，在加工时可得到很高的加工精度。V 形导丝器的导向面小、易磨损，而且制造成本较高，大锥度（大于 30°）切割时，电极丝和锥面的接

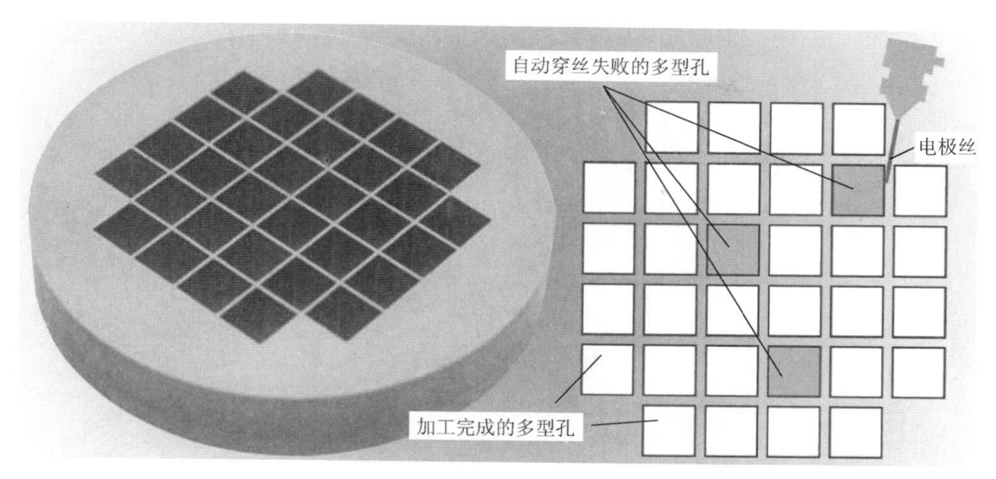

图 2.51 多型腔穿丝失败处理

触面积减少，使得切割出来的锥面精度降低。瑞士+GF+公司的一些机床采用这种导丝器。目前改进型的V形导丝器（图2.52）采用高精度开合系统，加长了导丝器与电极丝的接触长度，可以消除电极丝的弯曲，自动穿丝时，V形导丝器自动打开，电极丝很容易穿过下导丝器，依靠高压喷液，即使是略有弯曲的电极丝也能十分容易地穿过导丝器。这种开合式的V形导丝器还有一个好处就是对于出现蚀除产物堆积在下导丝器的情况，清理起来十分容易，不需要取下导丝器即可进行清理。

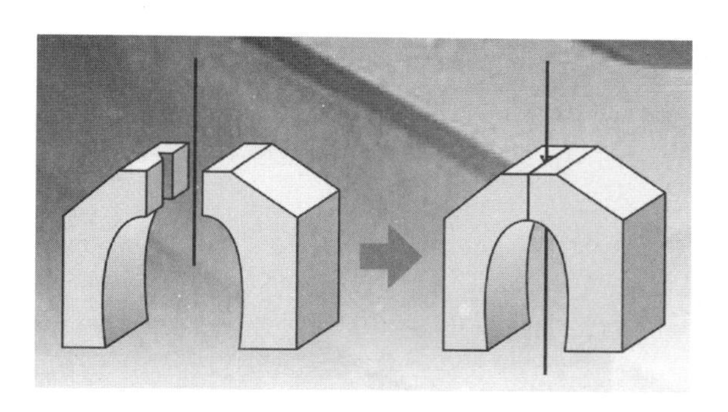

图 2.52 改进型的V形导丝器及清理维护照片

（2）上下均为圆形导丝器（图2.53）。圆形导丝器安装拆卸较简单，使用方便，价格较V形导丝器低。电极丝直接穿入导丝器，给自动穿丝带来了一定的难度。为了便于自动穿丝，上导丝器一般设计成拼合导丝器，其精度取决于活动部件的导向精度，下导丝器仍为圆形导丝器。

（3）拉丝模式导丝器（图2.54）。这种导丝器能够将电极丝完全包容，间隙在0～3μm，直壁定径部分不到1mm，孔的两端呈喇叭口，作为穿丝导向和斜度切割中电极丝转向之用，在电极丝经过淬硬拉细、局部过热拉断出尖后，穿丝相当容易，清理也不难。瑞士+GF+公司的一些高档机床采用这种导丝器。某机床上下导丝器爆炸图如图2.55所示。上下导丝器实物图如图2.56所示。

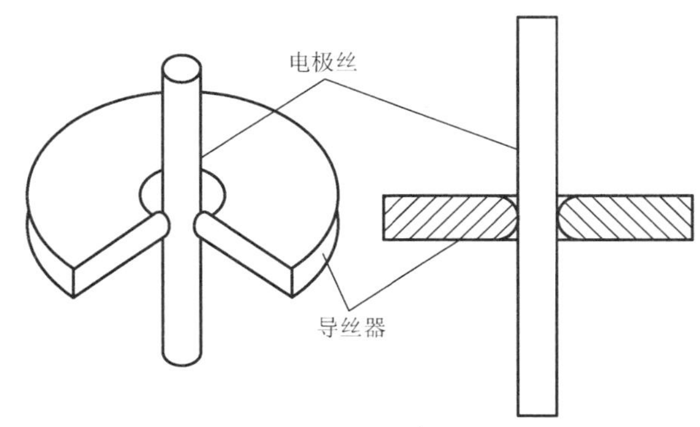

图 2.53　圆形导丝器

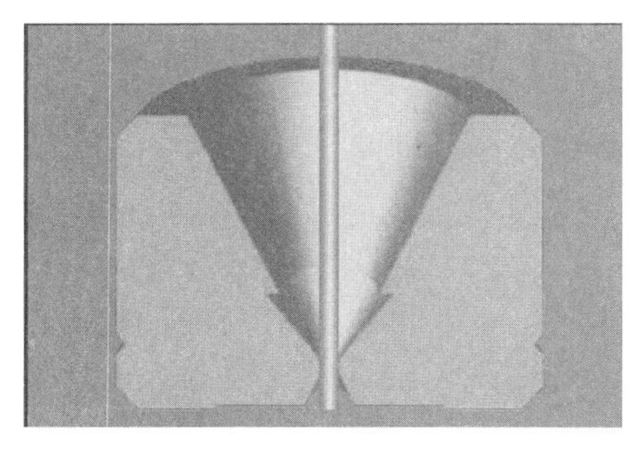

(a) 结构

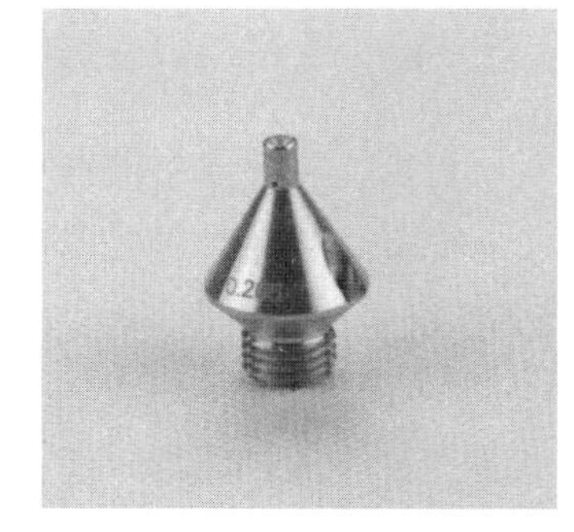

(b) 实物照片

图 2.54　拉丝模式无间隙钻石圆导丝器结构及实物照片

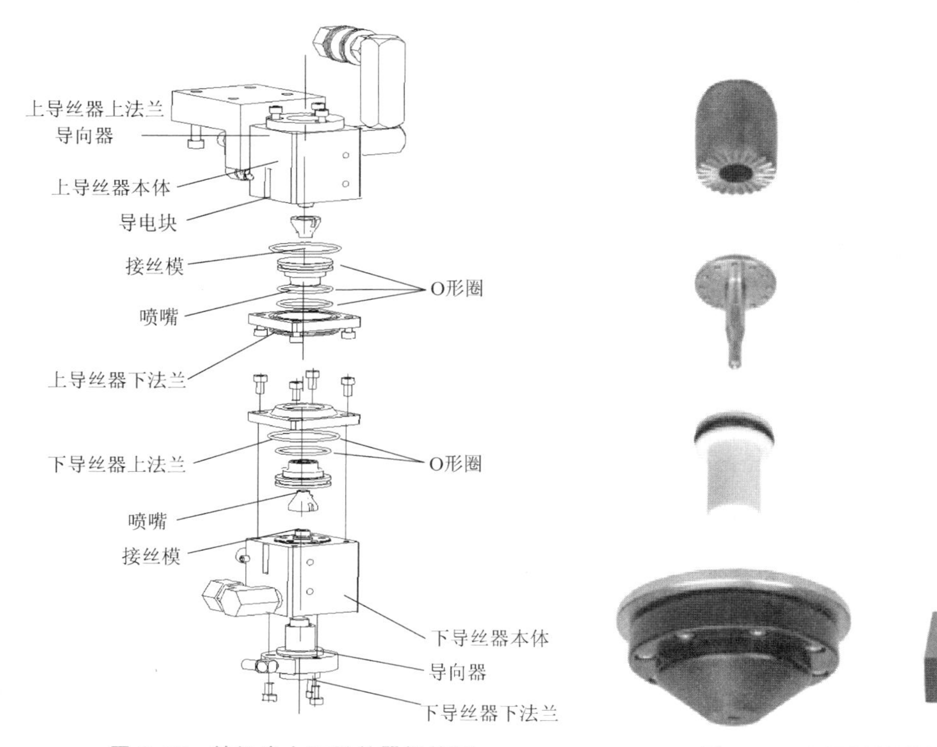

图 2.55　某机床上下导丝器爆炸图

图 2.56　上下导丝器部件实物图

图形导向器、进电块及导丝器布局如图 2.57(a) 所示，电极丝先穿入导向器，再使电极丝压在硬质合金的进电块上，完成进电，然后通过导丝器精确定位，通常在加工 50～100h 后，就要调整进电块位置。日本 MAKINO 公司的电极丝导向方式是在进入 V 形导丝器前增加一个导向器，如图 2.57(b) 所示，即使导电块出现磨损，电极丝的位置也不会发生明显的变化，因此不需要频繁地进行电极丝调整，同时也降低了 V 形导丝器的负荷，延长了其使用寿命。

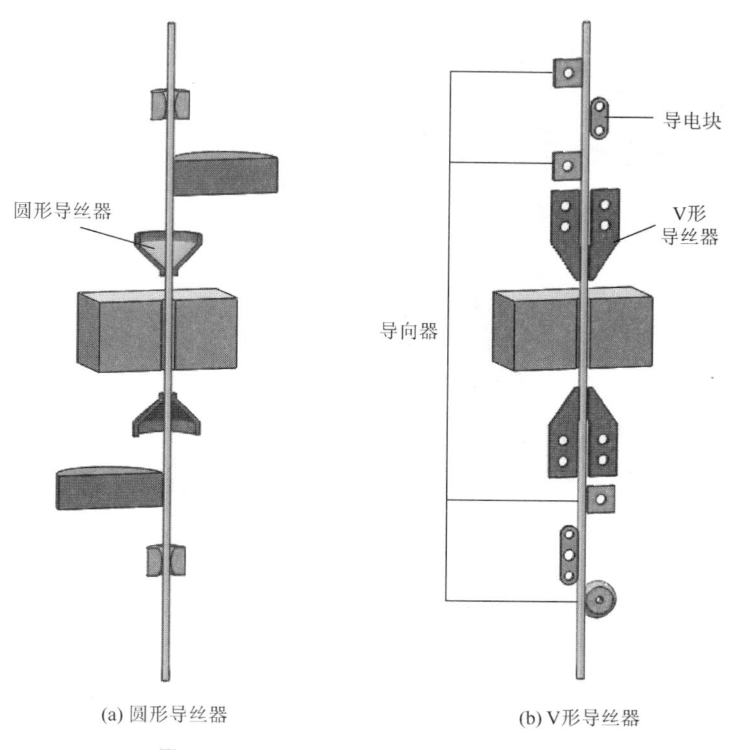

(a) 圆形导丝器　　(b) V形导丝器

图 2.57　导向器、进电块及导丝器布局

5. 收丝机构

收丝机构（图 2.58）的作用是使张力轮与收丝轮之间的电极丝产生恒定的张力和恒定的走丝速度，并将用过的电极丝排到废丝箱内。收丝机构主要由收丝电动机、收丝传动齿轮和收丝轮组成，控制电极丝的走丝速度，与张力控制电动机一同控制电极丝在加工区域的张力，保证电极丝平稳运行。收丝电动机带动收丝轮压着电极丝并旋转，利用压力产生的摩擦力使电极丝匀速排出，吸引器起到穿丝时吸引电极丝和将电极丝上附着的水吸掉的作用。由于低速走丝机使用的电极丝是一次性的，在长时间运转中，需要处理大量的废丝。为避免电极丝乱窜造成短路及占用大量空间，一些机床采用碎丝装置，对废丝进行截断，以增大废丝的容纳量，减少短路的危险，使极间附加的电容也随之消失，对放电性能有利。废丝处理装置简图如图 2.59 所示。碎丝回收装置一般安装在机床后面废丝排出口处，切碎的废丝用冲水管道排出，如图 2.60 所示。

图 2.58 收丝机构

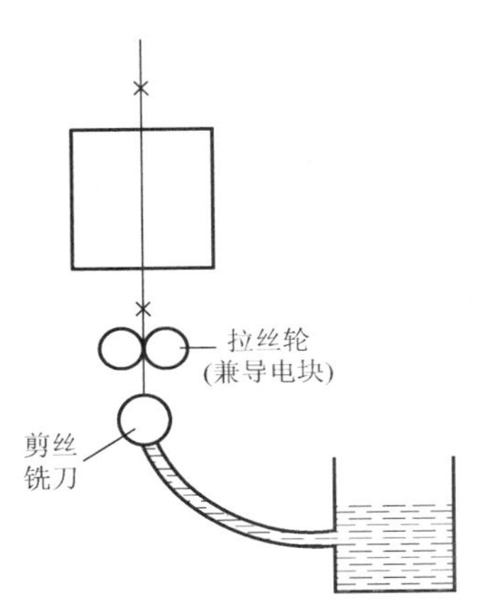

图 2.59 废丝处理装置简图

图 2.60 碎丝回收装置

低速走丝机走丝速度应该根据加工工况进行调节，通常的走丝速度为 2～15m/min。在主切时，因为提高加工效率及防止断丝是主要目标，此时可以适当提高走丝速度；而在修刀时，提高加工精度及表面质量是主要目标，此时应降低走丝速度、提高张力，保障走丝系统的平稳性；而当切割工件厚度增加时，为降低断丝概率，走丝速度要相应提高。

6. 双丝全自动切换走丝系统

在低速单向走丝线切割加工中，如果只采用一种直径的电极丝进行切割，最大切割效率在精密冲压模加工中往往难以应用。其原因是最大切割效率需要使用粗丝（ϕ0.25～ϕ0.30mm）进行，但粗丝实现精密及细节加工则比较困难，一些精密加工只能使用细丝（如 ϕ0.10mm）进行，由此目前出现了具有双丝全自动切换走丝系统的机床。

双丝全自动切换走丝系统是指在同一机床上按不同加工要求，不需要停机，机床可以自动切换两种不同直径或不同材质的电极丝进行切割，犹如加工中心换刀一样，从而提高了低速走丝机的加工效率。这种走丝系统在进入上导丝器之前是两套走丝系统，后面部分与常规结构一样。瑞士+GF+公司的 ROBOFIL 2050TW、ROBOFIL 6050TW 双丝切割机床，其走丝系统具有互锁结构，最高加工精度为±1μm，表面粗糙度 Ra 0.05μm，能够在 45s 内实现 ϕ0.25mm 和 ϕ0.10mm 电极丝之间的转换。该机床的两种电极丝完全处在各自最佳工况下待命，故自动转换中不需要操作者介入，从而保证了机床的连续运转。一般用 ϕ0.25mm 的电极丝粗加工两次，换 ϕ0.10mm 的电极丝精加工三次，并完成清角和窄缝切割。粗丝切割时通过提高电极丝的张力，加大加工峰值电流，使得切割效率大大提高；精加工时使用细丝，通过精规准、小电流提高工件的加工精度和表面粗糙度。双丝全自动切换走丝系统如图 2.61(a) 所示，对于直径更细的电极丝，机床可以在下部附加另外一个细丝导丝器［图 2.61(b) 中圆圈处］以进一步保持电极丝的定位精度。

(a)

【双丝全自动切换走丝系统】

(b)

图 2.61　双丝全自动切换走丝系统

实践证明，用双丝全自动切换走丝系统分别进行粗、精加工，解决了加工中精密与高效之间的矛盾，在保证工件加工精度的前提下，使总的加工时间缩短，一般可节省 30%～50%的加工时间，同时可节省价格高昂的细丝，降低加工成本。双丝与单丝走丝系统工作

时间比较如图 2.62 所示。从图中可看出，在达到同样加工表面精度的情况下，使用双丝走丝系统加工比单丝走丝系统加工节省时间超过 30%。

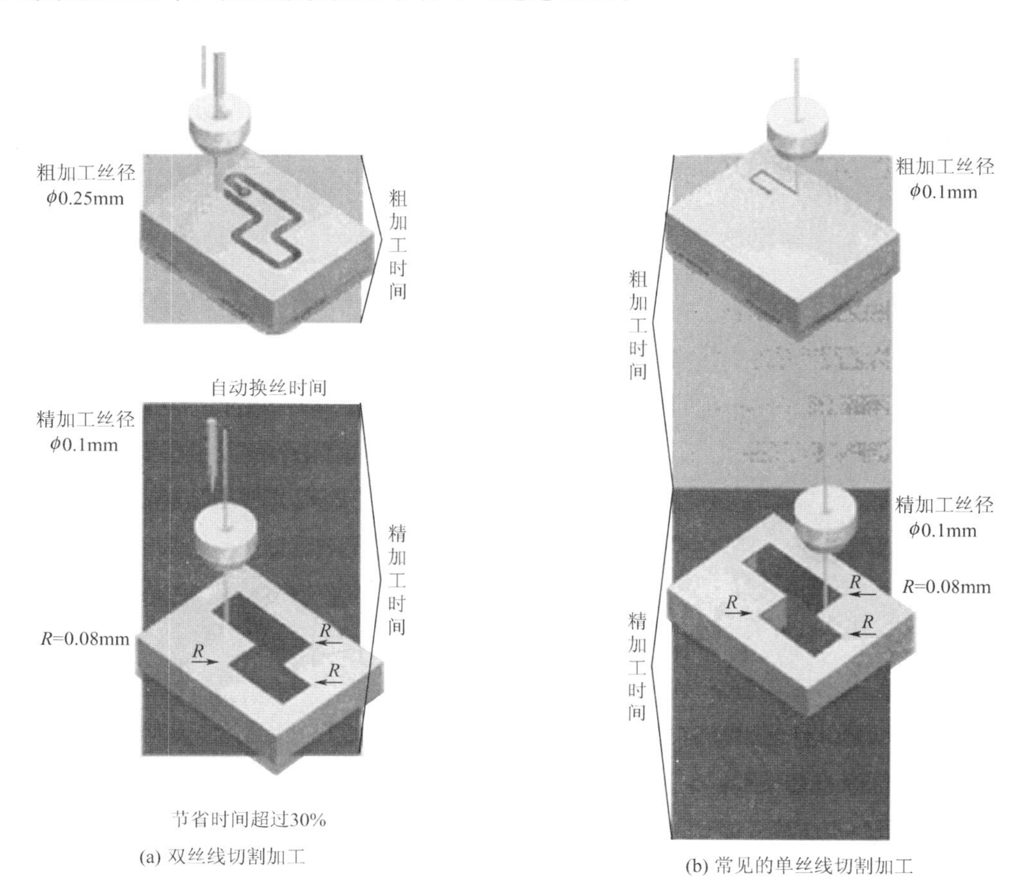

图 2.62 双丝与单丝走丝系统工作时间比较

2.2.4 锥度切割装置

锥度切割是电火花线切割技术的重要应用，主要应用于成形刀具、电火花成形加工用电极、带有拔模斜度的模具和多种零件加工（如斜齿轮、叶片等）。锥度切割装置通常是采用电极丝导丝器，并使其在 U、V 工作台的带动下进行平移，从而完成电极丝的锥度切割运动。目前该种锥度切割方式的切割锥度一般为±5°，最大切割锥度已经大于±45°（与工件厚度有关）。锥度切割装置的锥度切割原理及锥度切割状态如图 2.63 所示。

瑞士+GF+公司设计了一种全新的大锥度切割装置，与一般锥度切割装置不同的是，这种新的大锥度切割装置 X、Y、U 和 V 轴均采用独立的十字形双导轨的设计理念，保证可以加工大锥度的工件，在 510mm 高度上可以完成±30°的锥度切割（±45°作为选项），大大拓宽了锥度线切割加工的应用领域。图 2.64 所示为瑞士+GF+公司的 CUT 200 Bp 机床及切割的典型大锥度工件。

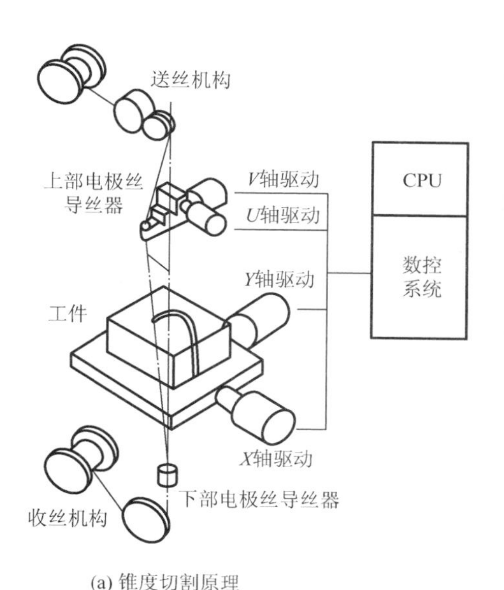

(a) 锥度切割原理

(b) 锥度切割状态

【大锥度机床演示】

图 2.63 锥度切割装置的锥度切割原理及锥度切割状态

(a) CUT 200 Bp 机床

(b) 切割的典型大锥度工件

图 2.64 瑞士+GF+公司的 CUT 200 Bp 机床及切割的典型大锥度工件

但对于大锥度特别是高厚度大锥度的切割，由于受较多因素尤其是电极丝空间及重复位置精度及去离子水喷液冷却效果的影响，锥度切割时的喷液冷却和排屑只是正常直体切割沿倾斜方向的一个分量在起作用（图 2.65），因此其切割效率、加工精度和表面粗糙度要比常规加工差。随着现代工业和模具工业的高速发展，锥度加工的表面质量和加工精度也愈加受到重视。

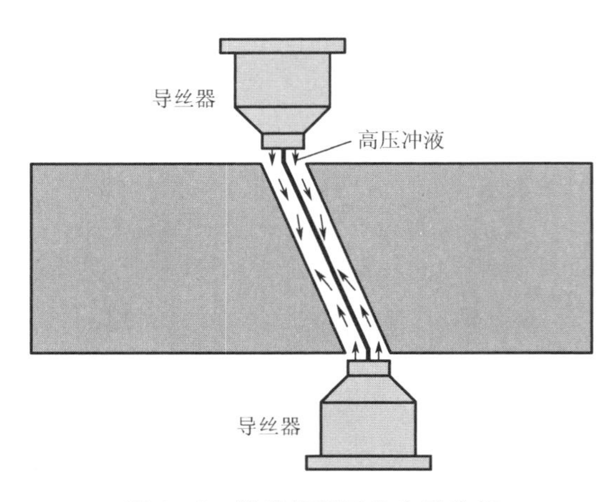

图 2.65 锥度切割工作介质冷却

锥度切割在导丝器内需要设计足够大的过渡圆弧，孔径与电极丝间保持无间隙状态，以确保电极丝的平滑转弯并且在导丝器中不出现移位。此外，电火花线切割使用的电极丝有“硬丝”和“软丝”之分。硬丝的抗拉强度大于 $900N/mm^2$，适合自动穿丝，有更高的直线度、记忆能力及抵抗断裂的能力，但延展性较差；软丝的抗拉强度小于 $500N/mm^2$，软丝与硬丝的物理性质相反，常用于锥度切割。在锥度切割时，硬丝的低延展性容易造成上下导丝器间的电极丝发生振动，而且较强的记忆能力容易使电极丝的实际轨迹偏离理论轨迹，致使加工精度降低，影响切割表面质量甚至导致断丝。软丝具有较低的抗拉强度，易于弯曲，因此电极丝实际轨迹与理论轨迹更加接近，可以减小锥度误差，如图 2.66 所示。但是在冲液不良、排屑困难等加工条件较差的环境下，软丝比硬丝更容易发生断丝。易于自动穿丝的电极丝抗拉强度在 $780N/mm^2$ 左右，而软丝由于直线度较差、记忆能力差等特性使其用于自动穿丝比较困难。软丝在自动穿丝过程中对机床施加的电压和张力非常敏感，如果处置不当，电极丝末端很容易弯曲，使电极丝很难穿过导丝器。

为了提高锥度切割的精度，目前很多机床厂家的机床都配备锥度切割专家系统。专家系统一般包括电极丝的选择、导丝系统、电极丝回路稳定性和基准平面的软件修正等。用户可以根据切割锥度的不同，选用不同的电极丝进行加工。在锥度切割时如采用普通导丝器或者直壁导丝器，导丝器很小的圆弧半径将迫使电极丝产生急剧弯曲，从而引起电极丝的振动，使电极丝的运动路径具有不确定性。锥度切割的专家系统一般要求导丝系统采用金刚石大圆弧半径封闭型导丝器，从而避免电极丝在导丝器的曲线段上弯曲时受到任何局部作用力的影响，并且可以将电极丝的挠度降到最低，使电极丝始终处于稳定状态。稳定的电极丝可以防止电极丝在锥度切割时由于冲液不良、张力不稳定等情况下发生短路而影响加工精度。基准平面的软件修正可以根据切割角度对电极丝的位置进行实时修正。虽然大圆弧半径导丝器可以改善电极丝的过渡变形问题，但会使电极丝在导丝器中的实际支点发生偏移，即在上导丝器中下移，在下导丝器中上移，这将使上述的两项位置参数在切割中随倾斜角度

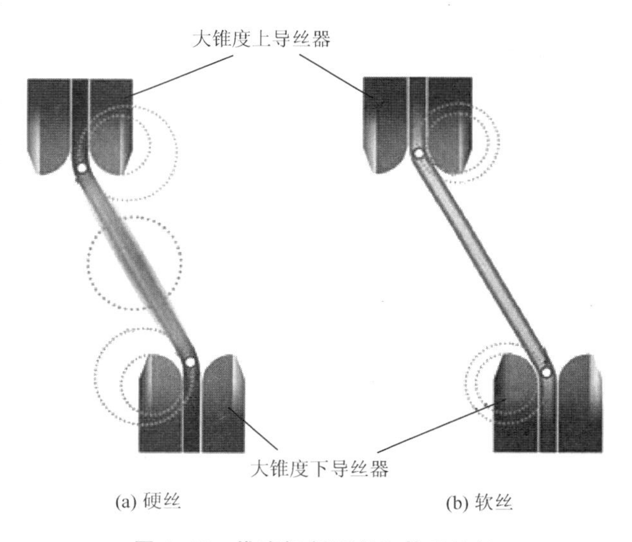

图 2.66 锥度切割硬丝和软丝比较

的大小而改变。在自动精确测量导丝器相对于工件位置参数的基础上通过基准平面的软件修正，根据原有的程序数据可计算出支点的偏移量，实时修正 U、V 轴和 X、Y 轴的移动量，以补偿因支点位移所造成的电极丝位置偏差，如图 2.67 所示。图 2.68 所示为瑞士+GF+公司机床和日本 MITSUBISHI 公司机床切割的典型大锥度样件。

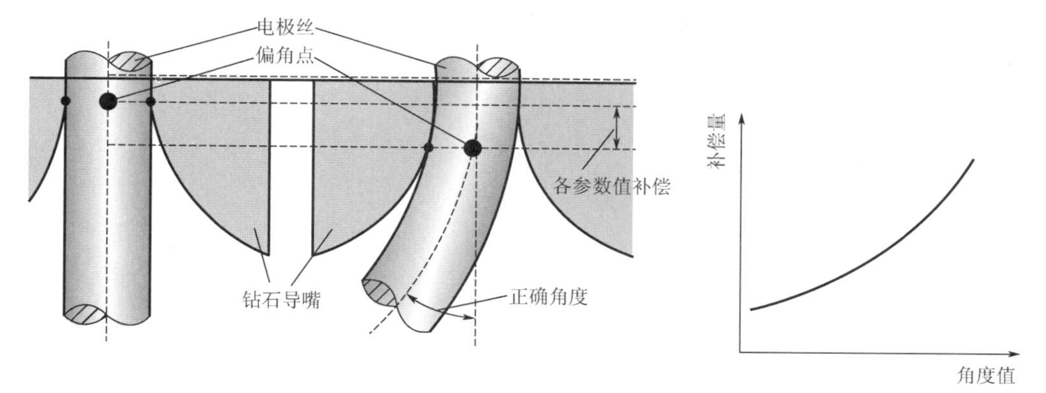

图 2.67　锥度切割专家系统对电极丝位置偏差的修正

(a) 瑞士+GF+公司机床切割的大锥度样件

(b) 日本MITSUBISHI公司机床切割的±45°圆锥

图 2.68　机床切割的典型大锥度样件

【大锥度切割】

2.2.5　加工附件

1. 穿孔附件

低速走丝机的穿孔附件主要用于切割模具时穿丝孔的加工，实质是将传统小孔加工机和低速走丝机集成为一体的系统，工作照片如图 2.69(a) 所示。穿孔附件的应用省去了模具切割时首先需要进行穿孔加工的工序，节省了人工和时间。穿孔附件系统将小孔加工机安装于线切割机床上，通过集成化的功能软件控制，不仅不需人工干预，提高了机床的智能化程度，而且整个加工过程中工件只需一次装夹，减少了工件多次装夹引起的定位误差。穿孔附件一般固定在机床主轴上，拆卸十分方便，其外观照片如图 2.69(b) 所示。

【穿孔附件】

(a) 穿孔附件工作照片

(b) 穿孔附件外观照片

图 2.69　穿孔附件

2. 旋转台附件

低速走丝机的旋转台附件是主要针对一些形状复杂、无法用常规线切割加工方法加工的特殊零件设置的，如飞机发动机固定涡轮叶片榫槽和 PCD（聚晶金刚石）刀具的加工，如图 2.70 所示。

(a) 涡轮叶片榫槽的加工

(b) PCD刀具的加工

图 2.70　利用旋转台附件进行加工

而旋转台主要有两种不同的形式，以适应不同形状工件的加工，即单旋转轴式旋转台和多旋转轴联动加工旋转台。

单旋转轴式旋转台通常采用五轴联动的方式对零件进行加工，即在原有 X、Y、U 和 V 轴的基础上，增加一个可以自由转动的专用旋转轴并固定在工作台面上，如图 2.71 所示，将工件装夹在旋转台的卡盘上，并与机床控制系统相连，利用 CAM 软件专用于旋转式放电加工的技术，控制旋转轴带动工件旋转实现复杂的切割运动。针对不同零件的加工方式，可以改变旋转轴的轴向位置，变换旋转方向，实现零件在横向和竖向的不同加工要求，加工实例如图 2.72 所示。目前大部分厂家的旋转台具有浸水密封功能，可以实现长期浸水加工。日本 FANUC 公司还针对一些特殊零件的加工，设计了具有旋转和摇摆功能的工作台，工作台照片及加工的医用膝盖板如图 2.73 所示。

图 2.71　专用旋转轴

(a) 横向旋转附件加工

(b) 竖向旋转附件加工

图 2.72　横向和竖向旋转附件加工实例

(a) 具有旋转和摇摆功能的工作台

(b) 医用膝盖板

图 2.73　具有旋转和摇摆功能的工作台及加工的医用膝盖板

【旋转摆动工作台】

【旋转上下异型切割】

多旋转轴联动加工旋转台是一种更先进的复合加工设备，能够更加灵活地控制工件的复杂旋转运动。低速走丝电火花线切割两旋转轴同时转动加工旋转刀头实例如图 2.74 所示，在加工过程中保持电极丝正常匀速运行，通过机床编程驱动 A、B 轴联动旋转，在 A 轴旋转的同时，B 轴进行摆动，夹具夹持住工件，从而实现螺旋形状旋转刀头的成型加工。低速走丝机 A、B、C 三旋转轴同时转动加工零件实例如图 2.75 所示。

目前旋转台在低速走丝机上最普及且成功的应用就是 PCD 复合片的加工。PCD 复合片由聚晶金刚石层与硬质合金衬底在超高压高温下烧结而成，因此具有金刚石的硬度、耐磨性，还有硬质合金的抗冲击韧性，是一种卓越的切削与钻探工具材料，具有很高的硬度及耐磨性，如采用机械磨削对硬度极高的 PCD 复合片进行成型和微细的刀刃加工是极困难的，需要采用造价高昂的金刚石成型砂轮，但由于 PCD 复合片十分坚硬，加工时砂轮损耗巨大，效率低，因此目前加工 PCD 复合片主要采用电火花线切割、激光加工、超声波加工、高压水射流等几种工艺方法，其中电火花线切割加工效果最理想。在工作液充分供给的加工条件下，脉冲电压使工件和电极丝之间形成稳定的放电通道，利用放电产生的瞬时高温可使 PCD 复合片熔化、脱落，从而切割形成所要求的刀具。

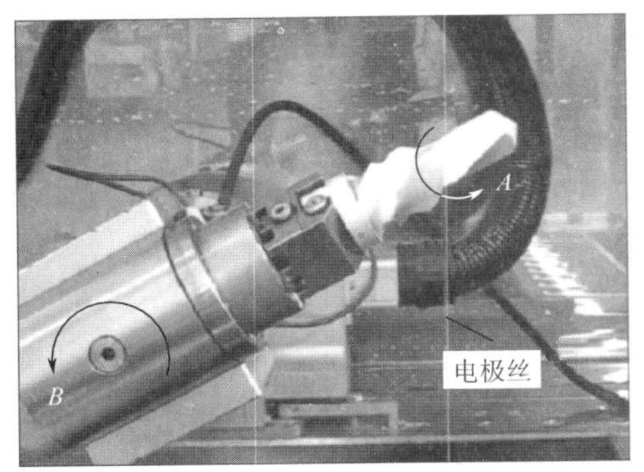

(a) 加工照片

螺旋形工件
A旋转轴
B旋转轴
电极丝
工作台

(b) 结构示意图

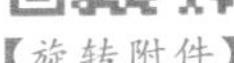
【旋转附件】

图 2.74　两旋转轴同时转动加工旋转刀头实例

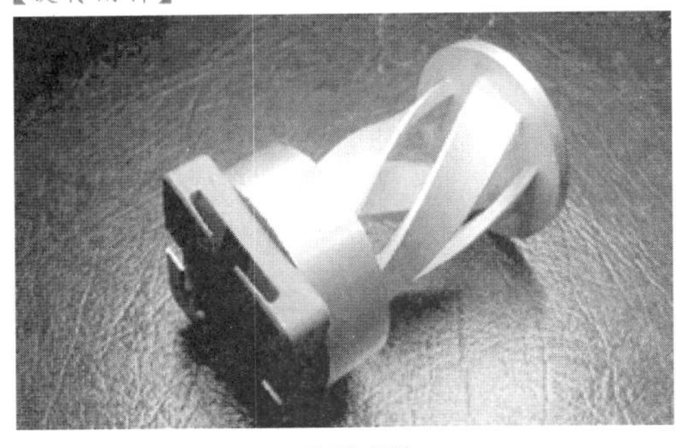

(a) 扭转部件

(b) 伞形齿轮电极

图 2.75　三旋转轴同时转动加工零件实例

日本 FANUC 公司低速走丝机采用 PCD 加工专用电源对各种 PCD 刀具材料进行稳定加工。首先利用配有 AC 电源的线切割机对 PCD 复合片坯件进行加工，不仅对坯件的损伤小，加工速度快，而且可以防止金刚石颗粒间的结合材料钴的流失，并将加工成型的 PCD 复合片毛坯用蜡黏结到刀具基座上，由于黏结在刀具表面和 PCD 复合片之间的蜡层会使 PCD 复合片附着的刀刃高度发生变化，因此需要利用接触传感器自动测量刀刃面高度并通过刀具与旋转轴的联动控制，从而实现 PCD 刀具的高精度、高品质加工。PCD 刀具加工及测量流程如图 2.76 所示。PCD 刀具加工示意图如图 2.77 所示。

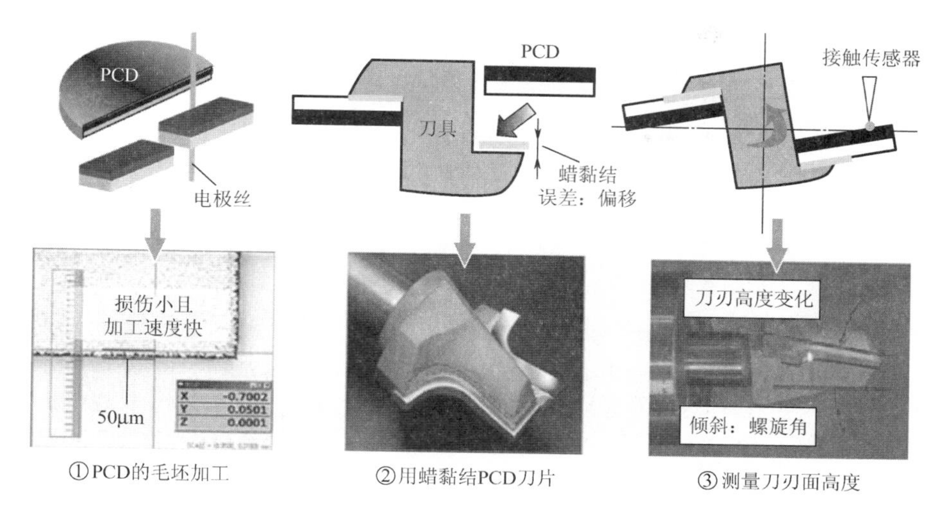

图 2.76 PCD 刀具加工及测量流程

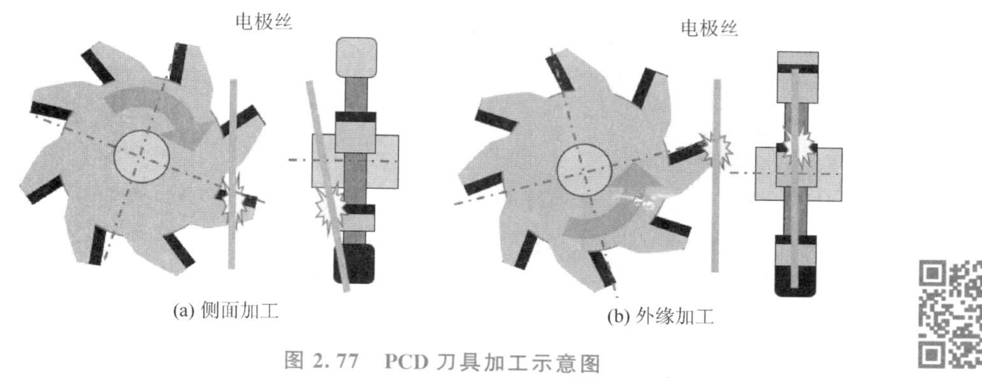

图 2.77 PCD 刀具加工示意图

【PCD 刀具测量及加工】

2.2.6 工作液系统

1. 工作液

低速走丝电火花线切割工作液的种类及性能见表 2－2。

表 2－2 低速走丝电火花线切割工作液的种类及性能

种　类	性　能
去离子水	电阻率一般为 50kΩ·cm；使用该工作液加工时，最佳切割表面粗糙度值一般为 Ra 0.10～Ra 0.35μm；由于其比油性工作液热稳定性高，特别是在临界条件下可以实现更高的功率输入，因此加工效率较高，为油性介质的 2～5 倍。但因为在水基工作液中淬火速率更高，工件的表面质量相对较差，表面残余应力更大一些

续表

种　　类	性　　能
油性工作液（煤油）	油性工作介质绝缘性比去离子水要高得多，使用油性工作液加工时，由于工作液黏度非常低，冲洗效果非常好，所以切割表面质量好，最佳切割表面粗糙度 $Ra<0.05\mu m$；无电解腐蚀，被切割表面几乎无变质层，但加工效率较低。由于其闪点低，气味较大，与人的皮肤接触可能导致过敏反应，一般适合微小型精密零件加工
去离子水＋添加剂	在去离子水中添加某些添加剂以改善加工效果。如某些添加剂可以改善硬质合金材料工件切割后表面钴的析出，提高硬质合金的寿命；某些添加剂可使放电间隙减小，从而使加工精度和表面质量得到提高；某些添加剂可防止工件及工作台的腐蚀；等等。随着对零件加工要求的进一步提高，对去离子水中添加剂的研究也越来越引起广泛的重视

油基与水基工作液加工效果的显著差异是油基工作液加工工件表面质量更好，如图 2.78 所示。油基工作液第一次修刀后，表面球形碎屑的数量明显减少，最后修刀后表面可以产生类似“陨石坑”的规则分布和各向同性表面；虽然采用去离子水修刀最终的修刀表面也可以观察到类似的现象，但不同的是，第一次修刀形成的球形碎屑较少，更多的是珊瑚礁微结构，这可能是因为水基工作液中淬火速率更高。与在油基工作液加工的表面相比，水基工作液在修刀切割时会产生更多的孔隙和更大的凹坑。经过修刀后，在两种介质中加工的工件表面粗糙度和残余应力均会减小，但总体而言在油基工作液中加工效果更好（图 2.79 和图 2.80）。

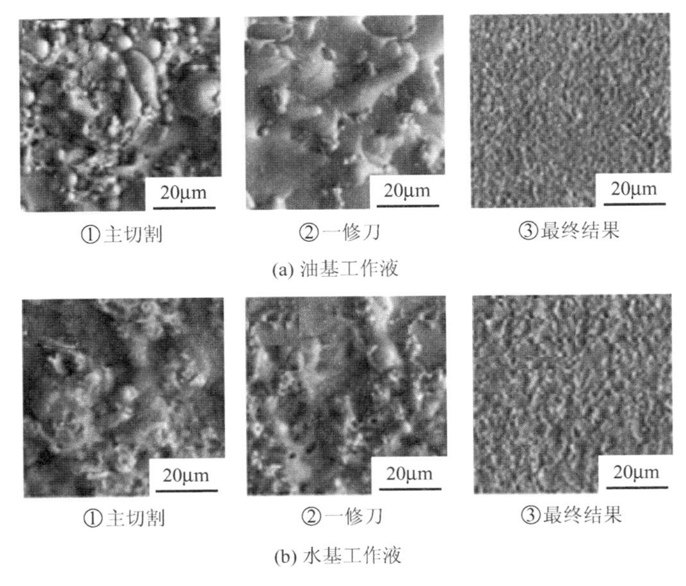

图 2.78　油基与水基工作液加工工件表面微观结构对比

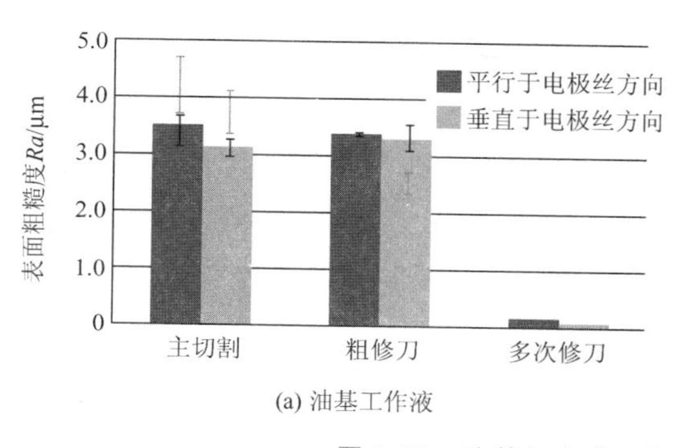

(a) 油基工作液

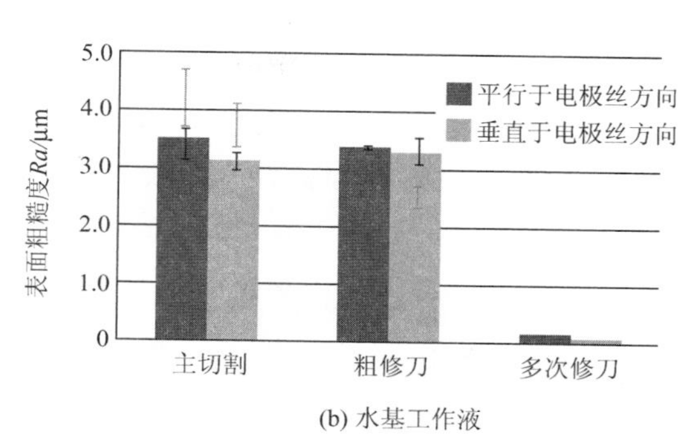

(b) 水基工作液

图 2.79 油基与水基工作液加工工件表面粗糙度对比

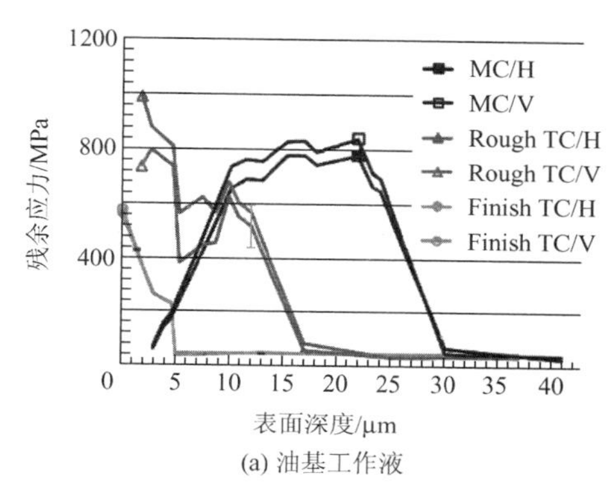

(a) 油基工作液

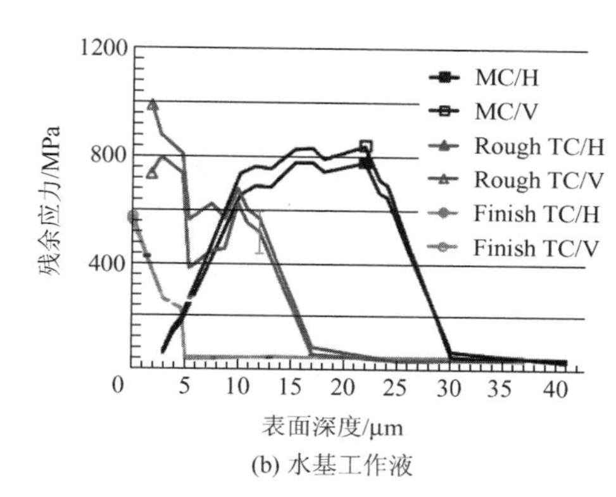

(b) 水基工作液

图 2.80 油基与水基工作液加工工件残余应力对比

MC—主切割；Rough TC—粗修刀；Finish TC—最终修刀；H—水平方向；V—垂直方向

抗电解脉冲电源的应用使得切割表面的完整性得到很大的提升，但如果控制得不好，对于硬质合金而言，仍然会导致在采用去离子水加工时，硬质合金加工表面中的黏结剂钴会浸出，造成硬质合金表面产生“软化层”现象，影响加工表面品质。由于目前硬质合金在冲压模中应用比较普遍，比如在高速冲压模中冲头和凹模的镶块都广泛采用了硬质合金，而即便是钢材，在去离子水中也会产生锈蚀或点腐蚀。因此采用去离子水加工时，在工件表面形成变质层这一特性成为影响低速走丝机高品质精密加工零件的主要因素。使用油作为工作液的最大问题是粗加工和第一次修刀加工时加工效率很低，因此目前这种加工方式主要应用于对加工零件表面变质层要求较高的场合，如硬质合金镶块的精密多工位级进模、粉末冶金模、电子元器件的高速冲压模，以及一些对表面质量要求很高的小型零件等。

为解决使用这两种不同类型工作液加工时质量与效率不能兼顾的问题，一些电火花线切割机床企业在这方面的研究一直没有中断，并且已经取得了一些新进展。日本 SODICK 公司在解决水工作液的防锈、防腐蚀方面采取了两类措施。一是采用电防腐蚀，通过改进 Super-BS 防电解电路，针对不同的加工材料，设定不同的参数，以抑制锈蚀、腐蚀的产生。二是化学防腐蚀，使用一种命名为“RUST-less”的选配件，以抑制在水中浸湿加工及加工后工件长时间浸泡在水工作液中所产生的锈蚀、腐蚀等现象。关于在去离子水中使用添加剂的研究，比较典型的产品是德国 Oelheld（瓯海）的系列添加剂产品。如在去离子水中加入浓度为0.5%的ControFil 2添加剂，可以防止工件和机床的锈蚀，并且不改变去离子水的导电能力，不降低机床的加工效率，去离子水的过滤也不会受影响，并且ControFil 2添加剂的浓度可以很容易地通过折射计进行检测。

将德国Oelheld的IonoFil添加剂加入去离子水中后，切割的硬质合金没有钴浸出，工件表面几乎没有锈蚀，并且使火花间隙变得更小，加工精度也更高，同时热影响层也更薄。相同加工条件下有无添加剂加工硬质合金表面质量对比如图2.81所示。

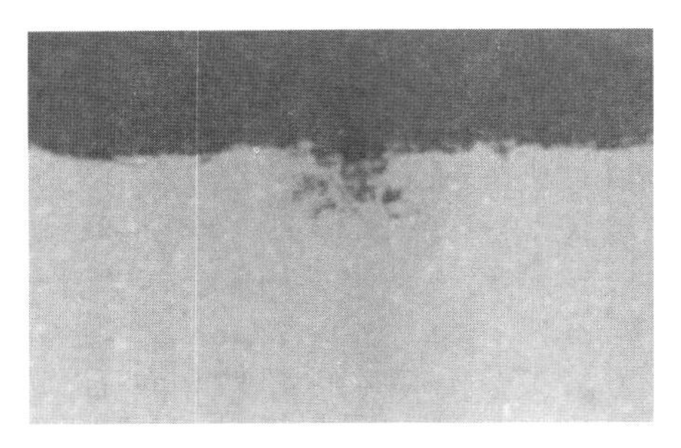
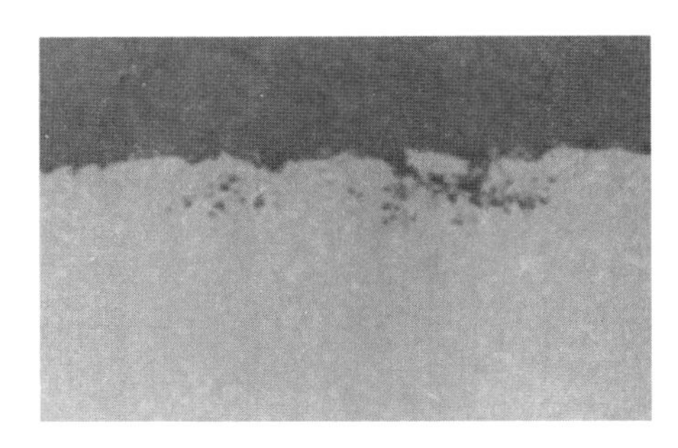

(a) 去离子水切割后工件表面钴析出

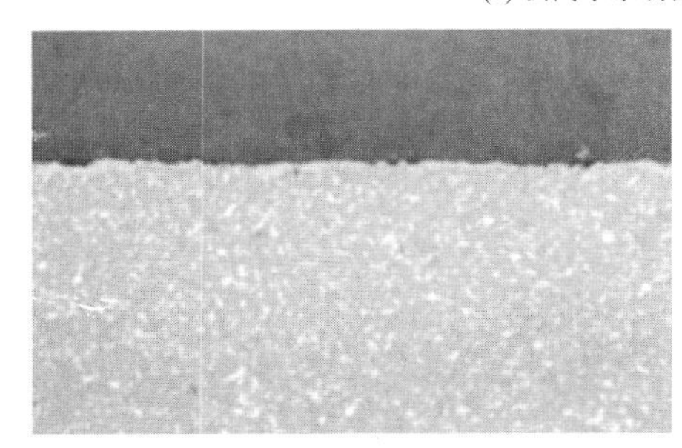

(b) 添加IonoFil后工件表面钴未析出，表面完整性较好

图2.81　有无添加剂加工硬质合金表面质量对比

2. 工作液系统构成

图2.82为低速走丝机工作液系统。在系统设计中，加工液箱的容积大而储液箱的容积小，这是因为在加工过程中，只有少量的水在做循环，从加工液箱到过滤器、储液箱、冷却装置和纯水器。这种结构的优点是运行成本低，水质好。

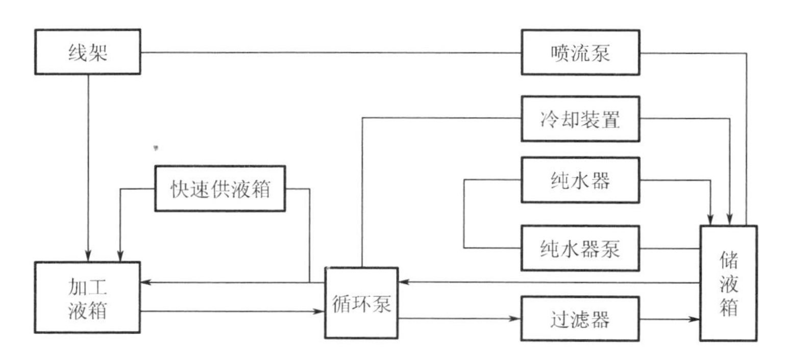

图2.82　低速走丝机工作液系统

（1）加工液箱。加工液箱用于线切割加工时储存工作液。

（2）快速供液箱。在加工开始时加工液箱是空的，需要快速供液，为了缩短供液时间，在储液箱的上部设置一个预先加满工作液的快速供液箱，利用快速供液箱与加工液箱高低之差进行快速供液，可以节省80%的供液时间。

（3）过滤器。过滤器的作用是过滤废工作液中的机械杂质，以及对工作液中的铁锈、沙粒和其他少量固体颗粒等进行过滤，以保护设备管道上的机床配件免受磨损和堵塞，还可以保护设备的正常工作。低速走丝机过滤器（图2.83）分为大嘴、中嘴、中小嘴、小嘴等不同型号。过滤器一般有一个或两个过滤筒，每个过滤筒采用特殊的滤纸和折叠方式，使过滤器拥有高效的杂质过滤效率和强大的容垢能力，过滤精度小于5μm。过滤器的锈蚀性和使用寿命是一项重要的性能指标，因此在使用过程中对过滤器的维护显得尤为重要。在切割加工完成时，需要停止水循环系统至少30min，保证加工中产生的滤渣和灰尘能够随水流落到过滤器的底层，避免堵在过滤纸表面，从而减轻下一轮切割工作中滤纸的承受压力，延长滤纸的使用周期。在切割有色金属和某些硬质合金如铝、钨钢时，金属表面的氧化物会阻塞滤纸表面，缩短过滤器的使用寿命。使用一段时间后，过滤芯的过滤性能降低，导致泵的压力升高，需要及时更换滤芯，避免滤芯被冲破，不能起到过滤的作用。过滤器在使用一年内需要更换水1～2次，防止水中的淤泥和细菌阻塞过滤器，同时达到清理水箱的目的。

【去离子水过滤系统】

图2.83 低速走丝机过滤器

（4）纯水器。低速走丝机加工工艺要求用纯水做工作液，因此水的质量很重要。水质传感器和纯水器用于控制纯水的电阻率，确保加工液的水质在规定的范围内。纯水的电阻率显示在控制界面上，当电阻率低于下限时，纯水器电磁阀打开，水流向纯水器，电阻率上升；当电阻率高于上限时，电磁阀关闭，纯水器不工作；随着加工时间的持续，水质逐渐恶化，电磁阀再次打开，按上述过程循环进行，稳定纯水的电阻率。纯水器内装了离子交换树脂。离子交换树脂是一种不溶于水的高分子化合物，具有较强的活性基因，呈黄色、褐色两种半透明球状。纯水器容积有10L和20L两种。当纯水器不能使水的电阻率上升或上升的速率极慢，不能满足加工要求时，需要更换容器中的离子交换树脂。

(5) 冷却装置。控制工作液温度的目的是减少机床、工件、加工液与环境温度的相对温差，使加工精度达到稳定。在放电加工过程中，工作液的温度会上升，采用冷却装置（由温控传感器按设定的温度控制）控制工作液的温度，可使工作液的温度与室温相同。

(6) 喷流泵、循环泵和纯水器泵。整个工作液系统有三个泵，喷流泵采用优质的高压泵，变频调速，水的压力可以设定，水压稳定，高压可达到 18kgf/cm^2（1kgf/cm^2 = 9.8kPa），向上下导丝器、自动穿丝装置、加工液箱供液。循环泵用于工作液过滤、冷却及向加工液箱供液。纯水器泵用于向纯水器供液。

设置工作液系统的目的是向工作液槽提供工作液，控制工作液的电阻率及温度。图 2.84所示为一种工作液系统回路。工作液由泵 P_2 向加工区域及电极丝周边喷射。加工后的工作液经工作液槽被收集到污液槽中，污液由泵 P_1 向过滤器送液并除去加工屑，过滤后的加工液与经过纯水器的一部分液体储存在清液槽中。图 2.85 所示为某型机床工作液系统的外观。

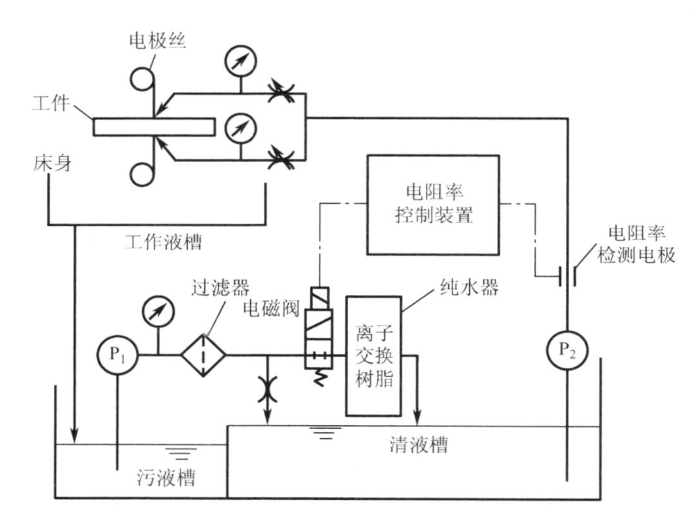

图 2.84 工作液系统回路

图 2.85 中工作液系统部件功能如下。

喷流泵：用于工作液的喷流。

循环泵：把工作液送往过滤器、吸气器。

送液泵：把工作液送往加工槽、净水器、工作液冷却装置。

水质传感器：用于测定工作液的阻抗比值。

排液阀：更换工作液时启用。

工作液冷却装置：稳定工作液的温度。

过滤器：除去工作液中的蚀除产物。

水质计：监控工作液的阻抗比值。

净水器：去离子交换树脂器，用于纯水的离子交换。

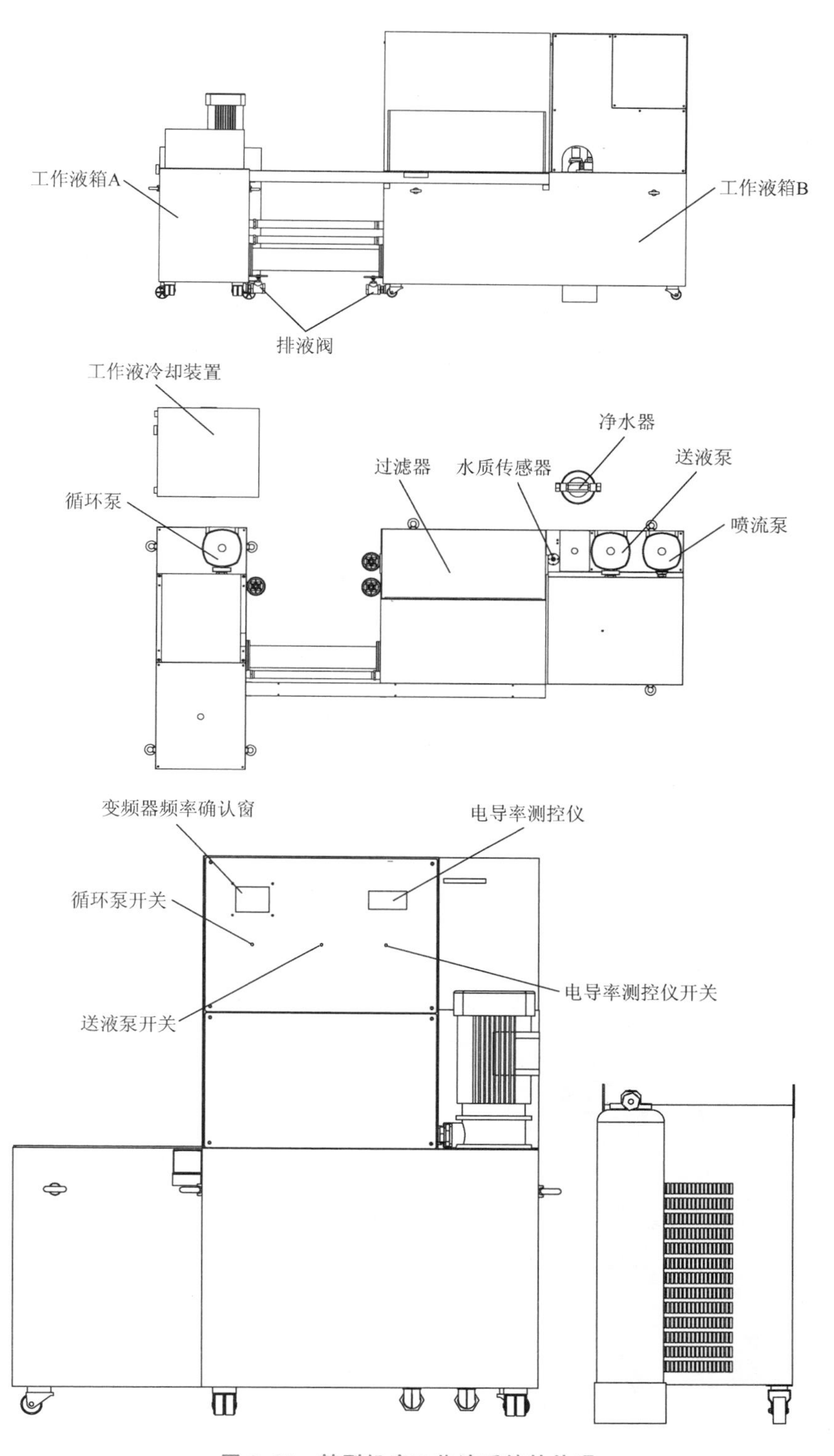

图 2.85 某型机床工作液系统的外观

3. 离子交换树脂

离子交换树脂是一种具有多孔网状结构的固体，主要由树脂母体和活性基团两部分组成。用离子交换树脂作为离子交换剂，当水溶液通过树脂时，离子交换树脂中的活性基团与水溶液中的同性离子（如 Ca^{2+}、Mg^{2+}、Fe^{2+} 等）相互交换，以达到水的软化（降低水中 Ca^{2+}、Mg^{2+} 的含量），除盐（减少水中溶解盐类）和回收废工作液中重金属离子的目的。离子交换树脂如图 2.86 所示。

图 2.86　离子交换树脂

2.3 电　极　丝

低速单向走丝电火花线切割加工技术的飞速发展也促进了电极丝的快速发展。性能优良的电极丝可以保障电火花线切割进行高效加工，获得高表面质量及高精度的加工零件。目前市面上常见的电极丝为黄铜电极丝（图 2.87）和镀锌电极丝（图 2.88）。

图 2.87　黄铜电极丝

图 2.88　镀锌电极丝

【低速走丝机电极丝的制作】

2.3.1 电极丝的发展及主要特性

低速单向走丝电火花线切割诞生于20世纪60年代，自诞生起就一直沿用电火花成形加工电极材料的使用思路，采用的是纯铜电极丝。虽然纯铜具有非常好的导电性及导热性，但受到纯铜丝抗拉强度低的影响，在放电加工时，伴随着一定的张紧力及煤油条件下的放电，极易导致电极丝熔断，致使切割效率一直得不到有效提高。1977年，黄铜丝开始进入市场。由于黄铜电极丝大大提高了抗拉强度，可以增加放电能量，因此带来了切割效率的突破，所以黄铜丝是低速单向走丝电火花线切割领域真正第一代专用电极丝。当时对于厚度为50mm的工件，切割效率从原来的12mm²/min提高到25mm²/min。在实验过程中研究人员发现低熔点的锌对于改善极间的放电特性有明显的促进作用，而黄铜中锌的比例又受到限制，于是人们想到在黄铜丝外面加一层锌，做成包芯丝。1979年，瑞士几位工程师发明了这种制造工艺，由此产生了镀锌电极丝，其截面图如图2.89所示。包芯丝制造工艺的产生使电极丝的发展又向前迈进了一大步，并导致了更多新型镀层电极丝的出现。镀层电极丝目前的生产工艺主要有浸渍、电镀和扩散退火三种方法。电极丝的芯材目前主要有黄铜、纯铜和钢，镀层的材料则有锌、纯铜、铜锌合金等。

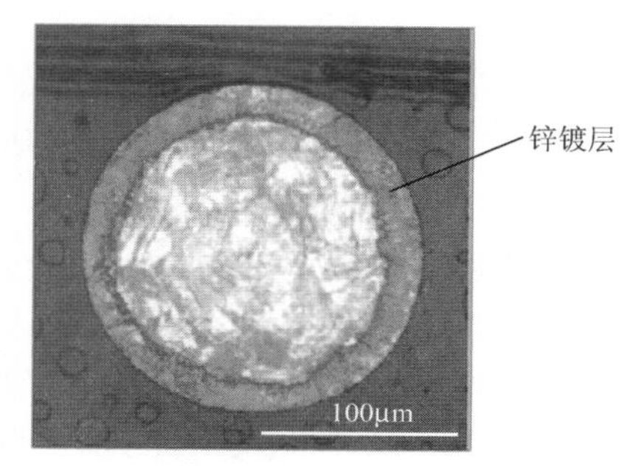

图2.89 镀锌电极丝截面图

镀锌黄铜丝能提高切割效率，而又不易断丝的主要原理，如同蒸制食物（图2.90）一样，无论外部加热的火焰温度有多高，其首先作用在水上，而水的沸点是100℃。对于镀锌黄铜丝而言，如图2.91所示，虽然放电通道内的温度高达10000℃左右，但这个温度首先作用在具有较低熔点的镀锌层上，锌的熔点为420℃，镀锌层通过自身的汽化吸收了绝大部分热量，从而保护了电极丝基体，使得加工中不易断丝。同时由于镀锌层从固态被加热到

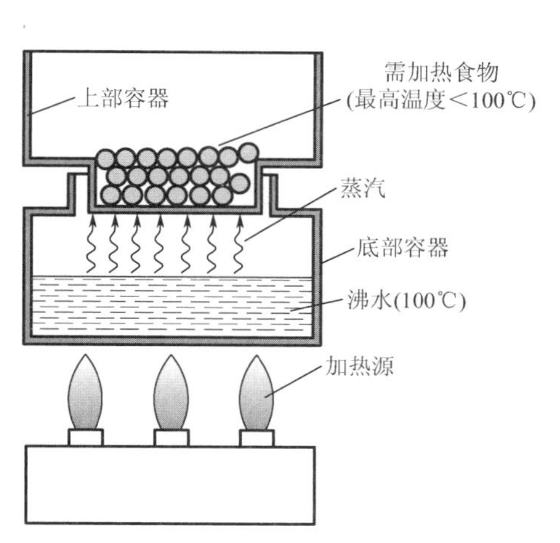

图2.90 蒸制食物原理

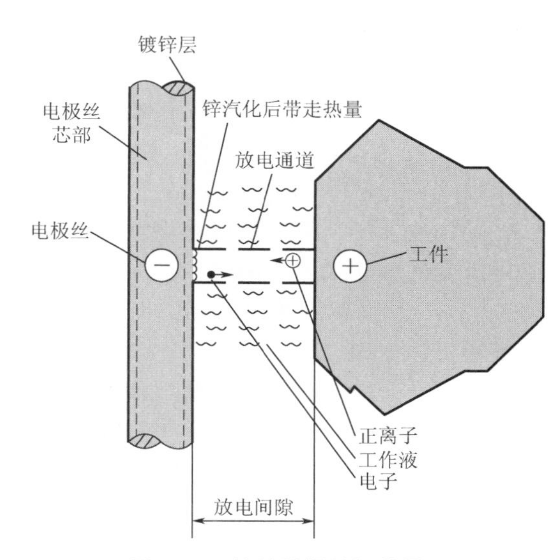

图2.91 镀锌层保护铜丝原理

气态产生了很强的爆炸性气体，爆炸性气体将蚀除产物推出放电区域，起到改善放电通道内洗涤及排屑性能的作用，从而大大提高了切割效率。

随着低速走丝机加工质量要求的不断提升，对电极丝性能的要求也随之提高。尤其是电源对电极丝提出了更加严格的要求，要求其能承受峰值超过1000A和平均值超过45A的大电流切割，而且能量的传输必须非常有效，才能提供为达到高表面质量（不超过*Ra* 0.2μm）所需的高频脉冲电流，因此需要电极丝具有更良好的电导率。

高精度的线切割机加工要求电极丝具有误差极小的几何特性，丝径公差一般要求为±0.001mm。

电极丝的热物理性能也是提高切割速度的关键，其中包括电极丝的熔点和汽化压力特性。由于电极丝通过导丝器时会产生微小的振动并且在放电爆炸力及冲液压力的作用下，在切割时的抖动会造成无数次极小的短路，使切割速度减慢。适当熔点的电极丝会在电加工时损耗一部分表层，从而在面对切口方向的空隙时防止或减少短路效应，同时在背对切口方向的空隙有助于改善冲洗作用，以更好地排出蚀除产物。此外，电火花放电时会产生大量的热量，其中一部分热量被电极丝吸收，电极丝表层材料汽化的速度越快，电极丝芯部吸收的热量就越少，反之电极丝表层汽化速度慢，电极丝芯部就会吸收大量的热量，而过多的热量作用在电极丝上，会导致电极丝因过热而产生熔断。因此需要电极丝具有很大的汽化压力特性，将蚀除产物推离放电区域，这就是所谓的电极丝的“冲洗性”。一般切割时工件的切割速度和工件的厚度密切相关，极间处于比较良好的排屑、冷却及消电离状态下，切割速度可以达到最高值，而低于或高于此值会使有效切割面积降低且极间状况恶化，导致切割速度随之降低。目前低速单向走丝电火花线切割加工工件厚度40～80mm，切割速度可以达到较高值，当加工厚度超过100mm后，切割速度就会明显降低。

电极丝的主要性能要求如下。

1. 电气特性

现代线切割电源要求电极丝能承受峰值超过1000A和平均值超过45A的大电流切割，而且能量的传输必须非常有效，这通常取决于电极丝的电阻或电导率。纯铜是电导率最高的材料之一，可用来作为衡量其他材料的基准。纯铜的电导率标为100% IACS（国际退火纯铜标准），而黄铜的电导率为20%。

2. 机械特性

（1）拉伸强度。拉伸强度是衡量材料在受到负荷时抵抗断裂的能力。它是用单位截面积所能承受的载荷来表示的，一般采用的单位为N/mm^2。纯铜属于拉伸强度最低的材料（$245N/mm^2$），而钨则最高（$3825N/mm^2$）。电极丝的拉伸强度取决于材料的选择及各种热处理和拉伸处理工艺。

（2）记忆效应。记忆效应与电极丝的“软”或“硬”相关。软丝抽离线轴时没有恢复成直线的记忆能力，所以难以用于自动穿丝，但这对切割来说并没有影响，因为加工时电极丝上是加了张力的。软丝适用于上下导丝器不能倾斜的设备进行超过15°的大斜度切割。而硬丝则适合自动穿丝，同时因为拉伸强度高，其抵抗因切割时放电爆炸力及高压冲洗力造成电极丝抖动的能力较强。

(3) 延伸率。延伸率是切割加工中由于张力和热量引起的电极丝长度变化的百分比。软丝的延伸率可大到20%，而硬丝则小于2%。软丝在斜度加工时，因延伸率高，能保证斜面的几何精度，并且较软的电极丝在导丝器中滑动时产生的振动也较小。不过电极丝进入切割区后软丝的抖动程度比硬丝大，所以在实际切割中需要进行综合考虑以选择合适的电极丝。

3. 几何特性

电极丝制造的最后工序是采用多个宝石拉丝模拉制电极丝，以得到光滑、圆度极好、丝径公差为±0.001mm的成品。另外，还有一些电极丝特意设计成具有相对粗糙的表面，用以提高极间介质带入及蚀除产物带出的能力，以达到改善极间放电状态从而提高切割速度的目的。

4. 热物理特性

电极丝的热物理特性是提高切割速度的关键。这些特性是通过合金成分的配比或基础芯材的选择来进行的。

(1) 熔点。电极丝的熔点是一项重要指标。由于电极丝通过导丝器时会产生微小的振动并且在放电爆炸力及冲液压力的作用下，在切割时是有抖动的，这将造成无数次极小的短路，使切割过程减慢。电极丝在工作时如果在外径上能够损耗一些，这样面对切口方向的间隙就可以防止或减少短路效应。同时它在背对切口方向的间隙有助于改善冲洗作用，以更好地排出蚀除产物。对于低速单向走丝电火花线切割而言，由于加工过程中电极丝的不断送进，电极丝外径的损耗对一般加工情况下加工精度的影响可以忽略，这是镀锌丝优势所在的一个方面。

(2) 汽化压力。电火花放电时会产生大量的热量，其中一部分热量被电极丝吸收，电极丝表层材料汽化的速度越快，电极丝芯部吸收的热量就越少，反之电极丝表层材料汽化的速度慢，电极丝芯部就会吸收大量的热量，过多的热量作用在电极丝上，会导致电极丝因过热而产生熔断。因此需要电极丝表面材料能够快速汽化，并产生很大的汽化压力，将蚀除产物推离放电区域，这就是所谓的电极丝的“冲洗性”。一般切割时对于工件厚度而言，存在最佳厚度对应于最高的切割速度，在此条件下，由于极间处于比较好的排屑、冷却及消电离状态，切割速度可以达到最高值，低于或高于此高度会使有效切割面积降低且极间状况恶化，导致切割速度降低。

2.3.2 电极丝的分类

电极丝的分类如图2.92所示。下面就几类目前常用的电极丝进行说明。

1. 黄铜丝

黄铜是纯铜与锌的合金，最常见的配比是65%的纯铜和35%的锌。使用黄铜丝是因为锌的熔点较低（锌为420℃，纯铜为1080℃），能够改善冲洗性，理论上讲，锌的比例应越高越好。不过在黄铜丝的制造过程中，当锌的比例超过40%后，电极丝将由单相α结晶

结构变成 α 和 β 双相结晶结构。这种材料太脆而不适合拉成细丝。黄铜丝可以通过一系列不同的拉丝（淬火作用）和热处理（退火）工序来实现不同的拉伸强度（490～900N/mm^2）以满足不同的应用场合。但在纯铜中加入少量锌会大大降低其导电性，硬黄铜丝的导电性只有纯铜丝的 20%，这样必然会影响切割效率，而且黄铜丝在切割后会有黄铜积存在工件上，很难去除，影响切割精度。因此普通黄铜电极丝不适合应用于切割精度和速度要求较高的场合。

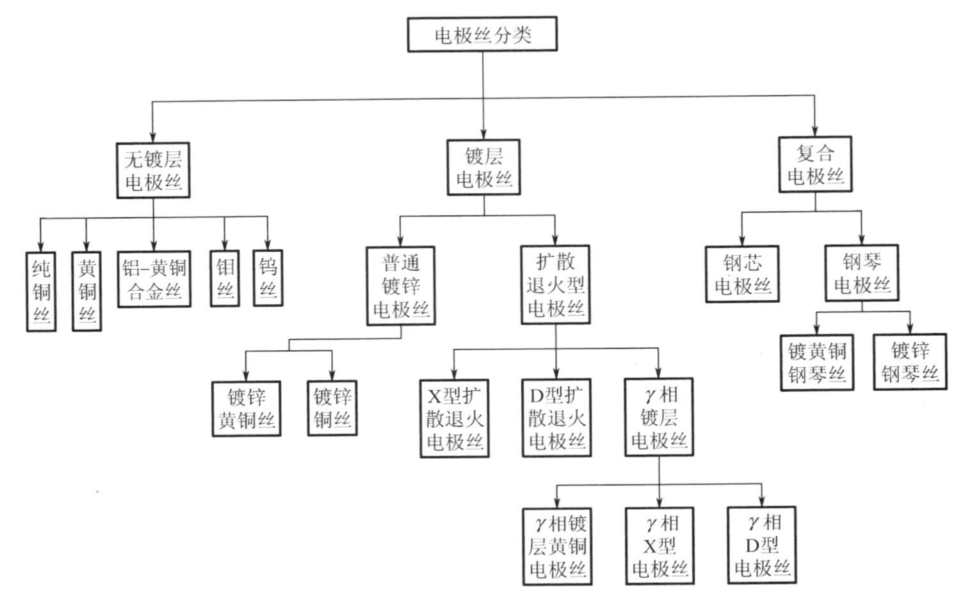

图 2.92　电极丝的分类

黄铜丝的主要缺点如下。

（1）切割效率难以提高。由于黄铜中锌的比例一定，因此放电时的能量转换效率无法进一步提高；以 ϕ0.25mm 黄铜丝切割 30～60mm 厚的钢材为例，大多数机床的切割效率都在 120mm^2/min 左右。

（2）表面质量不佳。黄铜丝表面的铜粉和放电时由于电极丝表层汽化而带出的铜微粒会积存在加工面上造成表面积铜。同时由于冲洗性不佳，会在工件表面产生较厚的变质层，这些都会影响工件的表面硬度和粗糙度。

（3）加工精度不高。特别是在加工较厚工件时，由于冲洗性不佳，会产生较大的平直度误差（上下端尺寸误差和鼓形差）。

黄铜丝的应用场合如下。

（1）加工量不足，不是 24h 开机的用户。因为切割效率对于这些用户来说不是主要问题。

（2）加工精度特别是表面质量要求不高的用户。

（3）加工小尺寸、薄厚度为主的用户。因为工件装夹调整的时间占总加工时间的比例较高，切割时间较少，对切割效率的影响不明显。

（4）工件的硬度不高或厚度不超过 80～100mm。

2. 镀锌丝

镀锌电极丝的主要优点如下。

(1) 切割效率高，不易断丝。品质好的镀锌电极丝切割效率可比优质黄铜丝高30%～50%，目前很多用户采用ϕ0.25mm的镀锌电极丝，平均切割效率在150～180mm^2/min。

(2) 加工表面质量好，无积铜，变质层得到改善，因此工件表面的硬度更高，延长了模具的使用寿命。

(3) 加工精度提高，特别是尖角部位的形状误差、厚工件的直线度误差等均比黄铜丝有所改善。

(4) 导丝器等部件的损耗减小。锌的硬度比黄铜低，同时镀锌丝不像黄铜丝那样有很多铜粉，所以不容易堵塞导丝器，污染相关部件。

镀锌电极丝的主要类型如下。

(1) 普通镀锌电极丝。芯材为普通黄铜或铜，外面镀一层锌。由于浸渍工艺相对比较简单，因此很多厂家都采用这种工艺方法来生产镀锌电极丝。但镀锌后再拉丝，最大的问题是无法控制镀层的均匀性，所以用这种工艺生产的电极丝放电性能不够稳定，切割效率只比黄铜丝提高不到10%，此外因锌是电镀上去的，也容易出现电镀层脱落的现象，导致最终切割效果不佳。

(2) 扩散退火型电极丝。扩散退火型电极丝芯材为铜或黄铜，并通过扩散退火在外层包一层铜锌合金，其中铜和锌的比例通常为1∶1。由于芯材为铜或黄铜，表层是采用扩散退火形成的多孔结构，因此这种电极丝的冲洗效果比常规的电极丝好，而且切割效率比较高。表层扩散退火的铜和锌由于电导率的限制对加工会有影响，目前这种电极丝只适合于特殊场合的加工。

① X型扩散退火电极丝。这种电极丝的芯材是铜，镀层是β相铜锌合金，如图2.93所示。它具有铜的高导电性和均匀的镀层，抵抗电火花腐蚀的能力较强。它的缺点是制造成本高，抗拉强度低和直线性差。X型扩散退火电极丝主要应用于钛合金等航空合金材料的加工。

② D型扩散退火电极丝。这种电极丝是在X型扩散退火电极丝基础上发展而来的，芯材是黄铜，镀层是β相铜锌合金，如图2.94所示。D型扩散退火电极丝具有和X型扩散退火电极丝相同的优点，并且在切割速度和加工精度方面都有所提高，由于芯材中含有20%的锌，因此它的抗拉强度可以达到800N/mm^2，主要用于自动穿丝的机床。

③ γ相镀层黄铜电极丝。电极丝的芯材是黄铜，镀层是γ相铜锌合金，如图2.95所示。γ相铜锌合金中的锌含量比β相铜锌合金的锌含量高。由于γ相铜锌合金镀层非常脆，而且在切割过程中容易发生断裂和脱落，为了保证加工过程中不发生断丝，镀层厚度要控制在5μm以内。γ相铜锌合金镀层的断裂和脱落，提高了电极丝的冲洗特性，改善了冲液和排屑能力，因此提高了切割效率，但工件的表面质量有所降低。γ相镀层黄铜电极丝的切割效率比普通镀锌丝提高10%～25%，主要用于高速切割。

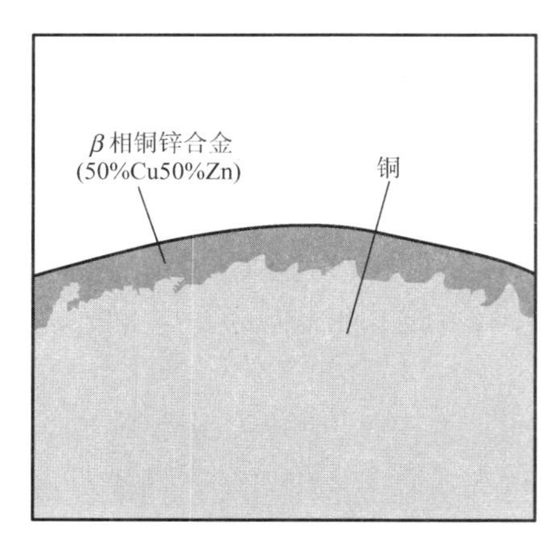

图 2.93　X 型扩散退火电极丝

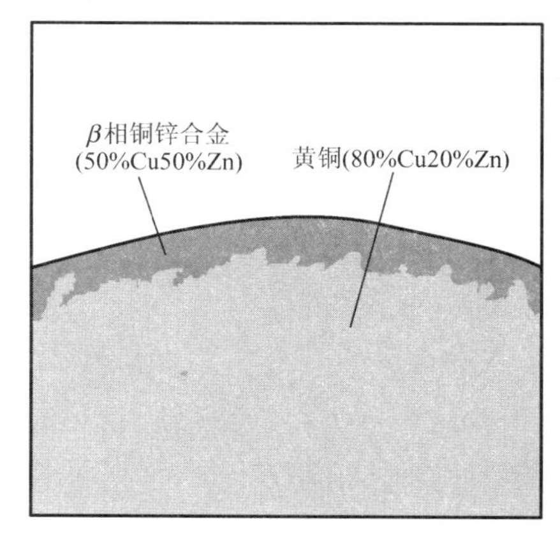

图 2.94　D 型扩散退火电极丝

④ γ 相 X 型电极丝和 γ 相 D 型电极丝。这两种电极丝的芯材为铜（X 型扩散退火电极丝的芯材）和黄铜（D 型扩散退火电极丝的芯材），β 相铜锌合金为中间层，γ 相铜锌合金为外镀层。γ 相 X 型电极丝（图 2.96）和 γ 相 D 型电极丝（图 2.97）的冲洗特性都比较好，中间层用于提高切割效率，外镀层用于提高加工精度。在相同情况下，这两种电极丝的切割效率比 X 型扩散退火电极丝和 D 型扩散退火电极丝提高 10%。

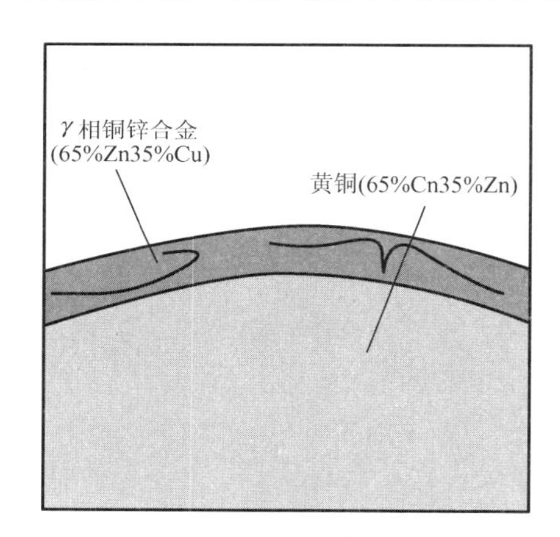

图 2.95　γ 相镀层黄铜电极丝

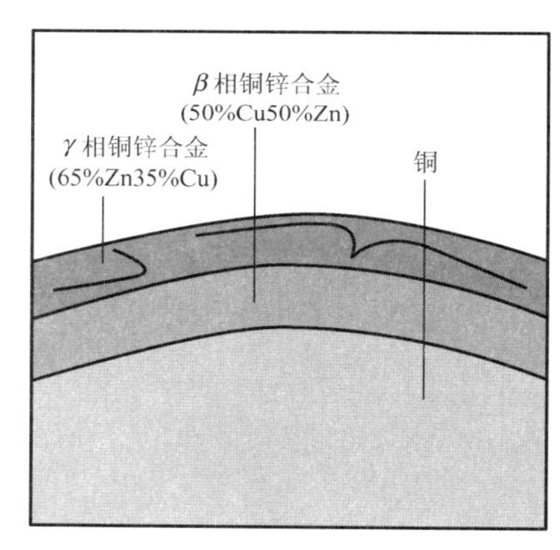

图 2.96　γ 相 X 型电极丝

（3）钢芯电极丝。钢芯电极丝（图 2.98）是一种复合丝。它由钢制的芯加上中间的铜镀层和外面的铜锌合金镀层组成。钢芯在常温下的拉伸强度与黄铜丝差不多，但是随着温度的升高黄铜丝的拉伸强度迅速降低，而钢的拉伸强度则高于黄铜丝。由于钢的导电性能不好，因此在钢芯外面包了一层纯铜用以提高电导率。而外面的铜锌合金层则起到了改善冲洗性能的作用。

对于以下难度较高的线切割加工，虽然采用较粗直径（ϕ0.30mm）的电极丝或镀锌电极丝可以使加工情况有所改善，但是要想达到较高的加工要求，最佳的选择是采用钢芯电极丝。

① 大厚度加工。低速单向走丝加工，当加工的工件较厚时（通常超过 100mm 以上），加工速度明显降低，并且加工面的直线度误差会增大。此时采用钢芯丝加工，可以明显改善速度和精度（图 2.99）。

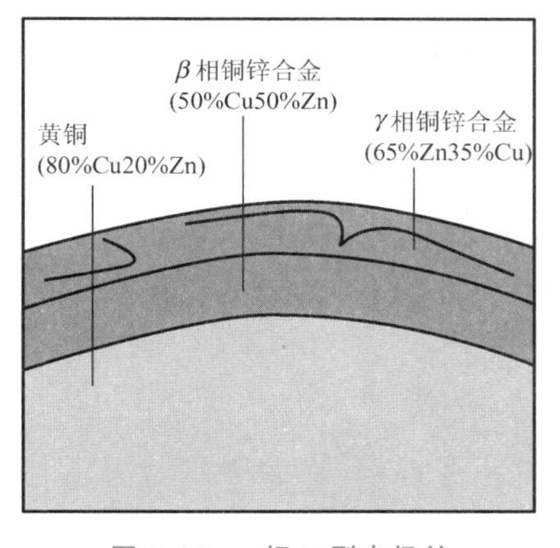

图 2.97 γ相D型电极丝

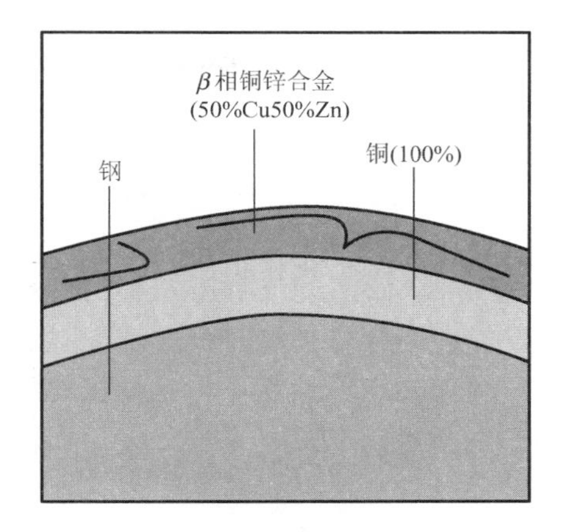

图 2.98 钢芯电极丝

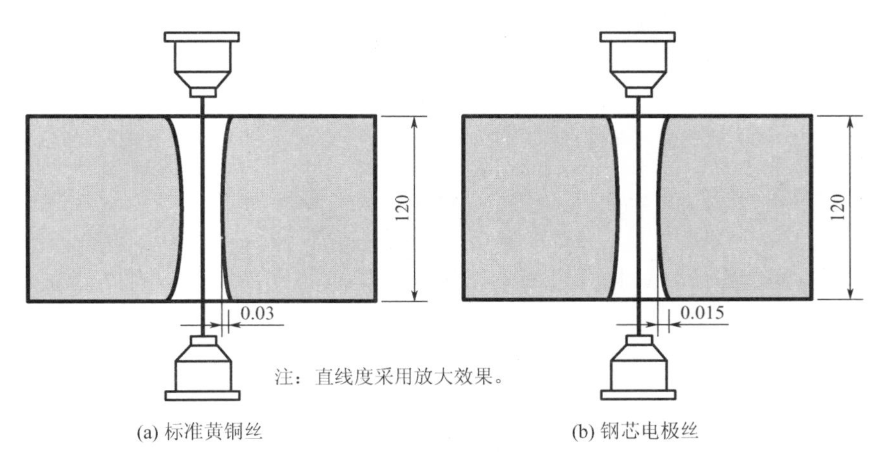

图 2.99 电极丝对表面直线度的影响（加工厚工件）

② 冲水不良状态的加工。如大斜度加工，工件厚度不规则、变化范围较大的加工和多个工件叠加起来的加工等。冲水不良容易造成断丝，加工速度因而下降。同时会导致二次放电增加，影响表面质量（图 2.100），此时也宜选用钢芯电极丝。

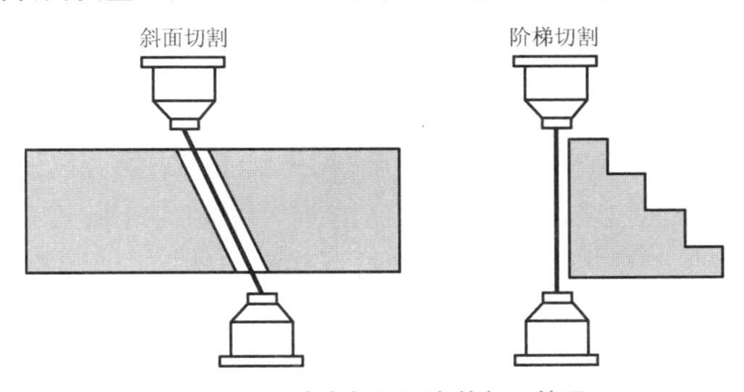

图 2.100 冲水加工不良的加工情况

（4）精细型电极丝。一般铜电极丝直径最小到 ϕ0.07mm，对于要求有小 R 角的精细加工，如 R 角的直径要求达到 ϕ0.02～ϕ0.10mm 时，就需选用钨或者钼来制造超细的电极丝。钼丝有非常高的拉伸强度（1900N/mm^2）和熔点，相同情况下切割效率比黄铜丝

低。钨丝比钼丝有更高的拉伸强度（2825～3825N/mm^2）和熔点，用于线切割加工的钨丝最细可达到 ϕ0.02mm。由于钼丝和钨丝的硬度很高，很难自动穿丝，在使用中会增加走丝装置的磨损。此外，细的钨丝和钼丝的成本很高，所以一般用于航空航天、医疗器械等一些不允许锌存在的场合。

（5）钢琴电极丝。这种电极丝因为芯材为制造钢琴用的高碳钢，所以称为钢琴电极丝。钢琴电极丝的组成为以高碳钢为芯材，表层镀黄铜（图 2.101），也有在外层再镀锌的（图 2.102）。钢琴电极丝经多次的加工及热处理，强度同样可以达到钨丝或钼丝的强度。这种电极丝的拉伸强度为一般铜电极丝的两倍，高达 2000N/mm^2 以上。

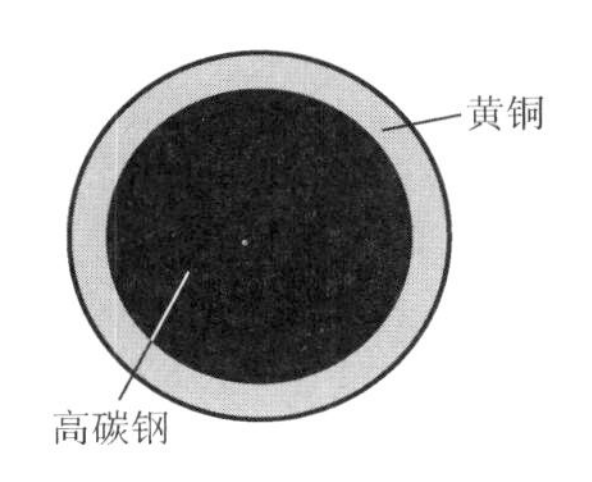

图 2.101　镀黄铜钢琴电极丝

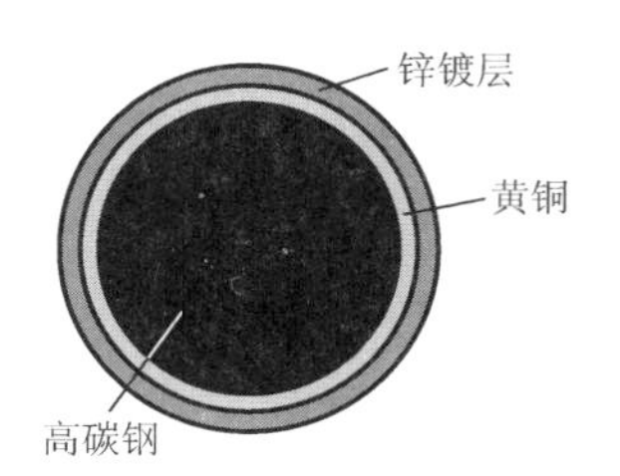

图 2.102　镀锌钢琴电极丝

黄铜丝或镀层丝的直径一般在 ϕ0.07～ϕ0.30mm。而对于一些电子、光学和钟表行业的微细零件加工或超精密加工，要求电极丝的直径在 ϕ0.03～ϕ0.10mm。过去这种电极丝是采用钨丝或钼丝制作的，价格非常昂贵；钨、钼材质的硬度很高，对导丝器、导电块和走丝系统会产生很大的磨损。一些机床制造公司在很长一段时间内采用的是专用线切割机或两套走丝系统来实现细丝的切割加工，而这又增加了机床的制造成本和使用成本。镀黄铜钢琴电极丝的出现，代替了钨丝和钼丝，在高碳钢的外层镀上黄铜材料，使其可在与黄铜电极丝同样条件下进行放电加工，而抗拉强度是黄铜丝的两倍。镀黄铜钢琴电极丝的表面硬度低，对机床走丝系统的磨损基本和黄铜丝一样，而且原材料和制造方面的成本都低于钨丝和钼丝，故在今后的市场中将具有良好的低成本运行优势。

2.3.3　电极丝的选用

在选择电极丝时，加工精度、表面质量、切割效率、内角尺寸、工件厚度、工件材料、锥度切割和加工成本等这些因素都要进行综合考虑。抗拉强度高的电极丝有利于提高切割速度，减少电极丝的滞后，从而提高零件的加工精度，避免切割面由于电极丝滞后带来"鼓肚""凹心""塌角"等加工缺陷，因此在正常切割时，应选择拉伸强度合适的电极丝。

根据电极丝抗拉强度的大小，可以把电极丝分为硬丝与软丝两类。硬丝的拉伸强度高，抵抗切割时放电爆炸力及高压去离子水喷流造成电极丝的抖动能力较强；软丝的延伸率较好，在大锥度切割中不易断丝，因此适用于大锥度的切割，此外软丝在导丝器中滑动时产生的振动较小，对导丝器的磨损也较小，能较好地保证斜面切割的几何精度。对于具有自动穿丝功能的机床，电极丝的拉伸强度需要达到 780N/mm^2 以上，直径在 ϕ0.20～ϕ0.25mm，以保证自动穿丝的成功率。加工中各类电极丝的选用可以参考图 2.103。

随着低速走丝机电源的不断发展，不但要求电极丝在实际使用过程中承受很高的峰值电流和平均电流，而且要求电极丝传输的电流更加有效，只有这样才能适合小能量高频脉冲的传输，使得加工表面的粗糙度达到 Ra 0.4μm 甚至 Ra 0.2μm 以下。工件高度对表面粗糙度的影响如图 2.104 所示。一般情况下，标准黄铜丝和普通镀锌丝能够满足大多数加工的要求，一些高品质的镀锌丝加工的工件表面粗糙度可以达到 Ra 0.15μm，能够满足绝大多数的应用场合。

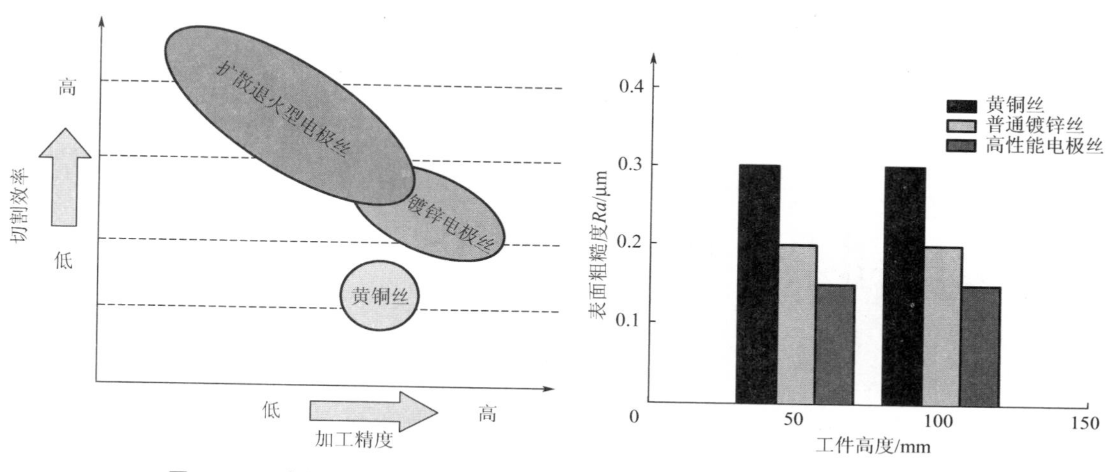

图 2.103　电极丝选用

图 2.104　工件高度对表面粗糙度的影响

电极丝直径也是选用电极丝时重要的参考依据。低速单向走丝电火花线切割所用的电极丝直径通常在 ϕ0.02～ϕ0.35mm。电极丝的直径对切割效率的影响较大，因为电极丝的直径越大，可以承载的脉冲峰值电流越高，从而达到提高切割效率的目的。在相同的加工情况下，电极丝直径从 ϕ0.25mm 增加到 ϕ0.30mm，切割效率会提高 30%。对于切割效率在 500mm^2/min 的超高效率切割，一般采用直径在 ϕ0.33mm 以上的电极丝。

电极丝直径的选择一般以工件厚度和最小内角半径 R 作为依据。电极丝直径不同，对应的加工工件厚度也不同。小直径的电极丝适合加工比较薄的工件，大直径的电极丝适合加工比较厚的工件。只有这样电极丝在工作过程中才不会有较大的抖动，而且冲液效果好，不易断丝，才可以进行稳定的加工。因为不同的线径可以承受不同的加工电流，工件越厚，所需要的加工电流越大，而电极丝要承受越大的拉力，所以越厚的工件要选择越粗的线径。

1. 低速走丝机主要由哪些结构组成？

2. 应用于低速走丝机的直线电动机有哪几种主要形式？与传统电动机相比，直线电动机有什么优势和特点？为什么直线电动机尤其适合精密及微小型零件的切割？

3. 为什么精密低速走丝机的热位移补偿主要体现在对 Y 轴和 V 轴方向的控制？一般是如何进行的？

4. 请简述机床智能防碰撞保护系统的原理。

5. 低速走丝机的走丝系统由哪些部分组成？其中退火拉直自动穿丝机构是如何工作的？目前先进的自动穿丝系统已经能实现哪些自动穿丝功能？

6. 双丝全自动切换走丝系统的工作过程及优点是什么？

7. 低速单向走丝电火花线切割采用的工作液有哪几种？对切割性能有什么影响？

8. 镀锌电极丝能提高加工工艺指标的原理是什么？

第3章 低速单向走丝电火花线切割控制系统

低速走丝机的数控系统均采用专用计算机实现数字程序控制。该控制系统也称 CNC 系统，其输入存储、数控加工、差补运算及机床的各种控制功能都是通过程序实现的。计算机与其他装置之间通过接口设备连接，当控制对象改变时，只需要改变软件和接口。因此，CNC 技术的核心是由计算机通过功能强大的软件实现对加工过程、输入输出装置、运动轴驱动装置、伺服进给装置及检测装置提供的各种信息进行处理和控制，从而使整个加工实现自动化的过程。该技术还与脉冲电源和机床电器密切结合从而构成了一个具有高性能、多功能及高扩展性的数字控制电源系统为放电加工服务。

3.1 低速单向走丝电火花线切割控制系统的特点

CNC 系统是低速走丝机的核心，它的性能直接影响机床的加工质量和加工稳定性，而且也是扩大机床加工范围、实现复杂加工的关键部分。开放式结构的数控系统因具有开放性、可扩展性、互换性、可移植性和互操作性等特性，允许不同厂商的不同软、硬件模块加入，系统通过特定功能模块的安装或卸载为用户系统增添或减少特定功能，方便用户的二次开发。构成系统的各硬件模块和功能软件可根据其功能、可靠性及性能要求相互替换，通过一致的设备接口，使各功能模块运行于不同供应商提供的硬件平台上，并获得平等的相互操控能力，协调工作。由于开放式结构的 CNC 系统具有诸多优点，因此它是当今 CNC 系统的发展方向。

3.2 低速单向走丝电火花线切割控制系统的硬件构成

典型低速单向走丝电火花线切割控制系统的硬件主要部分构成如图 3.1 所示。

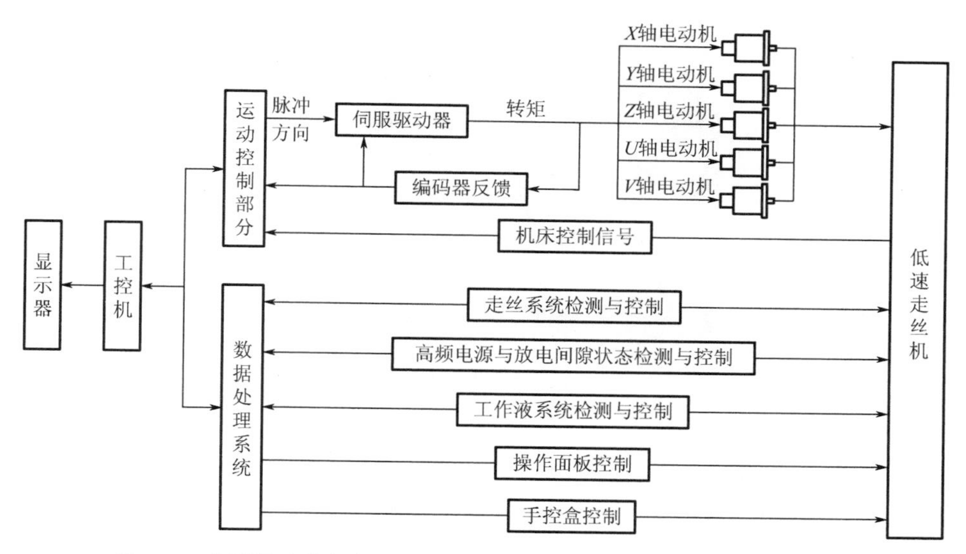

图 3.1 典型低速单向走丝电火花线切割控制系统的硬件主要部分构成

下面对低速单向走丝电火花线切割控制系统的基本模块进行介绍。

1. 主存系统和处理演算系统

主存系统和处理演算系统由工业控制计算机主板、硬盘及专用软件组成。主板包括CPU和内存，是整个控制系统的核心，用于保存和驱动整个系统的所有软件程序及机器运行中使用的所有数据，还担负着直接控制机床主体和脉冲电源系统的任务。

2. 人机操作系统

低速走丝机均配有先进的人机交互界面，能够方便、快捷和直观地为用户提供全面的工件加工资料和加工参数，同时可以预防加工过程中的错误，实时精准地显示监控程序的执行过程。

人机交互系统主要通过操作界面窗口使操作员和计算机联系起来。操作员向计算机提交各种数据命令，以对计算机进行操作和控制，而计算机则通过操作系统将计算机处理和控制的情况显示出来，直观地供操作员观察、了解，并帮助操作员发出进一步的指令。此外，操作系统还为操作员和计算机提供识别、检查及帮助等功能。一个友好的操作界面能够充分发挥计算机功效，提高系统的使用效率，以实现合理的人性化操作。

3. 手控盒

手控盒用于机床操作及加工过程中的手动调节。手控盒的手动调节是一项重要的功能，主要用于在切割加工前的机床调节，如开启上水水泵，快速在液槽中加满去离子水；开启冲液电磁阀进行高压喷水；单轴移动找中、定位等。在工件加工过程中，操作人员可以通过手控盒面板上的按键对加工过程进行控制，如暂停加工、执行加工、空运行、单段执行、快速回起点和快速回断丝点等。某机床手控盒面板如图 3.2 所示。

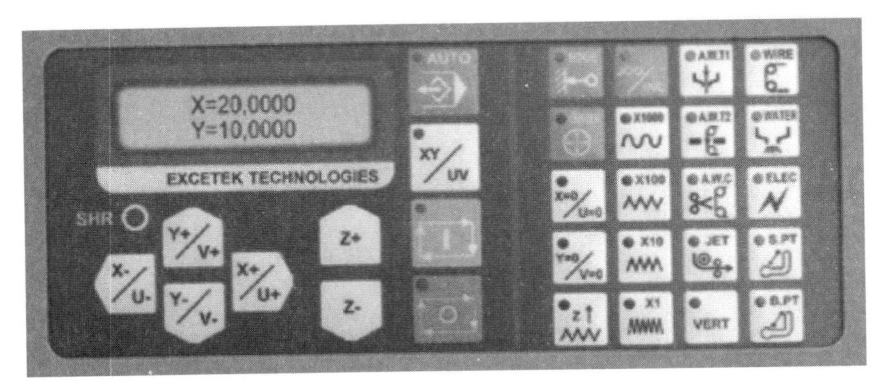

图 3.2　某机床手控盒面板

4. 数控接口板系统

主存系统、处理演算系统和数控接口板系统共同构成 CNC 装置。数控接口板系统由一组大型 PLC 电路和各种集成电路根据所需功能设计的专用电路板构成，主要功用如下。

(1) 将上位机输入的 TTL 电平转换并进行功率放大。

(2) 为防止干扰引起的误动作，使用各种光电隔离器将 CNC 系统和机床之间的信号在电气上加以隔离。

(3) 采用模拟量传送时，在 CNC 系统和机床电气设备之间接入数/模 (D/A) 和模/数 (A/D) 转换电路。

5. 伺服控制系统

伺服控制系统是低速走丝机 CNC 装置的重要组成部分，对 CNC 系统和机床本体之间的电传动信号进行控制，主要由伺服电动机、驱动控制系统和位置检测与反馈装置等组成。伺服电动机是系统的执行元件，驱动控制系统则是伺服电动机的动力源。CNC 系统发出的指令信号与位置反馈信号比较后作为位移指令，再经过驱动系统的功率放大，驱动电动机运转，通过机械传动装置拖动 *XY* 坐标工作台或 *UV* 导丝器运动。伺服进给运动控制系统主要实现两个功能，即轨迹控制和速度控制。轨迹控制是为了保证电极丝相对工件按预定的轨迹运动，切割出零件的轮廓；而速度控制是为了实时修正伺服进给速度，保证电极丝相对工件的进给速度与工件蚀除速度基本同步。伺服系统的性能是决定机床切割精度、表面粗糙度和切割效率的重要因素之一。

6. 加工状态检测系统

加工状态检测系统采用高速器件对加工过程中的间隙电压、脉冲峰值电流、脉宽、走丝速度、电极丝张力、工作液的温度和工作液电阻率的变化等一系列数据进行实时在线跟踪，将各种信号状态及时反馈给 CNC 系统并由该系统发出调整指令，从而对加工过程做出自适应控制。

在线切割加工过程中，放电间隙状态是进行伺服进给速度调节和脉冲电源自适应调整的基本依据。首先，通过对加工状态的分析，调用合适的伺服曲线来传送进给速度指令，实现伺服控制及电参数控制，以达到最优的加工状态；其次，线切割加工过程中有时会因脉冲电源电流过大，导致加工短路或其他异常状况而引起断丝，为保护机床和工件不受断丝的影响，加工过程中进行断丝检测也是一项重要的任务，当机床发生断丝时，先执行断丝保护中断程序，再切断脉冲电源，停止伺服进给，停止走丝，保存断点数据，以便重新启动后程序从断丝点继续运行；最后，低速走丝机在 *X*、*Y*、*U*、*V* 四个轴的正反方向上安装了八个方向的行程限位开关进行行程限位检测，当由于操作失误造成各轴超出限定的位置时，行程限位开关将启动，触发执行运动控制器内部行程限位中断程序，立即停止相应轴的移动，防止运动轴卡死，从而保护机床本体免受机械碰撞。

7. 数据输入、输出系统

数据的输入、输出系统是由外部存储设备（如 U 盘等）构成的，用于输入 NC 程序及图形文件。在低速走丝机中，有许多机床外围信号需要监控并加以控制，如操作面板和手控盒的数字量输入信号、机床限位信号、断丝信号、碰边信号及各种模拟量/数字量的输出等。一般低速走丝机只需要根据图样输入加工要求数据即可，并能够通过人工智能自动判断加工数据是否充分，以及时通知操作者是否已经完成数据输入。程序或数据可以使用诸如 USB 记忆棒或闪存卡之类的可移动介质输入或保存。

8. 机床输入、输出系统

机床的输入、输出系统通过 CNC 装置向机床发出各类指令，达到控制机床操作的目的。输入功能包括接收来自机床各个轴的限位信号和来自机床操作面板输入的各种信号，以及各个轴的零位信号、各传感器信号及断丝信号等；输出功能包括输出电极丝的张力和走丝速度的控制信号，以及水处理单元的电器控制信号，包括高压喷流泵的高、低压切换信号，喷流泵的运转与停止等各种信号。

9. 脉冲电源控制系统

脉冲电源控制系统采用各类控制手段对放电状态和脉冲电流实施不间断监视，以实现最稳定、最高效的加工为目的，并且能够设置加工电源的各种参数，控制加工电源的开通与停止。

10. 电动机驱动控制系统

电动机驱动控制系统是指由 CNC 装置发出命令，驱动控制系统使 *X*、*Y*、*U*、*V* 各轴电动机运转，进行各种伺服加工、移动、四轴联动和定位。

11. 机床电气控制系统

机床电气控制系统为整个机床的电气系统提供电源，操控整个机床的开启与关闭，接收各个接口板发出的信号，经过处理后控制外围设备，包括走丝系统、水处理系统和冷却系统等。

低速走丝机控制系统除了上述的基本功能和模块外，随着技术的不断进步，其控制系统的功能也在不断完善，目前比较具有代表性的增加功能如下。

（1）最佳进给功能。根据电极丝和工件极间状态的变化，为维持极间距离的设定值，自动获得最佳进给速度，使得加工稳定进行，切割效率和加工精度进一步提高。

（2）误差补偿功能。将事先使用激光测距仪得到的驱动进给误差量记录到存储器中，对驱动指令值进行补偿。

（3）电极丝自动穿丝控制功能。自动穿丝装置可实现根据NC数据指令进行的电极丝自动穿入初始穿丝孔，加工结束后电极丝自动切断；可实现多孔加工时的无人操作。自动断丝处理功能可将加工中断掉的电极丝取走，在初始孔位置穿入电极丝，实现在断丝位置自动再加工，可以实现长时间无人操作。

（4）三维数据灵活运用功能。由三维CAD数据的读入和显示，在NC数据的轨迹检查或实际加工时，将三维CAD数据重叠，推测出加工状况，在工件形状复杂的场合，进行形状信息的提取及自动进行最佳加工条件的修改，从而实现进一步减少切厚突变处的条纹，提高加工精度的目的，其过程如图3.3所示。

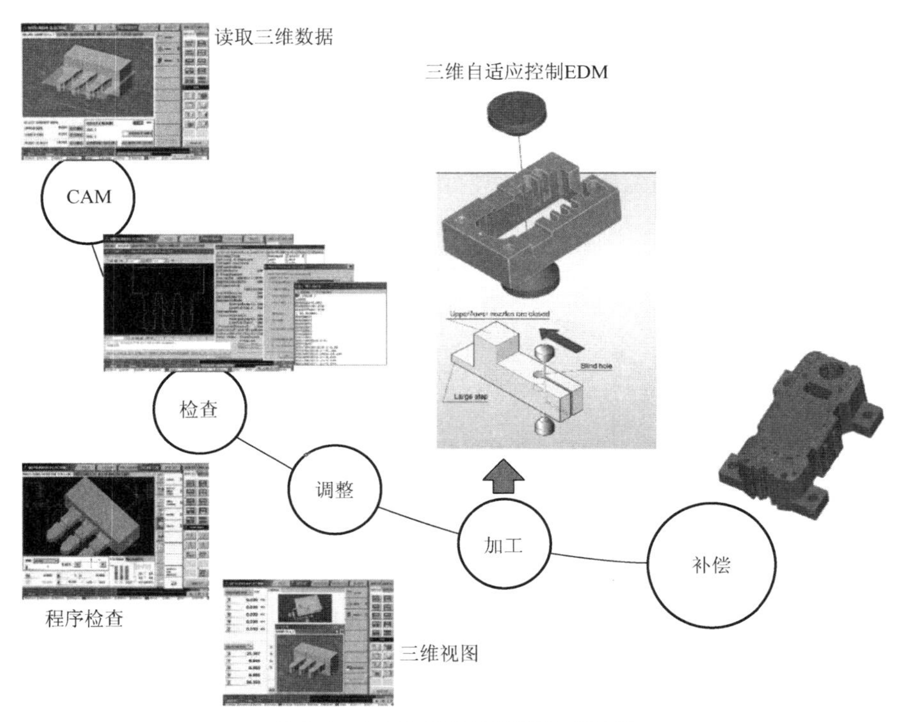

图3.3 NC数据自动调整生成过程

3.3 低速单向走丝电火花线切割运动轴的驱动及控制

3.3.1 运动轴的驱动方式

低速走丝机一般可实现五轴四联动的位置控制（X、Y、U、V四轴联动，Z轴定位控制）。目前低速走丝机使用的电动机多为交流伺服电动机和直线电动机。

在切割过程中，工件装夹在工作台面上，下导丝器由X、Y轴电动机带动组成XY平面，上导丝器由 U、V 轴电动机带动组成 UV 平面。当切割二维平面零件时，上下导丝器保持垂直，XY 平面和 UV 平面同时同步运动；当切割锥体或上下异型面零件时，上下导丝器有一定的斜度，XY 平面和 UV 平面以不同的轨迹和不同的速度切割工件。X、Y 轴通过电动机和滚珠丝杠，使工件在高精度线性导轨上做进给运动，而电极丝相对工件移动。为了确保 X、Y 轴移动定位精度，可以使用电动机编码器间接测量的方式（半闭环控制）或使用与运动轴平行的光栅尺直接测量的方式（闭环控制）进行位置控制，如图 3.4 所示。系统会事先用激光测距仪测量出丝杠螺距误差，然后在驱动时自动补偿进给误差。

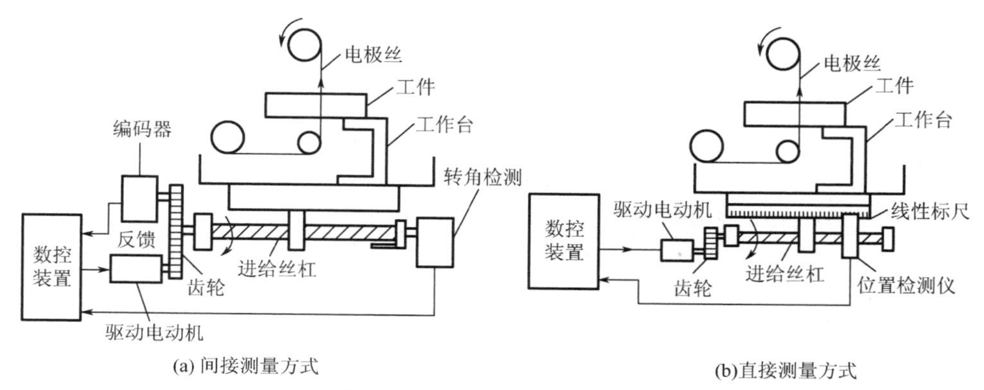

图 3.4　X、Y 轴数控驱动方式

3.3.2 交流伺服电动机半闭环控制系统

目前低速走丝机普遍采用交流伺服电动机作为执行机构的半闭环控制方式。

半闭环控制系统是在开环控制系统的伺服机构中安装旋转角度测量元件（脉冲编码器、旋转变压器、圆感应同步器等），通过检测伺服机构中滚珠丝杠转角，间接检测移动部件的位移，然后反馈到 CNC 装置的比较器中，与输入原指令位移值进行比较，用比较后的差值进行控制，使移动部件补充位移，到差值消除为止，如图 3.5 所示。半闭环控制系统的检测装置有两种安装方式：一种是将角位移检测装置安装在丝杠末端；另一种是将角位移检测装置安装在电动机轴端。半闭环控制系统具有调试维修方便、稳定性好等优点。但由于移动部件的传动丝杠螺母不包括在半闭环控制系统的环内，因此传动丝杠螺母机构的误差仍会影响移动部件的位移精度。半闭环控制系统可以获得比开环控制系统高的精度，但它的位移精度比闭环控制系统要低，因此多用于中低档数控机床。

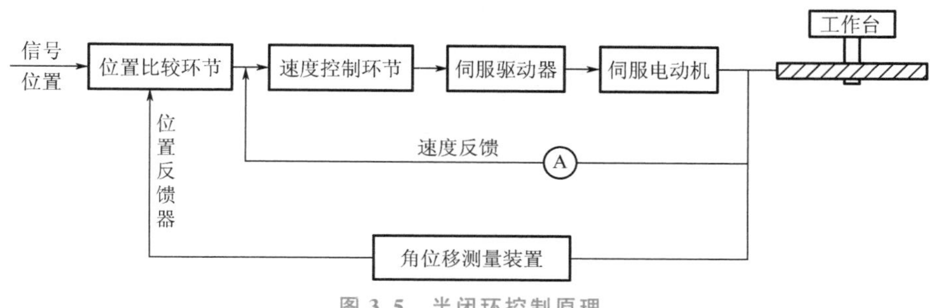

图 3.5　半闭环控制原理

3.3.3 交流伺服电动机闭环控制系统

由于半闭环位置控制系统对于机械传动链上的间隙误差不能完全补偿，会影响控制精度，因此在运动的工作台上安装位置反馈元件——光栅尺，以克服机械间隙误差，而电动机轴后端部的光电编码器则进行速度采样，在驱动器和电动机之间构成速度环，驱动器和工作台之间构成位置环，克服了机械传动链上的间隙误差，形成图 3.6(a) 所示的闭环伺服控制系统功能框图，动态结构框图如图 3.6(b) 所示。理论上讲这种闭环伺服控制系统没有误差。闭环控制系统光栅尺在机床上的安装照片如图 3.7 所示。

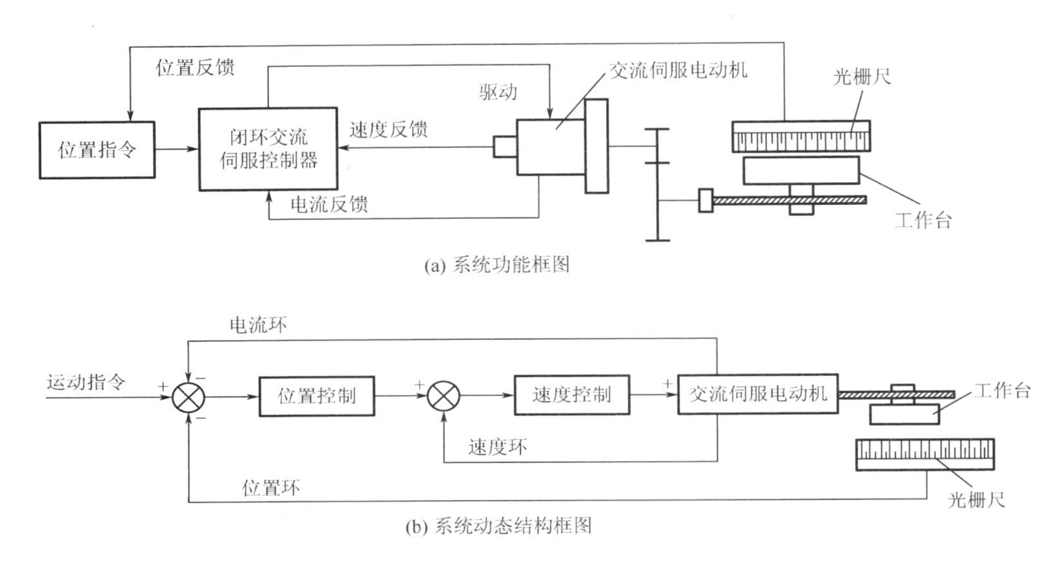

(a) 系统功能框图

(b) 系统动态结构框图

图 3.6 闭环伺服控制系统

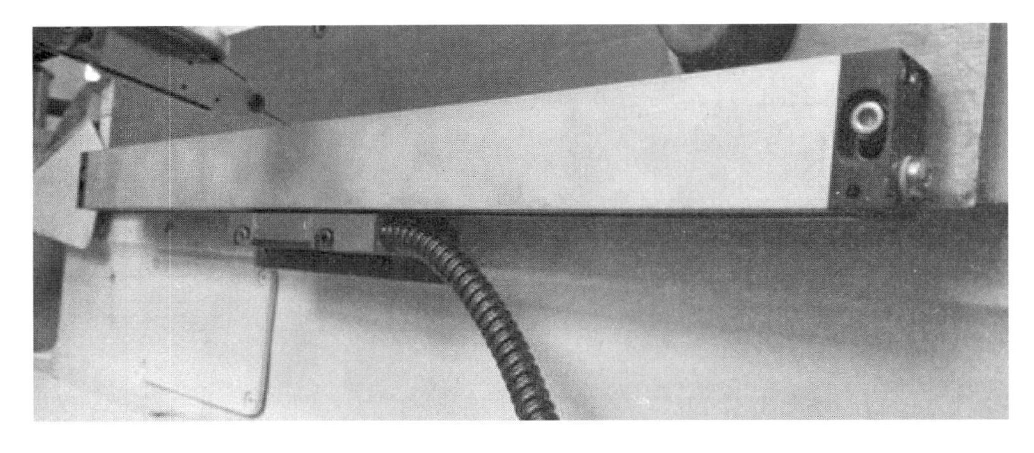

图 3.7 闭环控制系统光栅尺在机床上的安装照片

3.3.4 直线电动机控制系统

目前应用于低速走丝机的直线电动机主要有两种典型形式，即以日本SODICK公司为代表的平板型直线电动机和以日本MITSUBISHI公司为代表的圆筒型直线电动机，其结构详见第2章。日本SODICK公司最早在低速走丝机上采用了直线电动机驱动，其优异的性能迅速提升了机床各方面的加工性能。直线电动机已成为精密线切割机床的标配。直线电动机主要由电枢线圈和磁铁板组成，驱动器通过交变磁场来驱动工作台。因为直线电动机通过磁场非接触式直接驱动工作台，所以不存在因滚珠丝杠将旋转运动变成直线运动而引起的各种缺陷，如螺距误差、反向间隙、摩擦发热、磨损、耗能、弯曲等问题。此外，由于直线电动机驱动与主轴为同一个零件，具有高响应和高跟踪的特性，可以实现高精度的位置控制；能对极间的放电状态做出及时快速的响应，因此能保持最佳放电状态，实现稳定加工；能降低断丝概率，因此提高了放电效率和加工精度；能克服线切割加工中的表面条纹，保证线切割机床加工获得很高的加工精度和工件表面质量，因此非常适合做低速走丝机的轴驱动电动机。实际工程应用中采用直线电动机可以达到纳米级定位，当然这不只是单纯地依赖于直线电动机本身，还需要与整体制造技术结合，如选用四个方向受约束的陶瓷空气静压导轨，从而避免静摩擦与动摩擦的影响，而且不需润滑就能实现微小的运动位移。直线电动机最大的缺点是散热性能不良，因此直线电动机一般配有冷却系统作辅助散热，使电枢线圈温度控制在室温的±2℃以内，并使用人造陶瓷工作台，起到不变形和隔磁的作用。由于采用了上述先进技术，能使机床工作台定位精度达到纳米级。

图3.8为直线电动机闭环控制系统结构示意图，主存系统发出程序指令通过数字接口板传送给驱动器，驱动直线电动机带动工作台移动，工作台装有精密直线光栅尺，实时检测工作台定位精度，并将检测数据反馈到驱动电路，与设定数据进行比较，比较值转换为指令再驱动电动机进行补偿。图3.9为平板式直线电动机在机床上的安装照片。

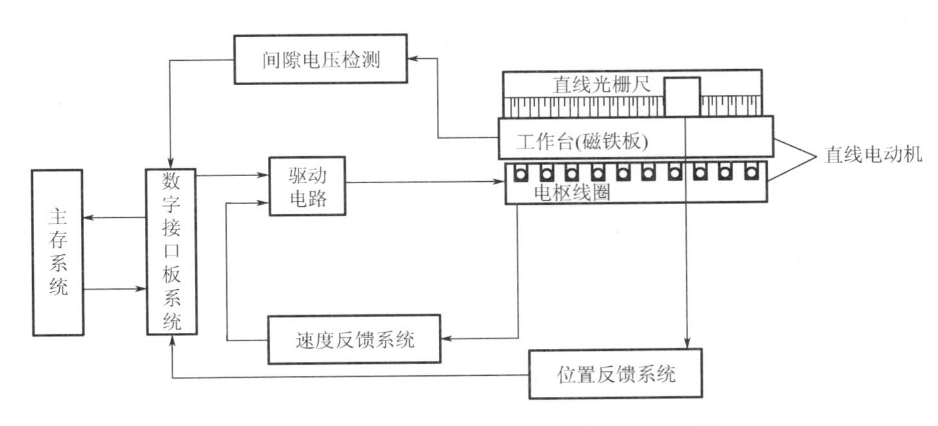

图3.8 直线电动机闭环控制系统结构示意图

图 3.9 平板式直线电动机在机床上的安装照片

3.3.5 丝速控制系统

低速走丝机的丝速控制系统一般采用运动控制卡控制驱动器发送脉冲信号，从而控制电动机，并最终实现电极丝的恒速控制。在一般加工过程中，电极丝的丝速应根据加工情况的变化在 1.0～10.0m/min 进行相应的调节。在第一刀切割加工时，为防止断丝、提高加工效率，可以适当提高丝速；在修刀时，为提高加工工件的表面精度和表面质量，应降低丝速、提高张力，使电极丝运行更稳定；当工件厚度增加时，如果丝速不变，易产生断丝情况，因此此时丝速应相应提高，并维持加工区电极丝比较高的张力。

3.4 低速单向走丝电火花线切割脉冲电源

脉冲电源是电火花线切割机床的重要组成部分，其功能是把工频交流电流转换为一定频率的单向脉冲电流，为机床提供击穿工作介质所需要的电压，在极间间隙击穿后提供充足能量以蚀除金属，完成对工件的蚀除加工，并在放电结束后的停歇期间使极间工作液可以进行排屑和消电离。脉冲电源是影响加工工艺指标的非常关键的设备，其性能的优劣直接影响切割效率、加工精度、表面粗糙度、切割稳定性及电极丝损耗等。近年来，随着电力电子技术和计算机控制技术的迅速发展及对现代控制理论的深入研究，低速走丝电火花线切割脉冲电源的性能得到了很大提升，出现了一些新的控制方式和一些新型的脉冲电源。

3.4.1 低速单向走丝电火花线切割脉冲电源的一般要求

低速走丝机的脉冲电源与高速走丝机及电火花成形机床的脉冲电源在原理和结构设计上是基本相同的，但由于受到工件加工精度、表面粗糙度，以及加工中电极丝可承载最大电流的限制，机床在加工过程和工艺特征上存在很多差异，因此机床脉冲电源也体现出一些特殊需求。

1. 适当的加工电压，大峰值电流

由于受到加工精度和电极丝运行张力的限制，电极丝的直径不宜太粗，一般黄铜电极丝直径在 $\phi0.07 \sim \phi0.30$mm，并且由于采用的铜丝电导率高，因此加工电压不能太高，采用合适的加工电压既可以保证正常加工，又可以防止熔断电极丝。而脉冲峰值电流增加后有利于表面质量的提升，因此目前放电峰值电流最大可达到 1000A 以上。

2. 合适的脉宽（一般是窄脉宽）和脉间

低速走丝电火花线切割中，要想获得较高的加工精度和表面质量，微观层面上要使每次脉冲放电在工件上形成的放电凹坑适当、均匀，因此在根据加工条件选定脉冲峰值电流后，应尽可能减少脉宽。脉宽越窄，即放电时间越短，放电所产生的热就来不及传导扩散而被局限在工件和电极丝间很小的范围内，因此热传导损耗小，能量利用率相应提高。更重要的是在工件上形成的放电凹坑不但小，而且烧伤现象少；同时放电凹坑分散重叠较好，表面光滑平整，使放电表面凸凹不平度小，从而能得到较高的加工精度和表面质量。因此线切割脉冲电源的单个脉冲能量应控制在合适的范围。在实际加工中，低速走丝机脉冲电源的脉宽一般控制在 0.1～30μs。

3. 设置较高的脉冲频率

窄脉宽、小能量虽然有利于提高加工精度和工件的表面质量，但由于蚀除速度的下降会导致蚀除效率随之下降。为此，在设计电源时应尽可能提高脉冲频率，即缩短脉间，增大单位时间内的放电次数。这样既可以获得较高的加工精度和表面质量，也能保持较高的蚀除效率。但脉间太短，会造成消电离过程不充分，引起电弧放电、断丝等现象，因此必须设计合理的脉间。一般加工条件下，低速走丝机脉冲电源的脉冲频率为 10～1000kHz。

4. 参数调节方便，适应性强

实际加工中，由于加工工件的特性，如工件材料、工件厚度，以及加工要求（如加工拐角、加工精度）等不同因素的变化，脉冲电源的各项参数也需要进行不同的设置，以满足加工的要求。为此要求脉冲电源的脉冲电参数可方便调节，以适应不同条件下的各种加工要求。

3.4.2 低速单向走丝电火花线切割脉冲电源参数的选择

1. 脉宽 T_{on}

T_{on}是指一次放电的时间，一般在 0.1～30μs。T_{on}越大，放电能量成比例增加，切割效率提高，但加工表面粗糙度值上升，电极丝的损耗增加。在第一刀主切时，以提高切割效率为主要目标，T_{on}需要大些，如 4～12μs；而在修刀时选小些，如 0.1～2μs。

2. 脉间 T_{off}

T_{off}是指一次放电结束后，到下一次放电的停歇时间，是极间冷却放电通道、介质恢复绝缘强度和极间排除蚀除产物，使放电能持续稳定进行的时间，一般在 0.1～60μs。$T_{on}+T_{off}$是完成一次放电的时间，$1/(T_{on}+T_{off})$ 则为放电的频率，T_{on}与 T_{off}之比称为占空比。在主切时放电能量大，占空比通常为 1∶4，T_{off}长；而在修刀时放电能量小，通常占空比为 1∶1～2∶1，T_{off}短。T_{off}越小，单位时间内放电次数越多，切割效率提高，但过小易形成拉弧、短路甚至断丝，使加工无法维持。

3. 峰值电流 I_p

I_p是指一次放电时间内，施加在放电通道内的峰值电流，一般在 0～1000A。$I_p \times T_{on}$值决定了单脉冲放电能量。I_p越大，放电能量越大，则切割效率提高，但加工表面粗糙度值上升，电极丝的损耗增加。高频电源一般由多个大功率开关管并行输出电流，控制投入管子的个数可改变 I_p值。

3.4.3 传统低速单向走丝电火花线切割脉冲电源

传统低速走丝机的脉冲电源主要有 RC 型脉冲电源、晶体管脉冲电源和 Tr－C 型晶体管电容器放电脉冲电源等几种。

1. RC 型脉冲电源

RC 型脉冲电源是一种最基本的传统脉冲电源，电路原理如图 3.10 所示。其工作原理是利用电容器充电存储电能，然后瞬时释放能量，形成火花放电蚀除金属。这种电源线路结构简单，工作可靠，成本低，在小功率加工时可以获得很窄的脉宽（小于 0.1μs）和很小的单个脉冲能量，适用于微细和光整加工。但这种电源的脉冲参数受加工间隙状态制约，脉宽、脉间及单个脉冲放电能量均不恒定，因此也称非独立式脉冲电源。若加大加工电流，又易形成电弧，产生断丝现象，因此目前这种电路实际应用已经很少。

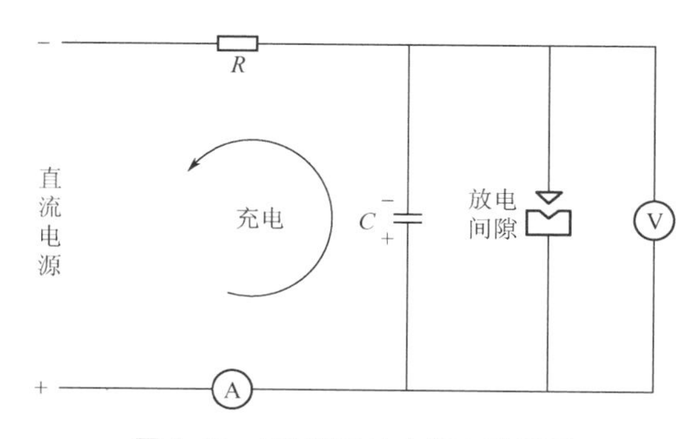

图 3.10 RC 型脉冲电源电路原理

2. 晶体管脉冲电源

晶体管脉冲电源是利用大功率晶体管作为开关元件而获得单向脉冲的，由直流电源、主振级、前置放大级、功率放大级组成。此类脉冲电源具有脉冲频率高，脉冲参数容易调节，脉冲波形较好，易实现多回路加工和自适应控制等优点。

目前晶体管的功率还较小，每管导通时的峰值电流约为5A，因此在这类电源中，大都采用多管分组并联输出的方法来提高输出功率。图3.11所示为自振式晶体管脉冲电源电路原理。主振级发出一定脉宽和脉间的矩形波脉冲信号，该信号经放大级放大后推动末级功率晶体管导通或截止。末级功率晶体管起开或关的作用，从而在工具电极和工件间产生脉冲电流或放电停歇。为了加大功率及调节粗、精加工规准，功率级可并联几只到几十只大功率高频晶体管支路。为了在极间短路时避免损坏晶体管，每只晶体管均串联了限流电阻。

3. Tr－C型晶体管电容器放电脉冲电源

晶体管控制的电容器放电脉冲电源兼有电容器放电电路窄脉宽、高峰值电流和晶体管放电电路易控制的特点。图3.12所示为Tr－C型晶体管电容器放电脉冲电源电路原理。在该电源的电容器放电回路中，插入了晶体管开关电流，使放电的重复频率可根据极间状态间接提高，并且由于回路中有了开关晶体管，当放电电流导通时，晶体管关闭，使直流电流不容易进入加工区，则不易产生电弧，也不易断丝。此类电源是目前低速走丝机应用较多的一种脉冲电源形式。

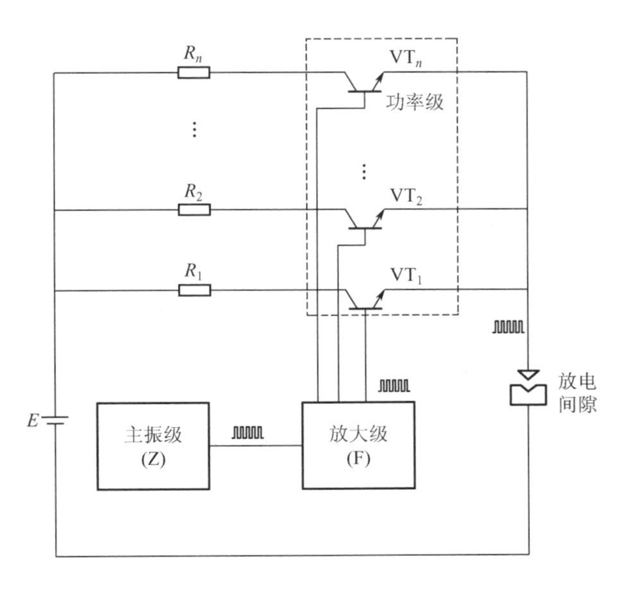

图3.11 自振式晶体管脉冲电源电路原理

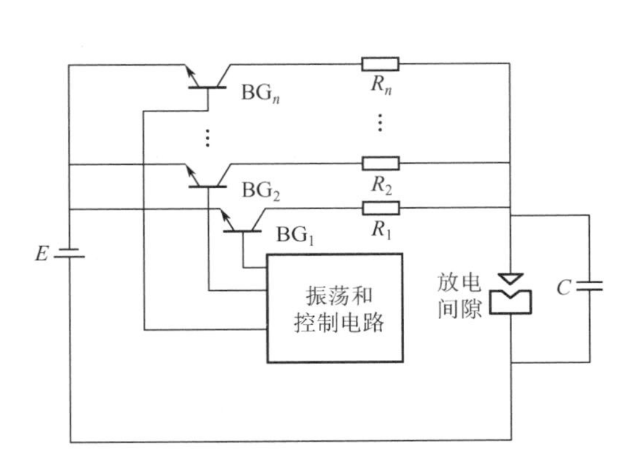

图3.12 Tr－C型晶体管电容器放电脉冲电源电路原理

3.4.4 典型低速单向走丝电火花线切割新型脉冲电源

1. 高效加工脉冲电源

高效加工一直是低速单向走丝电火花线切割追求的目标，也是评价低速走丝机档次的一个重要指标，而电火花线切割脉冲电源的工作性能对蚀除效率的影响重大。一般电火花加工脉冲电源对金属材料的蚀除分熔化和汽化两种。一般情况下，当电源脉宽较大时，对工件的蚀除效率高，但脉冲放电作用时间长，容易造成熔化加工，使工件表面形貌变差，变质层增厚，内应力加大，易产生微观裂纹；而电源脉宽小到一定值时，作用时间极短，放电通道的热量来不及扩散，易形成汽化加工，可以减小变质层厚度，改善表面质量，减小内应力，避免微观裂纹产生。先进的低速走丝机采用的脉冲电源脉宽仅几十纳秒，峰值电流在1000A以上，优化了放电能量，使得金属实现汽化蚀除，不仅蚀除效率高，而且表面质量也大大提高。

国内外已有不少生产厂家研制了高效加工脉冲电源，使低速走丝机的切割效率从最初的每分钟几十平方毫米，发展到现在的每分钟几百平方毫米。日本MITSUBISHI公司的FA－V系列机床，由于采用V500超高速电源，最高切割效率达$500mm^2/min$，成为目前世界上切割效率最高的电火花线切割机床。日本MAKINO公司的U86型机床，采用了新型脉冲电源，切割效率可达到$350mm^2/min$，而当加工厚度为500mm的工件时，切割效率仍能达到$100mm^2/min$，非常适合大型模具的加工。

2. 单个放电脉冲能量优化脉冲电源

脉冲能量是影响电火花加工的最直接因素，对它进行有效控制是提高电火花线切割加工性能的有效途径。单个放电脉冲能量控制电源已成为新型脉冲电源研究的热门之一。

为了提高效率，当前低速走丝机的脉冲电源多采用高峰值电流、窄脉宽、高频放电电源（脉宽50ns～2μs，脉间1～15μs）。但由于峰值电流过大，频率过高，给系统放电状态的检测带来了许多困难，如果控制不当，非常容易断丝，反而使得切割效率下降。针对这种情况，国外许多学者提出了单个脉冲能量优化脉冲电源的概念，其本质就是消除局部的重复不均匀放电，防止电极丝烧断。目前，单个放电脉冲能量控制电源已经成为新型脉冲电源研究的热门，一些企业已经研制出单个放电脉冲能量在线控制电源，其工作原理如图3.13所示。

3. 抗电解脉冲电源

针对低速单向走丝电火花线切割加工过程中采用去离子水作为工作液，在直流脉冲电源的作用下会发生电化学反应，形成所谓的变质层及软化层，使模具寿命大大降低这一问题，研究人员研制了抗电解（AE）脉冲电源，也称无电解（Electrolytic Free，EF）脉冲电源。抗电解脉冲电源在不产生放电的脉间于电极丝和工件间施加一反极性电压，使极间平均电压为零，这样的交变脉冲使工作液中的OH^-在工件和电极丝间处于振荡状态，不趋向于工件和电极丝，可有效防止工件表面的锈蚀氧化。

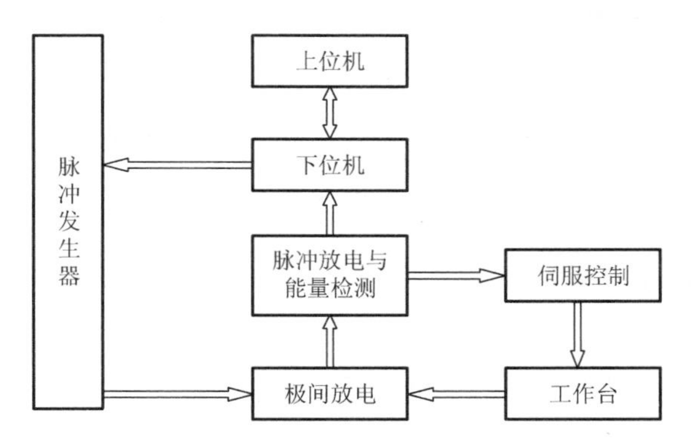

图 3.13 单个放电脉冲能量在线控制电源工作原理

日本SODICK公司研制了低速走丝机Super-BS抗电解脉冲电源。该电源可以防止电解现象所带来的加工面的酸化、软化和点腐蚀等。其电路及脉冲和控制信号时序如图3.14所示。在直流电源E_1组成的回路中，采用一个全桥电路改变电极丝和工件间的加工极性，当PG_1脉冲控制信号驱动对应的两个功率晶体管导通时，工件接正极，电极丝接负极；而当NG_1脉冲控制信号驱动对应的两个功率晶体管导通时，工件接负极，电极丝接正极。通过在极间输出双极性高频脉冲，能在粗加工到精加工的不同加工要求范围内，实现超高速无电解加工。

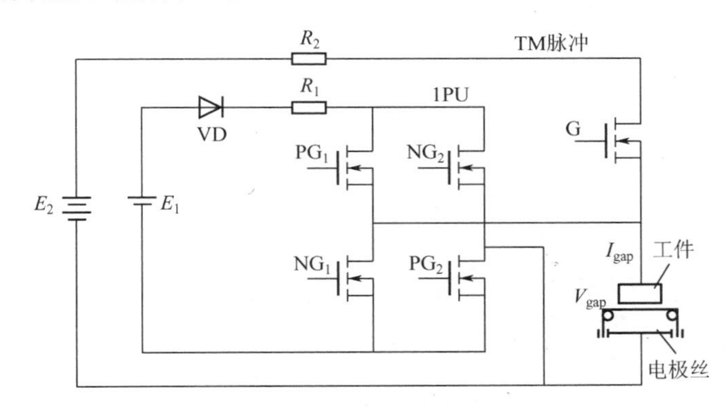

(a) Super-BS抗电解脉冲电源电路

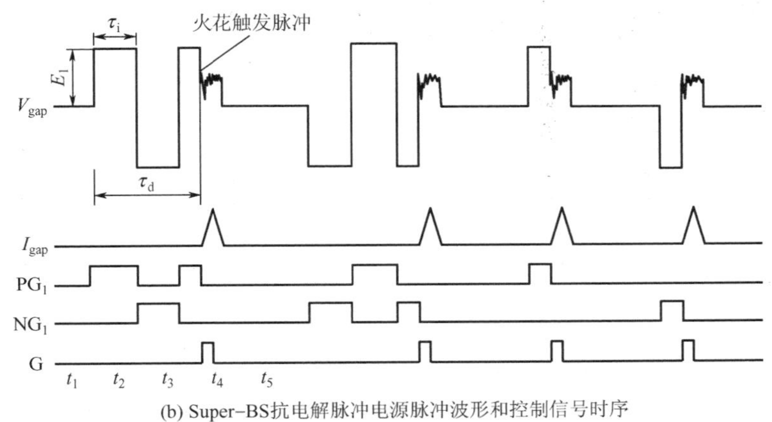

(b) Super-BS抗电解脉冲电源脉冲波形和控制信号时序

图 3.14 Super-BS抗电解脉冲电源

因此，采用 Super－BS 抗电解脉冲电源，可以获得高质量的加工表面，并延长模具的使用寿命；与以往电源相比，二次切割的加工表面粗糙度值大大降低，并且提高了形状精度的修正性能；对所有金属都能防止电解变质层的产生和腐蚀，尤其可防止加工钛合金时产生的变色和阳极氧化、铝合金的孔蚀，防止加工屑的附着、聚晶金刚石结合材料的溶解和硬度的降低及孔蚀。

抗电解脉冲电源通过采用交变脉冲方式防止工件材料电解氧化，对于改善模具的表面质量、降低微观裂纹和锈蚀、提高模具的使用寿命，具有良好的效果。实际加工表明，采用抗电解脉冲电源加工的硬质合金模具寿命已达到机械磨削的水平，在接近磨损极限处甚至优于机械磨削。在优化放电能量的配合下，可使表面变质层控制在 1μm 以下，与普通脉冲电源切割表面变质层对比如图 3.15 所示。图 3.16 为瑞士+GF+公司 CA 系列抗电解脉冲电源和普通脉冲电源切割表面的微观对比照片。

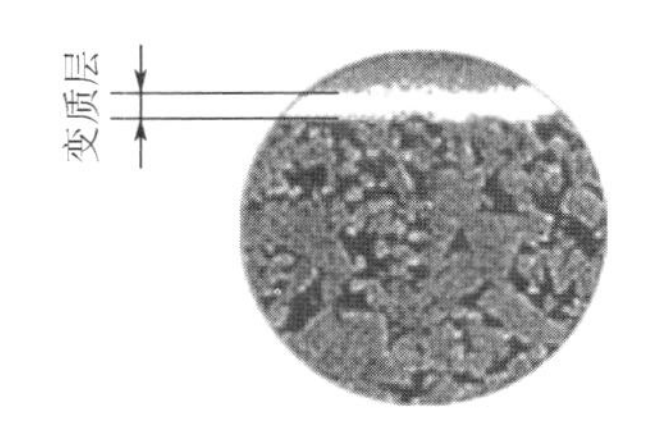

(a) 抗电解脉冲电源加工

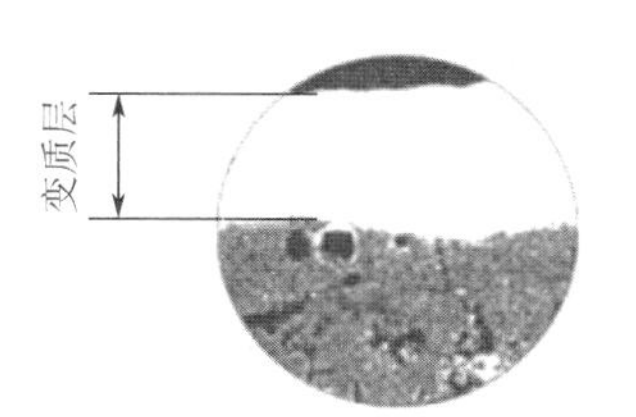

(b) 普通脉冲电源加工

图 3.15　抗电解脉冲电源与普通脉冲电源切割表面变质层对比

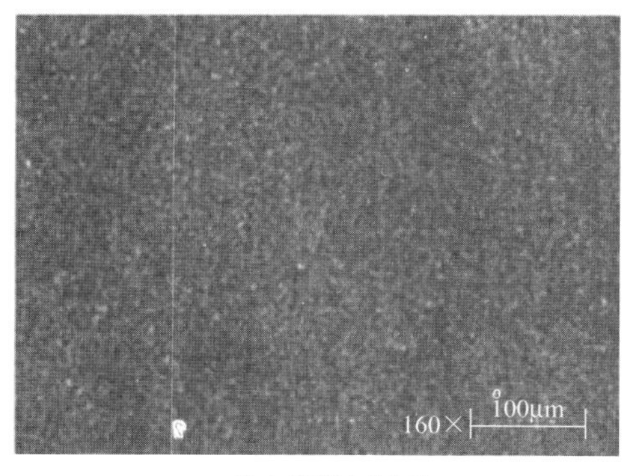

(a) 抗电解脉冲电源加工

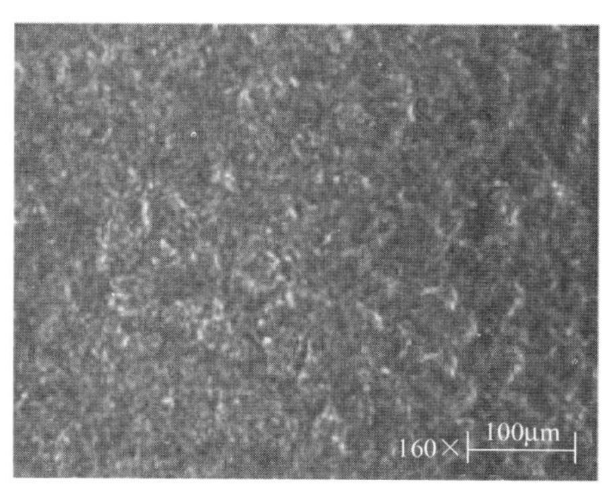

(b) 普通脉冲电源加工

图 3.16　瑞士+GF+公司 CA 系列抗电解脉冲电源和普通脉冲电源加工表面的微观对比

日本 MITSUBISHI 公司抗电解脉冲电源可有效抑制电解腐蚀的发生，防止形成软化层，保证了加工工件的硬度，消除加工表面微观裂纹和锈蚀，大大提高了模具或零件的使用寿命。由于加工硬质合金及其他烧结材料时没有黏结剂析出，因此加工后的工件强度不受影响。抗电解脉冲电源加工时输出极好的等能量脉冲，保证加工表面均匀，同时电流峰值达到 1000A，脉宽为微秒级，放电时，蚀除材料呈汽相抛出，工件表面温度低，开裂现象减少，加工表面粗糙度也大大改善。普通脉冲电源和 MITSUBISHI 抗电解脉冲电源的加工效果对比如图 3.17 所示。普通脉冲电源与抗电解脉冲电源加工不同材料工件表面对比如图 3.18 所示。

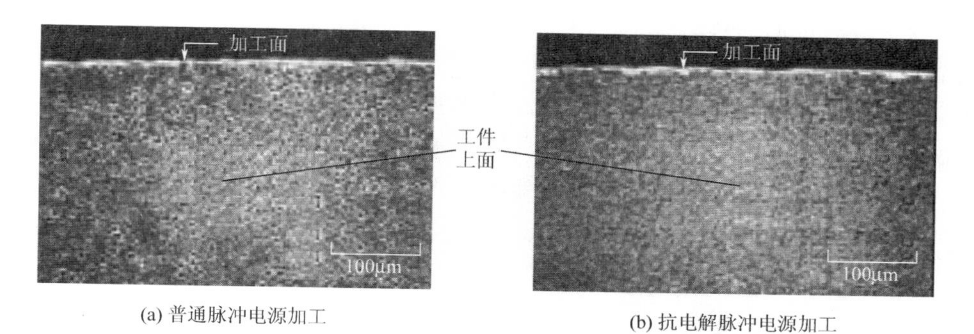

(a) 普通脉冲电源加工

(b) 抗电解脉冲电源加工

图 3.17 普通脉冲电源和 MITSUBISHI 抗电解脉冲电源的加工效果对比

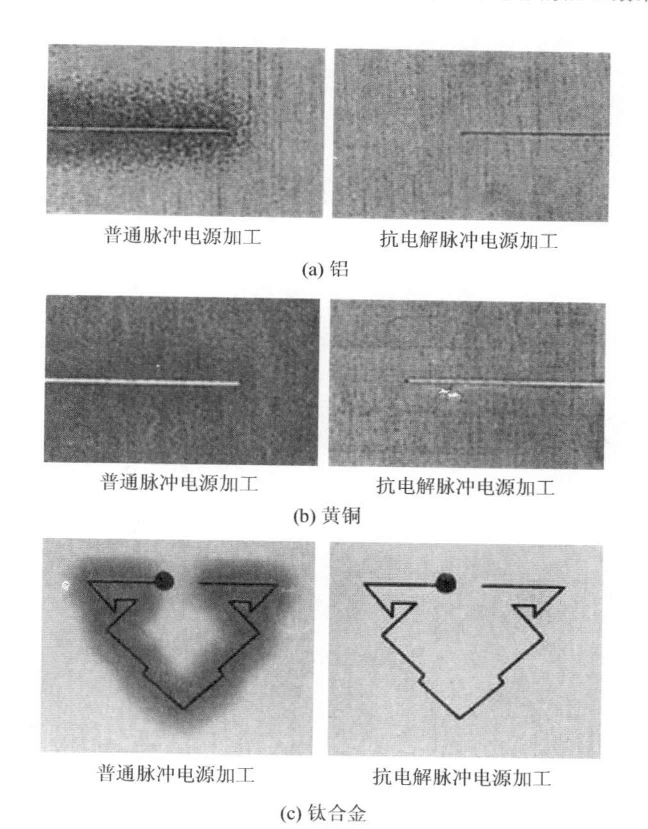

普通脉冲电源加工　抗电解脉冲电源加工

(a) 铝

普通脉冲电源加工　抗电解脉冲电源加工

(b) 黄铜

普通脉冲电源加工　抗电解脉冲电源加工

(c) 钛合金

图 3.18 普通脉冲电源与抗电解脉冲电源加工不同材料工件表面对比

4. EL (Equal Life) 电源

低速单向走丝电火花线切割加工时采用去离子水作为工作介质，去离子水中仍存在一定数量离子，在直流脉冲电源的作用下会发生电化学反应。电化学反应时，工件为阳极，电极丝为阴极，极间平均电压为正，因此工件失电子，在加工硬质合金时，作为黏结剂的 Co 会变为 Co^{2+} 离散到水中，导致工件表面强度下降，模具的使用寿命降低。硬质合金中钴离子化模型及工件表面照片如图 3.19 所示。由于低速单向走丝电火花线切割电极丝为黄铜丝，采用EL电源的目的就是在不影响主回路放电加工的前提下，通过额外施加一个负的偏置电压，使得电极丝成为阳极，而工件成为阴极，从而使黄铜丝上的铜和锌失电子，变为 Cu^{2+}、Zn^{2+} 沉积到工件表面形成铜镀膜（图3.20），从而起到阻止在放电加工过程中 Co^{2+} 流失的目的，使得模具寿命明显提高。EL电源工作原理如图3.21所示。采用普通电源及EL电源加工工件表面对比如图3.22所示。

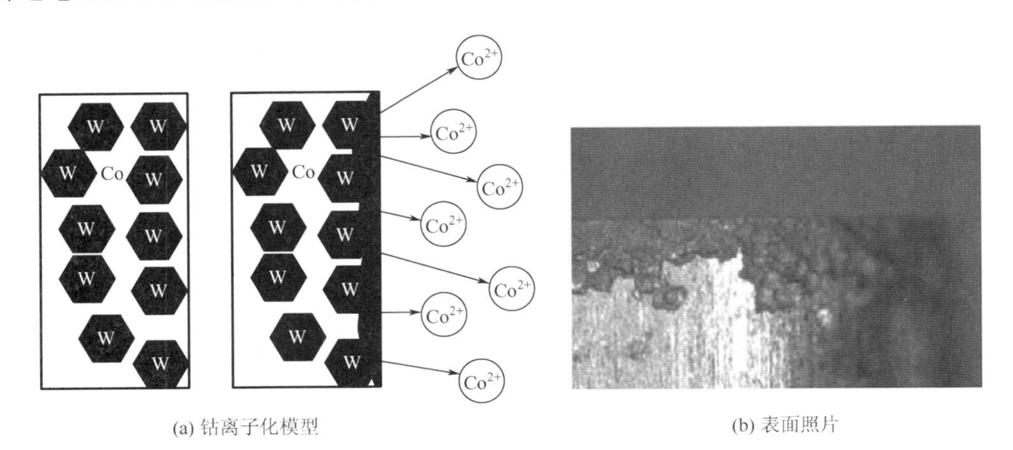

(a) 钴离子化模型　　(b) 表面照片

图 3.19　硬质合金中钴离子化模型及工件表面照片

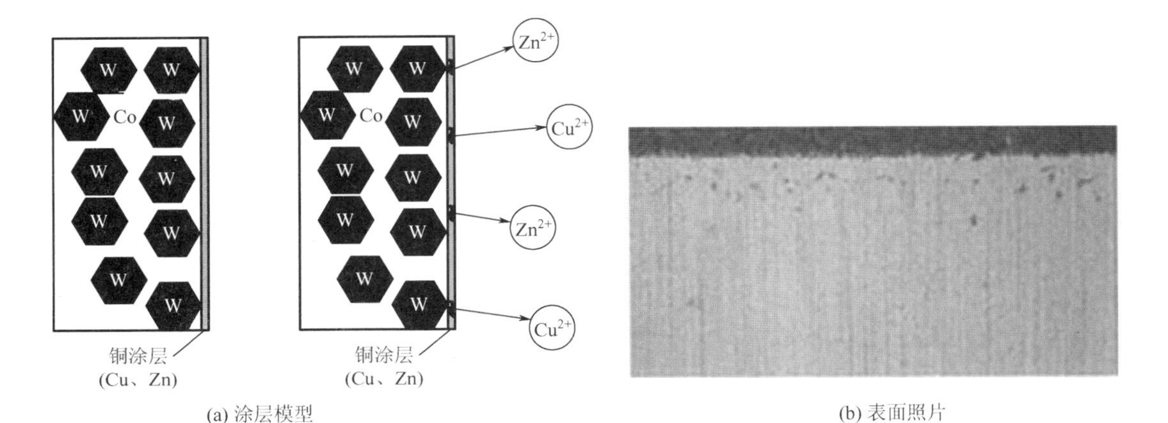

(a) 涂层模型　　(b) 表面照片

图 3.20　EL涂层模型及工件表面照片

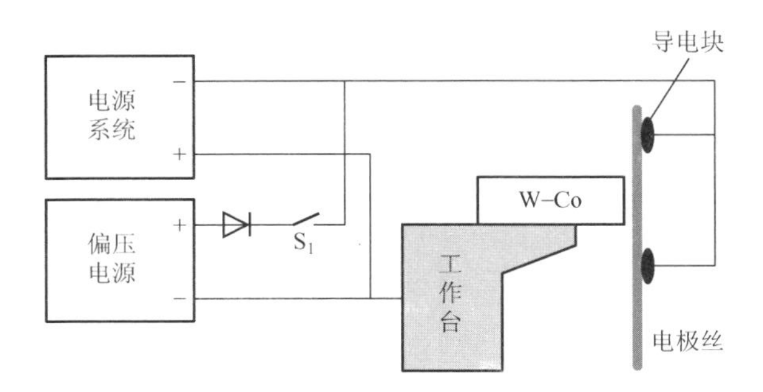

图 3.21　EL电源工作原理

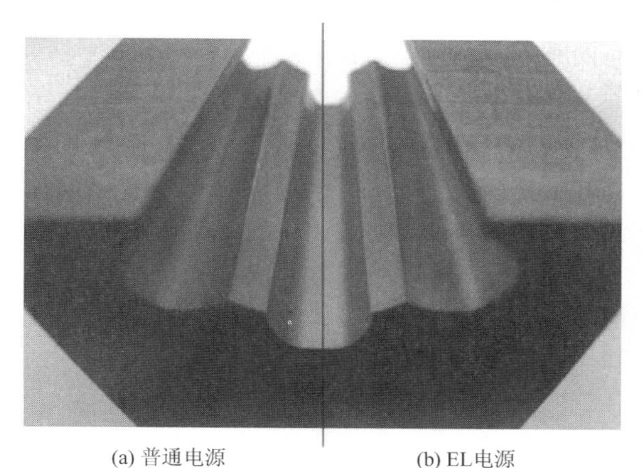

【等寿命表层处理技术】

图 3.22 采用普通电源及 EL 电源加工工件表面对比

5. 超精加工、微细加工脉冲电源

随着现代制造技术在超精加工、微细加工方向上的迅速发展，精密低速走丝电火花线切割加工技术在航空航天、医学、模具、微电子器件、生物技术、微型传感器和微型电器制造等方面已经得到广泛应用。低速单向走丝电火花线切割加工普遍采用去离子水作为工作介质，虽然其绝缘性和消电离能力较强，但在电极丝与工件之间仍然有漏电流形成，会产生微电解，使工件表面产生化学变质层，这对于高精度加工是不允许的。因此需要设计特殊的脉冲电源，通过在两极之间施加脉冲电压，抑制或减小电解作用的产生，防止工件表面被氧化、腐蚀和软化层的形成，以利于提高加工精度。

目前先进的低速走丝机在超精加工时采用的脉冲电源其脉宽仅几十纳秒，峰值电流可达数百安甚至上千安。图 3.23 所示为某超精加工脉冲电源原理。电路中由可控制的脉冲变压器与电容器等储能元件构成电源的主体，功率晶体管 VT_1 控制脉冲变压器与电源的快速导通与截止。当 VT_1 打开时，电源 E 向电容器 C 充电，由于充电过程是一个振荡的过程，电容器两端的电压可以达到电源电压的两倍甚至更高；当 VT_1 截止时，脉冲变压器 T 一次线圈两端的电压等于电容器两端的电压，通过脉冲变压器耦合将高频脉冲能量传递给二次线圈；当 VT_2 打开时该能量迅速向极间间隙释放，由于脉冲变压器二次线圈感抗可做得很小，因此可以输出具有很窄脉宽和很高峰值电流的脉冲能量。图 3.24 所示为超精加工脉冲电源放电波形。从图中可见，该电路电压的正负脉冲基本相等，瞬间脉冲能量高，对加工材料形成汽化蚀除，不仅可以大幅度提高蚀除效率和工件表面质量，同时还可以消除电解作用，对提高加工精度也很有益。

在低速单向走丝电火花线切割精细加工方面，日本已经加工出直径 $\phi5\mu m$ 的微小孔和直径 $\phi2.5\mu m$ 的微细轴。日本 MITSUBISHI 公司采用交流高频加工技术研发出 FS 超精加工脉冲电源，可在微小能量领域实现稳定加工，配合该脉冲电源专用的电极丝，加工工件表面粗糙度可达 Ra 0.3μm，加工尺寸精度可达 2μm。日本 SODICK 公司推出的 SQ 脉冲电源，是一款超精加工脉冲电源，可以使加工达到镜面水平，表面粗糙度仅 Ra 0.05μm。日本 MAKINO 公司开发的 MGW－V 脉冲电源装备 SPG 微细放电回路，也可达到 Ra 0.17μm 的镜面加工的水平。瑞士+GF+公司推出的 AGIECUT CERTEX 机床，配有其自主研发的 SF 脉冲电源模块，可使表面粗糙度 $Ra<0.10\mu m$，处于国际顶尖水平。

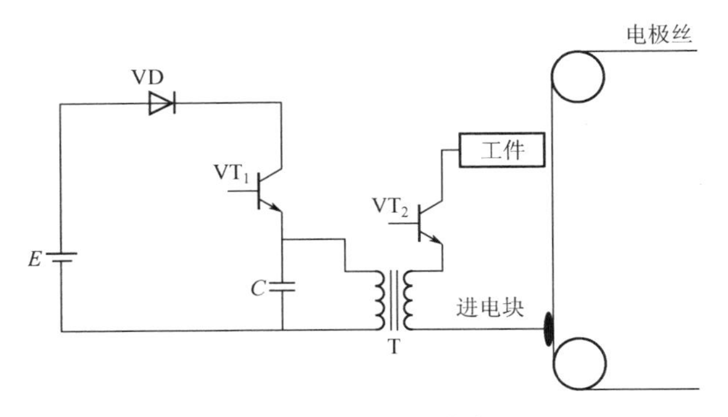

图 3.23 某超精加工脉冲电源原理

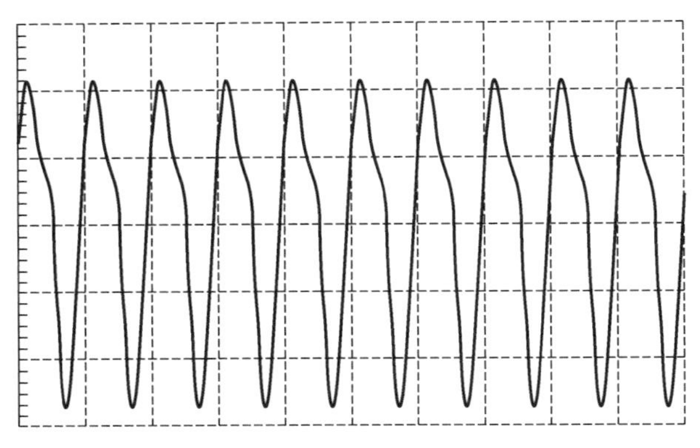

图 3.24 超精加工脉冲电源放电波形图

6. 智能化脉冲电源

传统的脉冲电源多为等频或等脉宽的矩形脉冲电源和分组脉冲电源，放电信号不随放电间隙状态的变化而进行自适应改变，因此能针对极间不同加工情况及时做出调整的智能化脉冲电源必将成为传统脉冲电源的替代品。研发智能化的高频脉冲电源，开发加工的工艺数据库，使其具有自动选取最佳脉冲参数的能力，可以减少加工中出现短路、电弧放电等不正常的加工状态，避免了断丝的产生，使加工稳定、快速进行，并保证工件的加工质量，而且减少了工件加工质量和切割效率对操作者的依赖，大幅度地提高了切割效率，降低了产品的加工成本，大大提高了机床的自动化程度。

目前很多低速走丝机都采用无电阻高效节能型智能脉冲电源。这种智能脉冲电源能耗低、损耗低、加工精度高、表面质量好。瑞士+GF+公司 CA 系列机床所采用的智能脉冲电源控制系统中，过程控制监控测量传感器位于线切割放电加工最近的地方，可进行实时快捷的响应及“现场”实时、特殊处理，具有超级计算能力，信息交流全部数字化，几纳秒内执行指令。先进的数字技术保证了加工可靠性，避免了电磁干扰和环境影响。这种智能脉冲电源具有很高的可靠性，其内置的超精加工模块，使工件表面粗糙度可达 $Ra\ 0.25\mu m$

以下，保证了完美的加工表面。此外，国外一些厂家应用模糊控制理论、神经网络理论等已经推出一系列成熟产品，如日本 SODICK 公司通过引进人工神经网络技术，推出了 NF 脉冲电源。该脉冲电源拥有智能数据库，通过神经网络算法，不需要人工输入数控程序及加工条件，只要在生产前直接选择模糊控制就可以进行最佳生产。瑞士+GF+公司、日本 MITSUBISHI 公司等也在不同程度上应用模糊控制技术，降低了人工成本且提高了加工质量。

7. 节能脉冲电源

节约能源的理念早已深入工业生产的各个领域。从电火花线切割的加工工艺看，节约能源、减少污染就是要在满足加工要求的基础上尽可能以较少的电能蚀除更多的金属为目的。传统的低速单向走丝电火花线切割加工采用晶体管脉冲电源，主回路采用电阻限流，所以有 75%～80%的主回路能量变成焦耳热而白白浪费掉，电能利用率和生产效率低；同时电阻的发热对电源的散热设计要求更加严格，导致电源能效的进一步下降和电源体积的增大。晶体管式电火花线切割脉冲电源原理如图 3.25 所示。

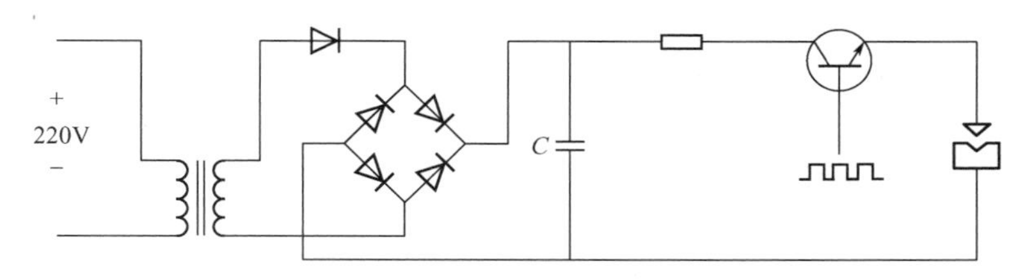

图 3.25 晶体管式电火花线切割脉冲电源原理

由于传统脉冲电源中的限流电阻对能量的利用率影响很大，因此无限流电阻电火花线切割脉冲电源的研究受到很多研究人员的关注。在现代开关型 DC/DC 变换技术的基础上，有学者研究出无限流电阻高频开关型电火花加工电源。该电源主要采用单级式结构，利用电感限流，原理如图 3.26 所示。单级式无限流电阻高频开关型电火花加工电源无电阻发热，大大减少了能量的浪费，而且切割效率也高于电阻限流式（可达到 85%以上）。但由于这种电源在击穿放电时存在上升和下降阶段，而且上升时间和下降时间随着电流设定值和滤波电感值的增大而增大，使得加工脉宽和消电离时间很长。此外，这种电源的滤波电感始终与加工间隙构成回路，当开关管关断时滤波电感储存的能量向加工间隙释放，导致加工电流拖尾，因此存在切割效率低和加工精度不高的问题。

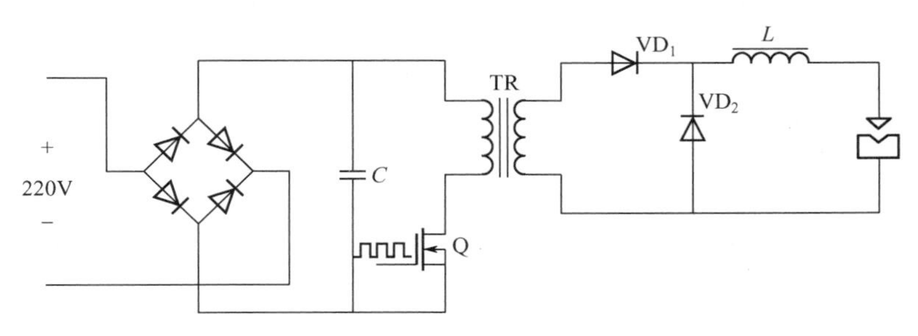

图 3.26 单级式无限流电阻高频开关型电火花加工电源原理

目前国内外对电火花线切割机床节能型脉冲电源的研究越来越深入，某新型节能脉冲电源原理如图 3.27 所示。该电源由一个正电压引燃回路、负电压引燃回路、加工回路和缓冲回路组成。它可以将储存在电感中的电能释放到引燃回路和加工回路中，节约大量的电能。该电源在节约电能的同时，可以阻止由于额外电能而造成的对内部电路的损坏。瑞士+GF+公司开发研制了 HSS 型低速单向走丝电火花线切割脉冲电源，其脉冲峰值电流大、脉宽窄。该脉冲电源的最大特点是线路结构十分简单，没有能耗限流电阻，提高了电能利用率，成本低，体积只有原来的 1/10。另外，该脉冲电源设置了充电调节电路，多余电能可以反馈给直流电源，防止电路产生过电压。

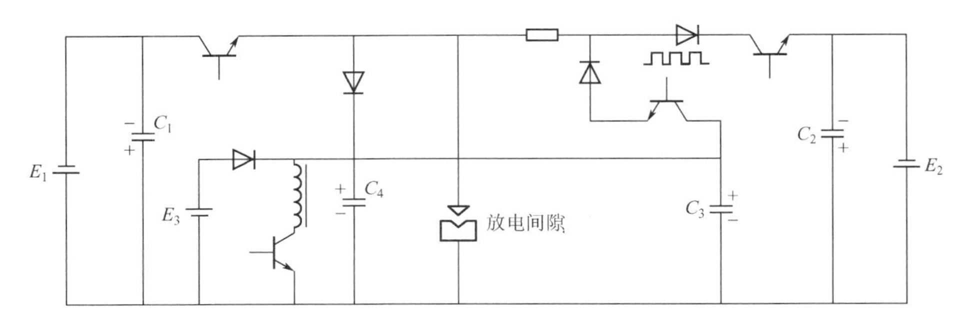

图 3.27　某新型节能脉冲电源原理

日本 SODICK 公司开发研制的无电阻节能型电火花线切割脉冲电源，采用电压源、功率晶体管、电感、加工间隙相串联的电路形式，其原理如图 3.28 所示。该电源主要通过三个驱动信号控制三个开关管 VT_1、VT_2、VT_3的开通与关闭，继而控制储能元件电感 L_1 中电能的释放与增加，提高电能利用率。该电源无电阻发热而成为低发热电源，使间接空冷得以实现；低发热减少了电能消耗，只相当于以往电源的 1/2，极大地提高了电源的利用率和切割效率。

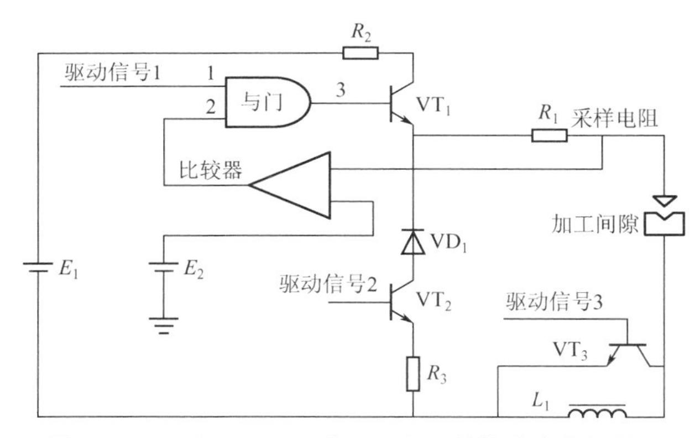

图 3.28　日本 SODICK 公司无电阻节能脉冲电源原理

3.4.5　几种典型低速单向走丝电火花线切割脉冲电源介绍

1. 瑞士+GF+公司 CC 数字脉冲电源

瑞士+GF+公司在 ROBOFIL 240/440 机床的基础上开发的 Clean Cut（CC）数字脉冲

电源，最大峰值电流可达1200A，最大击穿电压（幅值）提高了25%，在粗加工中，最大切割效率达到了400mm²/min，与其他普通脉冲电源相比，在切割工件厚度为150mm时，CC数字脉冲电源的切割效率约提高1倍。超高的峰值电流，能稳定、高效率地切割而没有断丝，其原因在于它采用了窄脉宽、精确的单个放电脉冲能量控制技术，为极间蚀除金属提供了最佳火花放电的条件，保证每次放电都是一次精确能量的高效火花放电，避免无效的电弧放电和有害的集中放电，从而大大提高了单位电流的蚀除量，并使高速加工能稳定实现；同时单个放电脉冲能量控制技术保证了其在达到300mm²/min高效切割下仍能保持良好的加工表面完整性。

瑞士+GF+公司CC数字脉冲电源除了能有效地进行逐个脉冲检测，还采用了PILOT-EXPERT专家系统，可以极好地控制集中放电的能量，从而在防止断丝的同时解决了局部过热的问题。在加工一些超级合金、钛合金、硬质合金及PCD工件时，也可获得高精度的表面质量。CC数字脉冲电源在加工钛合金的过程中，可以把钛合金表面的铜或锌的污染降到最低，同时不会产生表面氧化，使其颜色不会变为蓝色，因此所切割的零件被广泛应用于制造人工植入物及光学和钟表领域。普通脉冲电源与CC数字脉冲电源切割钛合金表面对比如图3.29所示。在使用CC数字脉冲电源加工硬质合金时，加工速度不会引起任何可能导致敏感钴结合材料溶解的化学反应，可以使加工工件的切割边缘和使用寿命得到很大的优化，在精加工中表面粗糙度甚至可以达到 Ra 0.1μm。在加工钛、镍等超级合金材料时，由于合金硬脆、冲击韧性低、延伸率小、线膨胀系数小的特性，以及弹性模量高、很难发生弹性变形的特点，导致合金在传统的切削加工中几乎不产生明显的宏观变形就会脆裂，加工出来的表面质量也较差；而使用CC数字脉冲电源加工时，由于单个能量放电的脉宽很窄，一次放电的能量很小，所释放的热量只在放电区很小的范围内扩散，完全避免了传统放电加工中脆裂变形的问题。实践结果表明，当加工受影响的层面在经过四次精加工后几乎完全消失，很好地保留了加工工件的机械特性。普通的线切割脉冲电源在加工PCD刀具时，由于放电强度难以控制，易对PCD材料表面造成损伤，加工过程中在材料表面产生的蚀损斑不仅影响切削面的质量，而且影响刀具的寿命；而CC数字脉冲电源能产生均匀的脉冲并释放出可被精确控制的脉冲能量，从而实现高工件精度和质量

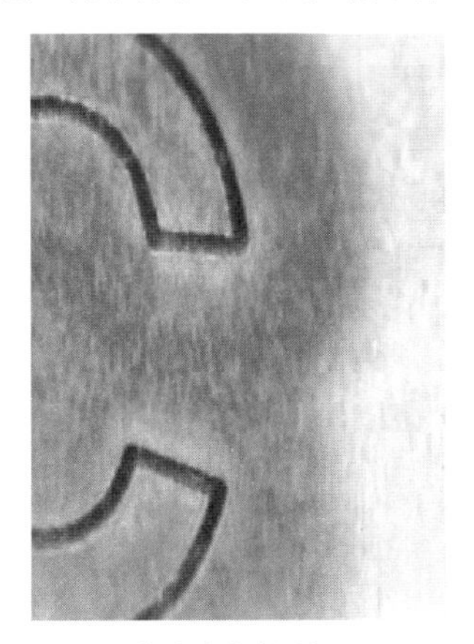

(a) 普通脉冲电源加工

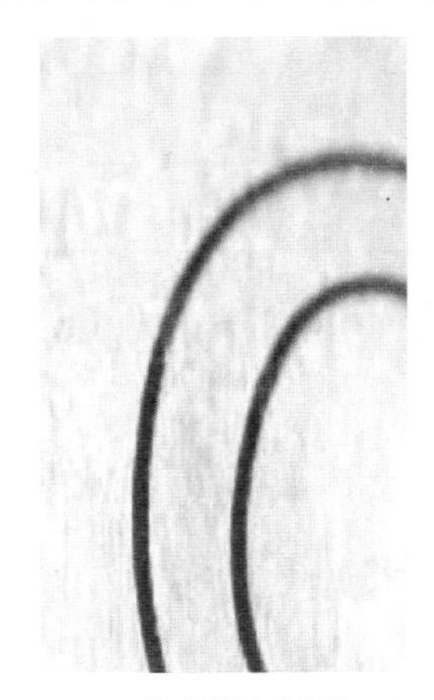

(b) CC数字脉冲电源加工

图3.29 普通脉冲电源与CC数字脉冲电源切割钛合金表面对比

的加工。采用CC数字脉冲电源加工PCD刀具时，表面粗糙度可达 Ra 0.4μm，并拥有极好的切割面完整性（图3.30），不需再进行磨削工序。

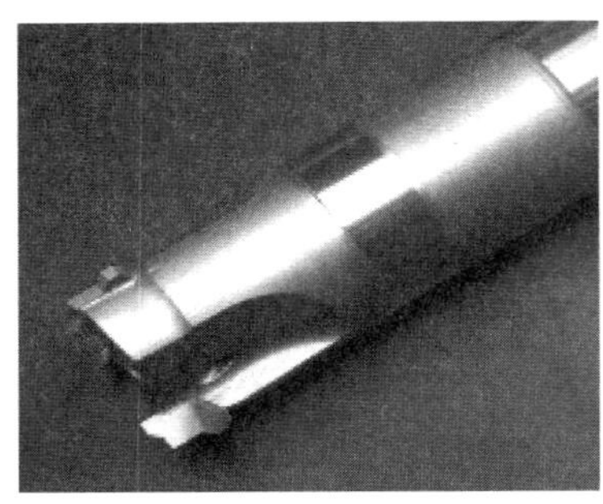

(a) PCD刀具

(b) 表面微观照片

图3.30 CC数字脉冲电源加工的PCD刀具

2. 中国台湾ACCUTEX公司脉冲电源

为提高低速单向走丝电火花线切割的切割效率，ACCUTEX公司设计了专用的高效率脉冲电源，将主要电源回路全部植入FPGA芯片中。高度集成化的电路设计不仅极大地缩小了电源的体积，而且能够完全避免电源传输时的功率损耗，从而更加精确地控制脉冲电源的放电能量。ACCUTEX公司脉冲电源是一种高效率、切割速度超快的加工电源，特别是加工高厚度工件时，表现出优异的性能。ACCUTEX公司脉冲电源与普通脉冲电源的切割效率对比如图3.31所示。ACCUTEX公司脉冲电源通过五次切割就能达到 Ra 0.18μm 的镜面加工效果，如图3.32所示。

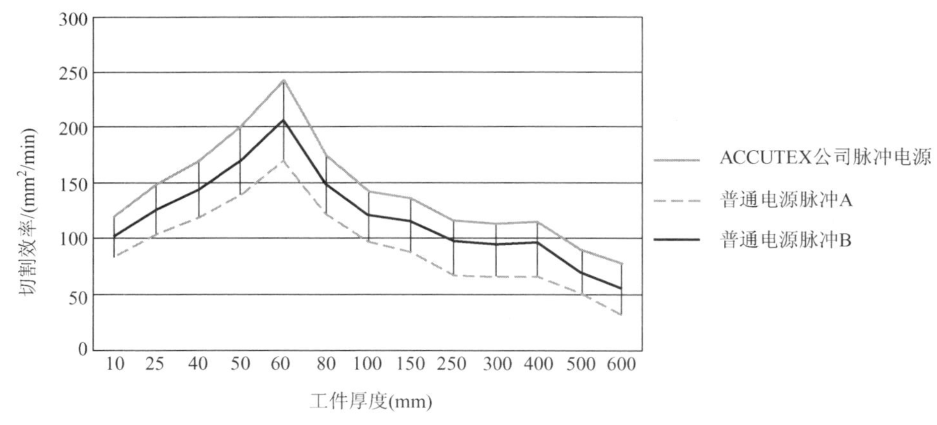

图3.31 ACCUTEX公司脉冲电源与普通脉冲电源的切割效率对比

3. 电火花线切割用新型微细脉冲电源

中国台湾研究人员提出了一种用于电火花线切割微细表面加工的RC型脉冲电源。该电源通过在加工中改变电极丝极性来降低因电化学反应导致的阳极工件材料的氧化，从而使平均间隙电压保持为零，放电电流由直流转换为交流。因此，工件不受腐蚀和锈蚀作用的影响。该电源可降低变质层厚度，消除加工钛时出现的锈蚀和发蓝现象，降低碳化钨的钴损耗。该电源输出的频率达 500kHz，输出的脉宽可窄至 150ns，峰值电流可低至 0.7A，切割表面粗糙度低至 Ra 0.22μm。

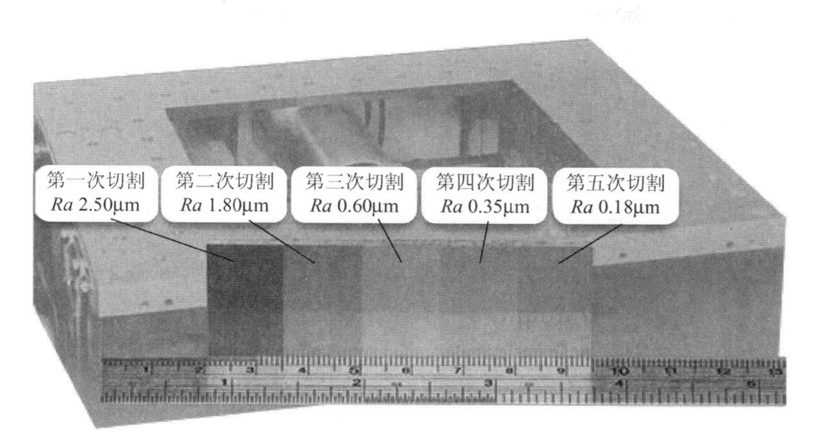

图 3.32 ACCUTEX 公司电源镜面加工表面照片

电火花线切割用新型微细脉冲电源的工作原理如图 3.33 所示。该脉冲电源由一个全桥电路、两个缓冲电路和一个脉冲控制电路组成。当全桥电路中 MOSFET（Metal Oxide Semiconductor Field Effect Transistor，金属氧化物半导体场效应晶体管）M_1 和 M_3 导通时，工件接正极，电极丝接负极，电容器 C 通过电阻 R_1 充电并在两极间提供一个直流电压，极间产生从工件流向电极丝的放电电流；每次放电后，M_1 和 M_3 截止，M_5 在脉冲信号的控制下导通，使放电电路中感性部分储存的过度能量被 R_2 吸收。当 M_2 和 M_4 导通时，工件接负极，电极丝接正极，极间产生从电极丝流向工件的放电电流，在脉冲停歇时，通过 M_6 导通使极间过度能量被 R_2 吸收。由 M_5 和 M_6 驱动的两个缓冲电路不仅可以吸收在两个不同极性放电电路的火花间隙中储存的过度放电能量，而且可以保护脉冲控制电路不受放电和电磁干扰。放电电路中串联的限流电阻 R_1 用于调节峰值电流，与放电间隙并联的电容器 C 用于调节放电电流的脉宽，通过调整限流电阻 R_1 和电容器 C 的大小，可分别降低脉冲峰值电流和脉宽，从而获得小的脉冲放电能量用于微细加工。图 3.34 所示为电火花线切割用新型微细脉冲电源输出的脉冲波形。

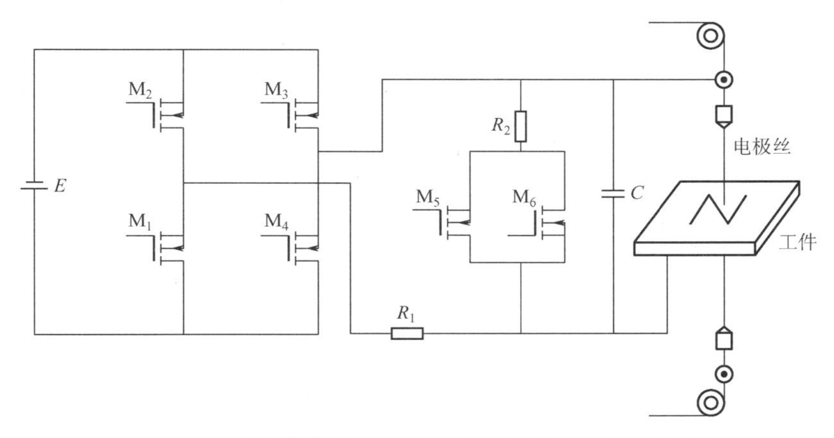

图 3.33 电火花线切割用新型微细脉冲电源的工作原理

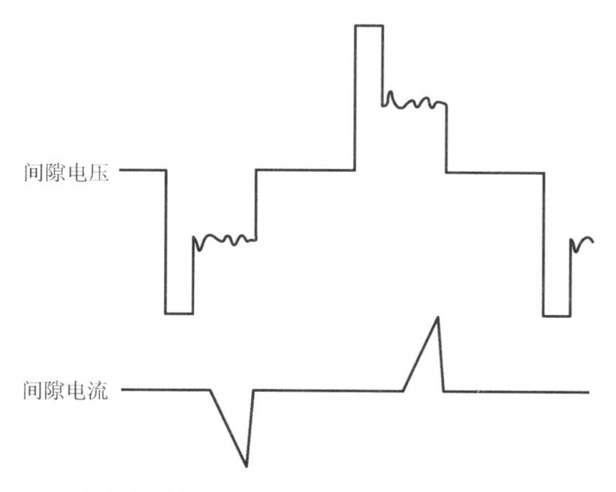

图 3.34　电火花线切割用新型微细脉冲电源输出的脉冲波形

新型微细脉冲电源切割的表面如图 3.35 所示，四次切割后表面粗糙度可低至 *Ra* 0.22μm。

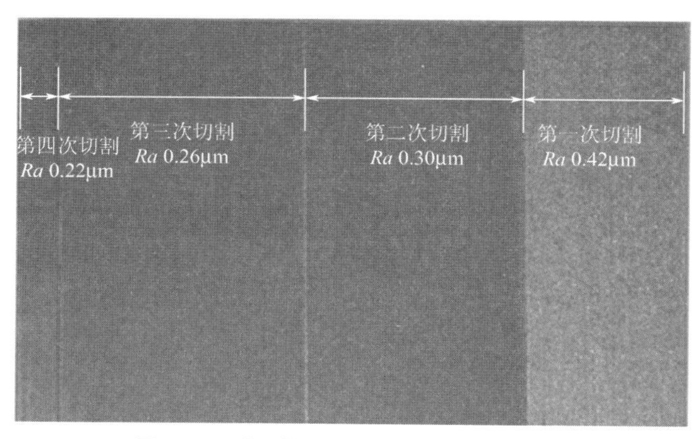

图 3.35　新型微细脉冲电源切割的表面

3.5　低速单向走丝电火花线切割加工典型优化控制方式

低速走丝电火花线切割加工优化控制的主要目的是在满足加工质量要求的前提下，使加工各项工艺指标更好，加工状态更加稳定。线切割加工过程中表示加工效果的工艺指标主要有切割效率、表面粗糙度、加工精度等，加工参数主要包括脉宽、脉间、峰值电流、加工电压、伺服参考间隙电压、伺服进给速度、丝张力、走丝速度及工作液的性能和喷流压力等，同时还包括电极丝的空间位置及状态的控制。因此采用优化控制的方法，将有助于获得更佳的加工效果。低速走丝线切割参数优化通常包括加工前加工参数的优化设定（离线）和加工过程中对加工参数自动优化调整（在线）。

3.5.1　变截面加工自适应

在模具加工中时常会遇到变截面加工的情况，可以通过自动检测，根据截面的变化自动控制加工能量，采用最大能量控制专家系统进行有效的变截面加工，使切割效率一直维持在最佳状态，这是目前提高变截面切割效率最有效的措施。这种系统一般配有工件厚度检测器、加工状态检测器和脉冲能量输出控制器等，能够很好地适应切割中工件截面的变化。在加工前只要输入电极丝直径和类型、工件材料，即可自动进行最佳加工，而且可以根据加工过程中不同的加工厚度自动增减加工能量，防止断丝，以保持最高切割效率，尤其适合阶梯形状、盲孔及脱模斜度、中空形状等零件的加工，如图 3.36 所示。

图 3.36　对不同形状零件进行变截面加工示意图

中国台湾 ACCUTEX 公司的能量专家系统能够在变截面加工中对机床进行有效的断丝保护，该智能模块可不间断地优化粗加工的速度，读取冲液流量，计算变截面工件的高度，实时优化加工参数并由此确定输送到电极丝的最佳功率；在一些紧急状态下，如正在接近工件或加工盲孔时，能量专家系统也可以完全自动地进行控制。对于图 3.37 所示变截面高度的加工情况进行测试，采用能量控制专家系统的切割效率较普通加工情况下效率提高 34%。

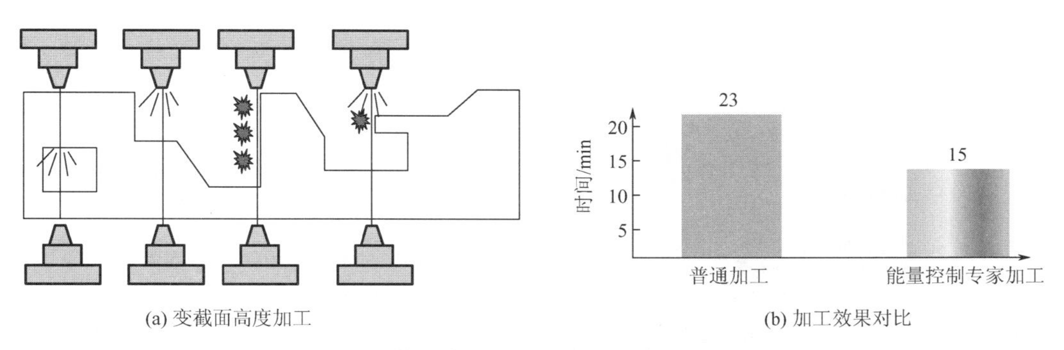

图 3.37　变截面高度加工测试工件截面及加工效果

3.5.2　拐角切割动态控制

在电火花线切割放电加工过程中，由于电极丝受到放电爆炸力及极间高压喷液压力的作用，导致其实际位置会滞后于理论位置，因此在工件的拐角切割时容易出现集中放电，造成电极丝熔断、工件角部塌陷、加工不稳定等诸多问题。此外，与直线部分切割相比，工作液在粗加工时喷液压力一般较高，电极丝张力较低，电极丝容易在拐角处发生振动；而在精加工过程中需要达到数微米的切割精度时，直线部位和拐角部位的加工量会存在少许差异，直线加工和拐角加工时加工量的差异如图 3.38 所示。也就是说，如果在拐角处

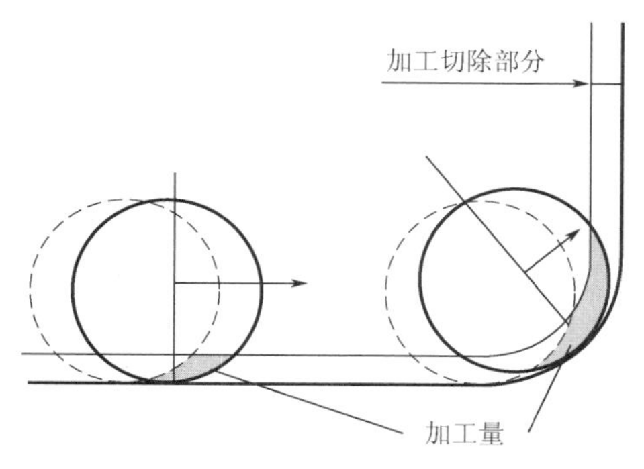

图 3.38 直线加工和拐角加工时加工量的差异

使用与直线部位相同的加工参数，则无法确保与直线部位相同的尺寸精度。

因此，为了提高拐角切割精度和加工的稳定性，低速走丝电火花线切割通常在拐角部位粗加工时，利用轨迹控制和加工能量控制对形状误差进行修正；而精加工时，为防止在较小拐角处发生短路，可以自动改变加工条件，如改变走丝路径，改变切割速度，自动调节水压，控制加工能量等，以确保工件加工质量的稳定。通过采用这种综合的拐角控制策略，能够在粗加工时使拐角处的形状误差减少 70%，一次切割达到 5μm 的配合精度。一些低速走丝机根据不同的电极丝直径、拐角角度和工件厚度，调整加工参数以维持最稳定的放电能量和切割速度，减少拐角塌角现象，以确保加工精度及模具的一致性，从而得到更好的表面加工质量和表面精度。某低速走丝机加工不同拐角角度工件的效果如图 3.39 所示。

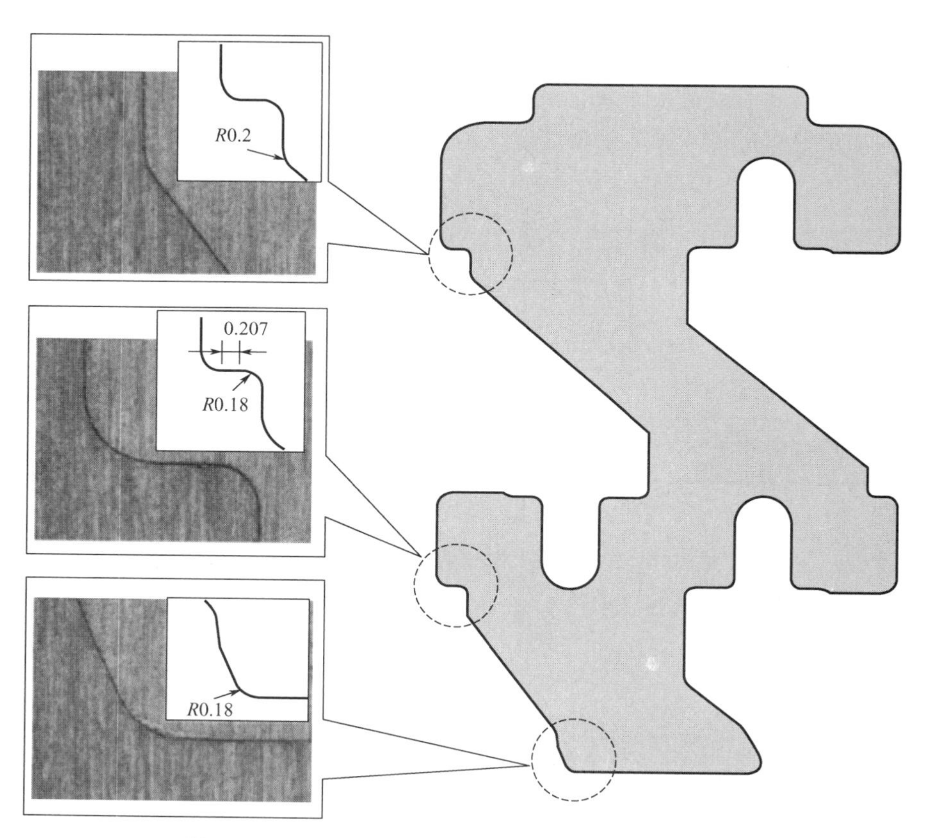

图 3.39 某低速走丝机加工不同拐角角度工件的效果

日本 MITSUBISHI 公司采用 CM3 拐角控制策略，可以提高零件微小内角、外角的加工精度，即使在各种圆角、尖角混杂的形状中也可以实现高精度拐角的加工。此外，CM3

拐角控制策略还可以进行细致入微的拐角调整。凹模形状样件拐角精度对比如图 3.40 所示。

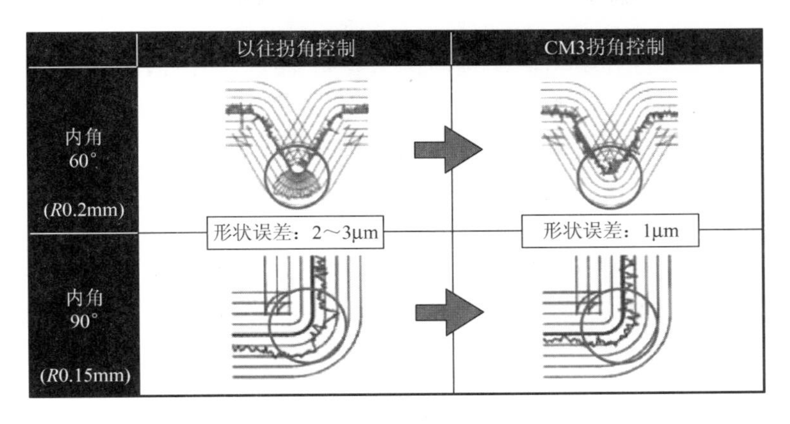

图 3.40 凹模形状样件拐角精度对比

瑞士+GF+公司控制系统具有丰富而智能化的拐角控制策略，无须人工干预，系统会自动进行拐角策略的调整，根据加工的方向变化调整加工参数，提前优化放电切割路径、补偿拐角误差并能全速切割，即使在最细微的位置，也能达到极高的几何精度，实现微小拐角和外尖角的高精度加工。加工工件的形状越复杂，拐角越多，其形状精度越高，节省的时间也越多。无拐角控制策略与有拐角控制策略加工效果对比如图 3.41 所示。

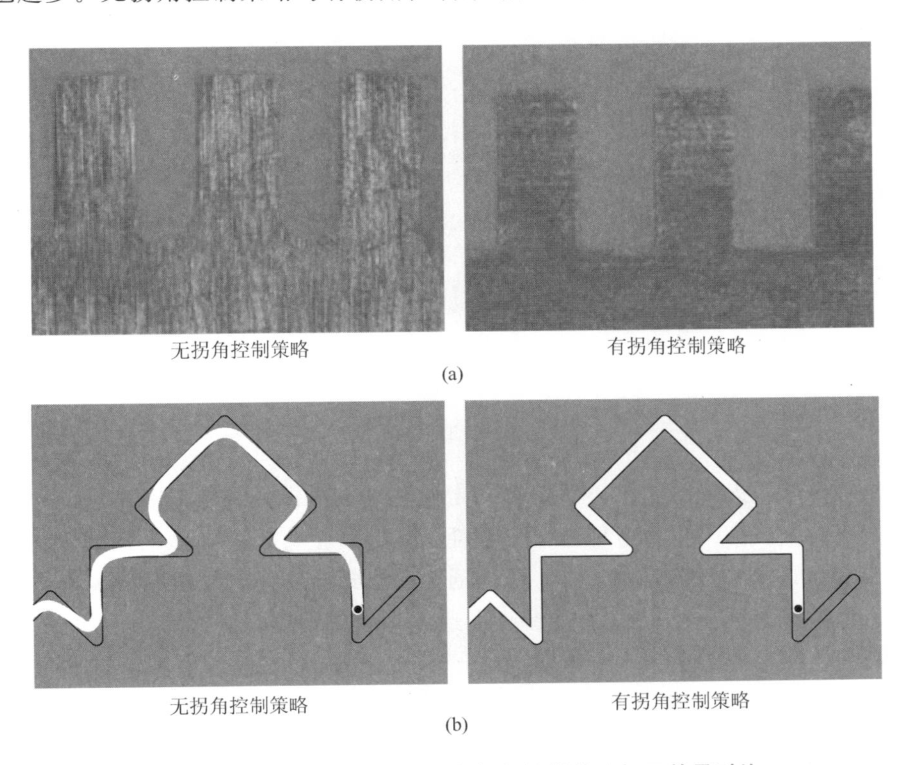

图 3.41 无拐角控制策略与有拐角控制策略加工效果对比

3.5.3 电极丝直线度控制

电火花线切割加工过程中，由于产生的放电爆炸力等因素，会使电极丝产生挠曲，从而导致工件尺寸上下产生偏差，这种偏差称为直线度误差，该偏差的最佳数值是零。在以往的切割加工过程中，为了对在粗加工中形成的腰鼓形状通过精加工进行修正，减小“凹心”或“凸肚”的现象，需要应用一系列“技术诀窍”，如增加加工次数，优化加工条件及电气条件等，或者修正锥度加工的上下偏差，抑制粗加工形成的腰鼓形状，以减少精加工工序，缩短加工时间，达到提高厚工件加工的精度，降低加工成本的目的。但是这样的方法太复杂，工件的加工精度也得不到完全保证。为此，日本 MITSUBISHI 公司开发了形状控制电源（Digital－AE 电源），可以通过控制放电位置达到三维形状数字化控制，在粗、中、精加工中能够实现高直线度。新型的形状控制电源在应用中可以自动感应放电能量，控制上下供电的比例，即控制向工件厚度方向施加的加工能量及工件厚度方向的加工量来提高加工形状精度。普通电源与形状控制电源形状修正效果对比如图 3.42 所示。

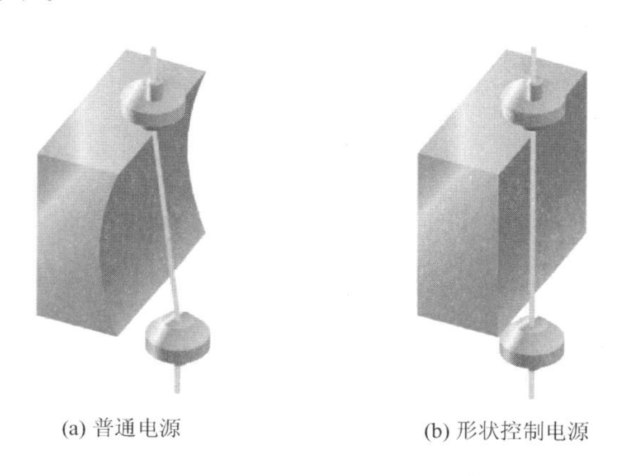

(a) 普通电源　　(b) 形状控制电源

图 3.42　普通电源与形状控制电源形状修正效果对比

3.5.4 电极丝损耗自动预先补偿

低速单向走丝电火花线切割虽然是单向走丝，电极丝损耗通常不予考虑，但在实际加工中，在工件的入口和出口，电极丝由于损耗必然会产生直径差异从而形成切缝入口和出口的差异，传统的做法是在精密加工中可以通过分别矫正上下导丝器的偏移量，自动补偿由于电极丝损耗和上下冲液不一致造成的垂直切割时的锥度偏差。日本 MITSUBISHI 公司采用抗电解智能电源对电极丝的丝损进行了良好的控制，在使用 ϕ0.25mm 电极丝切割 100mm 厚的相同工件时，和普通的加工电源相比电极丝的损耗减小了 30%，从而大大延长了电极丝的使用寿命，同时也减少了工件的直线度误差。日本 MITSUBISHI 公司抗电解智能电源和普通电源控制的电极丝损耗对比如图 3.43 所示。

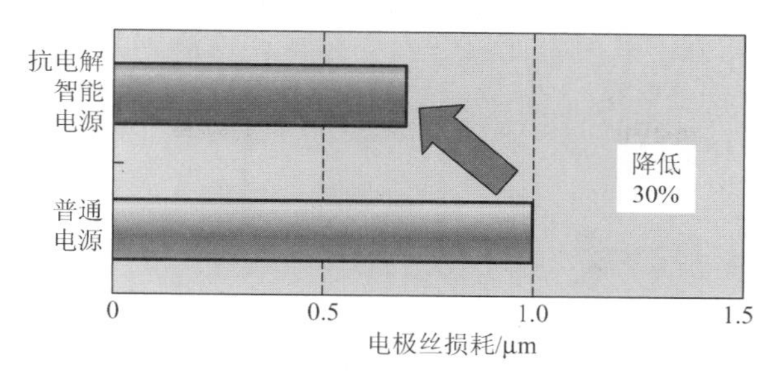

图 3.43 日本 MITSUBISHI 公司抗电解智能电源和普通电源控制的电极丝损耗对比

3.6 智能控制模块

目前低速走丝机的自动控制功能日趋丰富，除了正常的系统控制功能外，还包括 3D 测量设定、光学测量系统、料芯焊接等功能模块。

3.6.1 3D 测量设定

低速单向走丝电火花线切割加工时，工件的正确定位安装是决定加工最终质量的一个非常重要的操作。传统工件定位方法是要在前一道工序中加工出准确的基准面，而且工件在机床上装夹好后，还要利用千分表找正，重复操作多次，才能确定工件的准确位置，将误差降到最低，以便设定坐标系的原点，确定编程的起始点。这种方法不仅操作繁杂，耗费大量的人力和时间，而且在加工精密零件时，如果定位精度达不到要求，加工零件的位置、形状精度将得不到保证。

先进的低速走丝机采用智能化的控制手段定位工件的倾斜度，并自动对倾斜工件找正，如图 3.44 所示。瑞士+GF+公司采用 3D 测量设定技术可以快速自动检测加工工件的倾斜角度，并将电极丝自动垂直于工件的加工表面。整个找正过程简便、快捷，几分钟内即可完成，减少了辅助时间，提高了机床的切割效率。日本 FANUC 公司机床首先通过安装在机床上的探头测量加工工件的形状，并在加工工件表面选取三个不同的点测量工件的倾斜度，再利用 3D 旋转功能根据工件的倾斜度自动对加工路径程序的坐标系进行 3D 补

(a) 实际加工

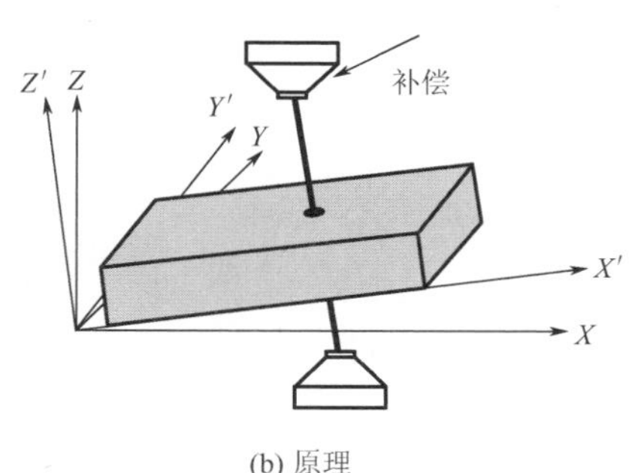

(b) 原理

图 3.44 倾斜工件找正

偿。日本 MITSUBISHI 公司采用先进的垂直度计，在检测到安装工件倾斜度时，可以实现在工作台面上高精度的电极丝垂直校正；在锥度加工时，还可以自动设置锥度参数，方便锥度加工中电极丝的校正。

3.6.2 光学测量系统

由于航空航天和医疗器械等领域对电火花线切割加工的要求越来越高，很多高精度低速走丝机都装配了在线测量系统，方便电火花线切割加工前后在线进行检验、确认部件，使得机床可以测量工作台内的切割零部件，并标识出符合公差范围内的零部件，送回那些需要重新切割的零部件，使其符合公差要求。整个过程不需要操作人员的干预，更重要的是有效保证了加工工件的精度。

目前实际应用中的普通机床大多采用接触式在线测量方法，采用探头或电极丝通过接触或产生电火花来标识工件轮廓。这种在线测量方法测试的工件形状有限，而且放电会损坏工件表面。瑞士+GF+公司针对这一难题提出了光学在线测量方法，将特制的光学测量系统安装在机头上，不接触工件，就可以记录工件的图像，并通过图像处理，进行检验。光学测量系统在机床上的安装如图 3.45 所示。

【视觉系统】

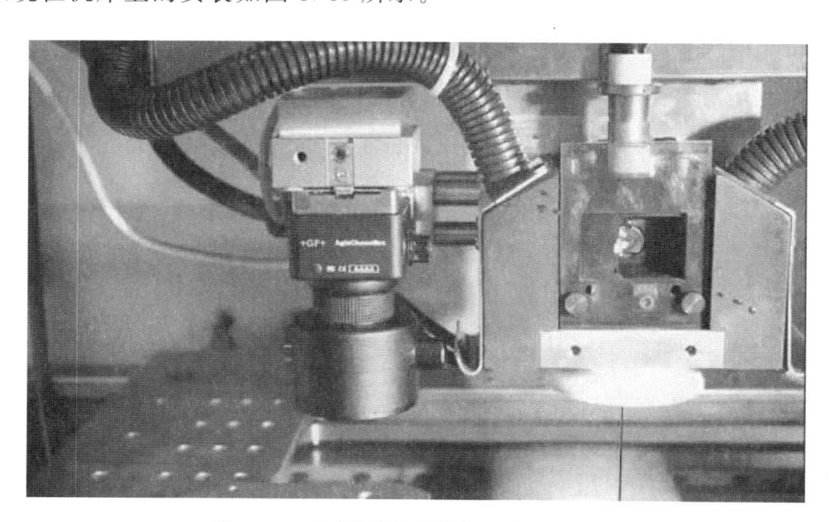

图 3.45 光学测量系统在机床上的安装

瑞士+GF+公司这种独特的光学在线测量系统在加工之前可以检测极小的起始孔位置，从而保证穿丝成功，在工件卸下工作台前可以检查工件的最终尺寸是否达到要求。这种系统对于精密制造领域需要测量精细部位的工件特别有利，不仅测量速度快、精度高、抗干扰能力强，而且不接触工件表面，对工件的任何测量均属于无损伤测量，不影响加工系统的正常进行，适用于自动化生产线上的零件尺寸测量。此外，这种光学测量装置可以将工件图像实时传送至计算机屏幕，便于观察和操作。一般情况下，+GF+公司光学在线测量系统可以实现三个基本功能，即获取工件参考面位置，圆孔检测，工件轮廓检测。

（1）在工件加工中，获取工件参考面位置这一基本操作用来定义工件的边界处坐标，尤其是在获取与电极丝垂直面的位置时，电极丝无法正常或倾斜地接触到上平面，因而无法使用普通的接触式测量方法对其操作，并获取位置信息。这种情况下就必须使用光学在线测量系统，通过移动光学系统的镜头，观察计算机屏幕使镜头坐标中心对准工件的边缘位置，就可以准确地获取参考面边缘位置，重复测量该面三个不同边缘位置即可得到该参考面的位置。光学测量系统获取参考面位置的情况如图 3.46 所示。

图 3.46 光学测量系统获取参考面位置的情况

(2) 圆孔测量，包含测量圆孔中心坐标和测量圆孔直径两个基本功能，整个圆孔的形貌可以通过数控显示屏观察，如图 3.47 所示。实际操作中通常先控制手控盒移动机头上光学系统寻找所需要测量孔的位置，再放大显示倍数，利用测量系统中的圆孔选项对焦圆孔中心。在测量时若圆孔可完整地显示在屏幕上，则系统会沿着边缘测量整个圆弧；若圆孔太大，无法完整显示在屏幕上，则系统会分若干次测量圆孔的几个部分。

图 3.47 圆孔测量

(3) 实际生产加工中，待测工件形貌并非都是圆孔或圆弧，有时需要对不规则工件进行测量，并将结果与标准尺寸对比，轮廓测量（图 3.48）功能即可满足这一需求。测量的整个过程中可通过数控屏幕直接观察，可以很清楚地对比分析出加工后工件形貌与标准形貌的差异。轮廓测量操作简单、速度快，有助于对线切割加工结果进行监控，改进加工精度。

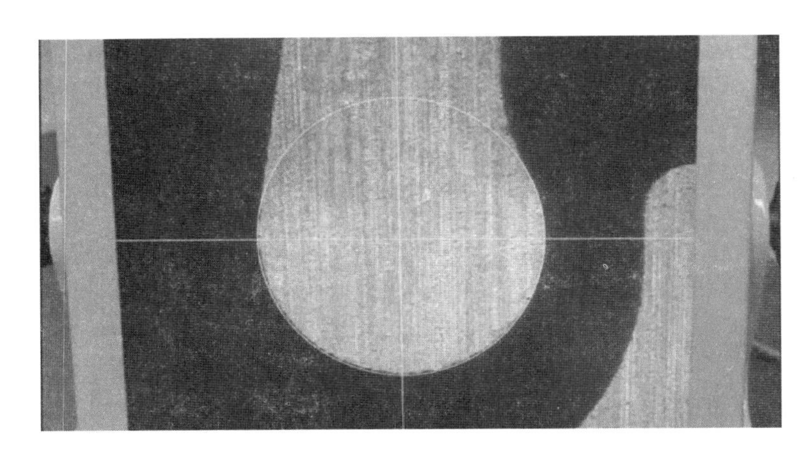

图 3.48　工件轮廓测量

3.6.3 料芯焊接

料芯焊接技术是在线切割加工具有料芯零件时采用的一种将料芯零件暂时固定在工件上防止掉落的技术。以往线切割加工具有料芯的零件时，通常采用两种方法进行处理。一种采用机械手，通过料芯自动处理系统将料芯取出，而后继续进行加工，如图 3.49 所示。另一种则是采用预留部分不进行切割的加工方式，如图 3.50(a) 所示。第二种加工方式在料芯切割完成后不使料芯与工件分离，可以起到保护零件和机床的作用，但是在加工过程中因为工件的受热变形，可能导致已切割部分的工件发生倾斜，造成极间短路的危险，而且加工完成后需要花费大量的时间将零件和工件分离，增加了工人的劳动强度，影响切割效率。料芯焊接技术利用熔融电极丝的方法将料芯零件或产品焊接在工件上，如图 3.50(b) 所示。加工过程中可将料芯焊接技术分为普通加工火花放电和焊接阶段电弧放电两个连续的阶段。普通加工和焊接阶段电压及电流波形如图 3.51 所示，通过控制电压-电流特性来控制普通加工中的火花放电加工和焊接阶段的电弧焊接或等离子体焊接放电加工，达到在工件与料芯间形成多个电弧焊接点，将料芯固定在工件上的目的。这种技术可以使料芯暂时地保留在工件上，不至于掉落到工作台内，砸伤工件表面，也避免了料芯掉落造成的机器损伤，而且在加工完成后，只需要轻轻敲落中间的料芯即可，如图 3.52 (a) 所示。智能控制系统中针对不同的材料，不同形状、大小的零件，还可以在线切割加工开始前进行简单的参数控制，利用现有的线切割机床加工工艺，设置机床并输入切割路径程序、切割量和后退量，并设定料芯焊接固定距离和固定间隔参数等，如图 3.52(b) 所示。与以往的料芯分离过程相比，料芯焊接技术缩短了割断料芯 98%的加工时间（图 3.53），极大地提高了切割效率，可以实现长时间无间断加工。

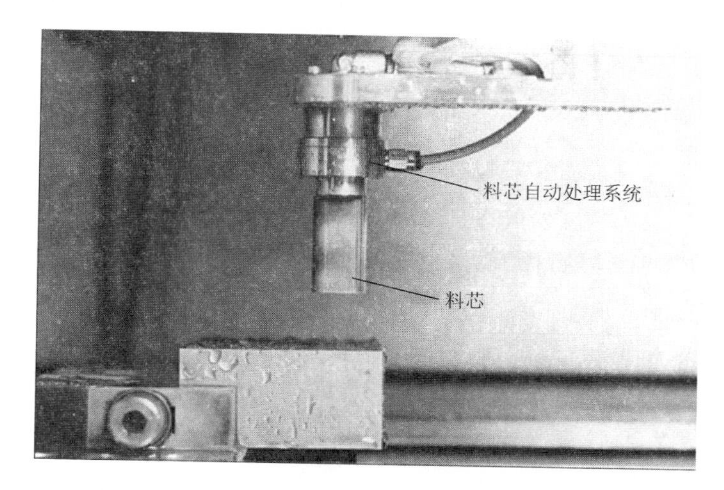

【料芯自动拾取】

图 3.49 料芯自动处理系统照片

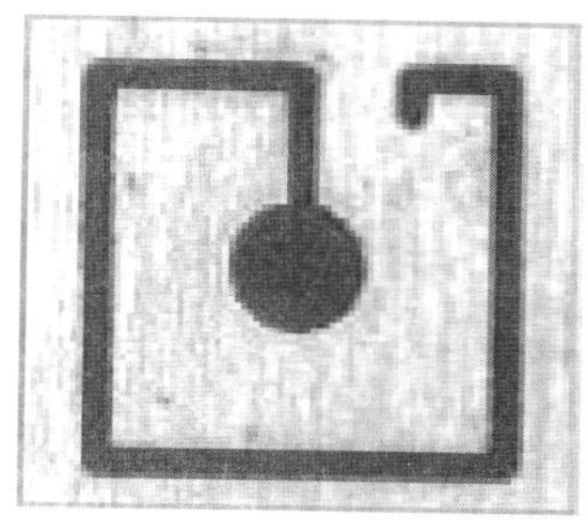
(a) 以往料芯加工

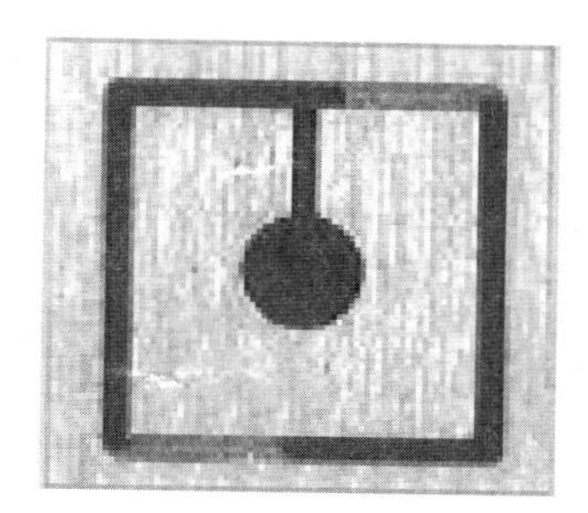
(b) 料芯焊接技术

图 3.50 以往料芯加工和料芯焊接技术对比

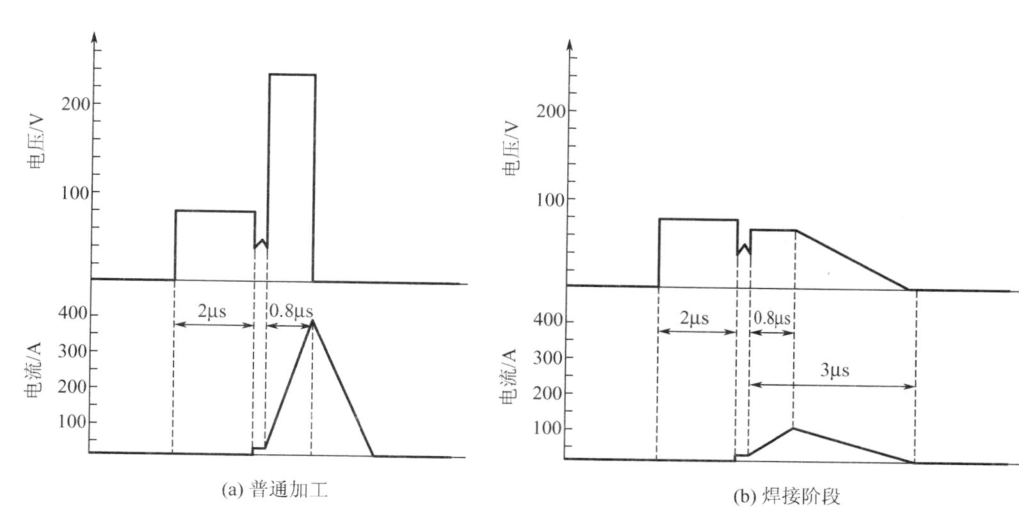

图 3.51 普通加工和焊接阶段电压及电流波形

【料芯焊接技术】

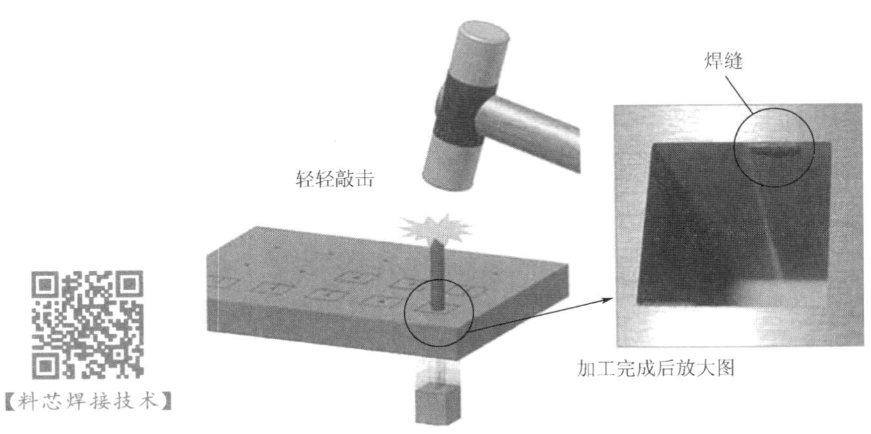

(a) 料芯处理示意图

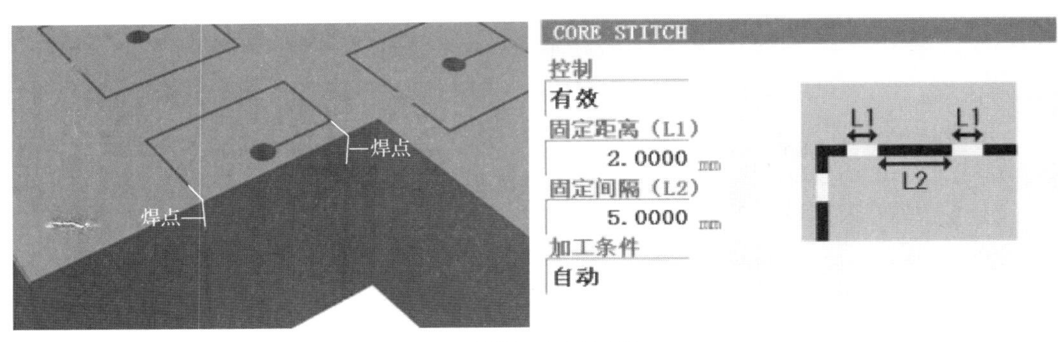

(b) 料芯焊接分布示意图

图 3.52　料芯焊接技术

【传统加工与料芯焊接技术加工时间对比】

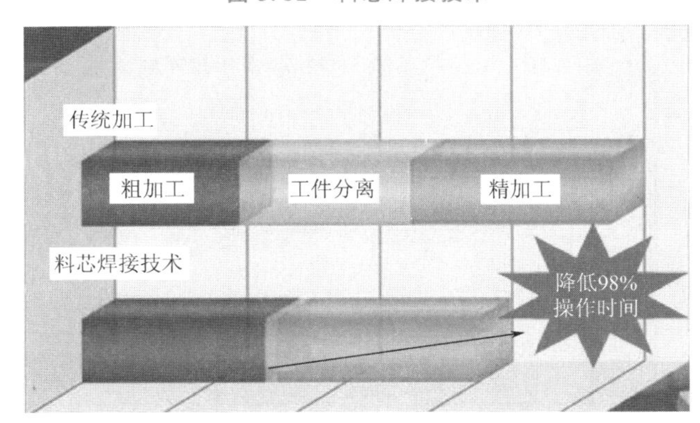

图 3.53　传统加工与料芯焊接技术加工时间对比

3.7　低速走丝机 CNC 系统软件构成

早期低速走丝机数控系统一般选用 DOS 操作系统。DOS 操作系统是单任务的操作系统，操作界面不友好且网络功能不强，同时控制系统的软硬件大多由机床生产厂家自行研发，建立在专用体系结构上，不同生产厂家的数控系统互不兼容，缺乏开放性和通用性，扩展性差。随着计算机、电力电子和微电子技术的快速发展和广泛应用，目前高性能的低速走丝机 CNC 系统软件均运行于 Windows 或 Linux 操作系统上。Windows 操作系统界面友好，软件和硬件资源丰富，在其平台上开发的 CNC 系统具有良好的开放性、可维护性和可扩展性，应用面向对象的软件设计方法，充分利用了 CNC 系统硬件资源和 Windows 操作系统的多任务及资源管理能力强的优点。

3.7.1 CNC 系统软件构成

典型的低速单向走丝电火花线切割软件系统由图 3.54 所示的系统模块构成。下面结合北京 NOVICK 公司的 AE 系列数控低速走丝机软件控制系统来进行说明。该系统可以实现以下主要功能：采用工控机及多个高速单片机控制，具有 X、Y、U、V、Z 五个数控轴，可进行 X、Y、U、V 四轴联动控制；可进行二维切割，常规锥度切割及上下异型切割；能与其他计算机和控制系统通过局域网或 U 盘交换数据；放电参数可自动选取与实时调整控制；采用国际通用的国际标准组织代码编程；CNC 系统集成 TWINCAD/CAM 编程系统，可在加工时进行画图及图形转换工作，同时可在控制软件中进行二维或三维图形描画；支持多次切割。AE 系列机床软件控制系统主要功能见表 3-1。图 3.55 所示为 AE 系列机床软件控制系统主界面。

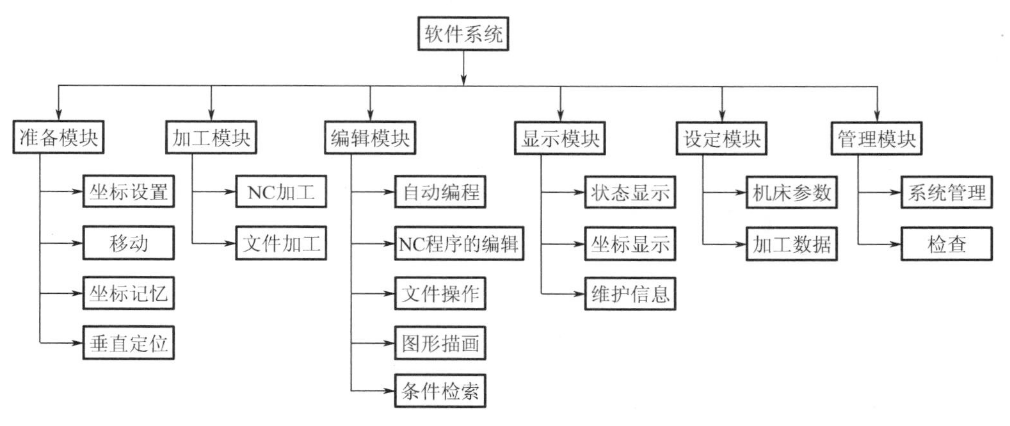

图 3.54 低速单向走丝电火花线切割软件系统主要模块

表 3-1 AE 系列机床软件控制系统主要功能

X、Y 轴镜像	常规锥度切割
比例缩放	上下异型切割
NC 程序编辑	自动电极丝半径补偿
模拟画图	加工条件自动转换
1/2 移动	丝杠螺距补偿
接触感知	自动丝找垂直
公英制转换	局域网或 U 盘交换数据
自动找孔中心	子程序调用
X、Y 轴交换	图形程序实时跟踪
图形旋转加工	自动编程系统

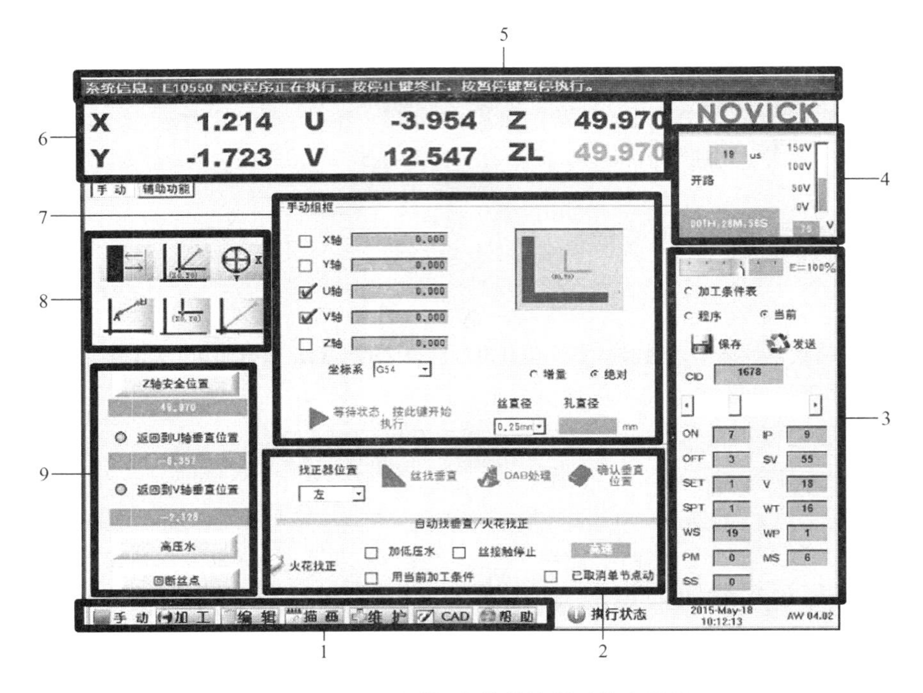

图 3.55　AE 系列机床软件控制系统主界面

1—工具栏区；2—垂直找正功能区；3—加工条件编辑区；4—状态显示区；
5—信息显示区；6—坐标显示区；7—手动准备功能执行区；8—手动准备功能选择区；
9—设置 Z 轴安全高度，显示 U、V 轴垂直位置、高水压及回断丝点功能区

1. 准备模块

准备模式主要完成加工前的准备工作，实现精确定位及找内孔中心等加工前必需的移动功能。准备模块子界面如图 3.56 所示。可通过选中“增量”或“绝对”单选按钮来确定移动的工作方式是增量方式还是绝对方式。

2. 加工模块

加工模块执行选择的 NC 程序的加工，在加工前进行图形比例、镜像、旋转等设定，完成回到加工程序的起始点操作，显示加工状态信息及加工时间。加工模块子界面如图 3.57 所示。

3. 编辑模块

编辑模块可进行 NC 程序的编辑及文件的编辑，为输入、输出装置提供局域网及 USB 盘操作，同时提供 CAM 编程软件，将在 CAD 中生成的图形路径文件转化为 NC 程序文件。

(1) 自动编程。借助于强大的 CAD 制作图形及数据转换功能，将各种工件的图形快速、高效、准确地转换为 NC 代码。根据图形显示，应当确定如下几点（图 3.58）。

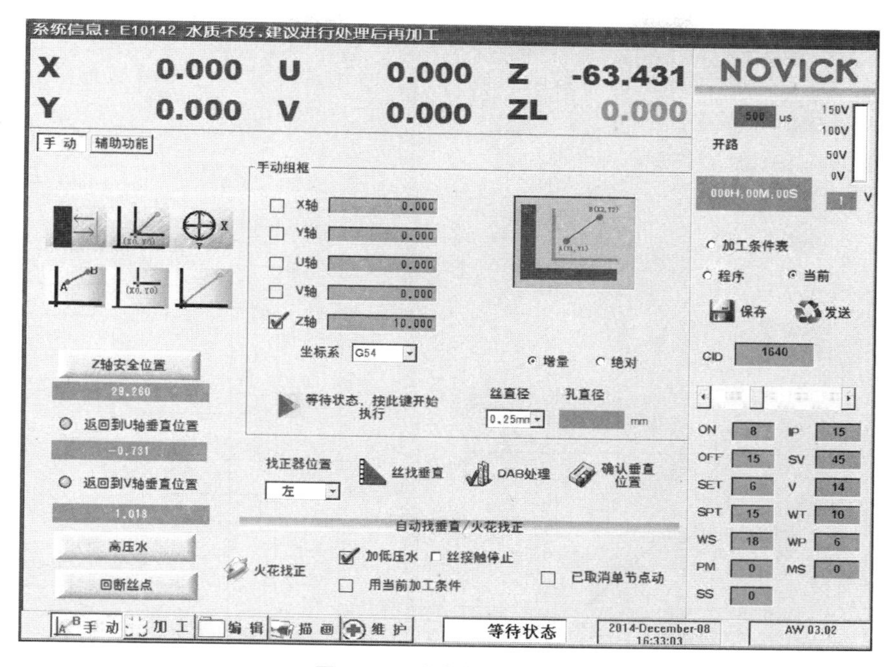

图 3.56 准备模式子界面

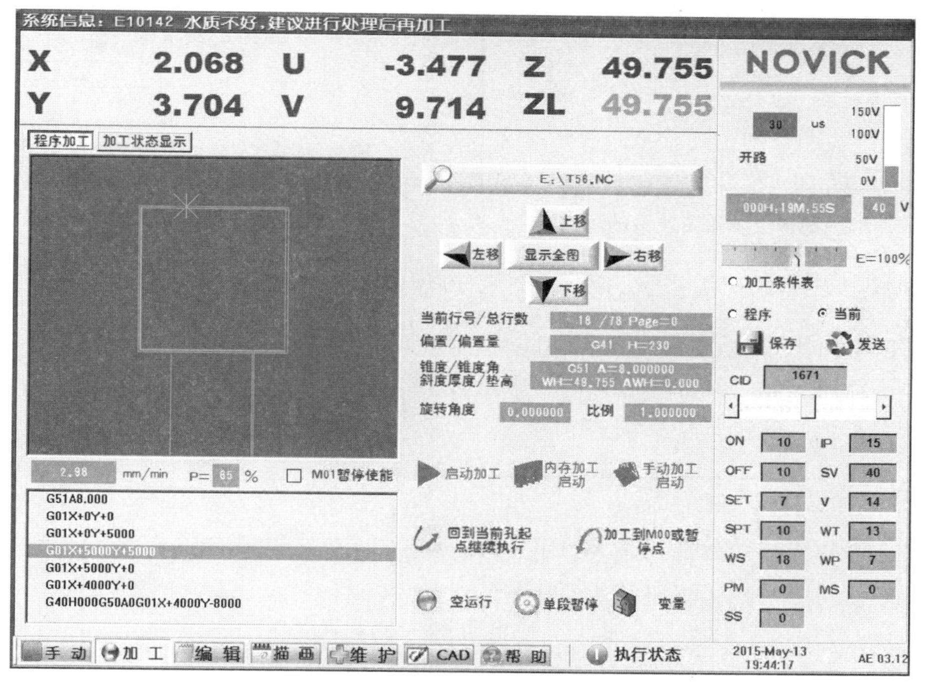

图 3.57 加工模块子界面

① 加工时电极丝的偏置方向。

② 加工时电极丝的锥度角偏置方向。

③ 加工方向是否需要改变，是否需要转角处理。

④ 暂留量，脱离长度，过切长度等长度设定。

在确认以上各项设置无误后，输入正确的文件名，选择“产生 NC 文件”选项即可产生该图形路径的 NC 程序。

程序生成流程如图 3.59 所示。

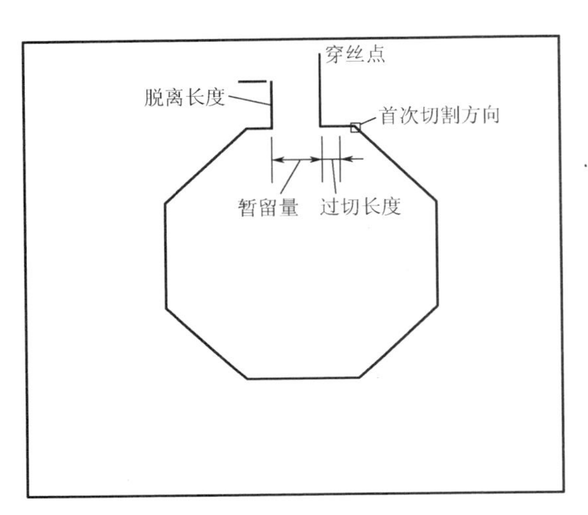

图 3.58 图形显示需要注意的项目

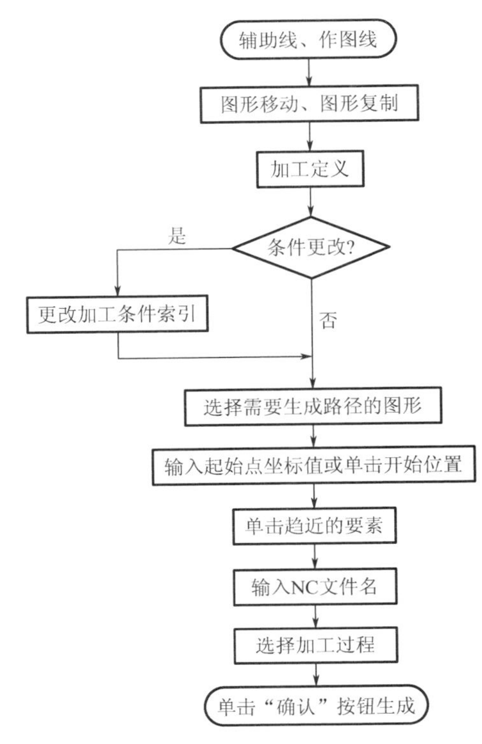

图 3.59 程序生成流程

下面以恒锥度加工实例进行说明。图 3.60 所示为 10mm×10mm 的四方，四方的左下角坐标为 (0，0)。要加工一上大下小的锥度角为 10°的锥四方。

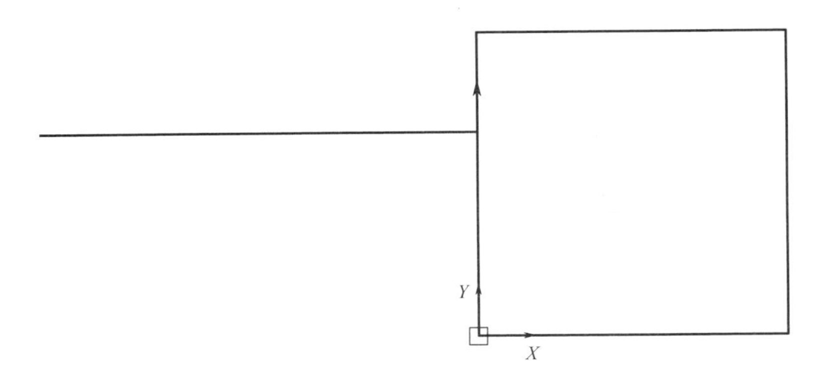

图 3.60 10mm×10mm 的四方

因为上大下小，在产生 NC 程序时，脱离长度设定为 8mm，以保证加工引入切割时不会伤到工件。锥度的偏离方向为左锥度，故“锥度角”一项输入负值，如图 3.61 所示。

在图形描画时输入工件厚度为 30mm。锥度切割三维立体描画界面如图 3.62 所示。

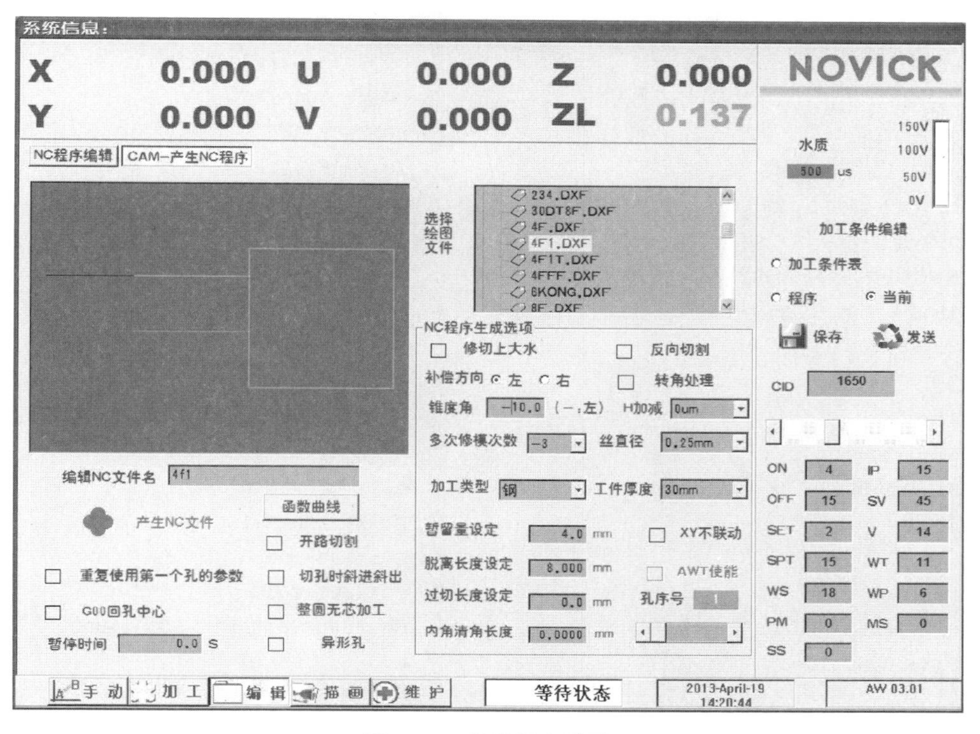

图 3.61 参数设定界面

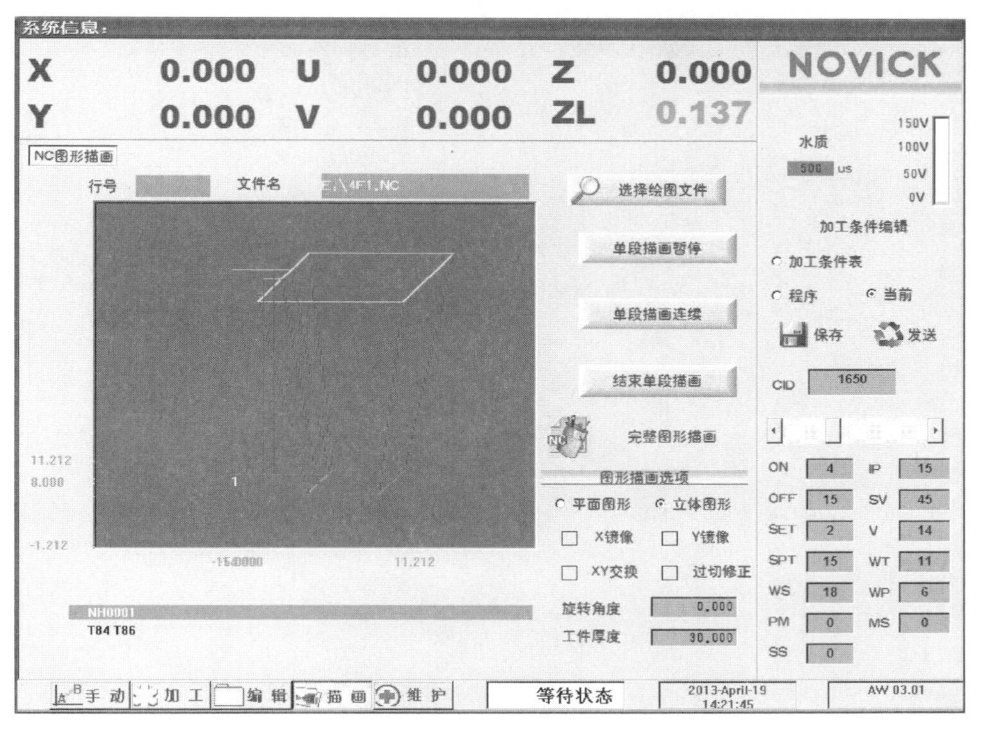

图 3.62 锥度切割三维立体描画界面

四次切割的 NC 程序如下（常用代码将在后面章节介绍）。

```
NH0001
T84 T86
H000=0
H001=211 H002=146
H003=136 H004=134
H099=0
G54 G90 G92X-23000Y+ 8000U+ 0V+ 0
E1650
G01X-8000Y+ 8000
E1651
G41H000
G51A0. 000
G01X+0Y+8000
G41H001
G51A10. 000
G01X+0Y+10000
G01X+10000Y+10000
G01X+10000Y+0
G01X+0Y+0
G01X+0Y+4000
E1650
G40H000G50A0G01X-8000Y+4000
T85
M00
E1652
G42H000
G52A0. 000
G01X+0Y+4000
G42H002
G52A10. 000
G01X+0Y+0
G01X+10000Y+0
G01X+10000Y+10000
G01X+0Y+10000
G01X+0Y+8000
G40H000G50A0G01X-8000Y+8000
E1653
G41H000
G51A0. 000
G01X+0Y+8000
G41H003
G51A10. 000
G01X+0Y+10000
G01X+10000Y+10000
G01X+10000Y+0
G01X+0Y+0
G01X+0Y+4000
G40H000G50A0G01X-8000Y+4000
E1654
G42H000
G52A0. 000
G01X+0Y+4000
G42H004
G52A10. 000
G01X+0Y+0
G01X+10000Y+0
G01X+10000Y+10000
G01X+0Y+10000
G01X+0Y+8000
G40H000G50A0G01X-8000Y+8000
M00
T84
E1650
G42H000
G52A0. 000
G01X+0Y+8000
G42H001
G52A10. 000
E1651
G01X+0Y+4000
G40H000G50A0G01X-8000Y+4000
T85
E1652
G41H000
G51A0. 000
G01X+0Y+4000
G41H002
G51A10. 000
G01X+0Y+8000
G40H000G50A0G01X-8000Y+8000
E1653
G42H000
G52A0. 000
G01X+0Y+8000
G42H003
G52A10. 000
```

```
G01X+0Y+4000
G40H000G50A0G01X-8000Y+4000
E1654
G41H000
G51A0.000
G01X+0Y+4000
G41H004
G51A10.000
G01X+0Y+8000
G40H000G50A0G01X-8000Y+8000
G01X-23000Y+8000
T85 T87 M02
(The Total Cutting length=414.000000mm)
```

(2) NC 程序的编辑。对于正在打开的已经汇编好的 NC 程序可进行删除、复制、剪切、粘贴、置换等修改操作。可用的编辑键有→、←、↑、↓、Delete、Backspace、End、Home、Insert、PageUp、PageDown、Ctrl+C、Ctrl+V 等。

(3) 文件操作。进行各种文件操作，如文件的显示、复制、删除、重新命名、装载、保存、显示内容、异型对接等。其中异型对接功能可以将两个二维的 NC 程序合并成一个上下异型的 NC 程序。此时两个 NC 程序应同时具有如下特征。

① 具有相同的自然段数。

② 相同序号对应的段具有相同意义，如 G01、G02、G03 具有相同意义。

③ 在设图形路径时，建议使用相同的开始点，开始引入的长度应相同。

上下异型是指工件的上下表面不是相同或者相似的图形，上下表面之间平滑地过渡，主要用于拉伸模具的生产。对于上下异型工件，电极丝切割时所走的上下表面的轮廓长度不一样，加工锥度按一定的线性关系变化。因此加工上下异型体锥度曲面时，工件的上下表面轨迹按照图样分别单独进行编程，然后经过四轴轨迹合成计算，把带圆弧或形状复杂的曲面线性化处理到上下导轮的线架平面，从而转换为空间直线段的集合，即大量直线的集合，最终控制 X、Y、U、V 四轴加工出变锥度的曲面。故其核心是加工轨迹的线性化计算。

工件上下表面轨迹依图样分别单独编程，由上下导轮按一定比例进给来实现，其插补速度则由 CNC 系统的行程协调函数来控制。通过行程协调函数的处理，对上下表面的加工步数进行对比分析，反馈到行程协调函数中，控制 X、Y、U、V 四轴的运动，使上下表面轨迹的插补速度协调一致，达到加工的需要。

上下两面各段起、止点都一一对应，如图 3.63 所示，可以认为工件是由很多小直纹曲面组成的，由于对应点位置均是已知的，可以不要标志，直接进行轨迹叠加合成计算。

对于上下图形几何分段数不相等，各段无法找到一一对应标志的情况，需对有些段进行拆分，从而产生新节点，使上下各节点位置一一对应。这种拆分段产生节点由计算机根据确定的对应点计算公式来计算。如图 3.64 所示，A_1、A_2、A_3、A_4、A_5 及 B_1、B_2、B_3、B_4、B_5、B_6、B_7 是原图形的各端点，与之对应的需要找到 A_2'、A_3'、A_4' 及 B_2'、B_3'、B_4'、B_5'、B_6' 点。

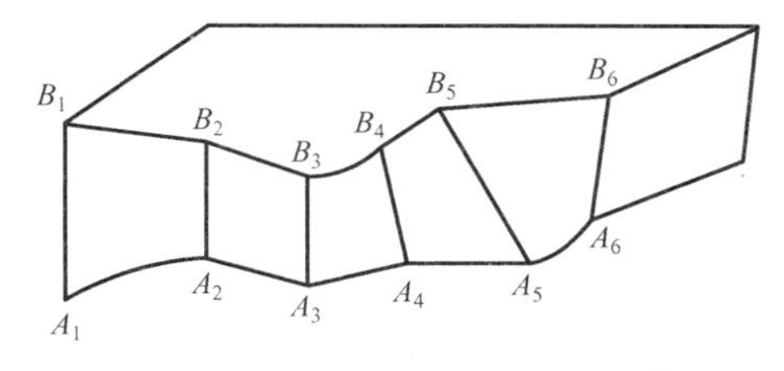

图 3.63 上下面轨迹几何分段相等

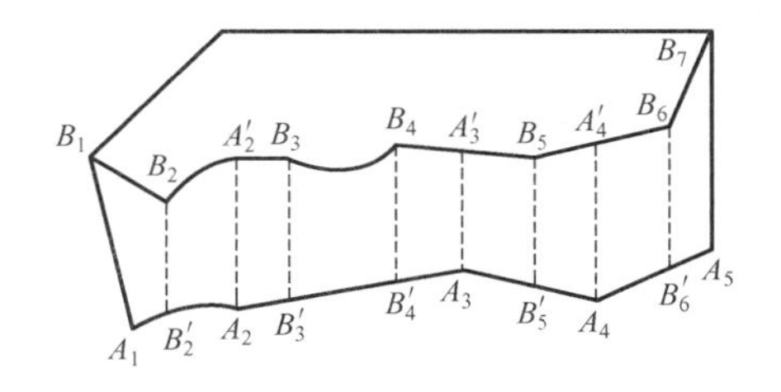

图 3.64 对应段拆分产生新节点

采用这种加工编程原理进行上下异型零件的加工，减少了曲线拟合误差，对零件加工精度的影响不大，应用广泛。上下异型零件加工实例及对应线段的拆分情况如图 3.65 所示。

（4）图形描画。对由 NC 程序所生成的加工程序图形的描画条件进行设定和描画。其主要功能如下。

① 完整图形描画。描画选定的 NC 文件。如无 NC 程序错误，则其图形将显示在屏幕的显示区。图 3.66 所示为某 NC 程序的完整图形二维描画。图 3.67 所示为三维立体方式的完整描画。所画图形受描画参数设置中所设参数的影响。在“描画”页将一个 NC 程序描画成功后，如果想加工该 NC 程序，则直接选择“启动加工”选项，页面转到“加工”页面。在此页面再选择其他选项，确认后，即可开始加工。如果一个程序正在“加工”页面执行，则自动取消此执行。

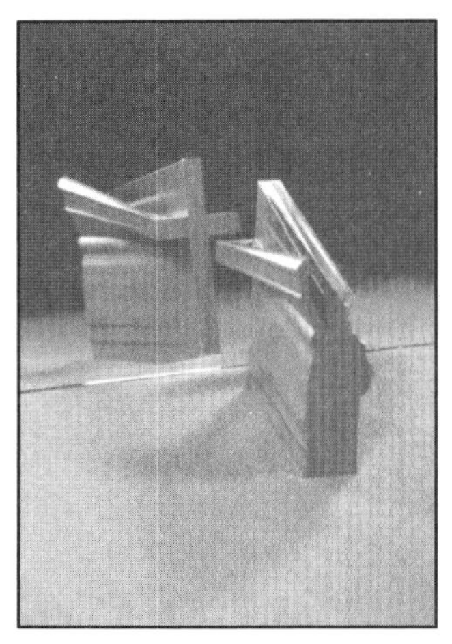

(a) 上下异型零件

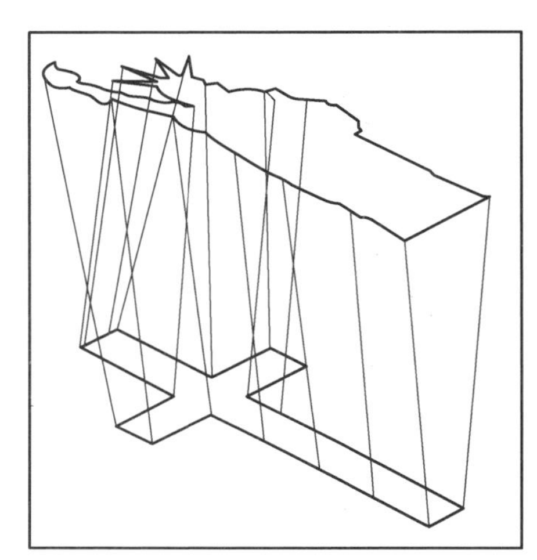

(b) 线段拆分情况

图 3.65 上下异型零件加工实例及对应线段的拆分情况

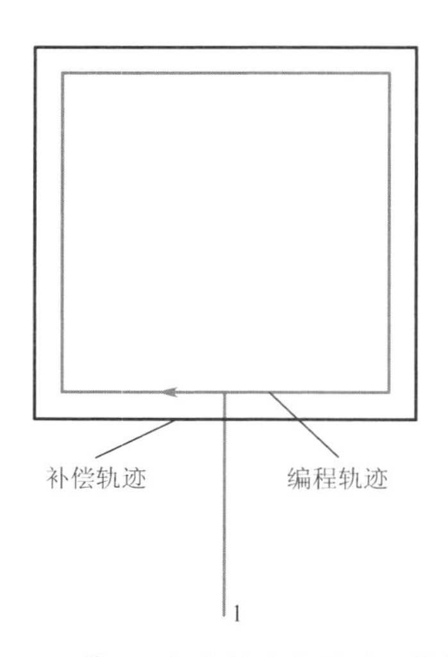

图 3.66 某 NC 程序的完整图形二维描画

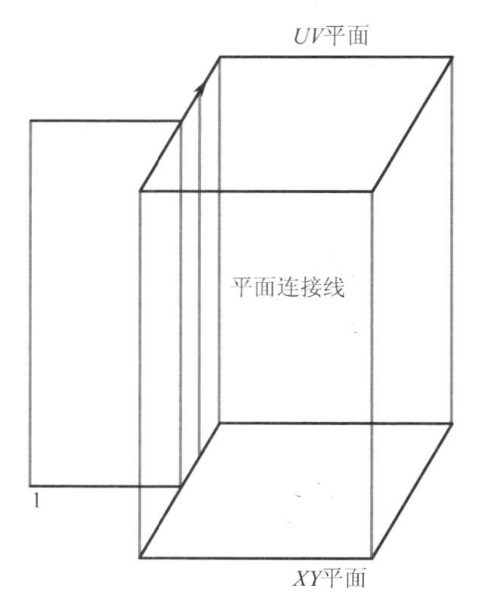

图 3.67 三维立体方式的完整描画

② 图形单段描画与NC程序显示。单击“单段描画”按钮，将进行单段描画，每按一下，描画一段，并且显示图形单段描画时的NC程序。NC程序有背景部分字体显示的是当前正在描画的NC程序，如图3.68所示。

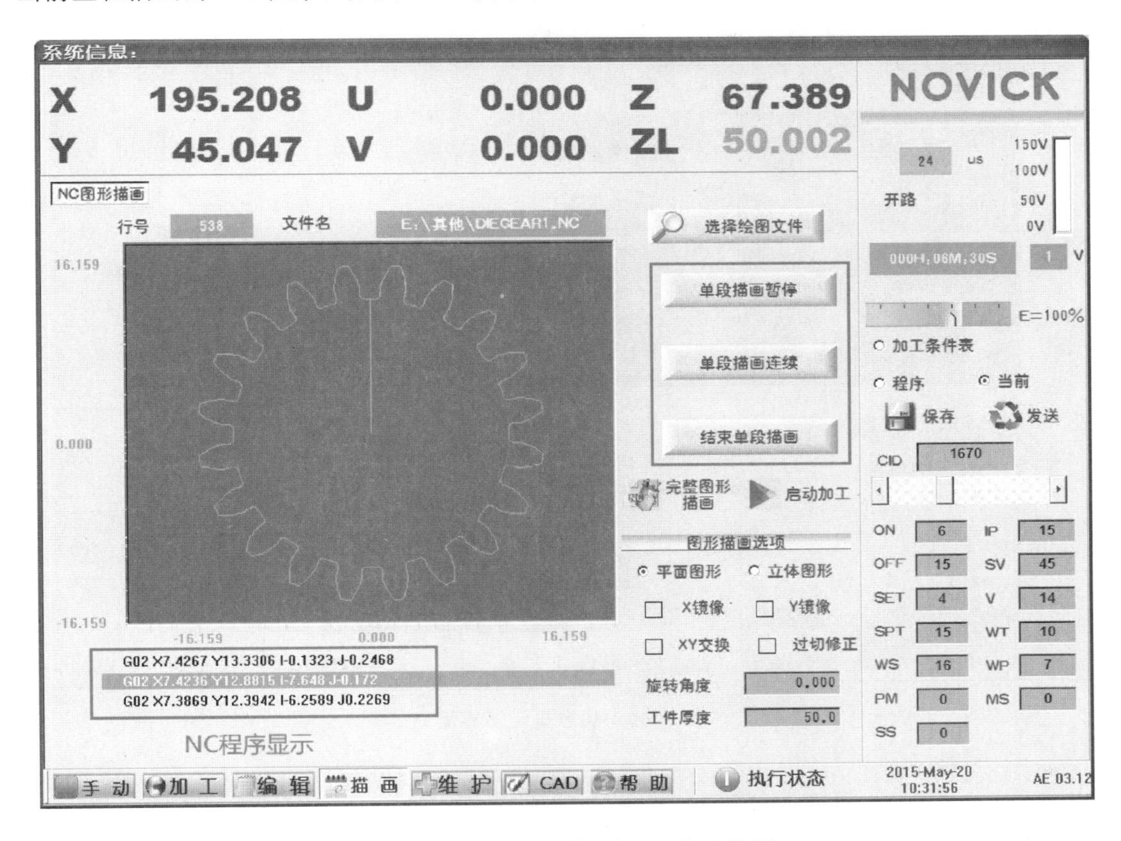

图3.68 图形单段描画与NC程序显示

4. 显示模块

(1) 状态显示。显示执行NC程序的基本内容、加工电压、放电率及加工速度(图形显示及数值显示)、程序加工时间及累计加工时间和程序执行状态等，如图3.69所示。

(2) 坐标显示。显示全坐标值和当前位置坐标值。

(3) 维护信息显示。显示机床的各项消耗品使用的时间和次数等。

5. 设定模块

设定模块是对为保持数控电源与主机相匹配的一些数据进行设置(机床参数设置如图3.70所示)，以及对程序的开始状态的标识进行设置。

6. 管理模块

管理模块是为了维护和保养设备而设置的一些功能。

(1) 系统管理。管理系统进行系统软件版本升级的操作。

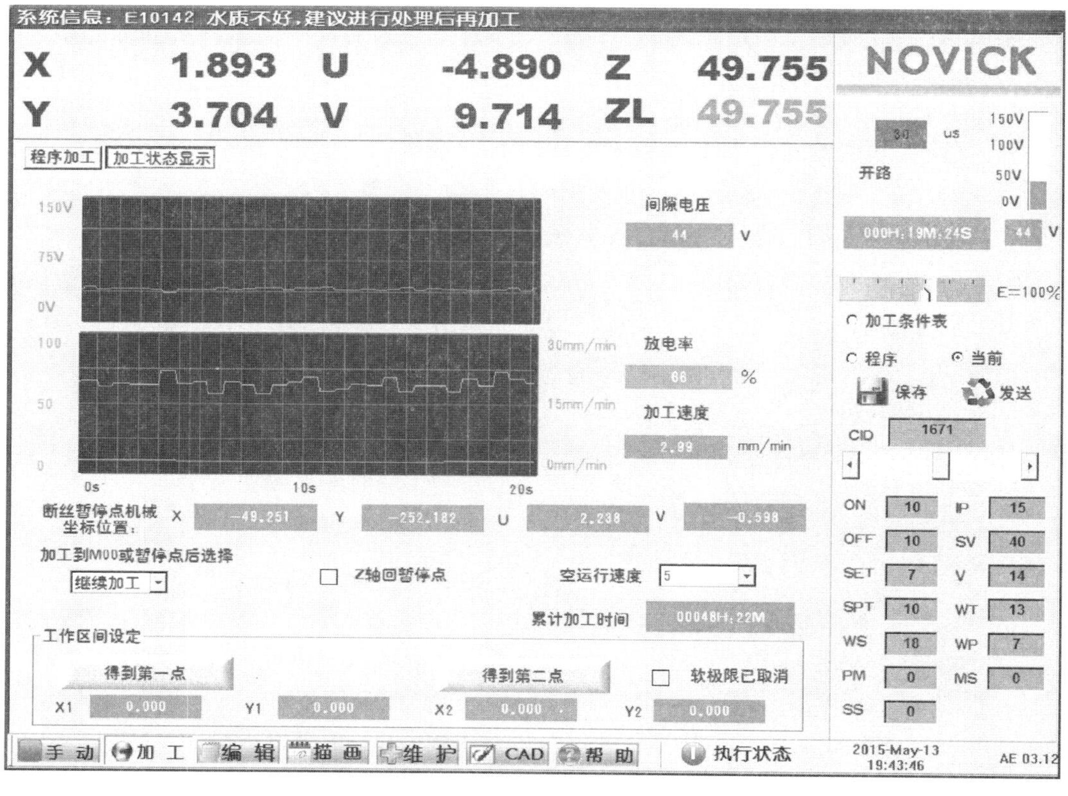

图 3.69 状态显示子界面

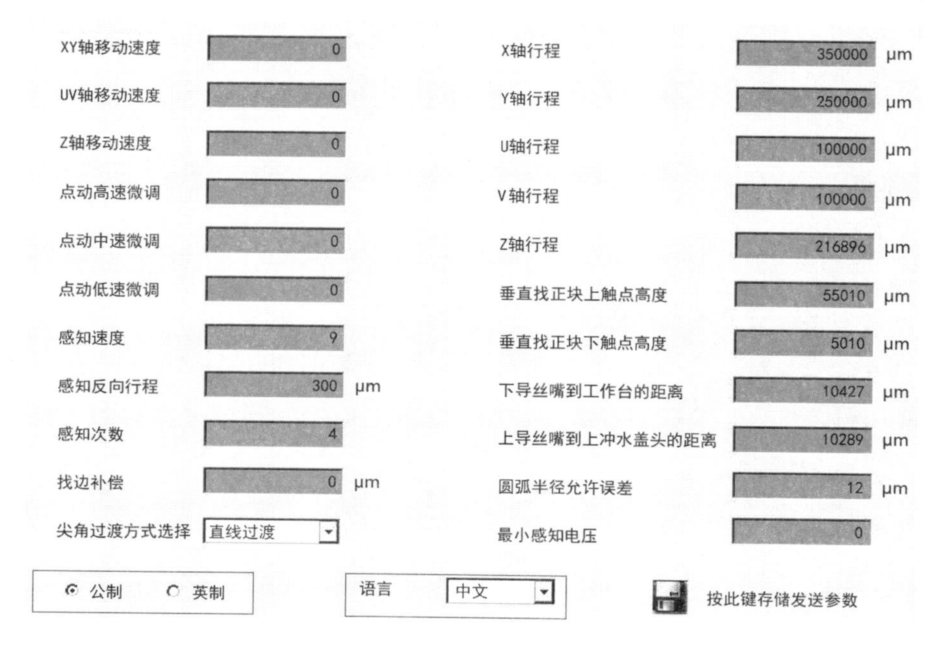

图 3.70 机床参数设置

(2) 检查。实现输入输出信号诊断，加工历史信息记录等功能。

① 输入信号诊断。用来检测机床的一些输入点的状态，如限位、断丝等，界面如图 3.71 所示。

图 3.71 输入信号诊断界面

② 输出信号诊断。用来诊断机床电器开关是否起作用，界面如图 3.72 所示。

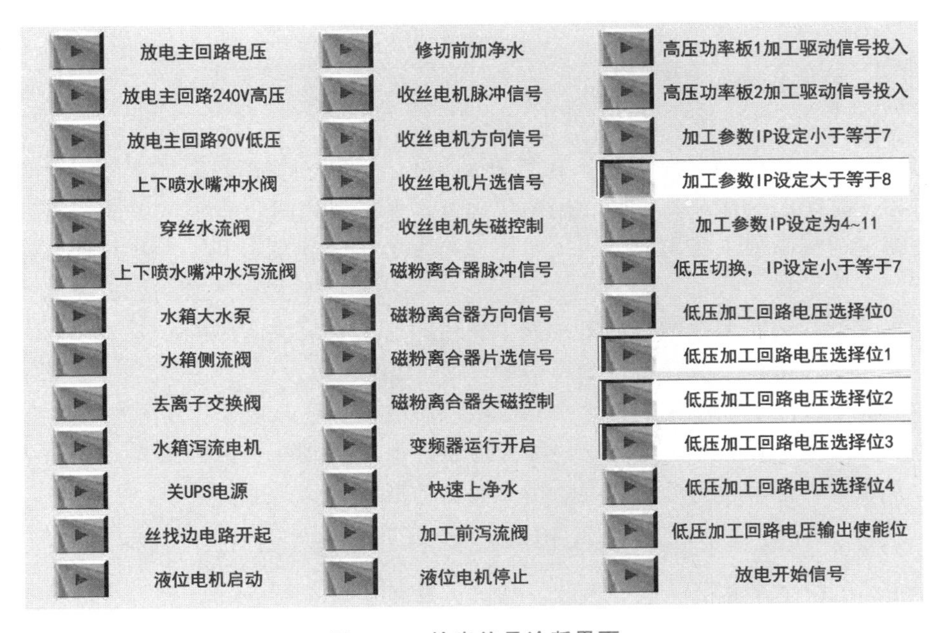

图 3.72 输出信号诊断界面

③ 加工历史信息记录。用于记录机床使用中的相关出错信息及部分提示信息，记录信息的发生时间、内容、类型、错误信息编号，界面如图 3.73 所示。

序号	信息号	类型	日期/时间	信息详细内容
001	10520	警告信息	2014-December...	文件操作错误，或该文件被加密，损坏
002	10550	警告信息	2014-December...	NC程序正在执行，按停止键终止，按暂停键
003	10577	警告信息	2014-December...	正在发送加工数据，请稍候... ...
004	10028	警告信息	2014-December...	Z+到极限
005	10044	警告信息	2014-December...	到Z+软件限位，按执行键 继续加工，按停
006	10142	警告信息	2014-December...	水质不好，建议进行处理后再加工
007	10044	警告信息	2014-December...	到Z+软件限位，按执行键 继续加工，按停
008	10028	警告信息	2014-December...	Z+到极限
009	10142	警告信息	2014-December...	水质不好，建议进行处理后再加工
010	10044	警告信息	2014-December...	到Z+软件限位，按执行键 继续加工，按停
011	10550	警告信息	2014-December...	NC程序正在执行，按停止键终止，按暂停键
012	10577	警告信息	2014-December...	正在发送加工数据，请稍候... ...
013	10028	警告信息	2014-December...	Z+到极限
014	10550	警告信息	2014-December...	NC程序正在执行，按停止键终止，按暂停键
015	10577	警告信息	2014-December...	正在发送加工数据，请稍候... ...
016	10028	警告信息	2014-December...	Z+到极限
017	10030	警告信息	2014-December...	停止键被按下，按执行键继续加工，再次按

图 3.73 加工历史信息记录界面

3.7.2 控制指令代码

低速走丝机的数控语言均采用国际标准的 ISO 代码。它提供了丰富而强大的编辑功能，目前各厂生产的低速走丝机所使用的代码基本相同。用户进行加工以前，必须按照加工工件的图样，编制加工所需的 ISO 文件。每个 ISO 文件由文件头、主程序和子程序块三部分组成。

（1）文件头。文件头应包含加工过程中调用的加工参数和偏移量。

（2）主程序。主程序由若干指令行构成，以 M02 结束。

（3）子程序块。子程序块应包含主程序所调用的子程序，但子程序不允许嵌套调用。

ISO 代码文件由若干指令行组成，每个指令行由一个或几个指令组合而成。指令按照功能可分为准备、移动和辅助等几类。指令的结构形式为

指令＝指令代码＋指令数据

指令代码决定了指令的功能，由字母 A～Z 中的某一个字母来表示。指令数据是跟在指令代码后面的数据，它的含义由指令代码决定。低速走丝机中可用的指令代码和含义见表 3－2。

表3-2 指令代码和含义

指令代码	含义	指令代码	含义
A	锥面加工的角度	N	顺序号
C	加工条件（文件编号）	P	子程序编号
D、H	补正及补正编号	Q	文件调用
F	进给速度	R	指定转角圆弧过渡
G	准备功能	S	缩小或放大倍数
I、J	指定圆弧中心坐标	T	指定有关机械控制功能
L	子程序重复执行次数	TP、TN	锥度数据
M	辅助功能	X、Y、U、V、Z	各轴移动的尺寸、角度等

下面对部分指令代码的使用进行介绍。

（1）A指令，表示锥面加工的角度，可输入±999999.9999范围内的数，数据含小数点时，单位为度，数据为整数时，单位为千分之一度，如A1000表示1°，A1.0也表示1°。

（2）C指令，指定加工条件号，输入三位以内的数据，如C000、C001。加工条件先在自身文件内寻找（执行的文件中或准备执行的文件中），在没有的情况下到系统文件（CONDITION FILE）中查找，否则系统提示错误代码信息。系统文件已经给出了《加工条件手册》中所选用的全部加工条件，注意C777为垂直校正专用加工条件，C888为断丝复归专用加工条件，在NC程序中不能使用。用户可在系统文件中编制自己的加工条件并保存以备今后调用。

（3）D、H指令，补正量（或偏移量）序列号，可输入三位以内的数据（000～999），如D001、D000及H001、H000。实际数值在OFFSET FILE中设定。

（4）F指令，制定加工进给速度（SF），可输入500～360000000内的值，如输入F500000时，即进给速度为5mm/min。

（5）G指令，具有指定直线插补、圆弧插补等准备功能，可输入三位以内的数，如G054、G001。若代码后的数字在两位以下（00～99），也可以略去前面的0，输入两位以下的数，机器也可以解读，如G54、G1。

（6）I、J指令，圆弧中心坐标数据，可输入±99999.9999mm范围内的数据。

（7）L指令，子程序重复的次数。

（8）M指令，用于指定程序执行的控制及机械部分的FF状态，可输入三位以内的数。

（9）N指令，顺序号，通常可以输入四位数，如N0001、N0002。如果输入N1或N2，在调用子程序时会出错。序号指令一般为0000～9999。

（10）P指令，子程序编号的指令，同N一样，通常可输入四位无符号整数。

（11）Q指令，以文件为单位，在加工中调用硬盘内的程序，并执行被调出的程序进行加工，如Q1620表示1620.NC被执行。

（12）T指令，指定机械控制功能，可输入三位以内的数，如T80、T81。

（13）X、Y、U、V、Z指令，用于指定轴移动数据，可输入±999999.999范围内数据。X、Y、U、V、Z 为公制时，数据含小数点时单位为 mm，数据为整数时单位为μm；英制时，数据含小数点时单位为 in，数据为整数时单位为 1in/100000。

常用 G 代码和 M 代码见表 3-3、表 3-4。

表 3-3　常用 G 代码

G 代码	功　　能	属　　性
G00	快速移动，定位指令	模态
G01	直线插补加工指令	模态
G02	顺时针圆弧插补加工指令	模态
G03	逆时针圆弧插补加工指令	模态
G04	暂停指令	非模态
G11	打开跳段	模态
G12	关闭跳段	模态
G30	取消延长	模态
G31	在角的平分线的电极补偿方向延长给定距离	模态
G40	取消补偿	模态
G41	电极左补偿	模态
G42	电极右补偿	模态
G50	取消锥度	模态
G51	左锥度	模态
G52	右锥度	模态
G54	选择工作坐标系 1	模态
G55	选择工作坐标系 2	模态
G56	选择工作坐标系 3	模态
G57	选择工作坐标系 4	模态
G58	选择工作坐标系 5	模态
G59	选择工作坐标系 6	模态
G60	上下异型取消	模态
G61	上下异型加工	模态
G90	绝对坐标指令	模态
G91	增量坐标指令	模态
G92	指定坐标原点	非模态

表 3-4 常用 M 代码

M 代码	功 能
M00	程序暂停
M01	程序选择暂停
M02	加工终止
M27	在交点处进行放电能量与加工伺服速度的降低处理
M28	在交点处进行伺服速度的降低处理
M37	结束 M27 的处理，恢复正常加工
M38	结束 M28 的处理，恢复正常加工
M98	子程序调用
M99	子程序结束

G 代码大体上可分为以下两种类型。

(1) 只对指令所在程序段起作用，称为非模态，如 G04、G92 等。

(2) 直到同一组中其他 G 代码出现前，这个 G 代码一直有效，称为模态。

例如：

G00 X-10. Y20;相当于 G00Y20，G00 为模态代码，一直有效。

G01 X20;G01 有效。

北京 NOVICK 公司产品常用的 G 代码、M 代码和 T 代码见表 3-3、表 3-4 和表 3-5。

表 3-5 T 代码一览表

T 代码	功 能
T84	泵打开
T85	泵关闭
T86	开运丝
T87	关运丝

思考题

1. 低速走丝电火花线切割脉冲电源一般需具备什么要求？脉冲电源参数的一般选择范围是什么？
2. 为什么单个放电能量优化脉冲电源是低速单向走丝电火花线切割脉冲电源的发展趋势？
3. 抗电解电源的基本原理及优点是什么？
4. EL 电源的基本原理及优点是什么？
5. 什么是料芯焊接技术？其有什么好处？
6. 低速单向走丝电火花线切割软件系统一般由哪些主要模块构成？

第4章 低速单向走丝电火花线切割加工指标及工艺规律

影响低速单向走丝电火花线切割加工工艺效果的因素很多，并且是相互制约的。人们通常用切割效率、表面粗糙度或表面完整性和加工精度等来衡量电火花线切割加工的性能。目前低速单向走丝电火花线切割可以达到的最佳指标：切割效率在特定条件下可达 $500mm^2/min$，加工精度可达±0.001mm，经过多次切割后工件表面粗糙度在 Ra 0.05μm 以下，并可使表面变质层控制在 1μm 以内。低速走丝加工的硬质合金模具使用寿命已经可以达到机械磨削的水平。在切割厚度方面，目前也获得比较大的突破，商品化机床最高切割厚度是西班牙 ONA 公司的 AF 系列机床（图 4.1），已经达到 800mm，AF130 机床（图 4.2）可切割的工件尺寸为 2000mm(长)×1000mm(宽)×700mm(高)。

图 4.1　西班牙 ONA 公司高厚度切割机床

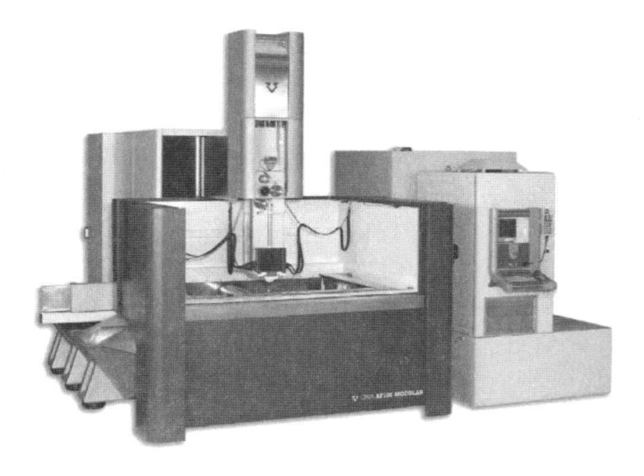

图 4.2　西班牙 ONA 公司 AF130 大型线切割机床

4.1 切割效率

在电火花线切割加工中，工件的切割效率、切割速度和蚀除速度从严格意义讲是不同的概念，尽管它们之间有着密切的联系。低速单向走丝电火花线切割采用多次切割加工工艺，加工次数一般为3～7次，加工修整量由中加工的几十微米逐渐递减到精加工的几微米。低速单向走丝电火花线切割加工的切割效率单位为mm^2/min，也就是单位时间内，电极丝扫过的工件表面面积。最大切割效率指的是沿一个坐标轴方向切割时，在不考虑切割精度和表面质量的前提下，单位时间内机床切割工件可达到的最大切割面积。而切割速度从严格意义上指的是单位时间内，电极丝沿着轨迹方向进给的距离，即线速度。工件高度不同，切割速度也不同；相同工件每次切割的速度也不相同。在切割过程中，机床控制系统可实时显示切割速度，单位为mm/s。但在实际加工过程中，切割速度不能作为直观评价电火花线切割加工快慢的指标，而人们又习惯用“速度”的概念来评价电火花线切割的加工能力，因此针对电火花线切割加工，目前人们已经习惯将切割效率的概念等同于切割速度，并以此来评价电火花线切割加工的快慢，因此本书中也不特意将切割效率与切割速度做有意识的区别，使用的单位是mm^2/min，则视为表示切割效率。低速走丝的切割效率一般包括第一次切割的主切割效率、单次切割效率（除主切割外的修整切割的切割效率）、经过多次切割以后的平均切割效率。

蚀除速度指的是在单位时间内蚀除的工件材料体积，与切割速度及切缝宽度有关。在电火花线切割加工中，调整加工参数，实际上直接影响的是工件的蚀除速度。

在实际加工过程中，最大切割效率因为需要有特定的加工条件，用户并不能真正享用到，因此实际加工中根据加工情况的不同可将切割效率分为正常切割效率、平均切割效率及变截面切割效率等。

1. 正常切割效率

目前，低速单向走丝电火花线切割最大切割效率可达$500mm^2/min$。最大切割效率提高主要依赖于窄脉宽、高峰值电流脉冲电源的开发。瑞士+GF+公司的CC数字脉冲电源提供最佳火花放电的条件，每一次放电都是一次精准能量的纯火花放电，没有无效的火花放电和集中放电，从而大大提高了单位电流的蚀除量，并使高速加工稳定实现，最大切割效率超过$400mm^2/min$，用标准电极丝在切割效率达到$350\sim500mm^2/min$的情况下，表面粗糙度可达到Ra 0.8μm。日本MITSUBISHI公司的MA-V机床，采用ϕ0.36mm的电极丝，切割效率可达到$500mm^2/min$。日本SODICK公司开发的LQ33W新电源，在AQ325L机床上，用ϕ0.30mm的复合电极丝，切割效率可达$400mm^2/min$。

上述最大切割效率是在比较理想的特定条件下获得的。对于一般正常加工条件而言，用户可以长期稳定加工时用到的正常切割效率，通常简称切割效率，为最大切割效率的70%左右，并且切割效率还与切割工件的材料及厚度有关。图4.3所示为中国台湾ACCUTEX公司机床切割效率与切割厚度的对应关系（加工条件ϕ0.25mm黄铜电极丝切割SKD-11材质工件）。

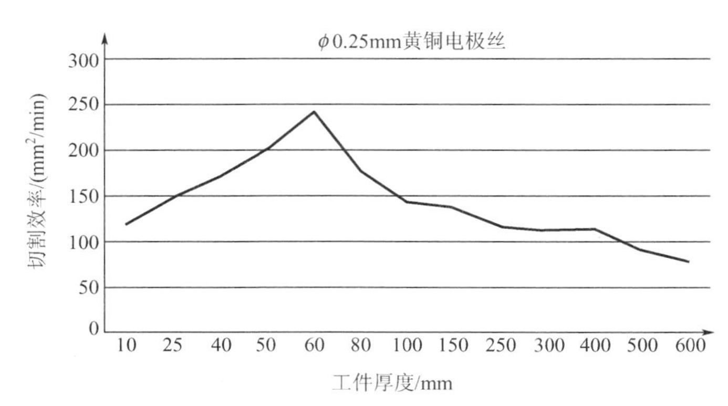

图 4.3 中国台湾 ACCUTEX 公司机床切割效率与切割厚度的对应关系

2. 平均切割效率

最大切割效率在精密冲压模加工中往往难以应用，主要原因是最大切割效率需要使用粗丝（ϕ0.33～ϕ0.36mm），而粗丝难以实现精密加工，精密加工只能用细丝，如采用 ϕ0.10mm 的细丝。一般主切割加工时采用较大直径的电极丝，精修加工采用细电极丝，特别适合于带极小半径圆角的型腔加工和多形状零件的加工。瑞士+GF+公司开发的双丝切割机床，可进行电极丝自动交换，实现用 ϕ0.33mm 的粗丝进行第一次切割，产生高的切割速度以提高切割效率，并可无芯切割；然后切换到 ϕ0.07mm 的细丝，进行精细的微细工件加工，总体可节省 30%～50%的切割时间。这样可大幅度提高平均切割效率，并且可实现精密加工，同时可节省价格昂贵的细丝，降低加工成本。

3. 变截面切割效率

低速单向走丝电火花线切割在实际加工过程中，不可避免会遇到不同的加工截面，因此，随着加工截面的变化，通过自动检测，根据截面的变化自动控制加工能量，使切割效率自始至终保持最佳状态。这是提高变截面切割效率的有效措施。瑞士+GF+公司的 CUT 200 Bp 智能机床装配了能量专家系统。在粗加工阶段，该智能模块可不间断地优化粗加工的速度，读取冲液质量，计算工件高度，并由此确定输送到电极丝的最佳功率。应用这种专家系统一般能使切割效率提高 30%左右。日本 FANUC 公司通过对参与加工的有效放电脉冲进行计数，控制加工过程中的放电量，实现高精度的阶差加工，当加工工件最大厚度为 150mm 的变截面工件［图 4.4(a)］时，放电控制监测如图 4.4(b) 所示。

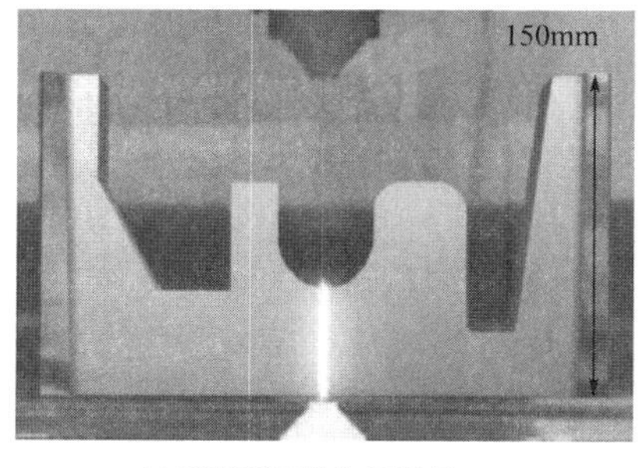

(a) 变截面工件加工现场

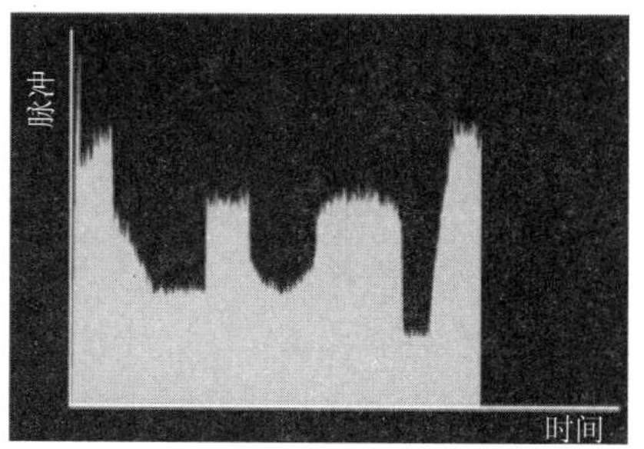

(b) 放电控制监测

图 4.4 日本 FANUC 机床变截面工件加工现场及放电控制监测

切割效率不仅受放电参数的影响，同时受包括电极丝直径、走丝速度在内的其他非电参数因素的影响，如图 4.5 所示。下面分析影响切割效率的主要因素。

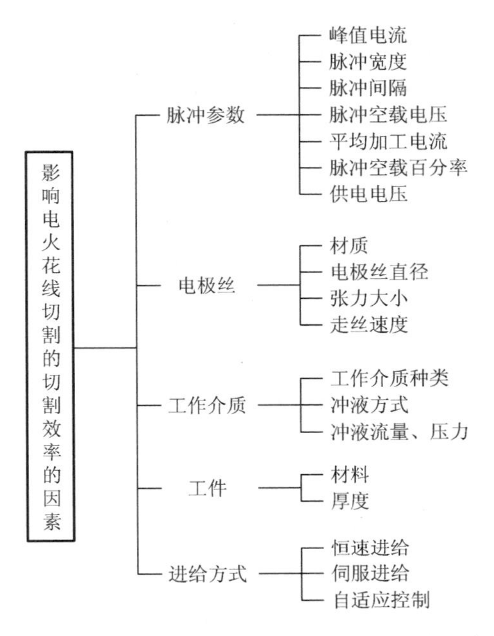

图 4.5 影响电火花线切割的切割效率的因素

4.1.1 电参数的影响

1. 放电峰值电流 I_p 的影响

峰值电流的增加有利于工件的蚀除，从而影响切割效率。在一定范围内，切割效率随着脉冲放电峰值电流的加大而提高；但当脉冲放电峰值电流达到某一临界值后，电流的继续增加会导致极间冷却条件恶化，加工稳定性变差，切割效率呈现饱和甚至下降趋势。脉冲放电峰值电流一般通过投入的功率晶体管进行调节，其宏观的表现是在占空比一定的前提下，投入加工的功率晶体管增加后，平均加工电流也随之增加。

低速单向走丝电火花线切割峰值电流的选择范围较大，短路峰值电流可高达数百安甚至上千安，平均切割电流可达 20～50A。一般主切割时，峰值电流较大；过渡切割时，随着切割次数的增加，峰值电流逐渐减小。峰值电流的选择还与电极丝直径有关，直径越粗，选择的峰值电流越大，反之则小。电极丝直径越粗，承受的峰值电流越大，切割效率越高。但峰值电流过高，容易造成电极丝的熔断。

2. 脉宽 T_{on} 的影响

其他条件不变的情况下，脉宽 T_{on} 对切割效率的影响趋势类似于脉冲放电峰值电流 I_p 的影响，即在一定范围内脉宽 T_{on} 的增加对提高切割效率有利；但是当脉宽 T_{on} 增大到某一临界值以后，切割效率将呈现饱和甚至下降趋势。其原因是脉宽 T_{on} 达到临界值后，加工稳定性变差，影响了切割效率。低速单向走丝电火花线切割脉宽一般为 0.1～30μs。随着脉宽的增加，单个脉冲能量增大，切割效率提高，表面粗糙度变差。主切割时，选择较宽的脉宽，一般为 10～30μs，此时，切割表面粗糙度为 Ra 2～Ra 4μm；过渡切割时，脉宽一般为 5～10μs；最终切割时，脉宽应小于 5μs。另外，脉宽的选择还与切割工件的厚度有关，随着工件厚度的增加应适当增大脉宽。通常，低速单向走丝电火花线切割加工用于精加工时，单个脉冲放电能量应限制在一定范围内，当短路峰值电流选定后，脉宽要根据具体的加工要求选定。

3. 脉间 T_{off} 的影响

其他条件不变的情况下，脉间 T_{off} 越长，给予放电后极间冷却和消电离的时间越充分，加工也就越稳定，但切割效率也会降低；减小脉间，会导致脉冲频率提高，单位时间的放电次数增多，平均电流增大，从而提高了切割效率，由于单脉冲放电能量基本不变，因此该加工方式不至于过多地破坏表面质量。某加工条件下脉间与切割效率的关系如图 4.6 所示。但减小脉间是有条件的，如果一味地减小脉间，影响了放电间隙蚀除产物的排出和放电通道内消电离过程，就会破坏加工的稳定性，从而降低切割效率，甚至导致断丝。脉间的合理选择与脉冲参数、走丝速度、电极丝直径、工件材料及厚度等均有关，因此在选择和确定脉间时必须根据具体加工情况而定。在线切割加工中习惯用脉宽和脉间的比值即占空比来说明脉冲参数的关系。通常切割条件下占空比的选择主要与切割工件的厚度有关。

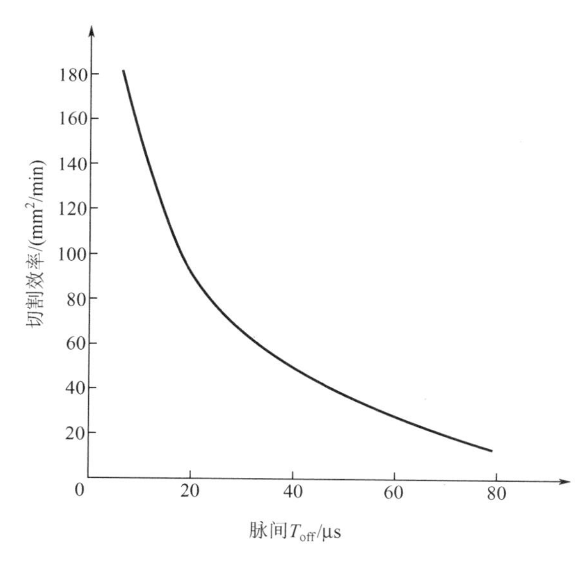

图 4.6　脉间与切割效率的关系

4. 脉冲空载电压 U_p 的影响

提高脉冲空载电压，实际上起到了提高脉冲峰值电流的作用，有利于提高切割效率。

脉冲空载电压对放电间隙的影响大于脉冲峰值电流对放电间隙的影响。提高脉冲空载电压，加大放电间隙，有利于介质的消电离和蚀除产物的排出，提高加工稳定性，进而提高切割效率，因此一般对于厚工件切割需提高脉冲空载电压。

5. 平均加工电流 I_E 的影响

在稳定加工的情况下，平均加工电流越大，切割效率越高。所谓稳定加工，就是正常火花放电占主要比例的加工。如果加工不稳定，短路和空载的脉冲增多，会大大影响切割效率。短路脉冲增加，也可使平均加工电流增大，但这种情况下切割效率反而降低。

采用不同的方法提高平均加工电流，对切割效率的影响是不同的。例如，改变脉冲放电峰值电流、脉冲放电时间、脉间、脉冲空载电压等，都可以改变平均加工电流，但切割效率的改变略有不同。通过改变脉冲电压实现的对平均加工电流的调节，对切割效率的影响较大；而通过改变脉间对平均加工电流的调节，对切割效率的影响略小。

平均加工电流的选择也与电极丝直径有关，直径越粗，选择的平均电流也越大。例如，在主切切割效率为 150mm²/min 时，电极丝直径为 ϕ0.20mm，平均切割电流为 13A；直径为 ϕ0.25mm，平均切割电流为 15.8A；直径为 ϕ0.30mm，平均切割电流为 17.7A。图 4.7 所示为低速走丝电火花线切割平均加工电流与切割效率、电极丝直径的关系。

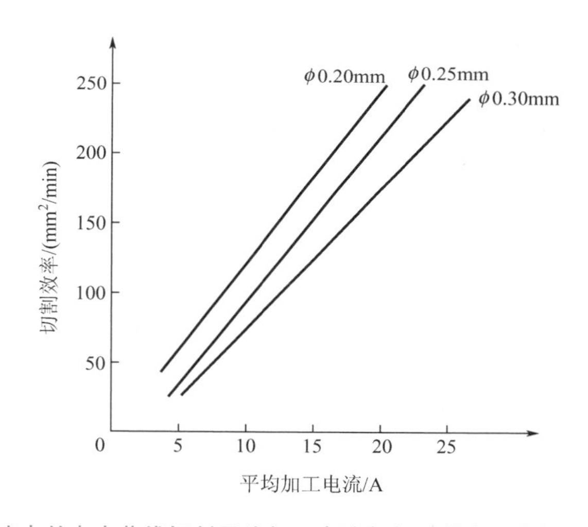

图 4.7 低速走丝电火花线切割平均加工电流与加工效率、电极丝直径的关系

6. 脉冲空载百分率 f_d 的影响

脉冲空载百分率与自适应控制紧密相关，反映的是脉冲能量的利用率，同样影响着切割效率和加工工件质量。在低速单向走丝电火花线切割加工中，主切时脉冲空载百分率一般为 10%～20%。脉冲空载百分率高说明脉冲能量的利用率低，即能量损失大。在主切割时，脉冲空载百分率高，跟踪则慢，主切割的速度降低，但极间不易产生拉弧现象；反之，可提高主切割时的速度，但增加了放电不稳定性，容易造成断丝。

7. 供电电压 U 的影响

改变供电电压 U 的大小，即可改变脉冲电流峰值 I_p 的幅度，从而影响切割效率。因此在加工过程中由于供电电压 U 的波动，将会引起切割效率的变动，并影响切割表面质量，所以加工时要尽可能减少放电电能的波动。

4.1.2 非电参数的影响

1. 电极丝的影响

电极丝的材料不同，切割效率也不同。低速单向走丝电火花线切割加工常用电极丝的种类、性能及用途见表 4－1。低速单向走丝电火花线切割多采用黄铜丝、镀锌黄铜丝及硬质合金包覆丝。

表 4－1 低速单向走丝电火花线切割加工常用电极丝的种类、性能及用途

种类		屈服强度 R_e/(N/mm²)	拉伸强度 R_m/(N/mm²)	断后伸长率 A/(%)	基体材料	镀层	电极丝直径 ϕ/mm	用途
黄铜丝	软铜丝	175	350～450	＞30	CuZn37		0.1～0.35	用于大锥度切割
	半硬黄铜	380	480～520	17～25	CuZn37		0.1～0.35	用于一般锥度切割
	硬黄铜		800～900	0.5～3	CuZn37		0.1～0.35	允许高张力，有利于表面质量和几何精度
镀锌黄铜丝	半硬黄铜	335	450～550	14～20	CuZn37	Zn	0.1～0.35	在柱形或锥度粗加工中能获得较好的表面质量
	硬黄铜		800～900	0.5～3	CuZn37	Zn	0.1～0.35	ϕ0.10mm 的电极丝有较好的张力，适合精加工
硬质合金包覆丝	纯铜		490～570	＜1	Cu	Zn	0.2～0.3	适合于粗加工和高速切削

(1) 电极丝的抗拉强度。在行业中根据电极丝抗拉强度的大小，把电极丝分为硬丝与软丝。硬丝有利于切割过程中提高切割效率及加工精度，软丝则适用于大锥度切割。对于带自动穿丝机构的机床，电极丝的拉伸强度需要达到 780N/mm² 以上，直径应在 ϕ0.20～ϕ0.25mm，以保证成功自动穿丝。

(2) 电极丝直径。低速单向走丝电火花线切割加工所用的电极丝直径通常在 ϕ0.02～ϕ0.35mm，一般规格为 ϕ0.10mm、ϕ0.15mm、ϕ0.20mm、ϕ0.25mm、ϕ0.30mm。

电极丝的直径大小对主切割速度的影响较大。电极丝承载电流的能力与其截面积成正比，增大电极丝的直径，可以提高承载脉冲峰值电流，从而达到提高切割效率的目的。某加工条件下，电极丝直径与切割效率的关系如图 4.8 所示。电极丝直径不同，适合加工的工件厚度也不同。小直径的电极丝适合加工比较薄的工件，大直径的电极丝适合加工比较厚的工件。对于厚度在 50mm 以上的工件，电极丝的直径对加工影响较大。某加工条件下，在加工时选用不同直径的镀锌丝，电极丝直径对切割效率和厚度的影响如图 4.9 所示，所以越厚的工件则要选择越粗的电极丝。低速走丝电火花线切割进行细丝切割时往往采用钨丝，最小的直径目前可以到 ϕ0.02mm。

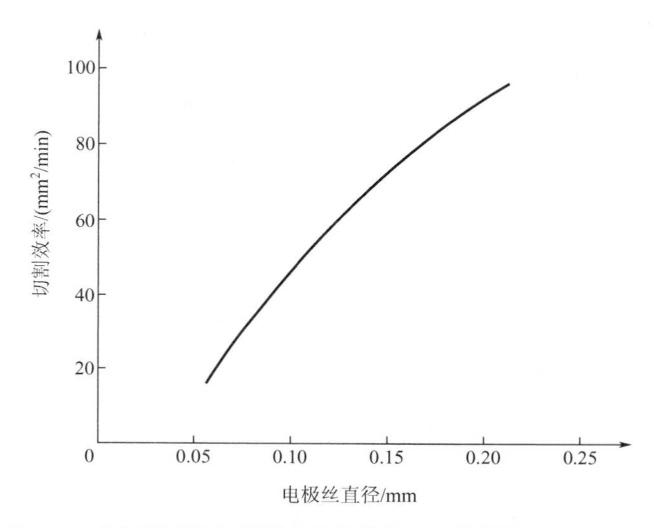

图 4.8 电极丝直径与切割效率的关系（工件厚度 H=30mm）

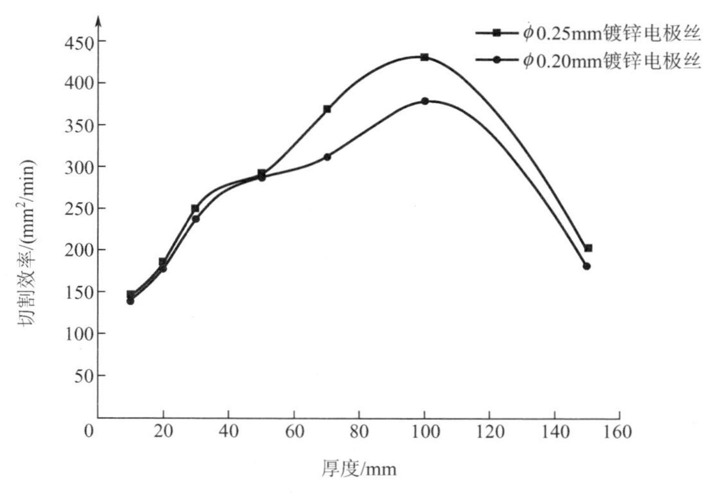

图 4.9 电极丝直径对切割效率和厚度的影响

（3）张力大小。增大张力可减缓水压和放电时爆炸力对电极丝的滞后作用，提高加工精度，因此应尽可能提高张力。但张力受电极丝承受能力的限制，需根据电极丝的直径及放电电流的大小选择合适的张力。图 4.10 所示为电极丝张力对切割效率的影响。

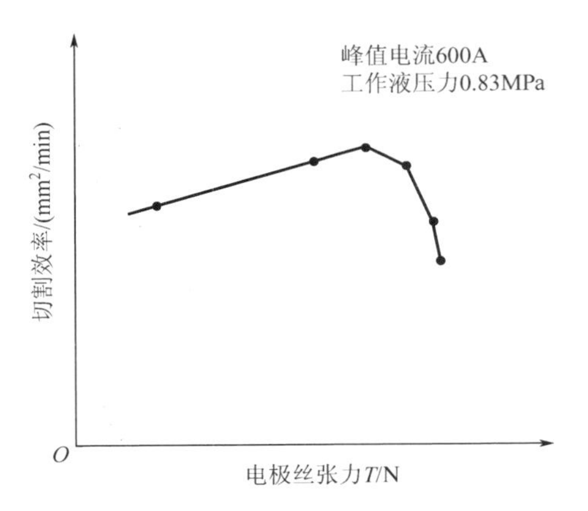

图 4.10 电极丝张力对切割效率的影响

2. 走丝速度的影响

电火花线切割加工的走丝速度主要与下述几个因素密切相关：电极丝上任一点在放电区域停留时间的长短、放电区域电极丝的局部温升、电极丝在走丝过程中将工作液带入放电区域的速度、电极丝在运动过程中能否将放电区域的蚀除产物带出放电间隙的情况等。

走丝速度越高，切缝内放电区域温升就越小，工作液进入加工区域速度越快，电蚀产物的排出速度也越高，这都有助于提高加工稳定性，并减少产生二次放电的概率，有助于提高切割效率。电极丝走丝速度与切割效率的关系如图 4.11 所示。低速单向走丝电火花线切割加工常用的走丝速度一般为 2～15m/min，在加工过程中为了节约加工成本，往往需尽可能地降低走丝速度，在实际加工中，可以把走丝速度降低到 1.2～3m/min。但走丝速度降低导致电极丝损耗较大，以至于切割出的工件带有锥度（较厚的工件两头尺寸相差 0.01mm）。此时可以利用低速走丝机的锥度功能，采用反向锥度补偿的方法，消除因电极丝损耗造成的尺寸误差。但走丝速度太低，在整个放电通路上电极丝的损耗速度大于新丝的补入速度，会造成上端加工缝隙大、下端加工缝隙小，形成差异。加工电流越大，这种差异就越大，加工精度也越差，而且电极丝在放电通路上滞留的时间越长，电极丝的损耗越大，单位长度上承受的热量也越大，越易造成断丝，因此需根据加工电流的大小，选择合适的走丝速度。在主切割时，由于加工能量大，因此电极丝的损耗十分明显，当工件厚度较大，走丝速度较低时，电极丝的直径沿工件厚度方向会逐渐减小，电极丝损耗后直接影响加工工件的直线性，使得加工的工件带有锥度，影响工件的加工精度。所以在加工较厚的工件时，应采用相对较高的走丝速度，以提高工件的直线度。

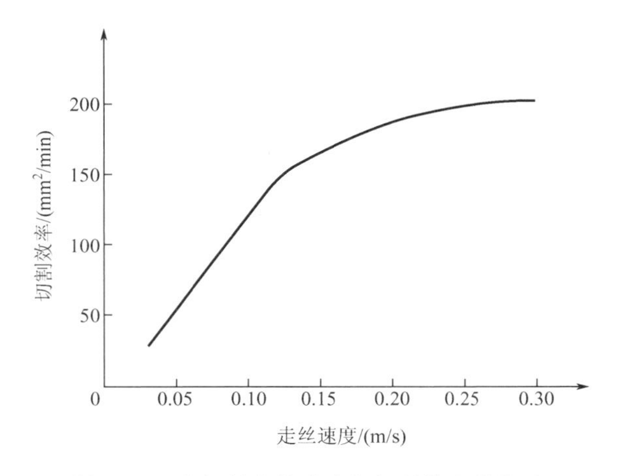

图 4.11 电极丝走丝速度与切割效率的关系

低速走丝切割效率总体符合走丝速度越高，切割效率越高的原则。但是走丝速度提高，加工成本会显著增加。

3. 工件厚度的影响

工件厚度对工作液进入和流出加工区域及蚀除产物的排出、放电通道的消电离都有较大影响；同时放电爆炸力对电极丝抖动的抑制作用也与工件厚度密切相关。因此，工件厚度对加工稳定性和切割效率必然产生相应的影响。

一般情况下，工件薄，虽然有利于工作液的流动和蚀除产物的排出，但是放电爆炸力对电极丝的作用距离短，切缝难以起到抑制电极丝抖动的作用，这样，很难获得较高的脉冲利用率和理想的切割效率，并且此时由于脉冲放电的蚀除速度可能大于电极丝的进给速度，极间不可避免地会出现大量空载脉冲而影响切割效率；反之，过厚的工件，虽然在放电时切缝可使电极丝抖动减弱，但是工作液流动条件和排屑条件恶化，也难以获得理想的切割效率，并且容易断丝。因此，只有在工件厚度适中时，才易获得理想的切割效率。

4. 工件材料的影响

对于电火花线切割加工，材料的可加工性主要取决于材料的导电性及热学特性，因此对于具有不同热学特性的工件材料而言，其切割效率也明显不同。一般来说，熔点较高、导电性较差的材料如硬质合金、石墨等材料，以及热导率较高的材料如纯铜等比较难加工；而铝合金由于熔点较低，切割效率比较高，但铝合金电火花线切割时会形成不导电的 Al_2O_3，混于工作液中，从而影响极间导电性能，导致加工异常。高去除率材料（铝）会相应地降低去离子水的电阻率，并导致形成较厚的沉淀物（泥浆），加工过程中会产生氢氧化铝，很难渗漏出去，并在泥浆中触发副反应，影响加工的稳定性。

5. 工作介质电阻率、种类及冲液方式的影响

低速单向走丝电火花线切割一般采用去离子水作为工作介质，并用高压泵喷入放电间隙，从而起到冷却、排屑和消电离作用。去离子水的电阻率对加工精度、表面粗糙度及切割效率起着非常重要的作用。随着加工过程的延续，放电会产生导电离子并进入工作介质中，从而导致水的电阻率下降，水质变差，通常水的电阻率设定在 50kΩ·cm。

当工作介质电阻率低于 20kΩ·cm 时，称为低水质，表示水中含有过多导电离子。这种情况下将产生以下不良影响：工件表面容易产生腐蚀，成小麻点及生锈变质；电蚀产物常会导致集中放电，形成显微裂纹；电极与工件易导电，平均电流增大，故粗加工速度较高，但工件尺寸精度差异大，工件表面粗糙；在精修时，因漏电过大，间隙电压低，使修刀速度降低，尺寸不易控制，加工面粗糙；由于上下机头电极与工件上下端面较近，中间部位较远，电流较小，导致上下端与中间尺寸不一致，产生中凹现象；工件上下端易产生铜电极黏附。因此工作介质电阻率过低时，尺寸精度变差，直线度变差，粗糙度增加，不适合精密加工。

当工作介质电阻率在 40～80kΩ·cm 时，称为正常水质。此时工件表面不易产生腐蚀；电极与工件接触面较小，平均电流变小，放电产生的放电间隙稳定，可以获得良好的切割表面；精修时，因漏电小，放电间隙稳定，尺寸控制较佳，加工面质量较好；精修速

度及加工尺寸与内建数据库结果接近。

当工作介质电阻率高于 100kΩ·cm 时，会使放电间距过窄，排屑变差，粗切速度降低，易发生断丝。

因此为得到较好的加工精度与表面质量，工作介质电阻率一般设定在 50～70kΩ·cm，对于钨钢等因粉末冶金材质特性，加工易产生腐蚀的情况，工作介质电阻率需提高到 100kΩ·cm。

在相同的工艺条件下，低速单向走丝电火花线切割如采用不同的工作介质进行加工，可以获得差异很大的切割效率及工艺效果。低速单向走丝电火花线切割一般采用去离子水作为工作介质，在精密加工时可以采用煤油类油性工作介质。用去离子水加工时，切割效率较高，但表面质量比油性介质要低，表面粗糙度一般为 *Ra* 0.10～*Ra* 0.35μm，切割效率为油性介质的 2～5 倍。去离子水的电阻率越低，切割效率越快，但表面质量越差。去离子水和油性工作介质加工表面粗糙度对比如图 4.12 所示。低速走丝机所用工作介质电阻率要控制在一定范围内。油性介质（一般为煤油）的绝缘性能较高，同样电压条件下较难击穿放电，放电间隙偏小，用油作为工作介质加工工件可带来很好的表面质量，不仅表面粗糙度值低（≤*Ra* 0.05μm），而且由于工作介质电阻率极低，无电解腐蚀，被切割表面几乎没有变质层，但切割效率较低。

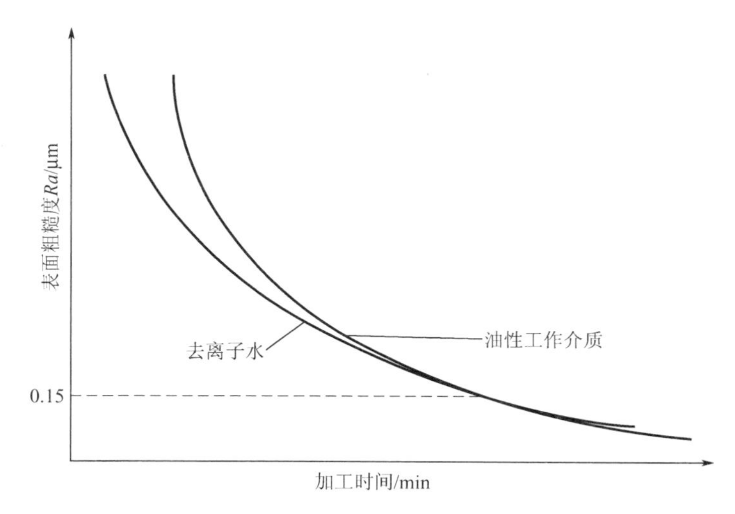

图 4.12　去离子水和油性工作介质加工表面粗糙度对比

图 4.13 所示为不同工作介质条件下低速单向走丝电火花线切割加工得到的工件表面形貌。从图中可以看出，在煤油工作介质中加工的表面质量明显优于在去离子水工作介质中加工的工件。

低速单向走丝电火花线切割加工中冲液方式与压力对切割效率的影响很大。冲液起到降低极间温度、迅速排除电蚀产物的作用，冲液的压力及流量直接影响线切割的工艺指标及加工质量。工件越厚所需的冲液压力越大，以带走更多的热量及蚀除产物，避免二次放电的发生，并使电极丝可以承受较高的加工电流，不易断丝，提高切割效率。但冲液压力过高，会造成电极丝的抖动，反而会降低切割效率，同时造成加工精度及表面质量的降低。低速走丝要求喷嘴距离工件表面越近越好，一般控制在 0.1mm 以内。在主切割时，为了提高切割效率，一般采用较大的冲液压力和流量，冲液压力一般为0.4～1.2MPa，冲液流量为5～6L/min；在修整切割时，为了追求工件的质量而采用较低的冲液压力和流量，冲液压力一般为0.02～0.08MPa，冲液流量为1～2L/min。表4-2为常用冲液方式的特点及应用。

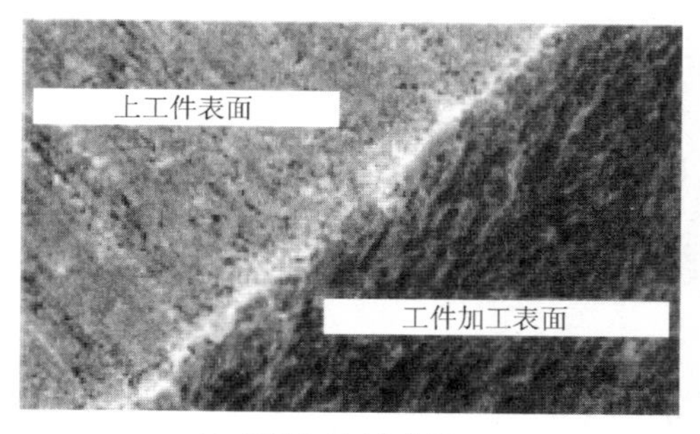

(a) 去离子水工作介质

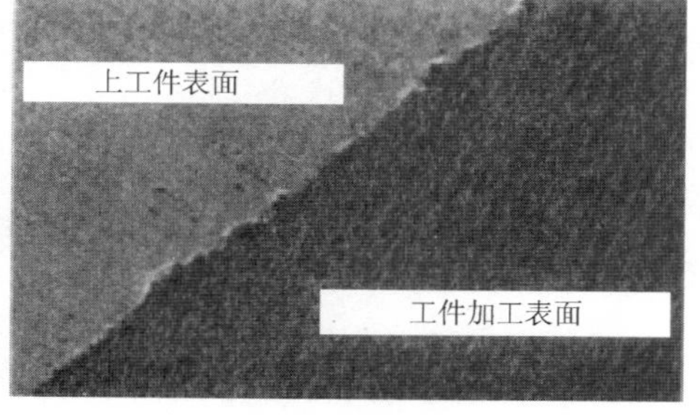

(b) 煤油工作介质

图4.13　不同工作介质条件下低速单向走丝电火花线切割加工得到的工件表面形貌

表4-2　常用冲液方式的特点及应用

名　称	示意图	特　点	应　用
对冲方式	↓ ↑	切割效率高，易在中间部分造成二次放电	用于切割高精度、较厚的工件
同向冲液	↓ ↓	切割效率高，工件易形成锥度	用于切割精度要求不高、较厚的工件
单冲方式	○ ↑	切割效率相对较低	用于切割较小型腔，不易取料时，将高度升至工件上表面

6. 进给控制的影响

理想的电火花线切割加工，加工进给速度应严格跟踪蚀除速度。加工进给速度过高，容易造成频繁短路；加工进给速度过低，则容易造成频繁开路。这些现象都会大大影响脉冲利用率，并且易产生断丝。好的控制系统，不仅应具有合适的灵敏度，而且要及时准确地检测极间加工状态，并根据工艺条件及极间加工状态的变化，智能性地进行跟踪控制。

电火花线切割加工的进给系统，目前有伺服进给控制、自适应控制和智能控制等多种方式。伺服控制器主要根据加工间隙的状态变化，不断自动调整进给速度，使加工稳定在设定的目标附近，以获得较高的切割效率。低速单向走丝电火花线切割的进给速度是指当伺服限速速度 S_f 设定好后，切割过程中，电极间的平均间隙电压高于 S_f 设定电压，电极丝会以 S_f 设定的速度进给，而间隙平均电压低于 S_f 设定电压时，电极丝以 S_f 设定的速度回退。

自适应控制进给方式不仅能根据加工间隙状态的变化来控制进给速度，而且可以根据不同的工艺条件，如工件材料变化、厚度变化或加工要求变化（粗加工还是精加工）等，来调整原先设定的控制目标。这种控制方式能获得更好的工艺效果，但系统较复杂。

电火花线切割早期采用自适应控制进给方式的主要目的是保证加工过程的正常稳定，

提高切割效率。但由于放电过程的复杂性和随机性，使一般的自适应控制难以达到预期的控制效果，因此出现了以神经网络、专家系统、模糊逻辑控制等为核心的人工智能技术。基于人工智能技术的机床能感知外部环境变化，并进而分析、推理求解问题，生成相应的控制策略来控制加工过程，使机床始终在最佳状态下工作。例如，基于模糊逻辑的智能控制技术，能有效地根据熟练操作者的经验和知识，包括多年积累的专家知识，建立控制模型，使机床控制系统能像熟练操作者一样操作机床（此智能控制技术在4.3节加工精度的拐角切割中将详细说明）。

4.2 表面质量

低速单向走丝电火花线切割加工的表面质量是其能否直接进入精密加工领域的关键。加工的表面质量问题主要包括表面条（线）纹、表面粗糙度、表面变质层三个方面。其中表面变质层在低速单向走丝加工中还包括两个方面：一是加工表层的化学、物理及力学性能，主要包括表层金相组织、表层的显微硬度、残余应力及宏观和微观裂纹等，即所谓表面“变质层”；二是由于低速单向走丝电火花线切割采用去离子水作为工作介质，工作介质中少量的OH^-在脉冲电源的作用下于工件表面产生电化学反应，在工件表面形成“软化层”，也称表面“变质层”。这两个方面的“变质层”将直接影响模具的寿命和性能（耐磨性、耐腐蚀性、疲劳强度）等。

4.2.1 表面条（线）纹

一般情况下，按照低速走丝机指定的工艺进行切割，如果表面出现条纹较多，首先要看电极丝质量是否有问题，使用劣质电极丝很容易出现加工条纹问题，应尽量选择正品耗材；同样，使用含有杂质、低品质的工件材料，也会导致加工表面出现密集条纹的情况。

此外，如果线纹较多还应注意以下问题。

（1）工件内部组织局部内应力释放会导致工件个别位置有线纹发生。

（2）工作液温度过高或温度变化过大，必须用制冷机控制液温，并且保证合适的环境温度。

（3）机床外部环境恶劣，振动较大，应改善外部环境。

（4）若导电块磨损严重，可旋转或更换；若上下导电块冷却水不足，需清洗相关部件。

（5）电极丝张力不稳，必要时校准丝速及张力。

（6）导丝器或工作液太脏，需要清洗导丝器或更换工作液。

（7）观察放电状态是否稳定，修切时是否发生短路回退现象。

（8）如果修切时放电电流及电压正常，但是速度很低，可以减小相对偏移量。

（9）冲液状态不好，达不到标准冲液压力及喷流形状，应检查上下喷嘴是否损坏。

对于锥度零件的加工，如切割表面产生条纹，应使用柔性更好的软黄铜丝以改善切割效果。加工凹模时，经常会发生进刀处出现凹痕的现象，可以在编程时采用弧进弧出的方式来改善。

此外当外部供电电压发生变化时，如果没有良好的稳压措施，也会在加工表面产生条纹。

如图 4.14 所示，脉冲峰值电流会受到供电电压的影响，当电源脉宽不变时，脉冲峰值电流的改变会影响切割效率及加工表面粗糙度。因此在加工过程中供电电压的波动将引起加工速度的变动和放电间隙的不均，进而影响工件的尺寸，造成工件表面产生痕迹，如图 4.15 所示，所以加工时要尽可能减少放电电能的波动。

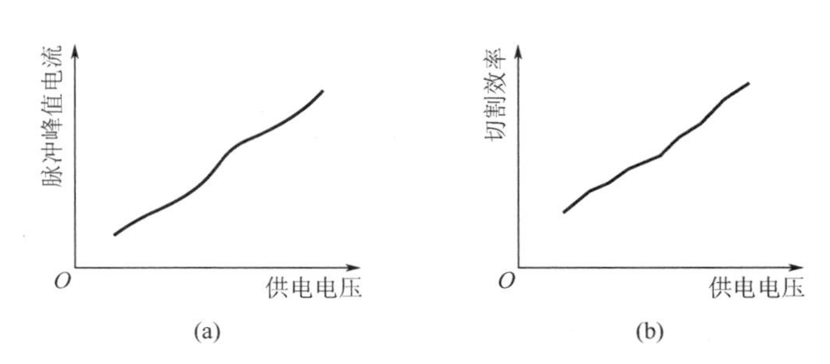

图 4.14 供电电压对加工参数的影响

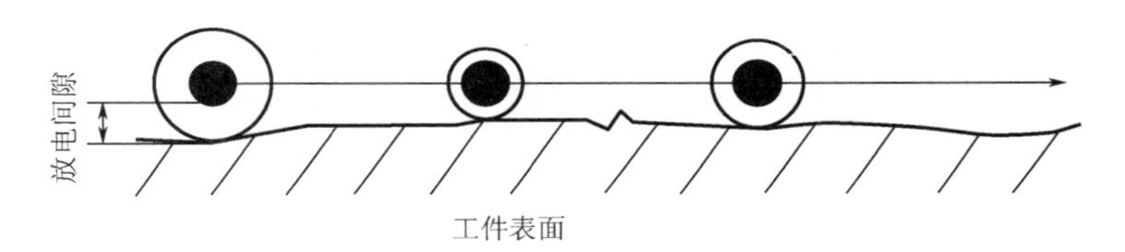

图 4.15 供电电压变动引起间隙变动示意图

4.2.2 表面粗糙度

表面粗糙度是低速单向走丝电火花线切割加工追求的一项重要工艺指标。这项指标直接反映了加工模具和零件表面的光滑程度，直接影响模具和零件的使用性能，如耐磨性、配合性、接触刚度、疲劳强度、耐腐蚀性等。尤其是对于高速、高洁、高压条件下工作的模具和零件，表面粗糙度往往是决定其使用性能和寿命的关键。目前，低速单向走丝电火花线切割加工能达到的最低表面粗糙度为 Ra 0.05～Ra 0.1μm（镜面）。

电火花线切割加工表面是由无数放电小凹坑组成的，影响加工表面粗糙度的因素虽然很多，但主要受到脉冲参数的影响。此外，工件材料、工作液种类及电极丝张紧力等对表面粗糙度均有一定影响。同电火花成形加工表面粗糙度一样，我国和欧洲常用轮廓算术平均偏差 Ra 来表示。一般表面粗糙度 $Ra \geqslant 0.35\mu m$ 时可使用普通黄铜丝进行加工；当表面粗糙度 $Ra < 0.35\mu m$ 时，为了获得好的加工表面，应该选用镀锌丝进行加工。

1. 脉冲参数的影响

电火花线切割加工与电火花成形加工的本质是一样的，因此，电火花线切割加工脉冲参数对表面粗糙度的影响基本上与电火花成形加工相同。无论是增大脉冲峰值电流还是增加脉宽，都会因其增大了脉冲能量而使加工表面粗糙度值增大。空载电压升高，由于电源内阻不变，脉冲峰值电流会随之增大，因而加工表面粗糙度值也明显增大。电火花成形加工时，一般都认为脉间的变化对加工表面粗糙度没有什么影响，但在电火花线切割加工时，脉间的影响则是不可忽略的。在其他脉冲参数不变的条件下，脉间减小，切割表面粗糙度值会增大。但由于脉间的调整理论上不会影响单个脉冲的放电能量，只是影响极间的冷却和消电离状况，因此对于表面粗糙度值的影响比其他电参数小。电火花线切割加工在平均切割电流一定的条件下，通过压缩脉间提高切割效率与通过增大脉冲峰值电流来提高切割效率所获得的表面粗糙度是有很大的差异的。

2. 工件厚度的影响

在脉冲参数和其他工艺条件不变的情况下，工件越厚，加工表面粗糙度值越小。其原因在于当工件厚度偏大时，工作液较难进入并充满加工间隙，不利于消电离和蚀除产物的排出，虽然加工稳定性差，但是电极丝不易抖动。因此，工件加工精度较高，表面粗糙度值较小。

3. 修刀偏移量的影响

由于放电加工的特点，工件与电极丝之间存在放电间隙，因此电火花线切割加工时，工件的理论轮廓与电极丝的实际轨迹之间存在一定距离，即加工的偏移量 d。

$$d=R_{丝}+放电间隙+修切余量$$

由于低速单向走丝电火花线切割为多次切割，每一次切割的偏移量是不同的，并依次减少。每一次切割偏移量的差值即为偏移量间隔 Δd。偏移量间隔的大小直接影响线切割加工的精度和表面质量。为了达到高加工精度和良好的表面质量，修切加工时的电参数将依次减弱，非电参数也应做相应调整，其放电间隙也不同。若偏移量间隔太大，则修切余量变大，而修切加工参数弱，导致放电不稳定，切割效率降低；若偏移量间隔太小，则后面的精修切割不起作用。在电火花线切割加工中应根据不同机床和不同的电规准来选择不同偏移量间隔。

对于低速单向走丝电火花线切割加工，镜面切割一直是人们追求的目标。镜面一般是指加工表面粗糙度 $Ra<0.2\mu m$，此时的加工表面具有镜面反光效果。研究表明，具有镜面切割效果的加工表面，其表面变质层厚度均匀，极少有微裂纹，并且有较高的耐磨性和耐腐蚀性，不需抛光即可用作零件的最终表面。有研究认为镜面的出现不仅仅取决于表面粗糙度，还取决于放电凹坑的空间形状，因此脉冲电源是实现镜面切割的关键。目前通常采用高峰值电流（大于1000A）、窄脉宽（小于0.5μs）进行切割，此时材料大多为汽相抛出，带走大量的热，不使工件表面温度过高，开裂及显微裂纹将大大减少。

表4-3为瑞士+GF+公司各系列机床的加工水平。从表中可以看出，目前低速走丝机以完善的表面质量（无变质层）和高水平的加工精度，完全可对各类精密冲压模进行最终精密加工。由于不需手工抛光等后道工序，工件表面不会有任何抛光损伤。

表 4-3 瑞士+GF+公司各系列机床的加工水平

机床型号	VERTEX	EXCELLENCE 2/2F/3/3F eCut	CHALLENGE 2/2F/3/3F eCut	PROGRESS 2/3	CLASSIC GOLDEY EDTTION2/3	CLASSIC 2/3/2S/3S
轮廓精度 TKM/μm	1.0	1.5	3.0	4.0	5.0	5.0
表面粗糙度 *Ra*/μm	0.05	0.1	0.1	0.2	0.2	0.2

日本FANUC公司的精加工脉冲电源SF2，使用ϕ0.20mm（BS）电极丝切割SKD-11材质工件，工件厚度20mm，八次切割表面粗糙度能达到*Ra* 0.15μm，加工零件如图4.16所示。

图 4.16 日本FANUC公司镜面加工零件

图4.17所示为瑞士+GF+公司CA系列机床多次切割能获得的表面粗糙度。图4.18所示为中国台湾ACCUTEX公司AL系列机床多次切割能获得的表面粗糙度，九次切割后表面粗糙度可以达到*Ra* 0.08μm。

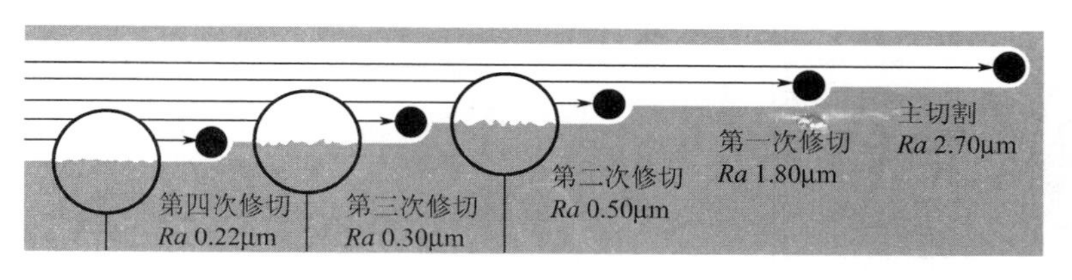

【多次切割修刀表面】

图 4.17 瑞士+GF+公司CA系列机床多次切割能获得的表面粗糙度

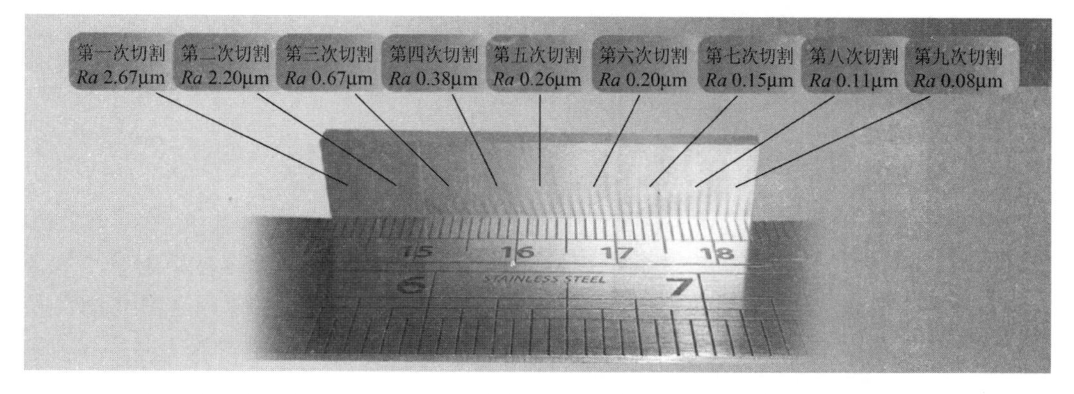

图 4.18 中国台湾ACCUTEX公司AL系列机床多次切割能获得的表面粗糙度

4.2.3 表面变质层

低速单向走丝电火花线切割放电加工过程中，在瞬时放电高温和工作液的快速冷却作用下，工件表面会产生组织变化、应力及显微裂纹，在表面与基体之间形成变质层。变质层的厚度、组织成分的变化随切割工艺参数、工件材质的变化而不同。变质层将导致模具切割表面硬度下降，并产生显微裂纹等弊病，易使模具发生早期磨损，严重影响模具的制造质量和使用寿命。

1. 变质层的形成

电火花线切割是利用瞬间放电能量的热效应使工件材料熔化、蒸发达到尺寸要求的加工方法。由于线切割的工作介质多采用具有介电作用的去离子水，因此在加工过程中还伴有一定的电化学作用。切割时的热效应和电化学作用，通常使加工表面产生一定厚度的变质层，导致切割表层硬度降低，出现显微裂纹等，致使线切割加工的模具易发生早期磨损，直接影响模具冲裁间隙的保持并使模具刃口容易出现崩刃，大大缩短了模具的使用寿命。

对于钢质工件而言，其表面变质层包括：工件表面由于蚀除产物和电极丝反镀及飞溅形成的松散沉积层；表面熔化凝固层即再铸层（由于这层在金相照片上呈现白色，因此又称白层，它与基体金属完全不同，是一种树枝状的淬火铸造组织，主要由马氏体、大量晶粒极细的残余奥氏体和某些碳化物组成）；热影响区，由于回火的作用，热影响区一般会形成软化层。图 4.19 所示为不同材料工件电火花线切割后的表面变质层的形貌。

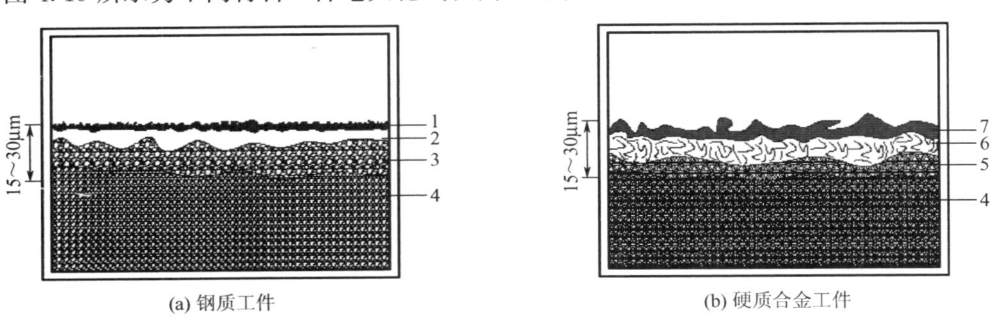

(a) 钢质工件　　(b) 硬质合金工件

图 4.19　不同材料工件电火花线切割后的表面变质层的形貌

1—松散沉积层；2—再铸层；3—热影响区；4—基体；5—游离钴层；
6—钴层；7—钴与铜松散沉积层

2. 对变质层的影响因素

(1) 表面金相组织及元素成分。在电火花放电作用下，工件材料表面急剧加热熔化，放电停止后即刻在工作液的冲洗下急速冷却，使得工件材料表面层的金相组织形成不连续、厚度不均匀的变质层。这与工件材料、电极丝材料、脉冲电源参数和工作液种类等有关。切割钢材时变质层中残留了大量奥氏体，使用铜电极丝和去离子水加工时，变质层内铜元素含量将会增加。

(2) 变质层的厚度。通常，变质层的厚度随脉冲能量的增加而变厚。因为电火花放电过程的随机性，即使在相同的加工条件下，变质层的厚度往往也是不均匀的，但是电规准对变质层厚度有明显的影响。例如，某加工条件下，电极丝为黄铜丝，低速走丝 (0.6m/s)，加工电压为 60V，电流为 5.5A，变质层厚度最大值为 20.0μm，平均值为 13.8μm。

(3) 显微硬度明显下降，并出现显微裂纹。由于变质层金相组织和元素含量的变化，工件表面的显微硬度明显下降。例如，在去离子水中进行线切割加工后，工件表面硬度值由线切割前的970HV下降到线切割加工后的670HV，通常在距表面十几微米的深度内会出现回火软化层。同时，表面变质层一般存在拉应力，会出现显微裂纹，尤其是切割硬质合金时，在常规的电规准条件下，更容易出现裂纹，并存在空洞，危害极大。

表4-4列出了电火花线切割中影响工件表面质量的主要因素。工件表面质量的好坏直接影响工件的使用效果和寿命，因此应合理优化线切割工艺参数，减少变质层的厚度，提高加工的表面质量。

表4-4 电火花线切割中影响工件表面质量的主要因素

表面质量	影响因素
表面粗糙度	（1）放电能量大，工件表面粗糙度值增大。 （2）切割效率高，工件表面粗糙度值增大。 （3）电极丝张力变动大，表面粗糙度值增大。 （4）去离子水工作液的电阻率高，工件表面粗糙度值增大
表面变质层	（1）放电能量大，工件表面显微硬度减小，表面层残余应力增加。 （2）切割效率高，工件表面变质层深，不连续，不均匀，表面裂纹多且深。 （3）多次切割时，随着放电能量的减小，工件表面的显微硬度可以提高。 （4）在油性工作液中，因工件表面渗碳，硬度提高。 （5）在去离子水工作液中，再铸层有大量残余奥氏体使显微硬度降低。 （6）在去离子水工作液中，用粗规准，黄铜电极丝加工工件时，工件表面有铜黏结层，硬度较低

3. 电参数对再铸层厚度的影响规律

变质层中的再铸层，由于其不仅具有脆性，而且表面显微裂纹大多出现在此层，因此获得了更广泛的关注。研究发现，再铸层厚度随着放电频率的降低而增加。这主要体现在频率与能量层面上，即放电能量的增加会导致再铸层厚度的增加，而放电频率的增加反而会使再铸层厚度有所降低，如图4.20和图4.21所示。放电能量越大，工件材料的熔化量越大，从而导致脉间会有更多的未排出的熔融状金属再固化形成再铸层，而放电频率提高后，熔融材料获得的凝固时间缩短，因此再铸层会略减薄。

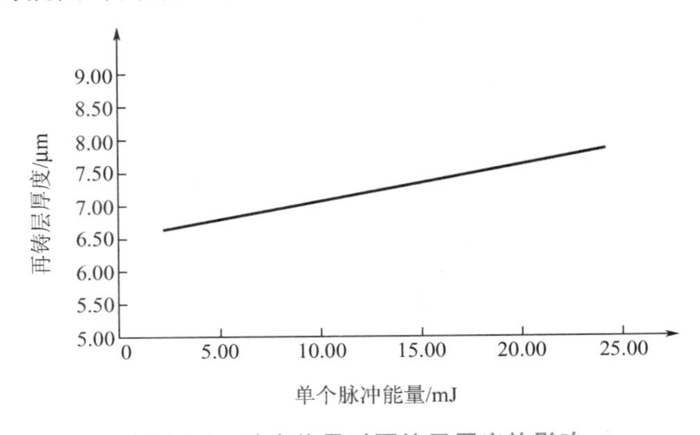

图4.20 放电能量对再铸层厚度的影响

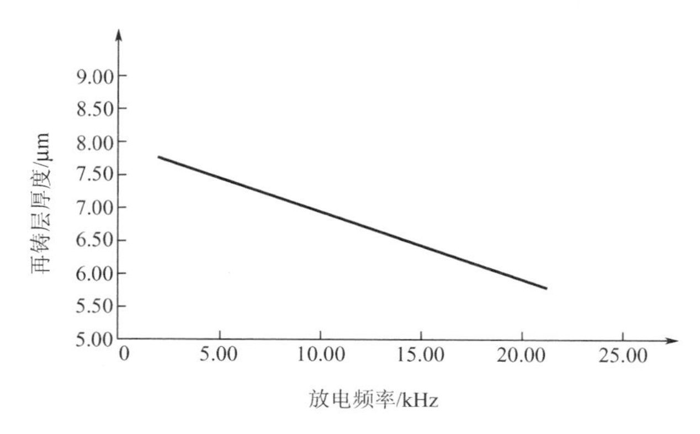

图 4.21 放电频率对再铸层厚度的影响

从图 4.22 可以看出峰值电流对 SKD－11 再铸层厚度的影响规律，再铸层厚度为 1～3μm 且随着峰值电流 I_p 的增加而变厚。由此可知，低速走丝电火花线切割的后续小能量多次修刀可以极大地减小再铸层的厚度。

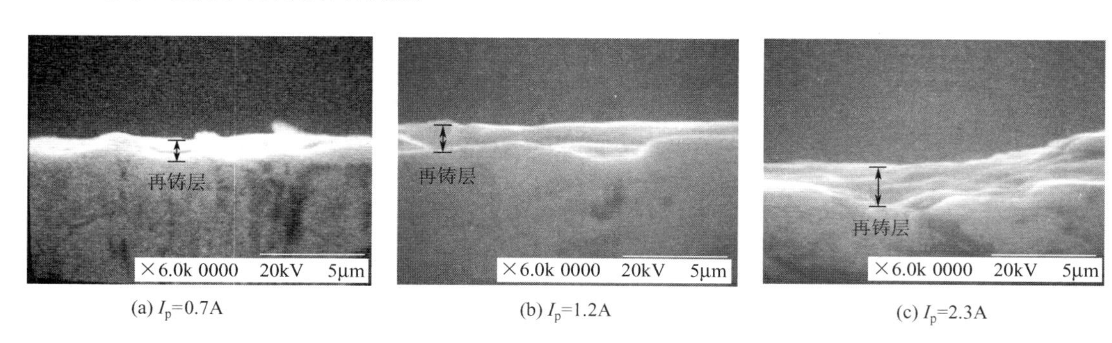

(a) I_p=0.7A (b) I_p=1.2A (c) I_p=2.3A

图 4.22 峰值电流对 SKD－11 再铸层厚度的影响

4. 不同工作液对再铸层的影响

油基与水基工作液切割条件下的工件表面微观形貌如图 4.23 所示。两种工作液第一次粗切割后的再铸层（3～24μm）呈现高度不均匀且具有两层结构，即上部为较厚的多孔隙再铸层，底部为薄的实心再铸层，而且水基工作液比油基工作液产生更多的孔隙。后续修刀过程也是电规准逐渐减小的过程，同时伴随着再铸层孔隙率的降低。从图 4.23 中可以看出，修刀后再铸层厚度明显降低，为 0.2～0.5μm，而且由于油基工作液比水基工作液具有更快的冷却率，油基工作液下的再铸层厚度略小于水基工作液下的再铸层厚度。

低速单向走丝电火花线切割工作介质虽然采用的是去离子水，但还存在一定数量的离子，在直流脉冲电源的作用下会产生定向运动，发生电化学反应。当工件接正极时，在电场的作用下，OH^- 会在工件表面不断沉积，使铁、铝、铜、锌、钛、碳化钨等材料氧化、腐蚀，造成所谓的软化层。在工件材质为硬质合金时，硬质合金中的黏结剂钴将成为离子态溶解在水中，同样形成软化层。对于钢质工件，切割后将在工件的基体上形成硬化再铸层（大量的奥氏体组织）及铜沉积层；对于硬质合金工件，切割后将在工件的基体上形成钴与铜沉积混合层、钴层及游离钴层。由于形成的表面变质层极不均匀，并且在硬质合金钴的析出等形成的变质层存在大量缺陷，破坏了工件的力学性能，导致其使用性能下降。

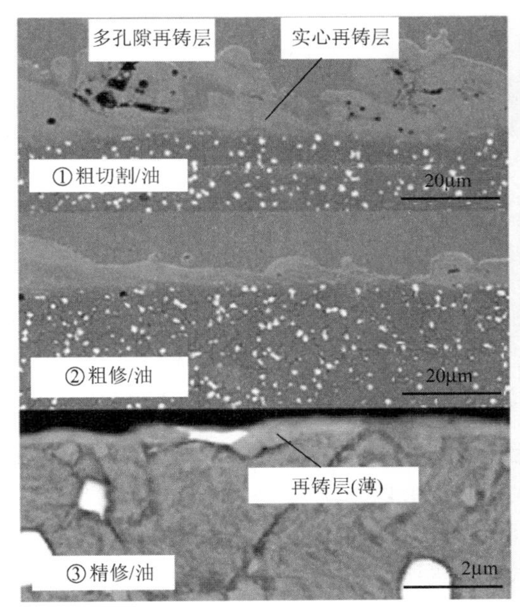

(a) 油基工作液

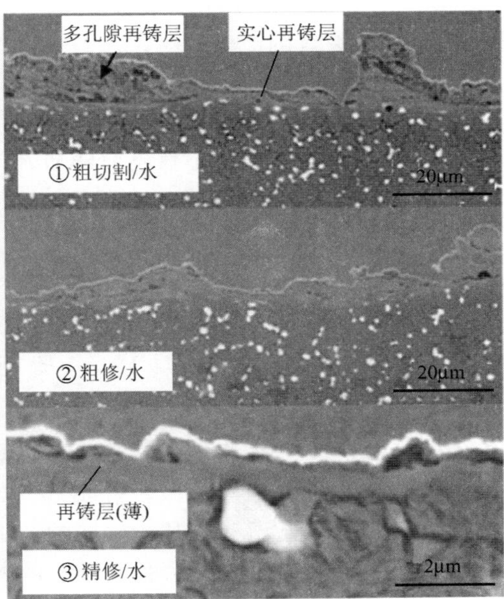

(b) 水基工作液

图 4.23 油基与水基工作液下的工件表面微观形貌

【油基工作液下的切割】

如第 3 章所述，大量的生产实践证明使用抗电解脉冲电源是控制工件表面电化学反应最有效的方法。抗电解电源的平均电压为零，从而使 OH^- 在工作液中处于振荡状态，不趋向于工件及电极丝，这样可防止工件表面的锈蚀氧化，硬质合金的钴黏结剂也不会流失，与优化放电能量配合，可将表面变质层控制在 1μm 以下，从而使低速单向走丝电火花线切割加工的硬质合金模具寿命可达到机械磨削的水平。

5. 显微裂纹的形成及预防

电火花线切割放电后工件表层骤热骤冷将导致变质层（主要是在再铸层内）出现较多的显微裂纹。这种显微裂纹大多是金属从熔化状态突然急冷凝固，材料收缩产生的拉伸热应力造成的。不同的工件材料对裂纹的敏感性不同，如硬质合金等脆硬材料容易引起应力集中，易产生显微裂纹；含铬、钨、钼、钒等合金元素的冷（热）轧模具钢、耐热钢及高速钢也较易产生显微裂纹。工件预先热处理状态对裂纹的产生也有较大影响，加工淬火材料比加工淬火后回火或退火材料容易产生裂纹，因为淬火材料硬脆，材料内部原始应力也较大。

为防止模具表面产生显微裂纹，应对钢材热加工（铸、锻）及热处理直到制成模具的各个环节都充分关注和重视，并采取相应措施。

（1）线切割加工前的热处理，应避免材料产生过热、渗碳、脱碳等现象。

（2）线切割加工时应选取合适的电规准。

① 采用窄脉宽、高峰值电流电参数，使工件材料以汽相抛出，由于汽化热远高于熔化热，可以带走大部分热量，避免工件表面过热。

② 有效地对每个脉冲进行检测，控制好集中放电脉冲的个数，也可以解决局部过热问题，消除显微裂纹的产生。

③ 脉冲能量对显微裂纹的影响极其明显。脉冲能量越大，显微裂纹则越宽越深；脉冲能量很小时，如采用精加工电规准，表面粗糙度 $Ra<1.25\mu m$，一般不易出现显微裂纹。采用多次切割方法是减少显微裂纹的有效途径。

④ 工作液中的蚀除产物常会导致局部集中放电，形成显微裂纹，同时工作液的电阻率不宜过小，否则会增大显微裂纹产生的倾向。

4.3 加工精度

【多次切割技术】

多次切割技术是提高低速单向走丝电火花线切割加工精度及表面质量的根本手段。一般是一次切割成形，二次切割提高精度，三次以上切割提高表面质量。影响加工精度的因素很多，如机床结构、走丝系统、脉冲电源等，但最重要的因素是机床结构及运动精度、电极丝空间位置的稳定性、环境控制、工件加工变形、切割面直线度控制和拐角误差控制等。此部分内容前几章已有所提及，下面主要从机床结构及运动精度、环境温度、切割面直线度、位置精度和拐角精度等方面进行讨论。

1. 机床结构及运动精度对加工精度的影响

高精度低速单向走丝电火花线切割多采用闭环控制系统。在装有工件的工作台上安装了位置测量装置（如光栅、磁尺等），以便随时反馈工作台的位置，进行“多退少补”，以实现全闭环控制，因此工作台的运动控制精度较高。为提高机床的整体加工精度，设计中还采用了许多技术措施来提高主机精度。

（1）控制温度。采用水温冷却装置，使机床内部温度与水温相同，减小了机床的热变形。

（2）采用直线电动机。响应度高，精密定位可实现 0.1μm 当量的控制，进给无振动，无噪声，提高了放电频率，保持稳定加工。

（3）采用陶瓷、聚合物人造花岗岩制件，其热惯性比铸铁大 25 倍，以降低温度变化对切割精度的影响。

（4）采用固定工作台、立柱移动结构，提高了工作台的承重，不受浸水加工和工件质量变化的影响。

（5）采用浸水式加工，降低了工件的热变形。

（6）采用闭环电极丝张力控制。

（7）高精度对刀，采用电压调制对刀电源，对刀精度可达±0.005mm，不损伤工件。

日本 SODICK 公司的低速走丝机创造性地采用直线伺服电动机驱动。利用直线电动机驱动的高响应伺服特性，明显地降低了断丝概率。并且直线电动机良好的驱动平稳性，切割中更好地克服了加工表面条纹的产生，保证了加工精度，而且避免了采用传统滚珠丝杠副产生的爬行、齿隙等问题，大大提高了响应速度和定位精度，使切割效率和精度显著提高。瑞士+GF+公司的 VERTEX 系列机床的机械结构采用整体模块化设计，主要运动轴采用分离式安装方式，各运动轴采用直线光栅尺与编码器双测量反馈伺服系统，可达到 0.1μm 的位置检测精度；机床上所有发热源都安装了温度传感器，并有循环气冷、水冷或隔热结构；机床 *X*、*Y*、*U*、*V* 各轴的平均定位精度为 0.8μm，平均重复定位精度为 0.4μm，平均反向间隙对于 *X*、*Y* 轴为 0.4μm，对于 *U*、*V* 轴为 0.5μm。+GF+公司的 ROBOFIL 系列机床采用固定式工作台，以人造花岗石为主体，采用工作台不动的设计理念，使机床可以加载重型工件且保证持久的加工精度；另外机床采用恒温水冷却立柱，机床的工作介质（高纯水）配备了一套温控装置，控制水温在 (20±0.5)℃，用专门的循环水泵使加工介质在立柱冷却管道中通过，不管室温如何变化，立柱温度不变。+GF+公司为减少机床精度的变化对加工精度的影响，采用统一的温度场，机床装有两套温度控制系统，分别控制加工区与 *U*、*V* 两轴的温度，以及电源箱、机床与室内空气冷却。两套温控系统通过温度传感器检测并进行控制，使二者温差不超过 1℃。日本 MAKINO 公司通过使机床内部温度与加工冷却装置控制的工作液温度相同，以降低本体铸件的热变形，进而使通过该温度控制的气体在加工室内循环，以避免整个机床因机床内部与加工室内存在的温度差而产生热变形，提高机床的整体加工精度。

2. 环境温度对加工精度的影响

为确保进行高精度和高质量的低速单向走丝电火花线切割加工，环境温度必须符合规定的要求，应监控温度变化。一般情况下，机床保证工作精度的温度为 (20±3)℃，如果温差较大，则会影响加工精度及表面粗糙度。

室温变化对加工精度有较大的影响，其影响反映在尺寸、位置、形状三方面。如图 4.24 所示，温度变化越大、工件尺寸越大，加工精度受温度的影响就越明显。例如，长度为 200mm 的工件，温度相差 5℃时会产生 0.01mm 的尺寸误差。一个较大的零件最好在一次开机中完成，如果放置一个晚上，可能对于主切影响不大，但如果是在修切中停止后再进行就很难保证加工精度。

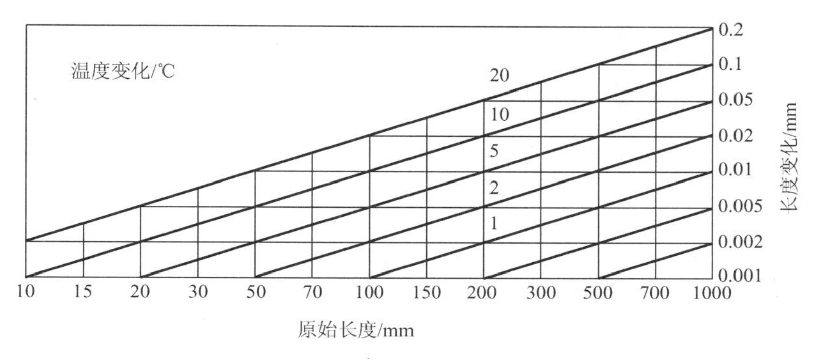

图 4.24 室温变化对加工精度的影响

3. 切割面直线度对加工精度的影响

所谓直线度是指沿工件高度方向的上、中、下各处的尺寸误差，主要与电极丝张力、进给速度、支点位置及工件厚度等因素有关。

(1) 中凹或中凸现象。低速单向走丝电火花线切割时一般会出现切缝内中凹现象，其原因一方面是放电力作用下上下导丝器间的电极丝会产生振动；另一方面由于上下喷液的作用，将使部分蚀除产物在工件中部汇集，导致此区域工作液的电阻率上升，从而引起二次放电。提高走丝速度和增加电极丝的张力，有助于电蚀产物的排出和减小电极丝的振幅，能减小直线度误差。此外，导向支点越靠近工件上下端面，越有助于减小直线度误差。随着工件厚度的增加，电火花线切割加工时的进给速度相应降低，在加工区域的电极丝刚性降低，这样，放电区内产生二次放电的机会增加，切割表面直线度误差也会增加。

此外，中凹或中凸现象产生的原因也可能是加工中电极丝与工件的伺服进给没有处于良好的状态。正常加工时，电极丝的伺服进给速度与材料蚀除速度大致相等，进给均匀平稳，但若伺服进给速度过高（趋近于短路）或过低（趋于开路），都会引起切割面直线度误差。进给速度的变化，直接影响加工中脉冲空载百分率 f_d。脉冲空载百分率与自适应控制紧密相关，反映的是脉冲能量的利用率。在低速单向走丝电火花线切割加工中，脉冲空载百分率一般为 10%～93%，常用的为 20%～47.5%。脉冲空载百分率高说明脉冲能量的利用率低，即能量损失大。在主切割时，脉冲空载百分率高，跟踪则慢，主切割的速度降低，但极间不易产生拉弧现象；反之，可提高主切割时的速度，但增加了放电不稳定性，容易造成断丝；在精修切割时，脉冲空载百分率的高低也影响加工工件的形状。脉冲空载百分率的大小直接影响加工工件的直线度，较高的 f_d 值易造成加工工件截面的凹心，如图 4.25(a) 所示；而较低的 f_d 值致使加工工件截面的凸心，如图 4.25(b) 所示。被加工工件材料的厚度越大，f_d 值的大小对工件形状的影响也越大。

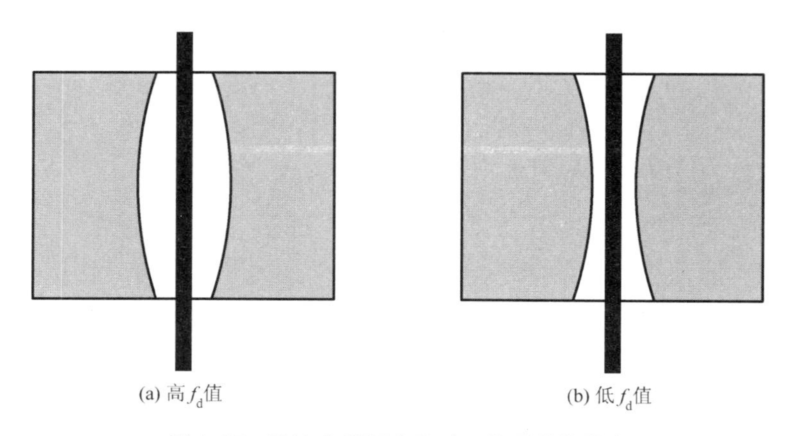

图 4.25 脉冲空载百分率对工件形状的影响

日本 FANUC 公司机床在切割 350mm 厚 SKD－11 模具钢时，通过四次切割可以控制加工直线度为 10μm，表面粗糙度为 Ra 0.83μm，切割试件如图 4.26(a) 所示。西班牙 ONA 公司机床切割 400mm 厚 CrW12 材料时，采用直径 ϕ0.25mm 电极丝，割一修一，直线度可以达到 9μm，切割试件如图 4.26(b) 所示。

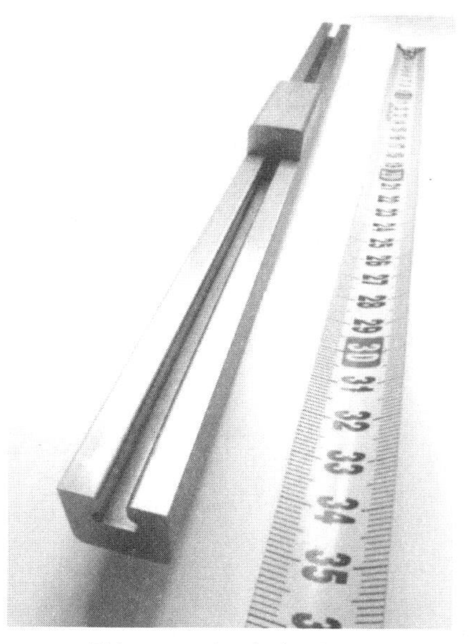

(a) 日本FANUC公司机床切割试件

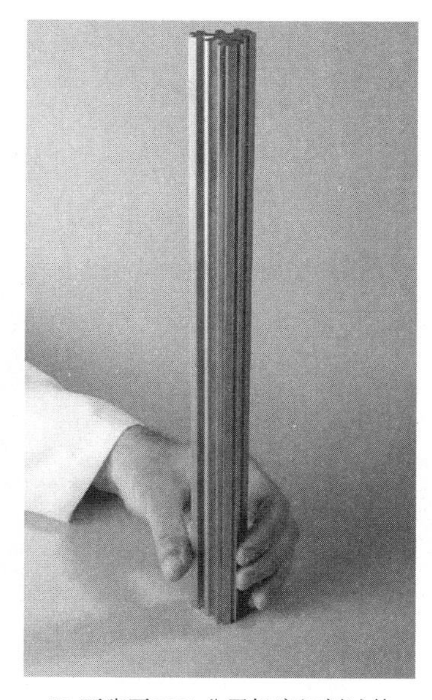

(b) 西班牙ONA公司机床切割试件

图 4.26　高厚度工件直线度示例

（2）锥度现象。在加工较厚的工件时，因电极丝在切缝中停留时间较长且走丝速度较慢，将导致电极丝发生损耗。尽管用于低速单向走丝电火花线切割加工的电极丝是一次性使用，但还是不可避免地存在电极丝损耗（图 4.27），因此其切缝特征为上宽下窄。这是模具零件加工存在微小锥度现象的主要原因。切割凸模时，零件的上端小，下端大，呈现一定的锥度，尺寸误差在 6μm 左右。虽然可以通过适当提高机床的走丝速度来解决此问题，但该方法会增加加工成本。实际生产中可在编程时使用锥度补偿功能，也就是给直身零件添加一个微小的锥度来修正这种精度差异。另外，可以适当加大电极丝张力，同时需要确认电极丝进行过精确的垂直度找正，上下喷嘴完好无损坏，并已正确调节修切时的低压冲液流量。

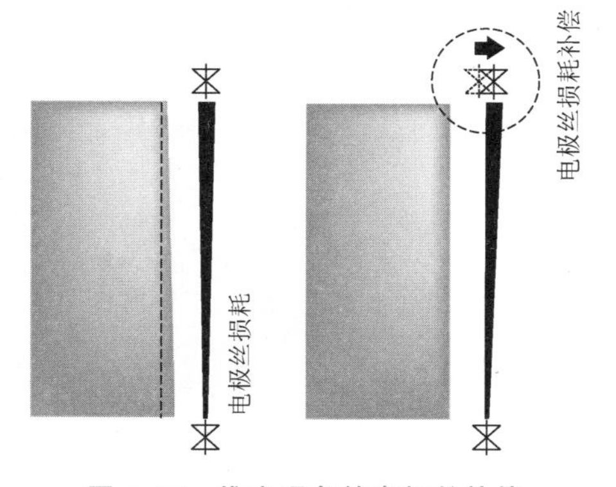

图 4.27　锥度现象的电极丝补偿

4. 位置精度对加工精度的影响

模板上型腔位置的精度很大程度上取决于加工前的定位。为了实现高精度的定位，工件必须有精密、明确的基准面，电极丝必须进行过自动垂直找正（不要使用火花校正的方法，因为火花校正难以获得较高精度的垂直度，会影响定位精度）。使用四面分中的定位方式能获得更高的定位精度，两基准边的感知误差可以相互抵消。定位找边要多进行几次，检查并确认定位精度。跳步加工如果发生较大的位置精度误差，要检查被加工件是否发生变形。对于多型腔的加工，编程安排工艺时，可以先对所有型孔进行粗加工，充分释放材料的应力，再统一进行修切加工，以实现更高精度的跳步精度。编程时不要使用增量编程方式，以免误差叠加后产生较大的差值。机床的轴应按时进行维护保养，加注润滑油，及时进行机械精度的检测与修正，使机床处于良好的精度状态。日本 MITSUBISHI 公司机床目前可以做到在 300mm 的行程上，定位精度达到 1μm，模板孔加工及位置精度测试结果如图 4.28 所示。

(a) 模板孔加工

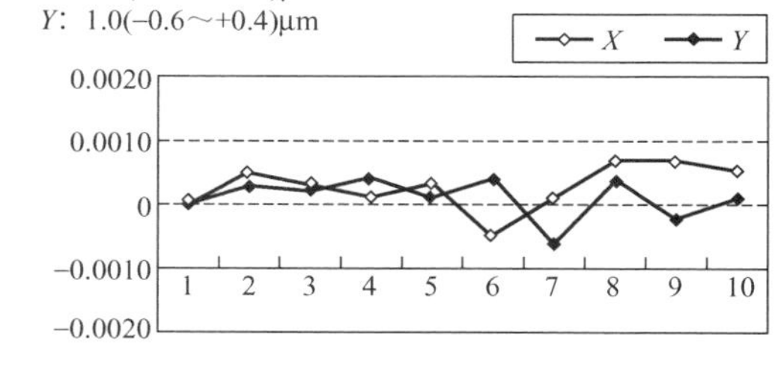

(b) 位置精度测试结果

图 4.28　日本 MITSUBISHI 公司机床模板孔加工及位置精度测试结果

5. 拐角精度对加工精度的影响

拐角精度又称塌角精度。在电火花线切割加工中，拐角精度是指切割方向改变时工件上所产生的形状误差。拐角精度是衡量线切割加工精度的一个重要指标，一直以来也是国内外线切割加工领域的研究热点。随着模具工业的发展及精密电子、机械零件，尤其是小型零件加工的需要，拐角精度越来越引起人们的重视。

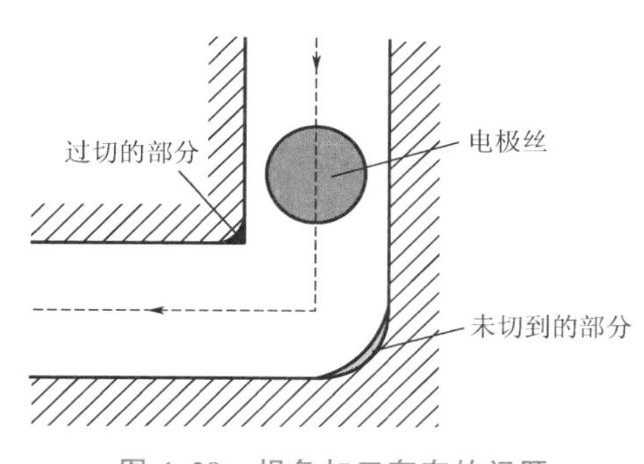

图 4.29　拐角加工存在的问题

在加工过程中，电极丝在放电爆炸力及冲液压力的作用下，不可避免地会产生滞后弯曲，使得在加工拐角时，会产生塌角，影响工件的尺寸精度。具体表现：在切割凸角时，由于电极丝的滞后和凸角附近能量的集中，会产生过切；而在切割凹角时，由于电极丝运动轨迹偏离并滞后编程轨迹，会产生一部分切不到的现象，如图 4.29 所示。这些拐角误差在精冲模具或一些精密模具的加工过程中会造成模具报废或冲裁产品产生飞边等问题，使产品质量大幅度降低或直接导致产品报废，给生产实践带来严重的问题。

（1）拐角误差产生的原因。

① 电极丝滞后弯曲引起拐角误差。由于电火花线切割所用的电极丝是半柔性的，在加工过程中电极丝由上下导丝器支撑并向前做送丝运动，此时作用在电极丝上的力 F 主要包括放电爆炸力、高压冲液时液体向后方已经切割形成的切缝流动形成的冲力、电场作用下的静电引力和电极丝的轴向张力等。由于电极丝的质量和刚度都较小，因此在加工中不可避免地将产生振动并引起变形，在综合作用力 F 的作用下，将向加工方向的反方向凸起，形成电极

丝理论位置和实际位置的差异，出现滞后量 δ，如图 4.30 所示。通常情况下，在切割尖角和小半径圆角时，由于电极丝的运动轨迹滞后于编程设定的轨迹，会产生较大的误差。

② 高压冲液的影响。低速走丝电花火线切割采用高压同轴式喷液，在高速切割过程中，蚀除产物被高压去离子水冲至加工缝隙中部交汇，再从加工路径的后方流出，如图 4.31 所示。液体向后方流动时将对电极丝形成横向冲力，造成电极丝滞后。加工电流越大，水压要求越高，对电极丝滞后影响越大，导致拐角处塌角严重，小圆弧加工精度变差。另外，在拐角处工作液容易产生紊流，引起电极丝的振动，从而影响角部切割精度。

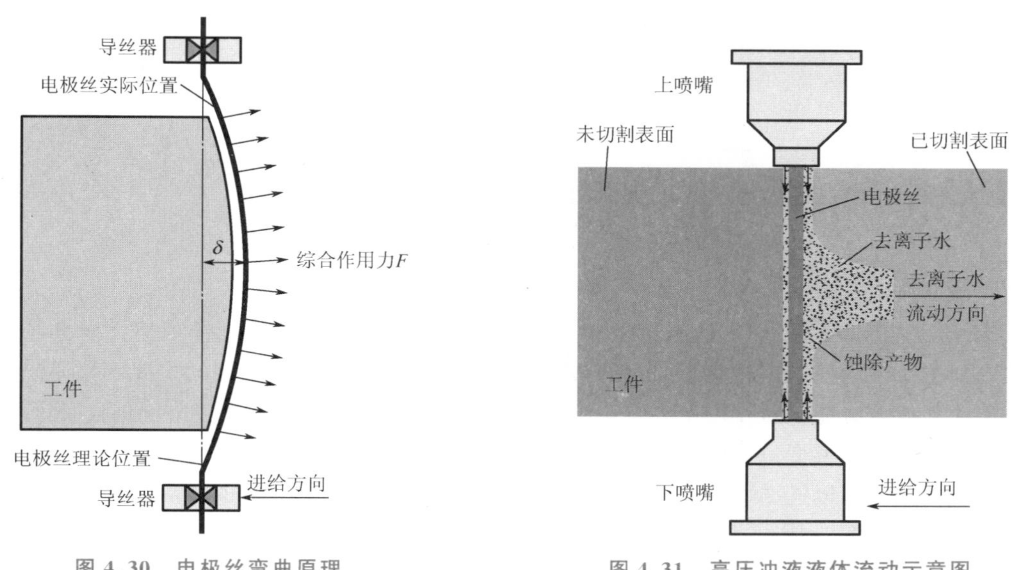

图 4.30 电极丝弯曲原理

图 4.31 高压冲液液体流动示意图

③ 拐角处放电概率对拐角误差的影响。在尖角附近由于电荷的聚集而导致电场强度增加，使得在尖角附近放电概率大大增加；也有学者认为是尖角处特殊的几何形状，将在放电时产生的热集中在尖角附近，导致尖角附近温度升高使电荷运动加剧。这有利于液体介质发生电离，提高放电概率，因此在尖角切割时会产生过切现象。

对应不同的现象产生的误差，拐角角度被分为三类。第一类是拐角角度 $\theta>135°$，电极丝的滞后是导致拐角误差的主要原因。第二类是拐角角度 $30°\leqslant\theta\leqslant135°$，如图 4.32(a) 所示，在进行直线切割时，电极丝受到的合力在同一直线上，此时电极丝只向切割方向切向的反方向挠曲；当导丝器在拐角处转向时，轴向牵引力 F_e 与加工阻力 F_r 不在同一条直线上，会产生另一个方向的合力 F，如图 4.32(b) 所示，电极丝不仅受到切割方向的反向力，还受到垂直于切割方向的法向力，电极丝由于失去放电平衡而产生明显的非对称性误差，在拐角角度 $\theta=45°$时受这种因素的影响较大。第三类是拐角角度 $\theta<30°$，由于尖角处放电概率的提高，尖角被严重蚀除，形成更大的拐角误差。

(2) 拐角处理方法。影响电火花线切割拐角加工精度的因素很多，如机床的机械精度和走丝系统的稳定性等。增强电极丝的抗变形能力是提高拐角加工精度的主要措施之一。目前用于减小或补偿电极丝变形的方法主要有如下几种。第一种是拐角能量控制策略，即通过控制加工参数，如降低单脉冲放电能量，增加脉间来减少主要由放电爆炸力产生的电极丝滞后量；同时通过提高电极丝自身抵抗各种因素产生的对电极丝滞后量影响的能力，如提高电极丝张力、降低伺服跟踪速度、降低喷液压力等提高拐角加工精度。第二种是轨迹控制策略，即在拐角处通过轨迹补偿，改变电极丝的行走轨迹，减少拐角处塌角。第三种是实时检测修正法，在线实时检测电极丝滞后量，通过轨迹补偿减少拐角误差。现阶段低速走丝机上采用较多的拐角切割控制方法是采用能量控制与轨迹控制相结合的综合控制方法。

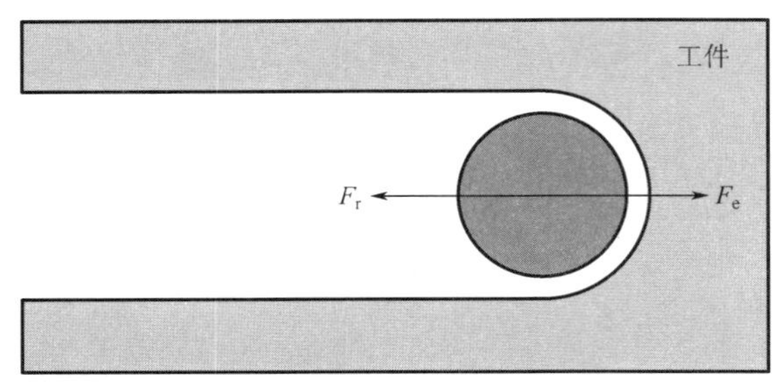

(a) 直线切割　　(b) 拐角切割

图 4.32　电极丝受力分析

① 能量控制策略。广义的能量控制泛指在不改变拐角编程轨迹的前提下，对各项加工参数或加工条件的控制。相对于一定的机床和工件而言，影响加工精度的主要因素是加工能量。单个脉冲放电能量对作用于放电加工中电极丝上的放电爆炸力有较大的影响，在线切割加工中，电极丝的形变量一般随着加工能量的增加而增大，直至达到一定的饱和值。加工能量的增加会增大电极丝振动弯曲的变形量，导致电极丝相对于导向器的滞后量加大。而加工能量又与放电脉宽、脉冲峰值电流等加工参数有关，因此可以通过减小放电脉宽、脉冲峰值电流，增加脉间来减小电极丝的形变量，从而减少加工时的形状误差，提高加工精度。日本FANUC公司采用AI拐角控制策略，统计单位时间内的有效放电脉冲数和无效放电脉冲数，实时控制放电能量和进给速度，实现了拐角切割的高精度和高速度加工，其原理如图4.33所示。

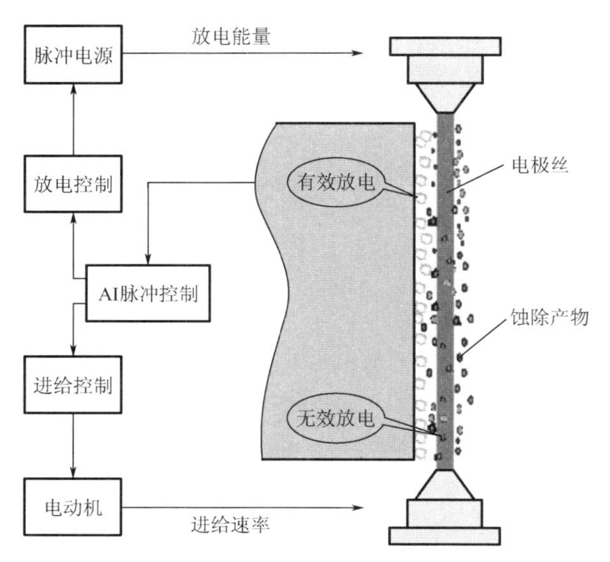

图 4.33　日本 FANUC 公司拐角控制策略原理

能量控制策略的缺点是进行高精度多拐角切割时，修改加工参数会影响切割效率，使切割时间过长；而且设定的加工参数是否为最优很难得到验证，大部分都是来自依据经验得到的数据库，如减小脉宽会影响切割效率，因此能量控制策略的使用也受到了一定的限制，主要应用于对形状误差要求比较高的应用场合。

② 轨迹控制策略。在加工拐角时，由于电极丝弯曲而滞后于数控轨迹，使实际加工出来的轨迹与数控轨迹有一定的偏差。为了减少拐角加工误差，在拐角处对数控轨迹进行修正，修改

原先的数控轨迹，使电极丝轨迹更接近于理论轨迹，这就是轨迹控制策略。如图 4.34 所示，在切割角度为β的尖角时，增加两条补充路径，计算机根据经验和工艺数据库自动计算 L_1、L_2 的长度和角度 α，使电极丝沿新轨迹运动时，保证尖角的切割精度。该控制策略是在已知滞后量的基础上实现的，克服了能量控制策略切割效率低的缺陷，但实现起来较能量控制策略难。最早的改变编程轨迹的方法是在拐角处使数控轨迹过切割，保证切割拐角时导向器均按直线路径前进，避免受电极丝滞后量的影响。这样切割的工件外角形状能够很好地符合数控轨迹的理想加工形状，提高了拐角的加工精度；但如果切割凹模，工件的内角将由于过切割受到破坏。因此，该方法只适用于对内角精度要求不高的拐角切割。

为了保证工件内外角同时能够达到较好的精度，研究者对加工路径进行了修改。如图 4.35 所示，电极丝按修正后的轨迹行走，使得导丝器小幅度过切时，弯曲的电极丝能达到预期位置，以弥补电极丝运动轨迹和数控轨迹的位置差，从而减小拐角加工的误差。使用这种方法时，工件外角受电极丝滞后量的影响较大，不如采用数控轨迹过切割法加工的精度高；但是工件内角的破坏程度大幅降低，可以将导丝器过渡切割的破坏因素转变为提高拐角精度的有利因素。

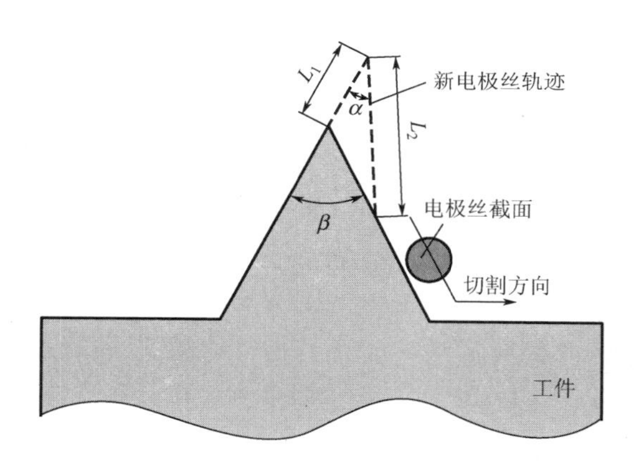

图 4.34 典型的轨迹控制策略

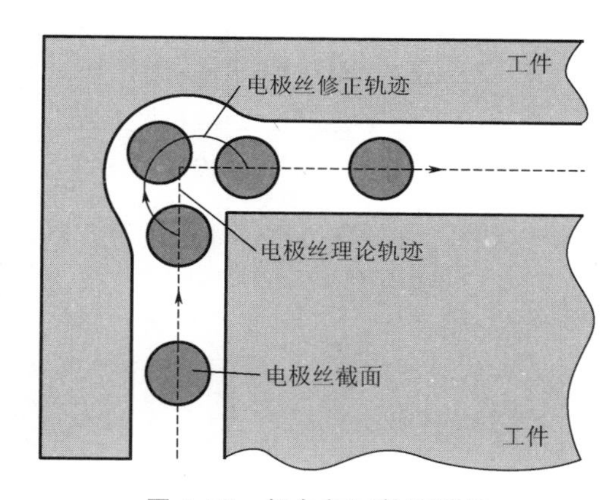

图 4.35 拐角加工轨迹控制

轨迹控制策略的缺点是在已知工件指定高度平面中电极丝偏差值的情况下，可以加工出在该指定平面上的高精度拐角，但是电极丝偏差值会随工件高度的变化而改变，因此不可能通过这个方法在所有高度上得到精确的拐角形状。

③ 实时检测修正法与人工智能技术应用。实时检测修正法是一种在电火花线切割加工时，基于检测器检测到的电极丝偏差值来修正导丝器位置的系统。瑞士+GF+公司关于拐角误差控制的 Pilot 专利技术是利用一套光学系统测量电极丝受力时的弯曲变形量，并由数控系统进行补偿。该系统分辨率达 2μm，采样频率为每秒 15 次，不仅提高了拐角加工精度，而且使切割效率较一般拐角加工提高了 60%。

模糊逻辑控制适用于非线性多输入、时变或具有高度不确定性的系统控制。模糊逻辑控制的基本原理如图 4.36 所示。模糊逻辑控制符合电火花线切割加工过程的特点；同时，可在模糊逻辑控制器的设计中融入熟练操作者与专家的经验；在模糊逻辑控制中引入自适应与自我学习能力，使模糊逻辑控制规则、隶属函数和模糊量化在控制中可自动调整和完善。在拐角精度要求较高的情况下，可以考虑把造成拐角误差的主要因素作为输入，如切割效率、脉宽、工件厚度、冲液压力和拐角角度等。日本FANUC公司的拐角控制系统可以自动依据电极丝半径、拐角角度、圆弧半径和工件厚度等条件，提供对应控制参数，在确保切割效率的同时，可以保证比较高的拐角加工精度，特别是在短路径连续转角的场合，仍然可以得到较好的拐角加工精度，如图4.37所示。

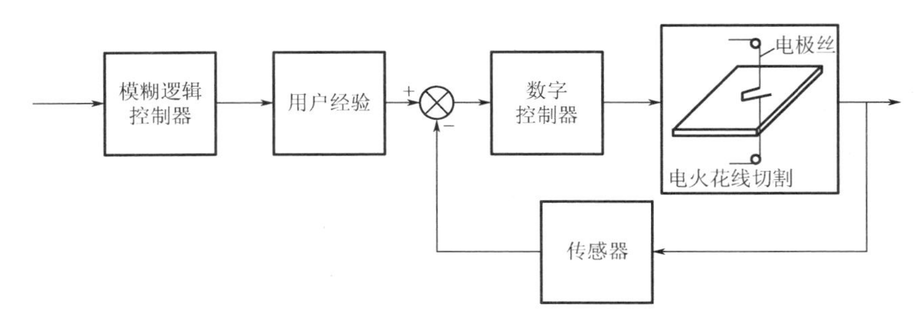

图4.36 模糊逻辑控制的基本原理

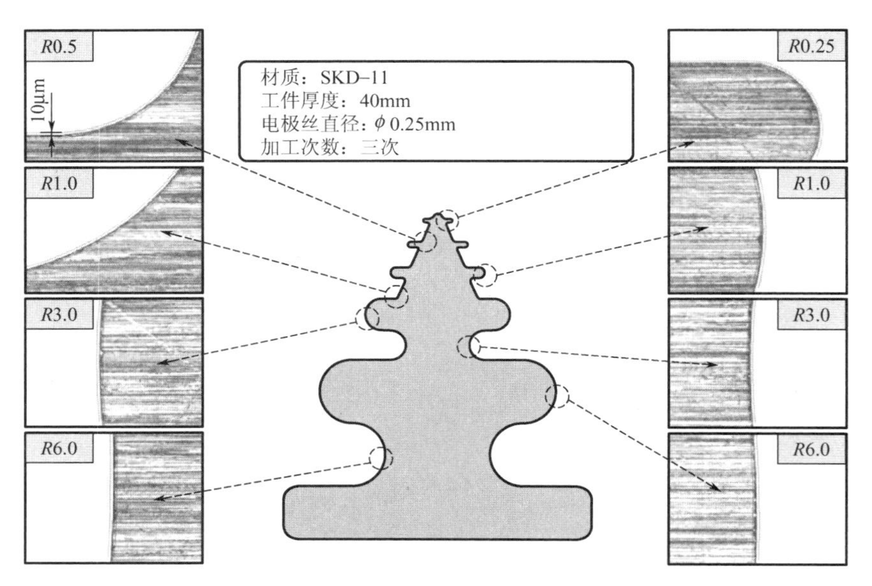

图4.37 日本FANUC公司的拐角控制系统加工样件

思考题

1. 电火花线切割加工工艺指标一般含有哪些主要内容？
2. 电火花线切割加工中，切割效率、切割速度、蚀除速度三者有什么区别？
3. 影响电火花线切割加工切割效率的因素有哪些？
4. 线切割加工中，加工表面质量主要体现在哪几个方面？
5. 影响线切割加工精度的主要因素有哪些？
6. 什么是拐角误差？拐角误差产生原因是什么？如何减少拐角误差？

第5章 低速单向走丝电火花线切割加工工艺及应用

5.1 低速单向走丝电火花线切割加工工艺特点

低速单向走丝电火花线切割加工主要用于高精度（加工精度小于±0.005mm）、高表面质量（表面粗糙度 Ra<0.4μm）的精密模具或零件的加工，如精密集成电路引线框架IC模具、多工位级进模具、精密冷冲模具、跳步模具等，具有以下加工特点。

（1）由于是非接触式加工方式，因此能对微细形状工件进行高精度加工，适合薄壁及微小型零件的加工。

（2）自动化程度高，具有自动穿丝功能，可实现长时间无人化运行。由于单向走丝特性，通常不需考虑电极丝的损耗。

（3）可实现任何导电材料的加工，与材料的硬度、强度及韧性无关，主要与加工材料的热物性能有关。

（4）一般均采用多次切割工艺，通过加工电源参数的切换，一次装夹工件即可实现粗、中、精加工的全过程。

5.1.1 开机检查

线切割加工流程如图5.1所示。

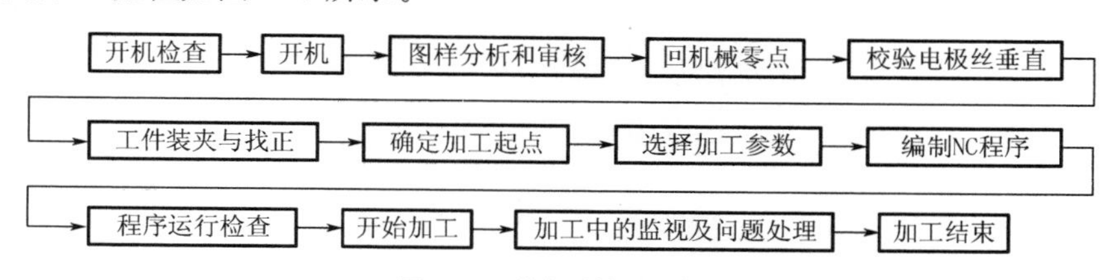

图5.1 线切割加工流程

1. 注意事项

（1）首先操作者必须基本熟悉机床的性能和结构，经培训合格后方可上岗；严禁非线切割操作人员擅自动用机床；使用机床前须认真阅读操作手册。

（2）安全注意事项基本内容。

① 认识机床急停开关的位置和作用，以便有危险发生或机床异常时，能够立即停机。

② 注意即使在强、弱电源开关都断开的情况下，有些部件仍会带电。

③ 不要随意打开电柜门，非专业人员禁止在机床工作状态下打开电柜门。

④ 在放电加工、垂直找正、接触感知、找中心、火花找正等过程中禁止用手触摸电极丝。

⑤ 在移动各轴过程中严禁将头、手伸进工作区域。

⑥ 在移动 Z 轴前应确保已正确设置 Z 轴安全保护位置。

⑦ 当废电极丝装到废丝箱的 1/3 容积时，应将废电极丝清理干净。如发现电极丝缠绕到收丝轮上或溢到废丝箱外，应立即停止加工并将废电极丝装回废丝箱内，以免发生触电危险。

⑧ 一般情况下，在工件切断后，应立即暂停机床，以免发生二次放电损坏工件。取出工件后才可以移动 X、Y 轴或者继续加工，以免发生碰撞损坏机床。

⑨ 移动工作台 X、Y 轴及 U、V 轴或 Z 轴时，要选合适的移动速度，防止由于移动速度过快而发生碰撞危险。

2. 日常保养及开机检查

（1）电极系统保养。

① 上下机头电极丝进电块使用一定时间（50～100h）后，会产生沟槽，影响电极丝空间位置及放电稳定性，因此需要定时偏移位置，以确保进电正常。

② 连接上下机头的绝缘板要保持清洁，必须用清洁剂（如 K－200）洗净，因脏污过多会影响放电能量的传输、切割效率及加工精度。

③ 上下电极丝连接到上下机头的线端子要经常用清洁剂（如 K－200）清洗，保证与上下机头及工作台接触良好，防止因为有水垢而导致接触不良，影响加工稳定性。

④ 钻石眼模与陶瓷压轮需经常拆下清洁，以避免因为有铜粉存在，产生断丝及张力不稳定的情况。

⑤ 钻石眼模正常使用周期约三个月（每天 8h），如经常加工大锥度工件，会造成眼模磨损加剧，影响加工精度，需定期检查。

⑥ 机床后部的废丝箱要及时清理并将废电极丝取走，如果出现电极丝落到箱外搭地，将造成电极轻微接地短路，会影响切割效率及修刀精度。

（2）走丝系统保养。走丝系统稳定是保障电极丝空间位置稳定的前提，如电极丝在走丝过程中产生抖动，必然会在切割工件表面产生条纹，影响加工精度及表面质量，因此必须对走丝系统进行定期保养。

① 需要定期检查下线臂导轮轴承，以保障其运转顺畅，避免产生振动。

② 需要定期检查机床后部收线轮及轴承运转是否顺畅，如出现振动或噪声，应给予更换。

③ 机床后部收线陶瓷轮若磨损加剧，则需要进行调整或更换。

④ 定期检查走丝系统的橡胶张力轮，避免出现沟槽或磨损，以保持张力系统的稳定性，必要时调整偏位或更换。

⑤ 定期检查走丝系统各导轮运转是否顺畅，导引线运行是否正常，穿丝后要检查电极丝是否在各个导轮槽中，防止在非正常状态下进行加工。

(3) 电极丝的选用。电极丝质量的好坏对尺寸精度有重要影响，一般电极丝的选用原则如下。

① 材质均匀，外径均一，散热及导电效果好。

② 张力稳定，不易断丝。

③ 铜粉少，不易黏附在走丝系统部件及工件上，放电加工顺畅。

在加工较大锥度工件时，要选用具有高挠曲能力的电极丝，即软丝。与硬丝相比，软丝的延伸率较大，因而软丝在上下导丝器之间可以保持直线状态。低速单向走丝电火花线切割加工常用电极丝的种类、性能及用途见第4章表4-1。作为一般划分，电极丝通常被分为硬丝、半硬丝及软丝。这三类电极丝的加工适用范围见表5-1。

表5-1 三类电极丝的加工适用范围

材质	抗拉强度		延伸率/(%)	适用范围
	kg/mm^2	N/mm^2		
硬丝	>100	>980	<2	一般平面直线加工
半硬丝	60～70	650	<5	锥度加工，锥角小于10°
软丝	45～60	445	>20	锥度加工，锥角7°～30°

(4) *U*、*V*轴垂直位置的检查。一般情况下，在确定*U*、*V*轴垂直位置后，将其坐标设定为(0，0)。检查时只要返回*U*、*V*轴的垂直位置，再看*U*、*V*轴的坐标是否是(0，0)即可。如果*U*、*V*轴坐标不是(0，0)，则应进行电极丝垂直位置的重新找正。如果加工工件的垂直度要求比较高，可跳过检查，直接对电极丝进行垂直找正，找正完成后再开始加工。

(5) 水质的检查。低速走丝机一般使用去离子水作为工作介质，并采用高压泵将去离子水强制喷入放电间隙。随加工过程的进行，放电会产生导电离子并溶入水中，导致水质的导电性逐渐升高，水质变差，即水的电阻率降低。加工中水的电阻率一般需要控制在50kΩ·cm左右。

(6) 过滤器的检查。过滤器的作用主要是过滤加工过程产生的蚀除产物。低速走丝机一般采用纸质过滤器，其网格密度一般为5μm，使用寿命为2～3个月(每天8h)。水箱上有压力表(图5.2)，用以观测开机状态下过滤器内部达到的水压。一般以0.2MPa作为过滤器所能承受的压力极限。当压力表压力不低于0.2MPa时，过滤器的出水量会明显减少，这会导致净水箱内的水量供应不足，影响机床正常加工，特别是工件厚度比较大时，会随着净水箱内液面的降低而使整个机床的工作液泵自行关闭，导致机床无法正常工作，必须更换一对新的过滤器。在更换过滤器时要注意尽量防止过滤器内的污水漏到机床内，更换过滤器后应先使机床过滤2～3h再进行加工。

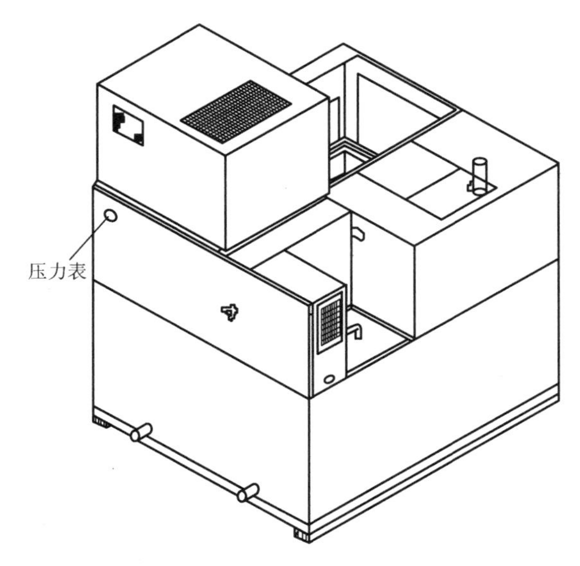

图 5.2　过滤器内部水压压力表位置

对于长期加工硬质合金、纯钨等材料的机床，由于在加工过程中所产生的颗粒杂质比较多，很容易导致过滤器报废，建议外接一套污水处理设备，主要用于对颗粒杂质先进行一次粗过滤，以减少过滤器的更换频率，降低生产成本。

（7）水量的检查。在不开机的状态下，污水箱的液面比净水箱的液面低 100mm 左右为最佳状态。这样才能保证在切割 150～200mm 厚的工件时，水箱不至于缺水而影响正常加工；如果要切割的工件比较薄，污水箱的液面低一些也能正常加工。检测水量是否够用的方法是将 Z 轴移到要切割工件厚度的高度，接通大水泵，如果液槽里的液面能够保持在正常的高度，则水量够用，否则必须加水。建议无论水量暂时够用还是不够用，都需要不定期地往水箱里补水。污水箱与净水箱的位置如图 5.3 所示。

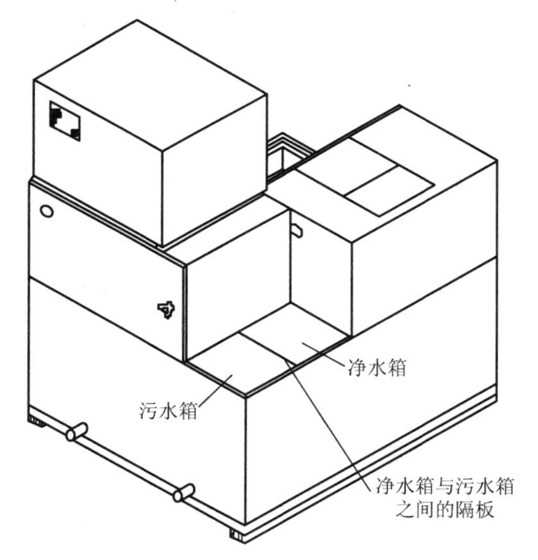

图 5.3　污水箱与净水箱的位置

(8) 气压的检查。对带自动穿丝装置的机床而言，主要检查外接气泵是否打开，气压是否达到正常值。一般情况下，使用气压为0.5MPa，压缩空气流量为30L/min。

(9) 丝卷大小的检查。如果工件修切还未结束就需要更换电极丝，会在换丝的位置留下一条加工丝痕，因此在切割比较大的零件时须检查丝卷的大小。

5.1.2 加工前准备

1. 图样分析和审核

【加工前准备】

加工之前应再次审核图样，确定工件的基准面、加工工艺过程、切割顺序及起切点的位置，检查加工程序与工件图样要求是否一致，具体如下。

(1) 根据图样要求和所加工工件的材料特性，分析每一图形元素的作用，或按照技术要求明确每一图形元素的精度和表面粗糙度。如果是多型腔切割，将相同要求的图形分类；如带有锥度切割，将锥度切割与直壁切割区分，以制订相应的加工工艺，如需进行切割的次数、切割方向、锥度、偏移量方向和大小。

(2) 检查工件大小与加工机床行程是否匹配。为加工时装夹定位方便，加工行程一般需比机床最大行程每轴短10mm左右。如工件太大或形孔间距太长，应考虑先加工工艺孔以便下次装夹、接刀、校正使用。

2. 回机械原点

机床上的机械原点是坐标计数和误差补偿的起始点，是每个运动轴的位置基准。它的物理含义是精确、恒定、永远清不掉的坐标零点。低速走丝机的机械原点一般由精密开关的触点或光栅尺、编码器上的固定参考点来实现。其重复精度在零点几微米到1～2μm之间并与机床的精度等级有关。

开机后首先应先做回零检查。只有在做机械坐标回零后，机床才能够实现准确的误差补偿，消除有可能发生的错误补偿或系统偏差，获得最高的定位精度。利用机械原点的特性，在所有重要的加工进行之前，务必记下起始点的机械坐标值，这样，万一系统发生故障、坐标丢失，使加工不得不中止时，便可以重新起动机床，依照记录下的机械坐标，准确地回到起始位置，恢复未完成的加工。所以，操作者应养成加工前记录机械坐标的作业习惯，加工中即使出现了意外情况也能从容应对，挽回有可能出现的加工废品。

另外，在按下急停按钮、轴限位超出或行程开关被撞、伺服错误报警或轴运动错误报警后，都应该进行回机械原点的操作，以便系统能正确地读取机床的误差补偿值。

3. 坐标系和加工行程的确认

(1) 加工起始点位置是指切割程序启动的坐标点，一般以图样上某一基准点作为程序的起始点，再以该点建立坐标系，并把该点作为加工起始点位置。坐标系分为以下三种。

① 机械坐标系（也称绝对坐标系）。原点即机床绝对零点，是每台机床设置的机床坐标系的原点，一般设置在机床行程的某一极限位置。机床在工作过程中机械原点不变（用

户不可改变)。在加工程序启动时，要记录下机械坐标系的坐标值，如果加工过程中出现问题可以通过机械坐标找回加工起始位置。

② 工件坐标系。原点一般为图样标注的零点或者为加工程序的起始点。工件坐标系是操作者根据程序图样的需要和方便自己设定的，也称用户坐标系。

③ 子程序坐标系。为了编程方便，有些子程序具备独立的坐标系。在工件坐标系下，可以重复调用子程序进行旋转、镜像等操作。

工件坐标系建立后一定要将坐标原点清零。在加工过程中机床工作台运动到某点后的坐标，可以按照图样坐标来校核，遇到问题时，能够重新恢复加工。

(2) 加工行程的确认。加工之前一定要对照图样反复核对加工行程，确认加工的型腔均在机床行程范围之内，确认靠近机床行程极限的切割位置，确认装夹的夹具已避开机头的运动区域，以避免在加工过程中切割位置超出机床的运动极限位置，使加工无法继续或出现机床上下机头与夹具发生碰撞的情况。

4. 穿丝孔的选择与加工

封闭型腔或某些凸模的加工需要在线切割之前加工出穿丝孔。在多型腔切割时，选定的穿丝孔作为加工子程序的起始点，在该点穿丝并通过穿丝点引切后进行轮廓加工。穿丝孔一般选择在型腔中心，在进行加工及编制程序时，该点坐标十分重要。穿丝孔的加工方法一般为工件坯料淬火前较大型腔的穿丝孔可以钻削出来，淬火后或硬质合金材料及较小直径的穿丝孔则选用电火花穿孔机床加工。

5. 电极丝直径的选择

选择电极丝直径时应分析图样中各型腔的圆角半径及各型腔需加工的次数，特别是内圆角半径尺寸。内圆角半径尺寸必须大于所选参数的最后一次偏移量，而最后一次偏移量为电极丝半径加上最后一遍的放电间隙，因此可推算出电极丝半径的最大值。在内圆角半径允许的前提下，尽量选择 $\phi0.20\sim\phi0.25$mm 的电极丝，以获得较高的切割效率。

6. 电极丝垂直度校验

低速走丝机进行电极丝垂直度校验时需要注意：如果垂直校验块和工作台之间有污物或损伤，就不能进行正确的垂直校验；若喷嘴内的水分没有完全去除，就不会放出均匀的火花，所以应关闭喷流阀门，并用吹气枪将上下喷嘴的水吹干，以保障在空气中放电，保证校验精度。

垂直度校验器有多种结构形式，检测信号可通过火花放电、接触显示或自动感知获得，再通过 U、V 轴的位置调整来实现与基准的一致。

(1) 火花放电校正。这是最简单、实用的一种校正方法。校正器是一个平行度与垂直度误差小于 0.005mm/100mm 的精磨方块。为了在找正过程中对火花放电的位置易于识别，通常只保留靠近上下两端面 10mm 左右的接触宽度，其余作空刀处理，如图 5.4 所示。

校正时，作业区域的光线要尽量暗一些，电极丝走动时不能带水，所选择的放电规准以能够识别出火花为宜，不宜过大；操作面板的移动键，使得 Z 轴下降到校正器上表面附近，然后移动 X、Y 轴，使电极丝与校正器逐渐接近，开始放电，观察与侧面局部放电到与侧面完全放电过程中火花状态的变化。如放电火花上下不均匀，校验 X 方向时，主要移动 U 轴令放电火花上下均匀；校验 Y 方向时，主要移动 V 轴令放电火花上下均匀；两方向均校验好后，将 U、V 轴坐标设置为零。垂直校验的过程就是确定 U、V 轴零位的过程。两个方向分别校正后，再复核一遍，使校正精度进一步提高。这种校正方法的缺点是判断接触火花的大小仅靠直觉，客观性不强，校正后的垂直度在（0.015～0.030mm）/100mm，精度低，而且放电火花会对校正器表面造成损伤，以致每次校正都要换地方。

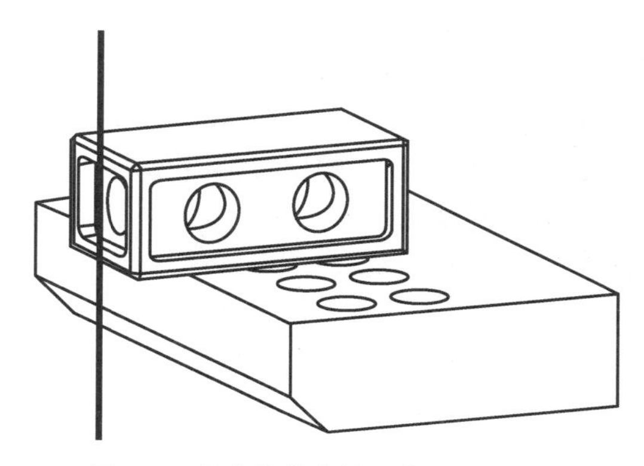

图 5.4 用火花放电校正电极丝垂直度

（2）两点式接触校正。校正器（图 5.5）由绝缘基座和上下端面上的两组呈正交排列的直线刀口组成，分别构成 $X-U$、$Y-V$ 两方向上的垂直基准，并成为接触信号的输出端。在制造上，要求上下两对刀口直线构成的平面分别与安装基面的垂直度小于 0.002mm/100mm，粗糙度 $Ra<0.10\mu m$。

图 5.5 两点式接触校正器

校正时先做一个方向的感知，比如 X 方向，无论是接触显示还是自动感知，总会有一刀口先碰到电极丝，上端碰到了，则 U 轴回退，X 轴继续进给；下端碰到了，则 X 轴回退，U 轴继续进给。最终，上下两端同步逼近刀口，输出等值的接触电阻或脉冲信号，供接触指示灯显示或系统识别。当 X 方向的校正完成后，对于有自动识别功能的机床就会由程序转入另一个轴，以同样的方式进行校正，共做两次。如果两次校正得到的数值相差较大，说明重复性差，校正不可靠，需要找出原因后重新进行。

常见的校正失败的原因除了电气、机械方面的问题外，还有以下一些非故障因素导致校正不可靠。

① 校正器本身的垂直精度未经检定，不能确定是否可以作为基准使用。

② 接触刀口不清洁，存在汗渍、油渍。

③ 走丝系统中，因送丝轮、收丝轮或传动带打滑引起的传动不稳定，导致电极丝抖动。

④ 电极丝与进电块、导轮、导向器紧密接触的表面摩擦状态改变而引起的张力波动。

⑤ 电极丝与校正器的接触电阻因其表面残留的水分未擦干而出现电阻值的波动。

⑥ 校正时所用的进给速度太高，出现电极丝过冲问题。

⑦ 设定的两次校正的允差值太小，系统的重复性达不到。

⑧ 安装基面的平行度误差较大或安装不平行，导致校正器自身不垂直。

当机床系统处于正常状态，以上这些影响因素都不存在，自动感知多次的重复性都在0.002～0.003mm，这种两点式的接触校正方法可以获得的垂直度在（0.004～0.008mm）/100mm，因此是比较理想和可靠的校正方法。

（3）单孔式接触校正器。校正器由一个可安装在机床上的支架和支架上的一片带圆孔的校正板组成，如图5.6所示。校正器本身并没有垂直度的要求，只要求校正板的固定面平行于支架的安装面，制造起来非常简单。孔的直径为ϕ20mm，高度为1.5mm，粗糙度为Ra 0.20μm。

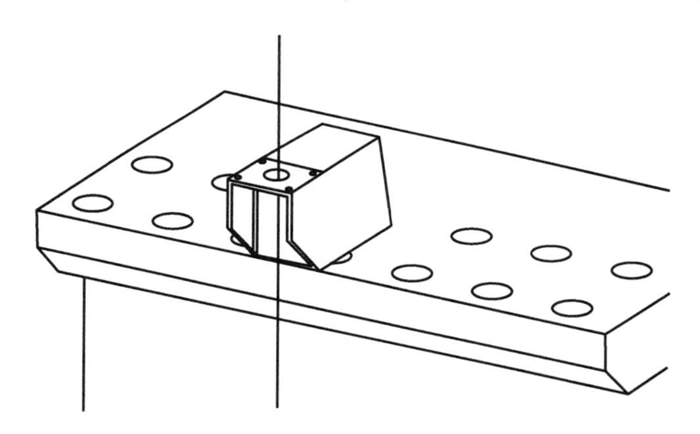

图5.6　单孔式接触校正器

校正原理是将校正器固定在工作台上，电极丝穿入孔中，Z轴降至校正器上表面后，启动校正程序，执行自动找中心功能，然后Z轴升起一段距离，再次执行自动找中心功能。系统根据两次找中心得到的坐标差值和Z轴起始坐标与圆孔中心高的坐标比例，计算出U、V轴的移动量，加以修正。这样反复几次，使Z轴的升降对校正后的中心坐标没有影响，即表明电极丝处于垂直状态。

还有一种方法，用的也是同样的装置，但找垂直的路径不同。将电极丝穿入孔中，Z轴下降，靠近校正器，先在Y方向自动校正并取中，再朝$+U$方向感知，取得数值后，回退一个定长；Z轴升起一段距离，重新在Y方向校正并取中，然后，再次朝$+U$方向感知，取得两次感知的差值。根据Z的坐标增量，即可算出U方向的角度偏差并予以校正。用同样的方法，再进行V方向的校正。电极丝的垂直状态经过一轮精化后，再重复一遍前述过程，即可获得较好的垂直精度。

这种校正方法的精度取决于 Z 轴的直线度与 $X-Y$ 导轨平面的垂直度、找中心的重复精度和走丝系统的稳定性。其校正精度可以达到 0.010mm/100mm 左右。由于现在很多机床的 Z 轴驱动都采用直流电动机或交流电动机，升降速度很快，因此这种垂直校正的方法因简单、可靠、易于操作而得到普遍的应用。

除火花放电校正之外，在其他校正方法中，如果由机床自动完成，最好能够采用浸液的方式。这样做重复性好，找正速度快，机床更接近于加工时的状态。如果用的是非浸液式机床，就要保证校正时的冲液流量均匀，使检测信号输出平稳。

凡发生下列情况之一者，一般都要进行电极丝的垂直校正，以保证加工的垂直度。

① 机床 2～3 日没有使用。

② 当机床系统重新设定后或 U、V 轴回过机械原点。

③ 上下导轮、导丝器、进电块、水嘴等与电极丝接触的元件进行过拆卸、更换和影响位置的调整，以及更换了夹具时。

④ 出现原因不明的加工误差，使得工件的垂直度变差或切出的角度不对。

⑤ 上下线臂与工件或工作台发生过碰撞。

⑥ 加工结束时，U、V 轴坐标显示不回零。

⑦ 重要的加工之前，如在加工较大模板或高精度要求的工件时，需要对电极丝的状态进行确认。

7. 工件装夹与找正

(1) 工件的装夹方式。根据工件的加工行程、形状和大小确定装夹方式和夹持位置，如板类零件、回转体零件、块类零件均用不同的装夹方式。低速单向走丝电火花线切割常用夹具有 3R、MECATOOL、EROWA 等公司的专业装夹系统，也可以根据所加工的工件自行设计夹具。

【工件装夹和找正】

【线切割工件装夹及调整】

① 板类零件。大型薄板类零件的装夹如图 5.7 所示。小型薄板类零件的装夹如图 5.8 所示。厚板类零件的装夹如图 5.9 所示。超厚板类零件的装夹如图 5.10 所示。

图 5.7 大型薄板类零件的装夹

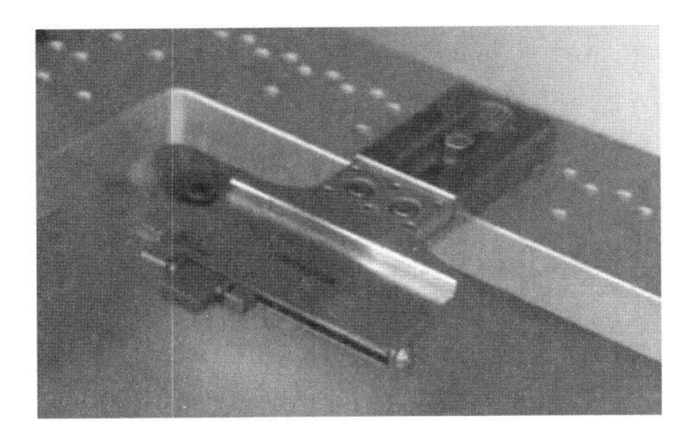

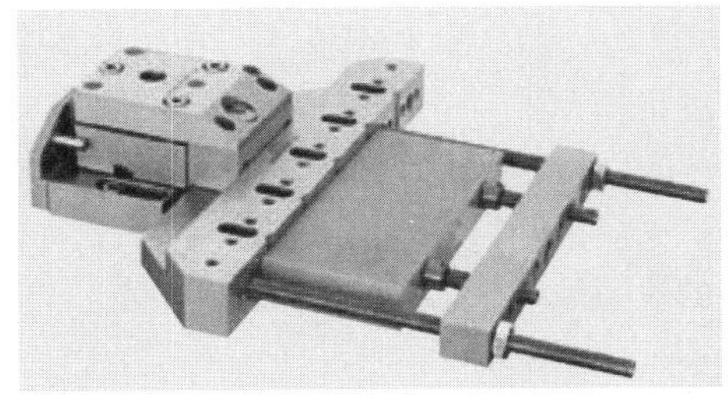
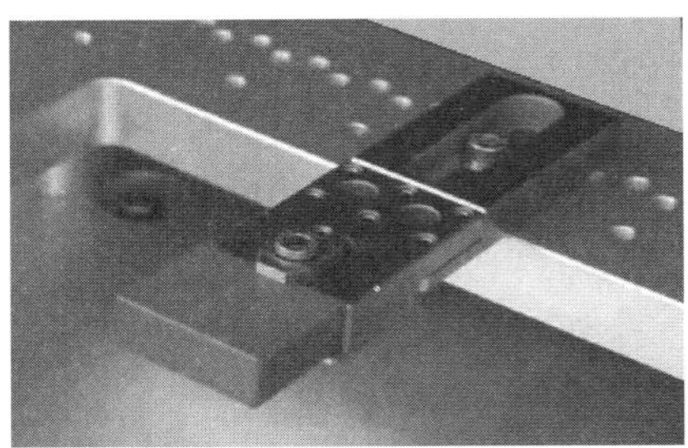

图 5.8　小型薄板类零件的装夹

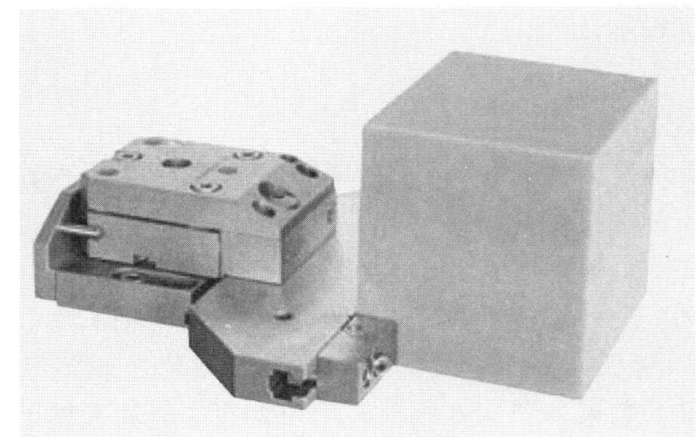

图 5.9　厚板类零件的装夹

图 5.10　超厚板类零件的装夹

② 轴类零件。轴类零件的装夹如图 5.11 所示。

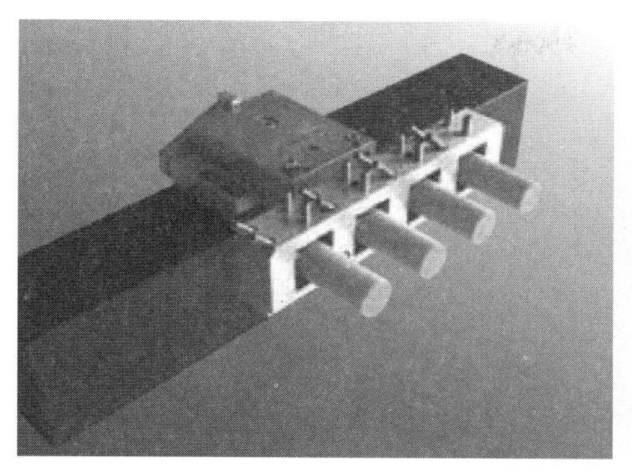

图 5.11 轴类零件的装夹

③ 盘类零件。盘类零件的装夹如图 5.12 所示。

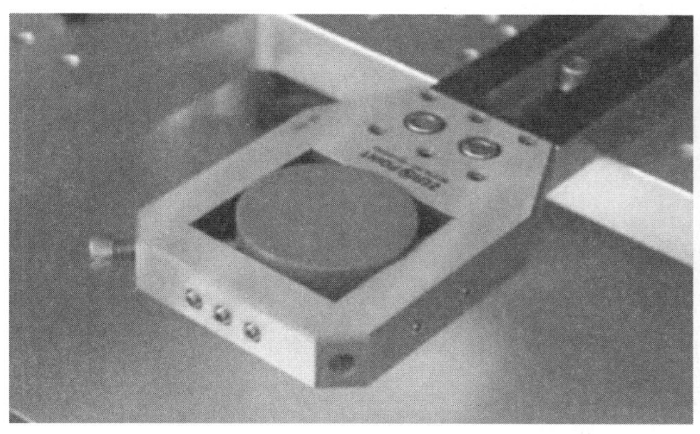

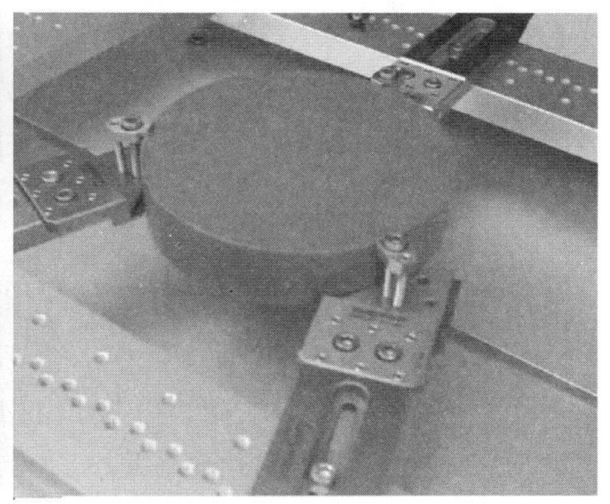

图 5.12 盘类零件的装夹

【线切割夹具】

在图 5.7～图 5.12 所示的各类零件切割装夹实例中，每件夹具上都有微调环节，微调可通过端部的顶丝来完成。顶丝呈正交分布，目的是保证运动的独立性，即一个方向上的微调对另一个方向的影响很小，因此，工件很容易找正，尤其是在机外预调时。当工件加工完毕，卸下来之后，务必要将顶丝全部放松，使端头复位，以备下次使用时装夹面处于正确的起始状态。

用于机外预调的工作台如图 5.13 所示。

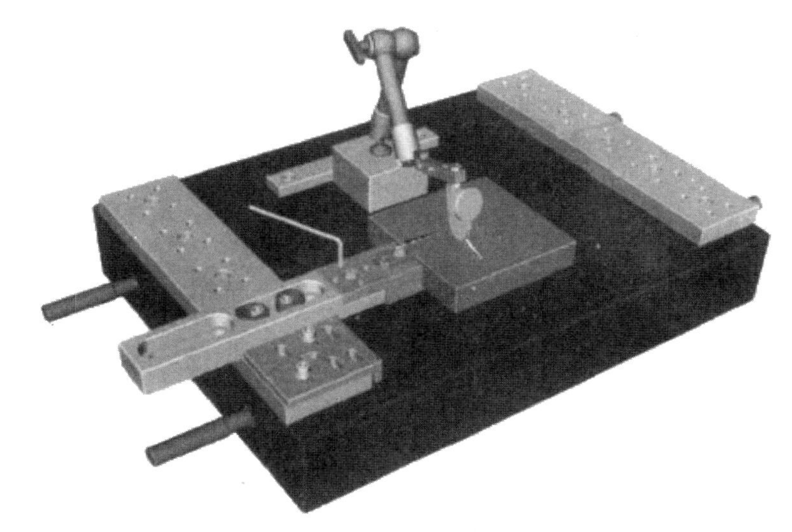

图 5.13 用于机外预调的工作台

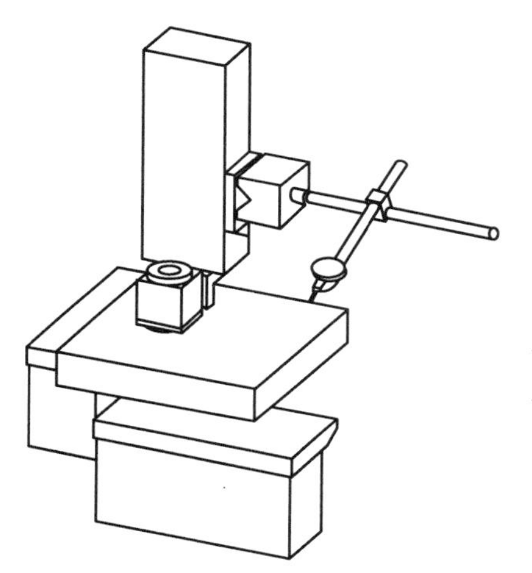

图 5.14 工件基准面的调整

(2) 工件找正。要完成工件的精确加工，不仅要重视工件的装夹，更要重视工件的找正。选择工件的基准面（多为工件安装后的上平面）进行平面找正，同时要校正工件的相应基准边，即某一基准边与机床的某一轴平行。找正方法是将工件装夹在工作台上后，在上线架上置一个带千分表的磁性表座，如图 5.14 所示，表针分别顶在工件的相互垂直的两个侧面，沿 X、Y 轴方向移动工作台，检测工件的两个基准侧面与 X、Y 轴的平行度，同时不断调整工件位置直到平行，压紧压板后再检查一次工件侧面及顶面的平行度。

(3) 位置找正。位置找正的目的是确定起切点的位置和工件各轴零点的设置。找正的方法因工件的形状和技术要求而异。为了确保位置找正的准确性，在位置找正之前，一定要将工件用于找正的面、孔清理干净，不得有污物和水珠，电极丝的上下喷嘴处也要用吹气枪将水吹干。

① 按直角边找正定位（简称直角边定位）。这种找正方式的前提是工件毛坯外形有一对经过精加工的直角边。首先将电极丝离开工件的一条边，处于不短路状态，通过输入 NC 指令或通过手控盒面板（也有的在控制柜面板上）的快捷键，输入电极丝的行走方向，选择基准边位置自动碰边，电极丝与工件接触后，数控系统会使机床自动停止，此时将用户坐标系中电极丝行走方向轴的坐标清零；再将电极丝移动到坐标系的另一轴，重复碰边找正动作、清零，按照图样尺寸移动 X、Y 轴达到程序起始点（程序起始点并不一定是穿丝点），如图 5.15 所示。目前，许多机床具有输入指令后自动找 X、Y 轴的直角边零点功能，其原理是相同的。

图5.15中A为工件坯料的基准角，B为工件图样的参考点，电极丝运动到程序起始点的位移为

$$\Delta X=a+D/2+\delta_x$$
$$\Delta Y=b+D/2+\delta_y$$

式中，D为加工时所用电极丝直径（mm）；a、b为被加工工件图样要求的公称尺寸（mm）；δ_x、δ_y为工件坯料的余量（mm）。

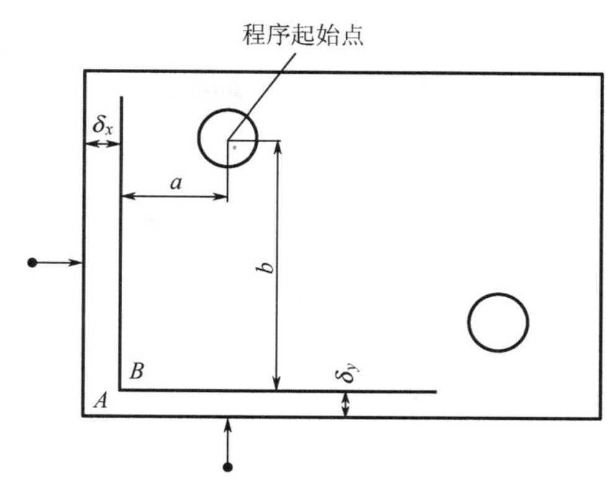

图5.15 直角边找正定位示意图

② 按基准孔找正定位（简称一边一孔定位）。有些工件已存在经过精加工的基准孔，但只有一个基准孔是不够的，还需要校对某一基准边作为相位基准，再以孔作为定位基准。孔中心可用自动碰边功能寻找，一般在相互垂直的两个方向（X、Y）寻找中心后，为了减少误差，在与X、Y轴成45°方向（或其他角度）再次寻找中心，两次寻找结果的X、Y坐标差值应根据图样要求控制在一定范围内（一般为0.002～0.003mm）。若基准孔为粗定位孔，可适当放宽两次寻找中心的坐标误差，找到孔中心后将X、Y轴坐标清零，按照图样尺寸要求，直接移动X、Y轴达到程序起始点，然后可在该点清零或置入该点图样坐标。

③ 预切工装找正定位。对于难以装夹和无法找到基准边、基准孔的工件，以及小批量生产的工件，常采用预切工装的方式找正定位。工装切割程序起始点与工件的程序起始点最好保持一致，以节省找正时间。

8. 确定加工起点

位置找正后，控制工作台移动至所需要的加工起点位置。

（1）确定Z轴。移动Z轴，使上喷嘴端面与工件上表面之间有0.05～0.1mm的间距。注意上喷嘴端面不可紧贴工件上表面，避免因冲力过大，导致导丝器偏移，影响加工精度；喷嘴的端面也不可离工件上表面距离过大，这样会导致水流不能直接冲到放电缝隙中，使排屑不畅，影响切割效率和表面粗糙度。在确定Z轴零点位置时还要注意检查两点：第一，检查夹具及压板和螺钉不要与上喷嘴在加工时发生干涉；第二，工件的下表面不要有低于工作台面的部分，以防加工过程中与下喷嘴发生干涉。

（2）确定X、Y轴坐标零点。位置找正时已经将X、Y轴设为零点，但这有可能不是图样的设计基准点，用自动移动的方式将工作台移动到该点，并分别将X、Y轴设置为零。

（3）设置坐标系。每当开始加工一个新工件时，应该养成建立工作坐标系的习惯，一旦在加工过程中发生意外，搞乱了工作坐标的位置，可以在工作坐标系下归零，找回加工起点。每次调用新程序或从程序起始处重新切割时，工作坐标会被自动设置为加工程序所定义的切割起点坐标。每一个工作坐标的零点都对应着机械坐标，机床的机械坐标系是每个机床的绝对坐标系，是无法清零的。所以，记住工作坐标系零点所对应的机械坐标值，是恢复程序起始点位置的最好方法。

9. 设定加工轨迹及加工路径

根据穿丝孔的位置确定加工起点，按照图样轮廓确定加工轨迹，特别注意在加工同一工件多型腔轮廓时轨迹方向应保持一致，如选择逆时针加工，则所有型腔均要选择为逆时针加工，尽量避免逆时针和顺时针轨迹同时存在，以避免在设置偏移量时出现混乱，同时也可减少工作台运动的系统误差。

10. 选择加工参数

低速走丝机提供了工艺参数选择的专家系统，各项参数，如脉宽、峰值电流、走丝速度、电极丝张力等模拟量均以数字量形式出现。工艺参数专家库是机床出厂前在特定环境下所做大量试验的总结，根据材料种类（钢、硬质合金、铜、铝）和加工厚度、加工精度、表面粗糙度等要求，以及电极丝直径等条件可以从工艺参数专家库中直接调用；工艺参数专家库中的参数在实际生产中要根据具体零件做相应的修正，修正后的参数若经实践证明是可行的，可以记录并保存在计算机、数控系统的硬盘或软盘中，作为经验参数，在以后加工同类零件时调用。

11. 编制程序

按照图样分析的结果进行程序编制，大部分工件的轮廓均是由点、直线、圆弧构成的。简单轮廓形状的程序编制可以在机床上进行，但大多数使用专用软件完成。各软件最终生成国际通用 NC 代码，可用于不同的线切割机床。软件的后置处理方式各不相同。后置处理方式一定要符合机床的数控系统要求，因加工所用的程序 NC 代码不仅包含所加工工件的几何信息，而且包含工艺信息在内，如加工参数、偏移量、冲液方式、加工次数等，这些与加工有关的内容可以全部包含在程序中。

12. 程序运行检查

装夹找正完成并输入加工程序后，将机床移动到程序起始点，数控系统调整到模拟切割状态，启动该工件的切割加工程序，检查运动轨迹与图样或程序是否吻合，穿丝孔位置、调用的电参数和非电参数是否正确，特别要注意观察机床和工件之间是否有障碍物、压板位置和所加工的区域是否干涉、紧固螺钉是否与下喷嘴剐蹭，以保证加工过程的正确性和安全性。

13. 加工过程中对加工状况的监控

加工开始后，操作者需要通过显示加工状态的仪表、放电声音、火花的颜色等判断加工是否正常，并调整到最佳状态。

加工引入段：从穿丝孔走到起切点这一段称为引入段。在切割引入段时，电极丝从穿丝孔或端面空走到接触工件表面开始放电，当电极丝刚接触工件表面时，由于工件表面可能有锈蚀、毛刺及电火花穿孔留下的变质层，因此导电性不好，放电的稳定性较差，应采用较低的放电能量并降低切割速度，否则容易造成断丝。完成引入段加工后（一般设定引入段距离至少在 2mm 以上），加工状态趋于稳定，这时可根据加工状态调节系统给出的加工参数。

正常加工阶段：进入正常加工阶段后，需要对电压表、电流表的摆动进行监控。放电开始后，电压表及电流表分别显示加工过程中极间放电间隙的平均电压及加工的平均电流。因此正常稳定加工时，两表的指针应该稳定在某个位置，并做小幅摆动。如果两表的指针摆动加大，说明加工不稳定。电压表指针频频向下摆动，电流表指针频频向上摆动，说明进给太快，进给速度大于工件的蚀除速度，极间趋向于短路状态；反之，电压表指针频频向上摆动，电流表指针频频向下摆动，说明进给太慢，进给速度小于工件的蚀除速度，极间趋向于开路状态。

极间状况显示功能的监控：某些机床具有在屏幕上直观显示极间加工状态的功能，由红、绿、黄三个区域和极间加工状态实时变化指示组成，如图 5.16 所示。

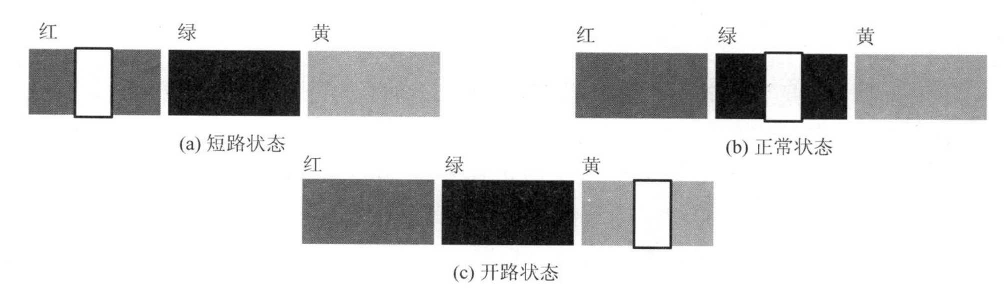

图 5.16　加工状态显示

当光标在红色区，表示趋于短路状态；当光标在黄色区，表示趋于开路状态；只有光标在绿色区时，表示极间加工状态较正常。在实际加工中，为提高放电脉冲有效利用率，一般光标趋向红色区，以提高切割效率。

放电声音及火花颜色监控：放电加工中还可以通过观察放电声音及火花颜色来直观判断放电的状态。正常的放电声音为连续平稳的“呲呲”声；当夹杂着“叭叭”声时，表示趋向于短路；而当放电声音时断时续时，表明趋向于开路。正常的放电火花的颜色为青白色；趋向于短路时，伴随着“叭叭”声，会产生红色火花；在喷淋式加工中，当工作液未能将电极丝完全包裹住时，漏在空气中的部分火花为黄色。

14. 加工状态的调整

极间状态调整的基本原则是保证机床的进给速度与工件被放电蚀除速度相等，以实现持续、稳定的加工。对于低速单向走丝电火花线切割，专家数据库已经给出了各种情况下加工参数的推荐值，操作者也可以根据具体情况进行加工状态的调节。一般机床提供了与操作相关的三类加工参数，供对机床的加工状态进行调节。

(1) 伺服参考电压 S_V。由于放电加工状态与间隙电压密切相关，因此机床的专家数据库针对不同工件加工会给出一个伺服参考电压 S_V。当间隙电压高于 S_V 时，机床进给；反之，回退。如日本 SODICK 公司的机床给出了 0～255 共 256 挡 S_V，中国苏州三光科技公司的机床给出 0～9 共 10 挡 S_V。虽然专家数据库已经给出了不同加工情况的伺服参考电压 S_V，但是操作者可以根据具体加工情况进行伺服参考电压的修订。

(2) 伺服限速速度 S_F。伺服限速速度 S_F 是专家数据库根据工件的材质、厚度、第几次切割给出的空载时的最高进给速度，单位为 mm/min，操作者可以根据加工的具体要求进行调节。

(3) 脉间、脉宽及能量调整。虽然机床的专家数据库已经给出了根据工件的材质、厚度、第几次切割的脉冲电源参数，但实际加工中，操作者也可以根据具体的加工要求进行调节。

5.2 加工工艺

5.2.1 多工位级进模具的加工工艺

多工位级进模具是要求较高的精密模具，因此低速单向走丝电火花线切割在多工位级进模具制造中得到广泛应用。

低速单向走丝电火花线切割主要用于级进模具的凹模镶块、凹模板、卸料板、凸模、凸模固定板等重要工作部位的加工，以满足模具的工作功能和精确定位的需要。在进行多工位级进模具的线切割加工时，要系统地分析每一需要切割的图形元素的性质、作用；正确判断型腔是用于冲孔、落料、过孔，还是镶块孔。根据图形元素的性质和作用确定每一个型腔轮廓的加工次数、是否带有锥度及与图样公称尺寸的间隙等加工工艺信息，如冲孔以凸模作为基本图元，将冲裁间隙放在凹模型腔上；落料时以凹模作为基本图元，将冲裁间隙放在凸模上，凸模与凹模之间的间隙根据材料厚度的不同进行调整，一般情况下，双面间隙=(5%～10%)t（t 为被冲压材料的厚度）。确定基本图元后便可以进行程序编制，所有需要加工的零件，如卸料板、凸模、凹模、凸模固定板等，都在遵循确立基本图元的基础上进行操作。

1. 加工程序的编制方法

加工级进模具程序编制大致步骤如下。

(1) 找出相同的基本图形元素，明确相同性质的基本图元是哪些，以便区分不同的切割需求。

(2) 编制图形轮廓子程序。

① 输入图形轮廓几何信息。在编程机上输入点、线、圆等几何信息，或通过 AutoCAD、Pro/E 等绘图软件将图形转化后直接与编程机连接。无论切割的是凸轮廓还是凹轮廓，相同的图形轮廓只需编制一个轮廓几何子程序，在此基础上编制凸轮廓和凹轮廓的子程序。如编制凹轮廓子程序，只需确定该种图形轮廓的进入切割点、穿丝点，以及进入轮廓的切割点和穿丝点的相对位置关系；编制凸轮廓子程序，需确定该种图形轮廓的载体位置及切割方式。

② 确定加工轨迹方向。根据切入点的位置及工艺性能确定是逆时针加工还是顺时针加工。

③ 确定轮廓线上的子程序。从轮廓的进入切割点开始，逐一将轮廓上的各个元素(点、线、圆)连接作为子程序，这样，对不同的图形轮廓做出诸多不同的子程序。

(3) 编制切割子程序。图形轮廓子程序仅仅代表需要加工的形状、大小等几何信息，无法在加工时使用。因此加载工艺参数，如穿丝、剪丝、高压冲液、低压冲液、偏移量大小或偏移量寄存器号码、锥度信息、电参数、非电参数、子程序起始点等才能使每一轮廓子程序具有实际意义。

（4）编制切割用主程序。

① 在统一坐标系下，确定程序起始点及所要调用子程序的起始点。

② 从程序起始点到各子程序联在一起形成主程序。

③ 生成 NC 代码，不同的机床其后置处理程序不同，所生成的 NC 代码不同。

程序编制均要经历上述过程，但不同的零件具有各自不同的特点，要结合工件的加工工艺做具体的分析。

2. 凸模加工工艺

凸模加工工艺分为一般凸模加工工艺、无接痕凸模加工工艺、易变形凸模加工工艺三种，具体如下。

（1）一般凸模加工工艺。凸模厚度一般比较大，如果凸模轮廓尺寸也比较大，在凸模数量不多的情况下，最好选择加工出穿丝孔的方式进行封闭式切割，并且可以设置多个穿丝孔避免变形，但这样处理材料利用率较低、加工成本较高。在多工位级进模具中，一般凸模数量比较多，而且许多凸模选用硬质合金材料，为穿丝孔的加工带来许多不便，所以，大部分凸模的加工采取开放式切割，这样可以节省材料和进行无人操作。一般凸模均具有较规则的外形，即存在平行的两个平面，在多次切割时，预先留出连接部分——载体只切割一次，选择留出平行的两个平面之一，切割下凸模后，用平面磨床将载体与凸模的此面轮廓接平，这样可以节省线切割的加工时间，降低了操作难度。由于多次切割后载体处切断可以用磨床处理，因此在编制程序时要充分考虑后面的磨削是否方便。凸模加工时根据表面粗糙度要求确定加工次数，在进行多次切割时，图形轮廓子程序按照一个轨迹方向编制，为开放型轮廓。主程序在图形轮廓子程序的起始点调子程序；在图形轮廓子程序的结束点反调子程序，以避免多次切割的穿丝、剪丝问题，而且使无人加工得以顺利进行。在正调子程序时，偏移量的数值为正值，反调子程序时则为负值。假设切割四次，第一次和第三次为正偏移量；第二次和第四次则为负偏移量。凸模加工时，常采用两种加工方法，一种方法为加工完一个凸模，取下一个，如图 5.17(a) 所示；另一种方法为全部加工完成后，统一切断取下，如图 5.17(b) 所示。

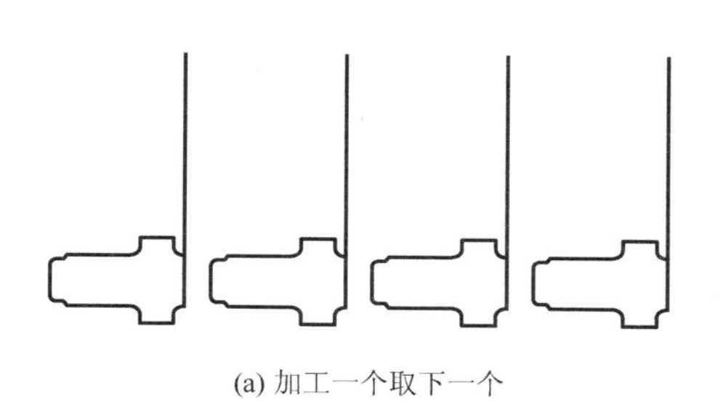

(a) 加工一个取下一个

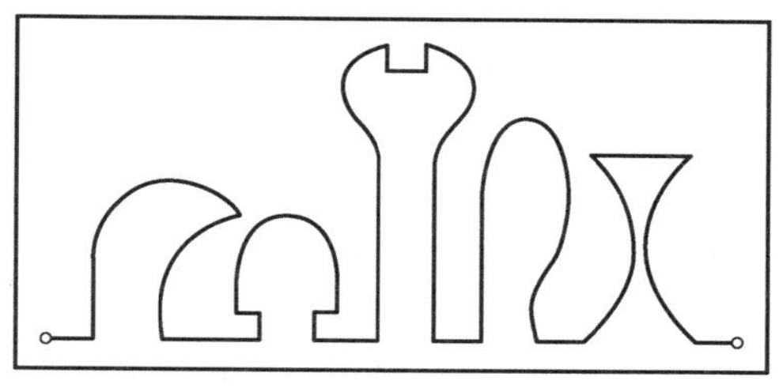

(b) 加工完一起取下

图 5.17　凸模加工示意图

（2）无接痕凸模加工工艺。有些凸模很难在线切割加工完成后去除装夹载体部分，因此必须采用无接痕加工。如图 5.18(a) 所示，电动机转子芯轴冲裁模具中的凸模，切割完成后很难进行磨削加工去除接痕，需要进行无接痕加工。首先加工出图 5.18(b) 所示的轮廓部分；然后使用连接块（三片）粘住工件已切割完成的部分和基体，在工件基体中间的缝隙中加入铜片，以便在多次切割载体时第一次切割完毕后进行修切加工时导电用；最后对剩下的轮廓部分进行加工，如图 5.18（c）所示。这样加工出的工件不需再进行任何处理。

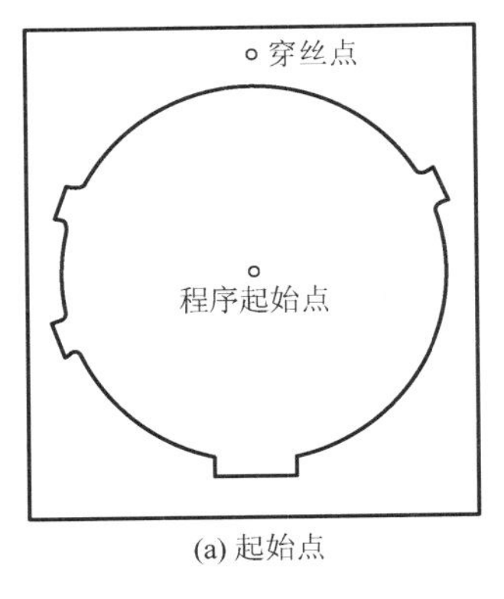

(a) 起始点

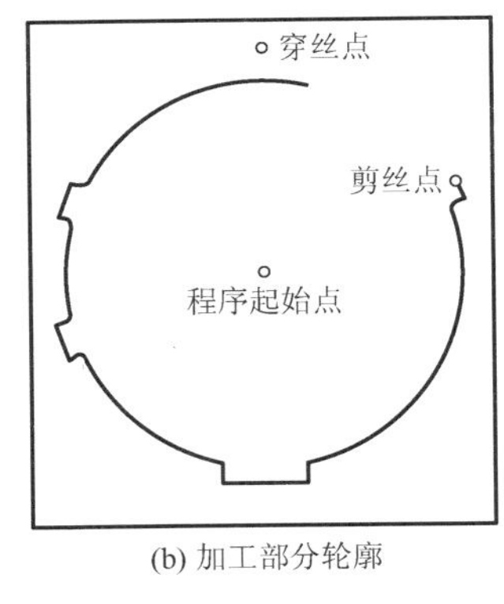

(b) 加工部分轮廓

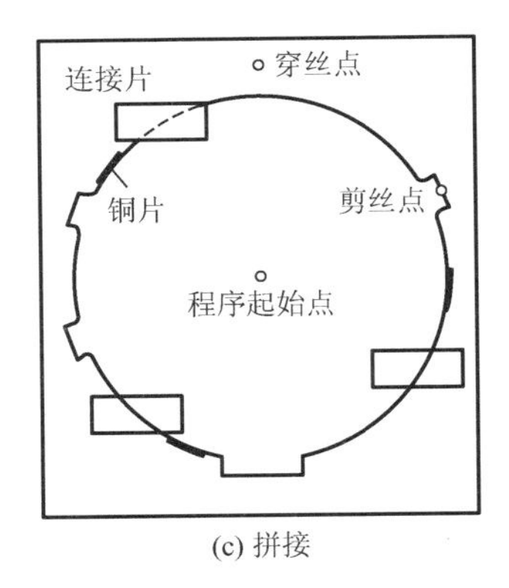

(c) 拼接

图 5.18　电动机转子芯轴的无接痕切割

（3）易变形凸模加工工艺。由于线切割加工改变了工件材料内部的应力分配，因此切割过程中会产生变形问题，尤其是薄而窄的凸模。例如，图 5.19 给出的长 10.705mm、宽 0.31mm 的凸模零件，如果按常规方法进行切割，在切割过程中由于材料内应力的影响，在第一次切割时，头部已产生严重变形，尺寸已经小于图样公称尺寸，导致后几次已无法修切，最大变形可达 0.03～0.04mm，如图 5.20 所示。对于此类易变形凸模（假设切割四次），常采用下面两种加工方法。

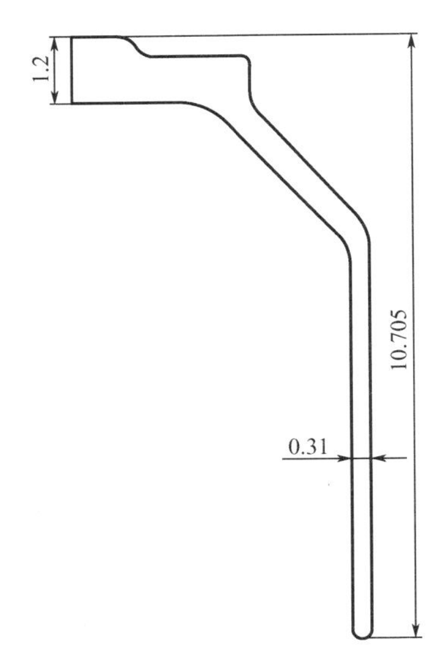

图 5.19　凸模

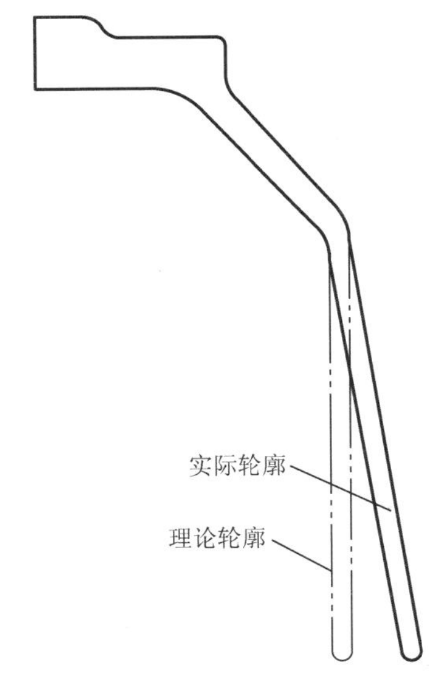

图 5.20　常规切割凸模变形

① 双穿丝点法。首先在坯料的 A、B 两点分别加工两个穿丝孔。然后分别编制加工路径 $A \to C$ 和 $B \to D$、$A \to B$ 和 $C \to D$ 四个子程序 t_{1m} 和 t_{2m}、t_{3m} 和 t_{4m}。$t_{1m}(A \to C)$、$t_{4m}(C \to D)$ 偏移量为右偏；$t_{2m}(B \to D)$、$t_{3m}(A \to B)$ 偏移量为左偏。按 50mm 高硬质合金的偏移量及加工规准分别在 A、B 点穿丝进行第一次切割；在 C、D 点切出 $\phi 0.5$mm 的小圆孔，剪丝后返回 A 点，穿丝进行第二次切割；达到 C 点后反调子程序用第三次规准切回至 A 点剪丝，在 B 点穿丝进行第三次切割，达到 D 点后反调子程序用第三次规准切回至 B 点剪丝，分别在 A、B 点穿丝进行第四次切割。这样，凸模的主要部分加工完成，如图 5.21(a) 所示。为了减少切断时凸模的变形，使用粘胶剂（502 胶），用连接片（一般厚度为 0.5～1mm）将已加工完毕的部分与工件基体粘在一起，如图 5.21(b) 所示，并在切缝的缝隙中插入铜片（用于第一次切割完成后对后几次的修切加工时进电）。在点 A 调用子程序 t_{3m} 切割第一次，在 B 点反调子程序 t_{3m} 切第二次，依此切割第三次和第四次，最后在 A 点剪丝；同样的方法在 C 点穿丝，调用子程序 t_{4m} 完成对 $C \to D$ 轮廓的加工。至此凸模的加工全部完成，用丙酮擦去 502 胶，取下凸模。采取该方法加工的凸模变形量极小，精度完全达到所需要求。

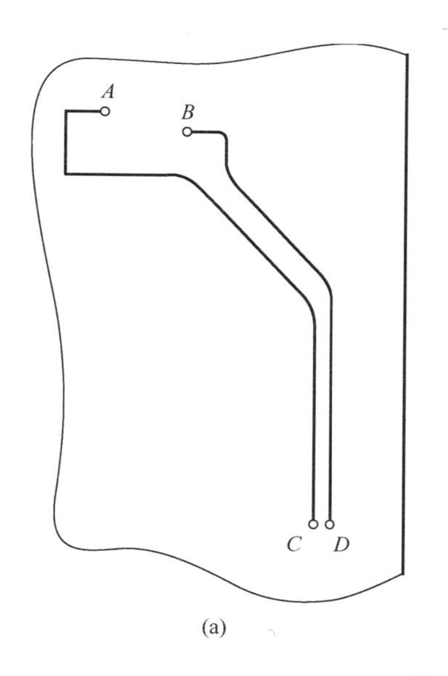

(a)

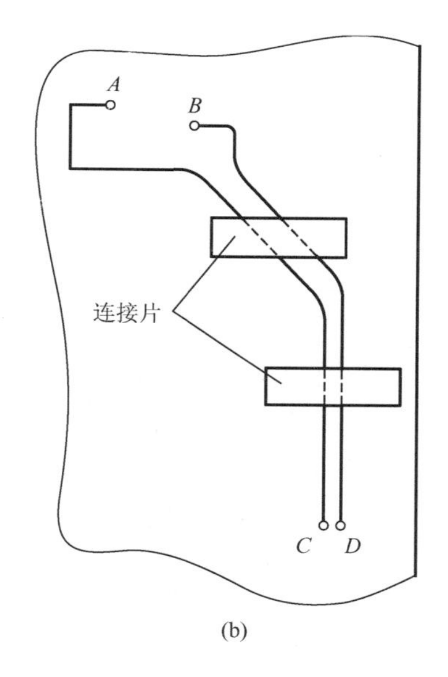

(b)

图 5.21　双穿丝点法

② 加工工艺接头的方法。双穿丝点法切割凸模时，首先需要加工出两个穿丝孔，但由于很厚的硬质合金的穿丝孔不易加工，因此常采用加工工艺接头的方法。首先在坯料外进行穿丝（A 点），第一次切割时，使用较大的偏移量切出图 5.22(a) 所示轮廓（包括工艺接头），工艺接头一般长出工件上端 5mm，并在 B 点处切割出 $\phi 0.5$mm 的圆孔；然后使用连接片粘住工艺接头与基体，如图 5.22(b) 所示。采用同样双穿丝点的方法，分别切割凸模的左右两个部分及切断两头（包括工艺接头），如图 5.22(c)～图 5.22(e) 所示。此方法最大的优点是不用预加工穿丝孔。

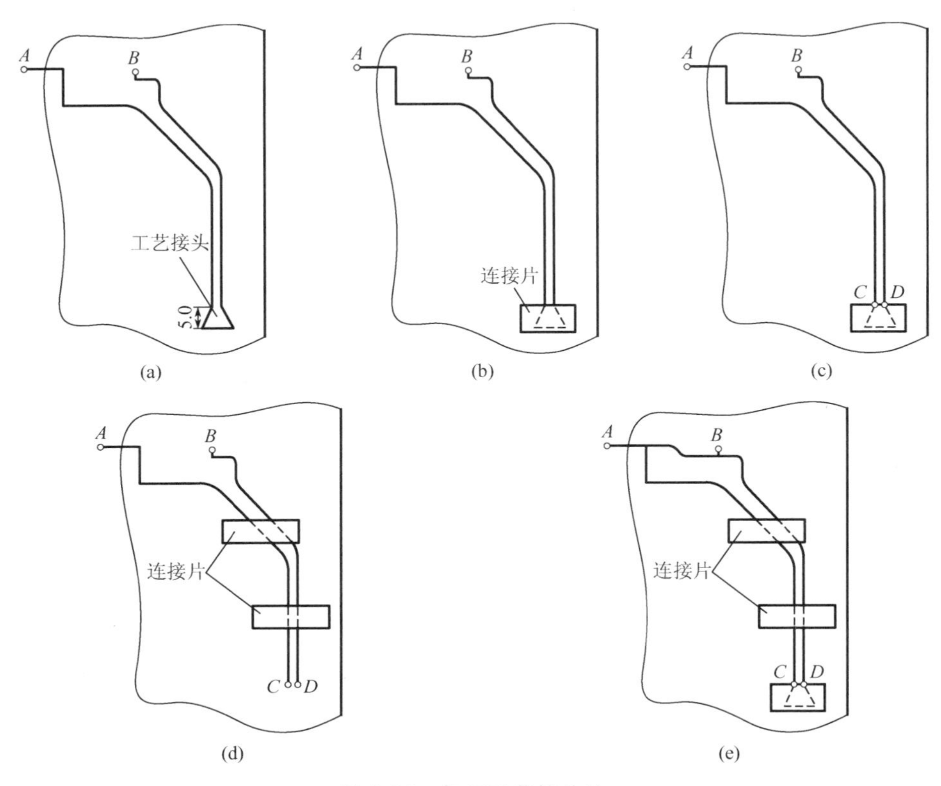

图 5.22 加工工艺接头法

3. 凹模镶块的加工工艺

在编制凹模加工程序时，冲裁模以凸模为基准，凹模放间隙；落料模以凹模为基准，凸模放间隙。下面以冲裁模为例来说明。凹模镶块如图 5.23 所示，在凹模镶块中共需加工十个相同的型腔。

(1) 用凸模为图元元素作基本图元，选择穿丝点及轮廓起始点。

(2) 确定穿丝孔的位置，编制子程序 t_1。其中穿丝孔相对于该子程序的位置及穿丝孔在整个工件坐标系中的位置必须保持一致，否则无法使得加工十个相同型腔共同调用一个子程序 t_1。如 t_1 按照 a 型腔的形状编制子程序，则 b、c、d、e 型腔直接调用即可，f、g、h、i、j 型腔则需在调用 t_1 子程序时旋转 180°。

(3) 确定轮廓起始点及电极丝运动的轨迹方向，如图 5.24 所示，采用逆时针加工，按照前面所讲的编程方法，编制出 NC 程序，输入机床进行加工。为使冲裁模在冲压产品时落料方便，凹模大多带有锥度，所以对凹模的线切割加工多为锥度加工。一般定义编程使用的尺寸平面为主程序面，但加工时为了拾取料芯方便，常采取镜像装卡。因锥度切割时，CNC 系统计算轨迹，需要在 Z 轴方向确定统一的基准，该统一基准可以是工作台平面或机床设置的某一平面。凹模一般沿厚度方向的锥度是不同的，如图 5.25 所示，平面 1→平面 2、平面 2→平面 3 之间的锥度是不同的，当切割平面 2、3 之间的锥度时，平面 2 成为主程序面。主程序面距基准平面的高度非常重要，它直接决定了最终加工尺寸的精度及凹模刃口的高低。

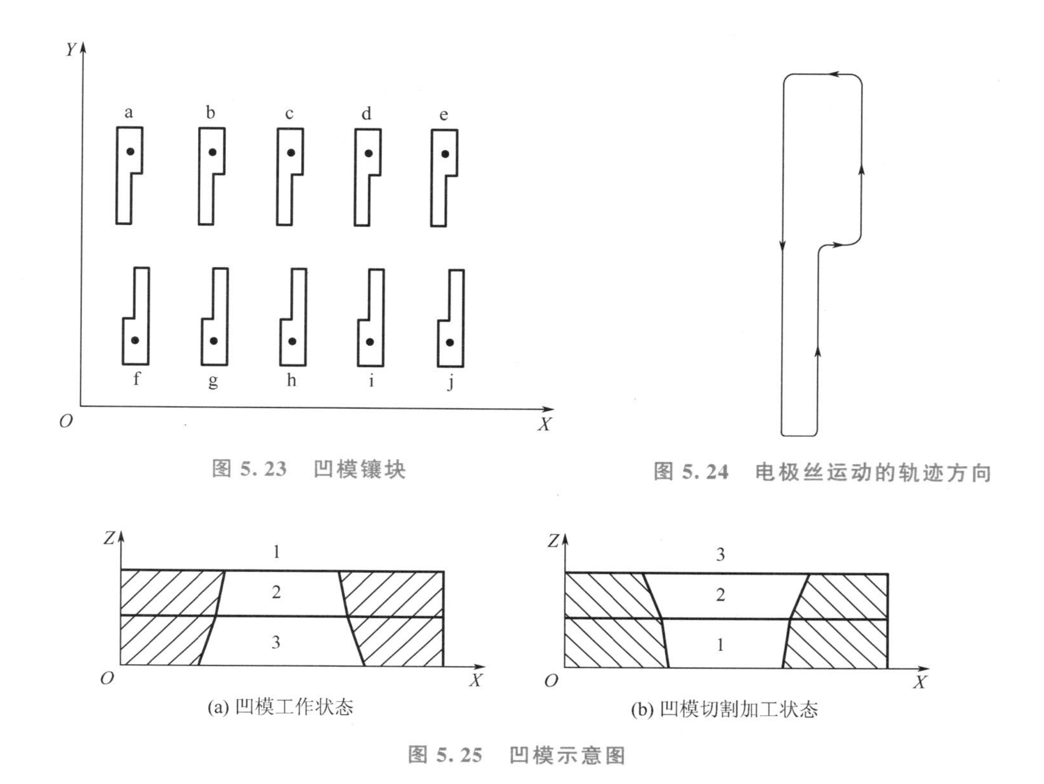

图 5.23 凹模镶块

图 5.24 电极丝运动的轨迹方向

(a) 凹模工作状态

(b) 凹模切割加工状态

图 5.25 凹模示意图

5.2.2 几种特殊情况常用的处理方法

1. 尖角的切割方法

许多工件需要切割出尖角，如图 5.26(a) 所示。但由于切割时放电爆炸力对电极丝的推力作用，在切割时如果仅仅在编程时设计圆角为零，则尖角是无法切割出来的，实际切割时尖角处会出现不规则塌角，如图 5.26(b) 所示。因此，在切割尖角时程序应编制为图 5.26(c) 所示的切割路径，R_1 大于切割时所用电极丝半径加上主切割时的放电间隙，即大于第一次切割的偏移量，这时由于尖角是由直线轨迹生成的，因此可降低因电极丝滞后带来的圆角缺陷。

2. 很小圆角的切割方法

在切割过程中，如果圆角半径小于切割时的偏移量值，将造成圆角处的根切。遇到这种情况的处理方法是，首先要明确轮廓中最小内圆角的半径必须大于最后一次修整加工的偏移量，否则应选择更小直径的电极丝；而主切割加工及前几次修切加工时，可根据每次加工时偏移量的不同，设置不同的内圆角半径，即同一轮廓编制不同的内圆角半径子程序。子程序中的内圆角半径大于此次切割的偏移量，这样就可以切割出很小圆角的凸轮廓或凹轮廓，并能获得较好的圆角质量。

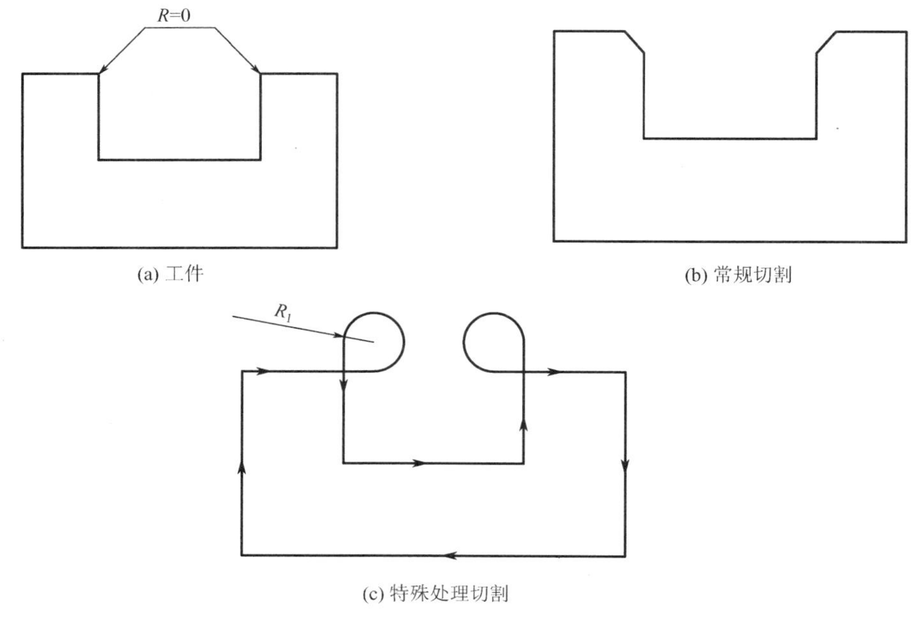

(a) 工件　(b) 常规切割　(c) 特殊处理切割

图 5.26　尖角切割示意图

3. 预切割及释放内应力切割工艺

特大轮廓的凹模型腔（如长狭轮廓形状）由于热处理后材料残余应力较大，在切割过程中料芯极易发生变形，造成夹丝。这种情况下通常采用预切割的工艺方法或释放内应力切割的工艺方法（也称预切割或减压切割）。预切割是沿着轮廓留出 0.1～0.2mm 的加工余量进行切割，如图 5.27(a) 所示。而释放内应力切割则是沿着轮廓的中心切出一条缝（宽度约等于电极丝的直径），目的是释放内应力，减少工件的变形，如图 5.27(b) 所示。对于特大的凸模，同样需要进行预切割，即先沿着轮廓留出 0.1～0.2mm 的加工余量，并加工出二次找正的工艺孔，然后将工件取下，放置一段时间使应力和变形彻底释放，再通过工艺孔找回切割位置，便可以加工出合格的凸模。

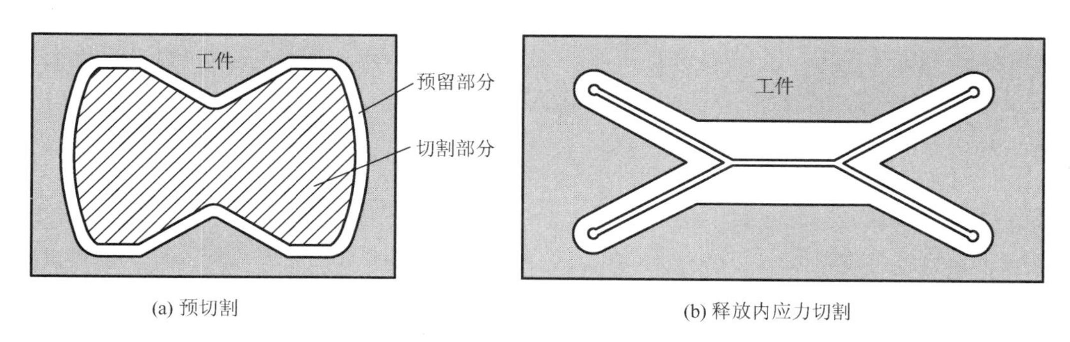

(a) 预切割　(b) 释放内应力切割

图 5.27　特大工件切割工艺方法

4. 特大凸模的加工工艺

对于外形轮廓较大的凸模，除采用上面提到的预切割方法外，还常采用多穿丝点逐段加工的方式进行，如图 5.28 所示。加工顺序为主切割 1、2、3、4 段，修切 1、2、3、4 段，然后将连接片涂上 502 胶粘接已切割的凸模与基体，在切割缝处插入金属片；采取同样方法切割 5、6、7、8 段轮廓，在切割交缝处（如轮廓外 p_1、p_5）应相互由圆弧光滑过渡，以避免出现切割接痕，并且注意 Z 轴应抬高于连接片的厚度，以防误撞。

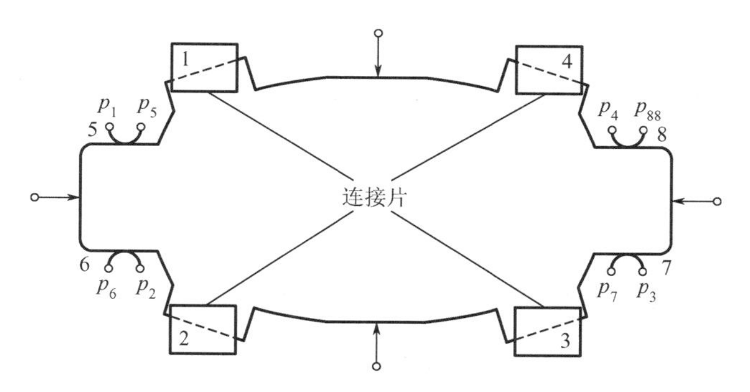

图 5.28　特大凸模的切割工艺方法

5. 料芯的拾取方法

在切割型腔时，中间切割下来的料芯必须及时取走，以防料芯落下将电极丝顶斜，使型腔轮廓表面出现烧伤而报废，并且为了后面的修整切割，也必须及时将料芯取走。不同工件取料芯的方法不同。对于质量较轻的料芯，在料芯快切断的子程序处设置暂停，机床执行接近暂停点时，注意观察可听到料芯切断瞬间的放电声，机床会马上自动停止运行，人工提升 Z 轴，可直接将废料取出；对于稍重一些的料芯，在接近料芯切断处设置暂停，此时，可将料芯与基体用磁铁吸住，如图 5.29(a) 所示，固定在上端，但要注意在后续的加工过程中不能碰撞 Z 轴；对于大型工件，用夹具固定，夹具固定时应远离后续的加工轮廓，以防上下喷嘴与夹具碰撞，如图 5.29(b) 所示。

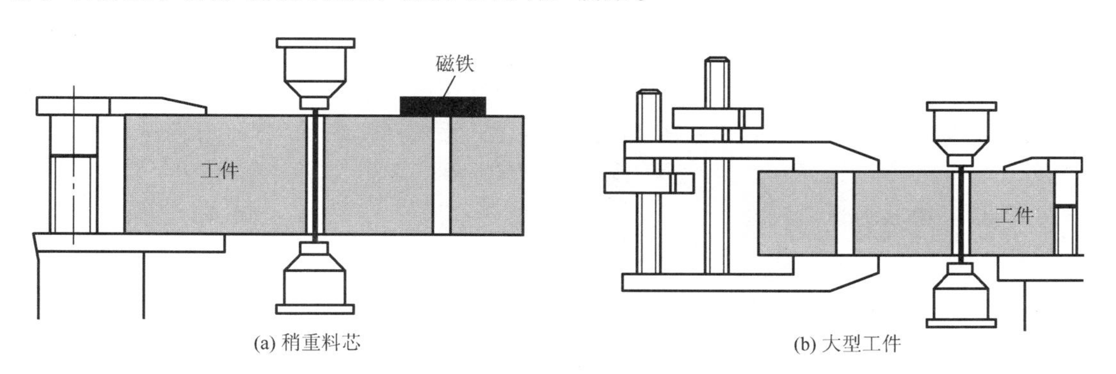

(a) 稍重料芯　　(b) 大型工件

图 5.29　料芯的拾取方法

6. 减小无功切割的加工工艺

加工型腔（特别是较大型腔）时，穿丝孔位置应尽量靠近型腔轮廓以减小无功切割。由图 5.30 可知，L_2 的切割路径显然大于 L_1 的切割路径，其无功切割长，机时浪费大。

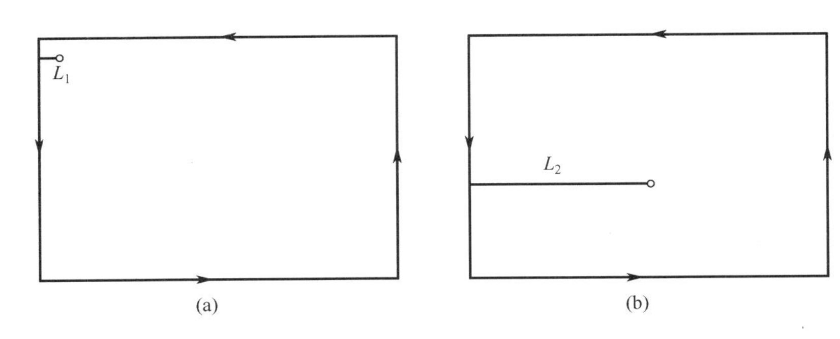

图 5.30　无功切割示意

7. 采用无人操作的加工工艺

对于一些切割工作量比较大的多型腔零件，可以安排在夜晚，采用无人操作加工，这样可以节省成本，提高机床的使用率。无人切割在切割到暂停点时，不将其切断，在此剪丝移到下一型腔自动穿丝切割下一型腔，这样可以使得切割过程中没有料芯落下，不用人员的干预，待有人员干预下再进行切断和拾料。无人切割必须保证机床自动穿丝系统可靠无误，为避免因穿丝不顺利造成机床停机，穿丝孔的直径应尽量大些。

5.2.3 无芯切割的加工工艺

1. 无芯切割的用途及特点

在许多精密模具加工中，经常会遇到小型腔的切割问题。在低速单向走丝电火花线切割过程中，由于料芯较细小，极易掉到下喷嘴中无法拾取，并且在切割时料芯易变形，造成短路，为后续的修整切割带来很大困难，有时只得拆下工件清理废料，致使工件的精度下降，严重时导致工件报废。所以，在切割集成电路引线框架模具、手表机芯模具等细小型腔时，经常采用无芯切割的方法来解决这个问题。无芯切割的最大特点是在切割时不产生料芯，在轮廓加工时可不设暂停点，如图 5.31 所示。无芯切割时电极丝无偏移量，其轨迹为电极丝中心的运动轨迹。

2. 无芯切割程序编制方法

（1）绘制轮廓。

（2）输入穿丝孔直径及切割电极丝直径。

（3）设定每次熔化百分率。每次熔化百分率一般设定为 50%；残余量，即在轮廓上均匀留下的切割余量，一般设定为电极丝直径的 80%。计算机根据电极丝直径、穿丝孔直径自动计算生成轨迹，将自动计算生成的轨迹作为子程序保存。

（4）编制切割轮廓子程序。主切割时只切割残余量，不需添加暂停点，修整切割与其他型腔加工相同。

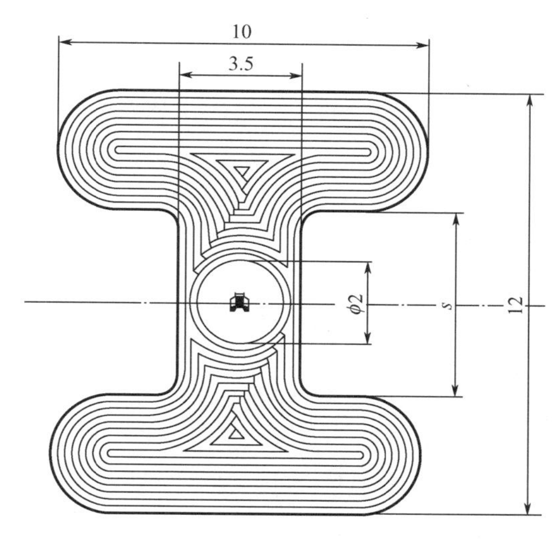

图 5.31 无芯切割轨迹

(5) 编制主程序。首先调用轨迹子程序，特别注意此时不能加入有关偏移量的任何指令信息，然后按常规切割方法调用轮廓子程序。

无芯切割广泛应用于电子、手表等模具生产中，极大地降低了切割的废品率。

5.2.4 锥度切割的加工工艺

低速单向走丝电火花线切割锥度加工采用四轴联动方式。常用的锥度切割形式有普通锥度、上下等圆、指定圆角、变锥加工、尖角过渡和上下异型几种，如图 5.32 所示。

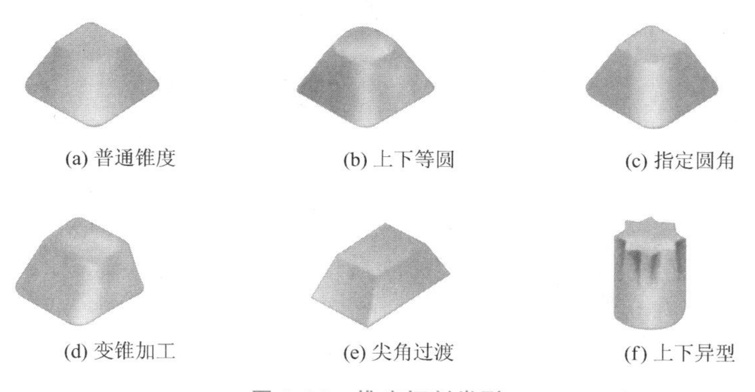

图 5.32 锥度切割类型

(1) 普通锥度。它是在整个轮廓上按固定的锥角进行切割的一种方式。在进行标准圆角锥度切割时，在圆角处 X、Y、U、V 四轴均匀运动，生成的轮廓面为标准圆角。其上下轮廓圆角半径不同，如以下轮廓为程序设计面，正锥度加工，则上轮廓内圆角变大，外圆角变小。标准圆角切割可以按二维图形的方式进行程序设计，仅输入切割角度即可进行切割。一般切割凹模时，普遍采用的是标准圆角切割，如图 5.33(a) 所示。

(2) 上下等圆。它是指锥度切割时，在圆角处上下轮廓面的圆角大小相等的一种切割方式，如图 5.33(b) 所示。

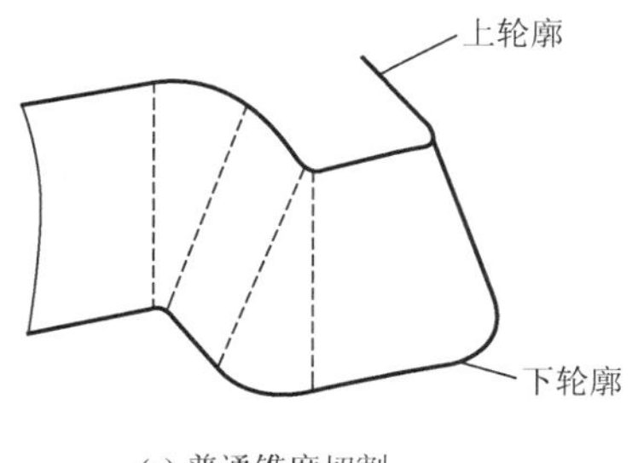

(a) 普通锥度切割

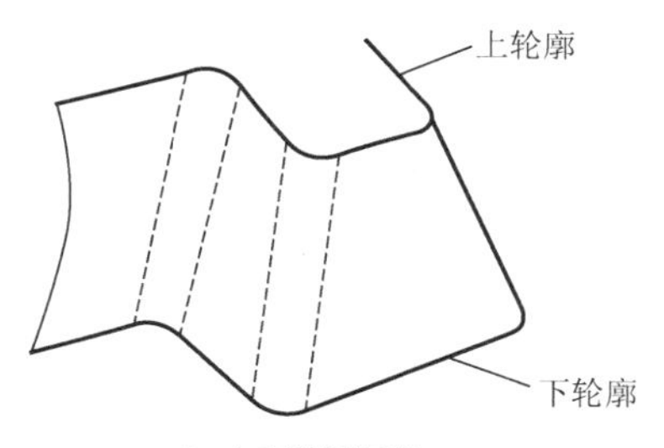

(b) 上下等圆切割

图 5.33　锥度切割的不同圆角方式

（3）指定圆角。它是指锥度切割时，在圆角处上下轮廓面的圆角大小由程序指定的一种切割方式。

（4）变锥加工。它是指上下端面形状不同，各个面锥度不同，但几何元素的数量相同的一种切割方式，如图 5.34(a) 所示，常用于塑料模具的型腔切割。

（5）尖角过渡。它是指锥度切割时在过渡区采用尖角过渡的方式，各个面锥度可以相同，也可以不同。

（6）上下异型。它是指上下端面轮廓形状不同，尺寸不同，上下端面轮廓几何元素的数量也不同的一种切割方式，如图 5.34(b) 所示。

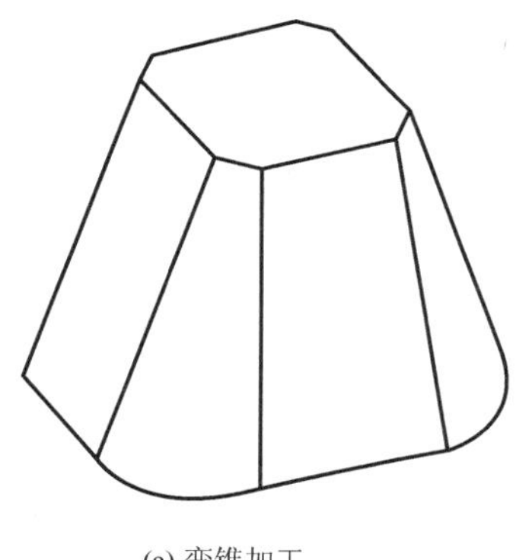

(a) 变锥加工

(b)上下异型

图 5.34　锥度切割的不同形式

除普通锥度切割外，其他锥度切割在四轴联动切割时，四轴的插补运动均存在不均匀的运动方式，因此，有时统称上下异型切割。

【上下异型截面形状的加工】

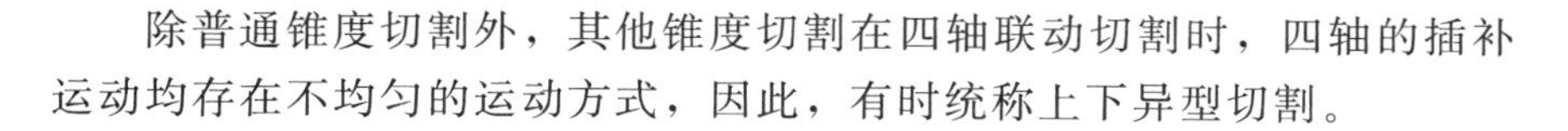

5.2.5　双丝切割的加工工艺

双丝线切割机床主切割加工时采用较大直径的电极丝，精修加工采用细电极丝，特别适合于带极小半径圆角的型腔加工和多形状零件的加工。如瑞士+GF+公司推出的 ROBOFIL 2030S1－TW 机床能采用 ϕ0.02～ϕ0.25mm 的电极丝自动进行双丝切换加工。采用粗丝进行第一次切割，一般电极丝直径为 ϕ0.25mm，以提高切割效率，并可进行无芯切割；然后采用细丝进行修整，一般电极丝直径为 ϕ0.10mm，可切割出小圆角，并可提高精度，总体可节省 30％～50％的切割时间。双丝切割系统如图 5.35 所示。

(a) 双丝切换机构结构

(b) 卷丝筒结构

图 5.35 双丝切割系统

1. 极小半径圆角加工

图 5.36 所示的工件带极小半径圆角的型腔。在对工件进行线切割加工时，使用双丝线切割系统，首先用粗丝加工内部半径较大的轮廓；然后自动切换较细丝进行小轮廓精加工，完成小半径圆角部分的加工，最终保证加工精度的要求，提高了生产效率，降低了生产成本。

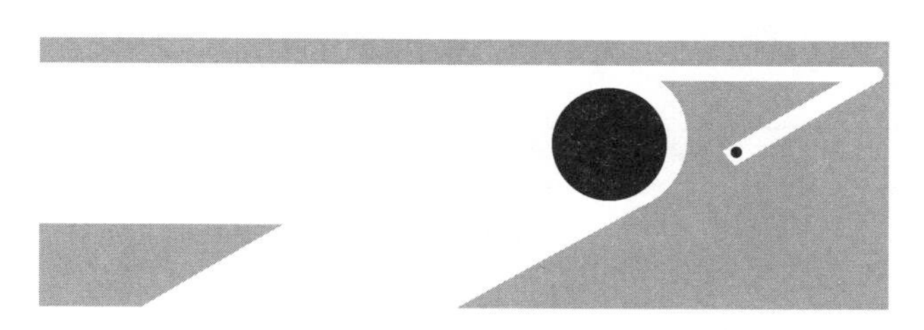

图 5.36 带极小半径圆角的型腔的工件加工

2. 多形状加工

许多零件的内部轮廓和外部轮廓要求采用电火花线切割机床进行加工。如图 5.37 所示，该工件内部的多处细小部位具有较小半径的圆角，则采用双丝线切割机床加工。加工方法：首先，如果需要加工的部位足够小，则可先用粗丝对其内部轮廓进行无芯切割；其次，利用双丝切割系统自动将电极丝转换为细丝，对内部轮廓进行精切割加工；最后，更换粗丝，完成零件的外部轮廓加工。

这里特别要注意的是，由于线切割放电加工过程中，电极丝的导向位置可能发生一些变化，因此，在对细小部位进行高精度加工时，如果要使用两种不同直径的电极丝，那么操作人员必须在放电加工前，对每一种电极丝的位置进行验证（该过程可自动执行）。此外，在加工较大的零件时，为避免工件在放电加工过程中材料变形而引起的定位不准确，可以先使用粗丝对工件外部轮廓进行粗加工，然后对内部轮廓进行加工。

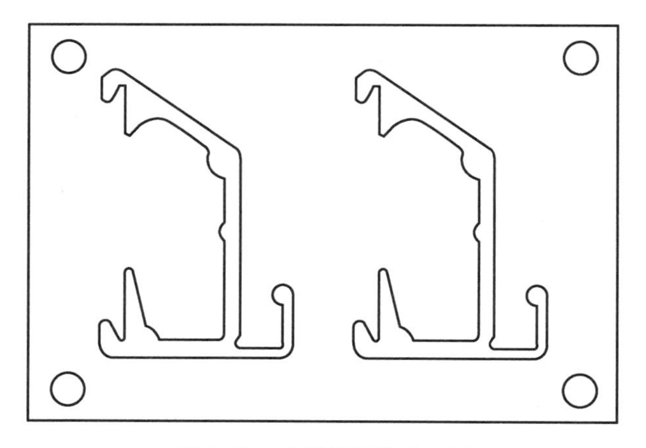

图 5.37 多形状零件的加工

5.2.6 开开形状的加工方法

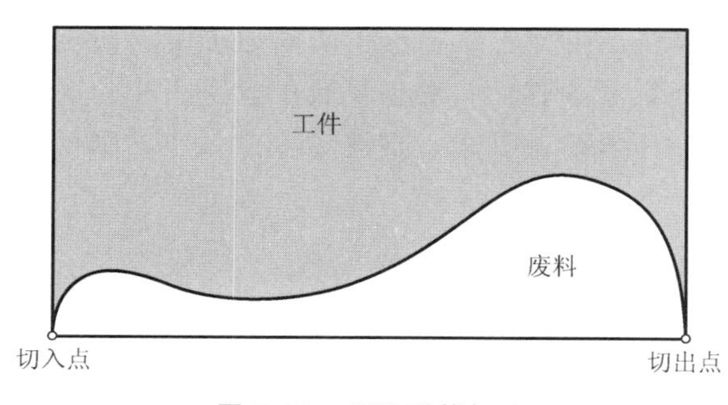

图 5.38 开开形状加工

开开加工指的是切割轨迹为不封闭的图形，图形的切入点与切出点不在同一个位置。开开形状的加工电极丝起切点的位置非常重要，电极丝的轨迹偏移方向要根据切割方向来确定。图 5.38 所示的开开形状加工，如果按照从左至右加工，电极丝应向废料侧偏移。也就是说电极丝的切割位置一定是要在废料的那一侧，才能保证工件的正确尺寸。在开开形状的加工过程中，第一条线段（切入线）与最后一条线段（切出线）的路径和形状是不同的，一般情况下切入线为斜线，切出线可以是直线。

5.3 加工异常的处理

5.3.1 短路产生的原因与预防

在不同的加工情况下，导致短路发生的主要原因也不相同，分述如下。

1. 在加工前发生短路

空走段正常，一接触工件就短路，原因可能如下。

（1）工件表面锈蚀，或电火花穿孔时由于拉弧放电存在较厚变质层。

(2) 导电块不清洁，或电极丝处于导电块原有的磨损沟痕内，造成接触电阻过大。

(3) 极间进电线受损，如多股线中损坏几股或接头松动。

如电极丝在穿丝孔内，一开始加工就短路，可能是穿丝孔太小且位置打偏，造成一开始就处于短路位置，这样只能将电极丝移到不短路位置，增加一道切割到穿丝点的程序，然后正常执行零件切割程序。

2. 在加工中发生短路

在加工中发生短路可能是非电参数造成的，特别是工作液绝缘性变差，致使放电间隙的排屑、冷却、消电离条件恶化造成短路。

(1) 过滤器失效，需要进行更换。

(2) 检查走丝系统的张力、去离子水的电阻率和去离子的水温度，应达到标准要求。

(3) 加工小零件时废料没有及时取出，夹在工件与下机头之间。

3. 在加工结束时发生短路

加工结束时的短路大多是废料（加工凹模）、工件（加工凸模）快掉下来时，未及时接住或未采取防自动掉下的措施而引起的。

4. 在加工中发生短路的处理方法

在加工中发生短路，系统自动回退也不能消除时，可进行如下手动处理。

(1) 抬起 Z 轴，观察短路原因，用气枪吹短路点间隙，手拨动电极丝，再试一次加工，如仍短路，可手动切断电极丝，让系统按断丝进行处理。

(2) 如果在第三次切割时短路，为保证加工质量，应从第二次切割的起始位置开始，重新加工。

5.3.2 加工精度异常

1. X、Y 方向尺寸差异过大

(1) 喷嘴与工件的接触程度。工件与喷嘴的间距应维持在 0.05～0.10mm。调节好工件与喷嘴的间距后，开高压水，去离子水应为放射状向外喷射，水压的大小应达到参数表中的设定值。工件与喷嘴间距会直接影响加工精度甚至加工形状。

(2) 检查电极丝的张力，电极丝在行走过程中，用手轻触，应无大的振动。如有振动，造成振动的原因有电极丝本身在丝筒上排列不均、电极丝本身扭曲、放丝轮阻尼调节过松或过紧、走丝路径上的各过渡轮跳动过大、导丝器堵塞或损伤等。

(3) 用光学显微镜或放大镜确认导丝器是否磨损过大。

(4) 进电块消耗过大，导致电极丝与进电块的接触量过大，调整电极丝与进电块的位置，然后重新紧固。

(5) 工件装夹是否妥当，有无松动、倾斜，工件预留量是否过小，导致接近切割完成时，因工件内部应力释放而造成工件的变形或在加工过程中工件发生偏离、歪斜。

(6) 加工液液压过高，如喷嘴与工件在密切接触状态下，喷嘴将与工件之间产生摩擦，导致工作台行走不顺，影响精度。

(7) 进给速度是否正常，参考加工条件表的切割速度。

(8) 加工时，加工区是否有未去掉的废铜丝或其他导电物质，加工面是否附着很多黄铜或锌。

(9) 工件安装是否稳妥，工件应卡装平稳。

(10) 导丝器固定是否可靠。

2. 点位尺寸偏差过大

机床工作环境温度是否在 20℃左右。机床是按 20℃温度环境制定的螺距补偿，当温度变化过大时，将影响机床的位置精度。应检查制冷机的液晶显示，看是否满足主机温度与水温度差为 1℃的设定。如不满足，应使水循环，直至满足要求。

3. 凹凸量异常

若加工能量与进给速度不匹配或走丝速度过低，就会产生凹凸量异常现象［正常如图 5.39(a) 所示］。

(1) 中部凸出：若加工能量弱于进给速度，即进给速度过高，会产生图 5.39(b) 所示的中部凸出。

(2) 中部凹入：若加工能量强于进给速度，即进给速度过低，会产生图 5.39(c) 所示的中部凹入。

(3) 大小头：若走丝速度过低，会因电极丝的损耗形成上小下大的大小头现象，或因某个进电块消耗过大，也会产生图 5.39(d) 所示的大小头现象。

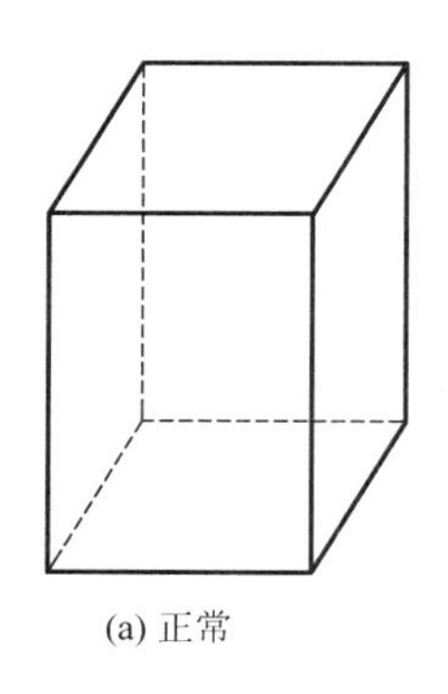
(a) 正常

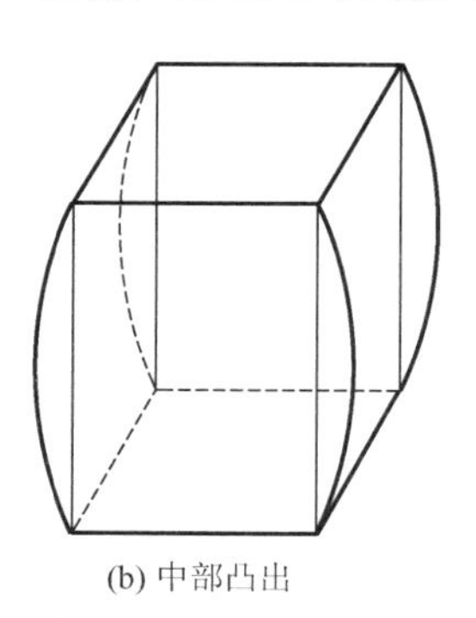
(b) 中部凸出

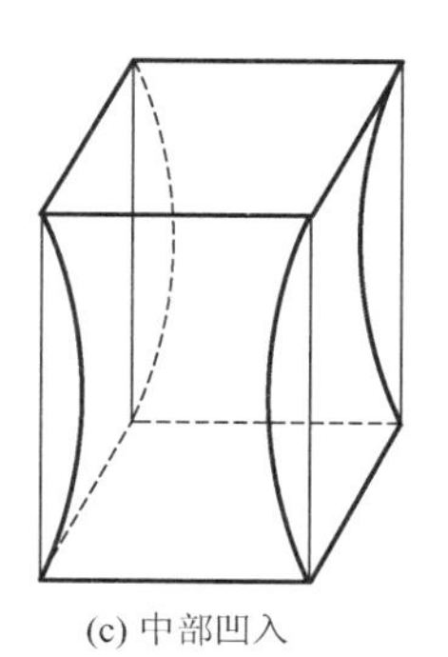
(c) 中部凹入

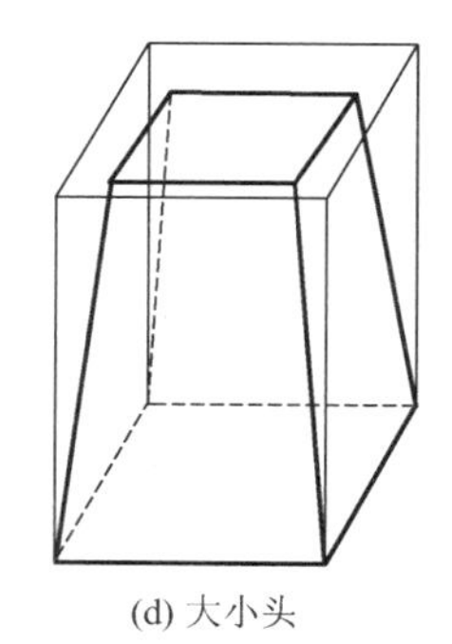
(d) 大小头

图 5.39 凹凸量情况

4. 塌角

加工间隙中放电时的爆炸力和高压水在加工缝隙中向加工路径后方的压差推力，对电极丝的滞后影响较大。加工电流越大，加工间隙中放电时的爆炸力就越强，对电极丝的反向推力也越大；水压越高，加工缝隙中向加工路径后方的压差推力也越大。这种滞后作用最明显地体现在切割小圆弧时实际圆弧直径偏大、加工拐角处出现塌角（图 5.40），影响加工质量和精度。

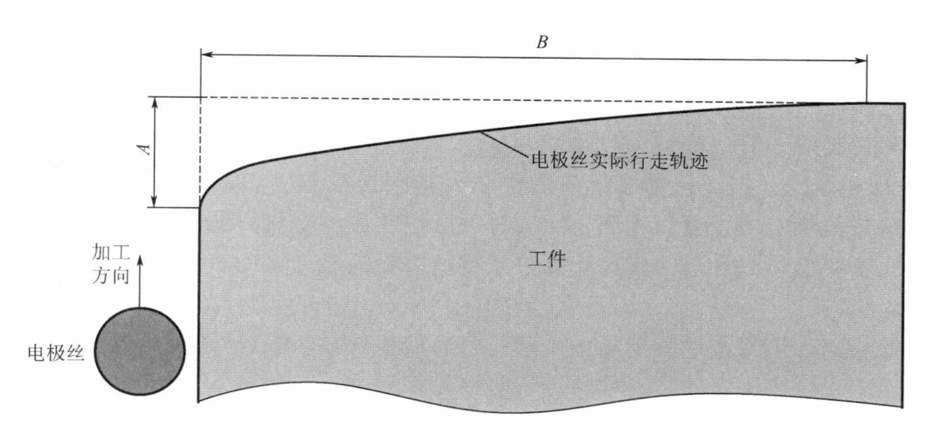

图 5.40　塌角的形成

在小圆弧和拐角加工处，需要考虑拐角控制策略，在保证不断丝的前提下，综合考虑上述诸因素之间的关系，合理控制各个加工参数，减缓电极丝的滞后影响，提高小圆弧和拐角的加工质量。具体措施如下。

（1）降低进给速度。

（2）增大电极丝张力。

（3）尽量减小上下导丝器之间的距离。

（4）在参数设置菜单中启用“降速清角”功能。

（5）用多次切割进行补偿。

5.3.3　频繁断丝

低速走丝机一般可以实现无人监控不间断加工，但一旦产生断丝就会使这一优势难以发挥，并且在断丝点处的加工截面会产生断丝接痕，影响工件表面质量，降低工作效率。引发电极丝断丝的因素很多，脉冲电源性能的优劣、走丝系统的稳定性、冲液条件、加工过程的自适应控制策略等都对断丝概率有影响。

1. 断丝产生的相关影响因素

为尽可能避免断丝，应该从以下几个方面进行考虑和选择。

（1）与电极丝相关的因素。

① 电极丝材料特性。低速单向走丝电火花线切割通常使用的是普通黄铜电极丝，高速切割时则采用以含锌量低（10%左右）的黄铜作为内芯，并用锌作涂层的镀锌电极丝。因为锌具有良好的放电特性，而含锌量低的合金在高温时具有高抗拉强度，这两种特性正符合线切割加工对电极丝的要求。用这种电极丝在日本MITSUBISHI公司生产的低速走丝机上做试验，其断丝概率比普通黄铜电极丝下降近20%。对电极丝做低温处理，也是降低断丝概率的一种措施。美国俄亥俄州一家公司用在－200℃下冷却24h的电极丝与没有做低温处理的电极丝做对比试验，结果前者断丝概率比后者低30%。

在加工过程中，电极丝承载放电能力的大小由电极丝直径决定，所以电极丝直径的大

小将直接影响断丝概率。电极丝直径小，承载放电能力小，当电极丝不能承载放电时的峰值电流、平均电流时则极易引起断丝。因此在加工中，应根据实际需要，选择直径适当的电极丝，选择涂层表面光滑、没有氧化斑点或经过低温处理的高速切割电极丝，从而减少断丝，提高切割效率。

② 电极丝张力和振动。低速单向走丝电火花线切割加工中，在电极丝强度极限下应尽可能维持高而稳定的张力，可使粗加工时电极丝在放电爆炸力的作用下保持最小的滞后弯曲，而又不会断丝。合适的张力能有效减小电极丝的振动幅度，在加工过程中使电极丝保持稳定。

由于线切割加工工艺本身要求电极丝的张力仅体现在切割区域内，但在拉丝轮前的张力往往高于要求的张力，而且不均匀，这是因为作用力不单单是加载装置有，从丝轴中拉出电极丝，在转向轮、导电块、导丝器上都有阻力，最后累积到拉丝轮上，如这个值接近电极丝的强度极限，就易在此处断丝，特别是粗加工时，拉丝轮前的电极丝经过放电后产生了一定损耗和变质层。所以较先进的线切割机床均采用多级张紧机构，使电极丝的张力均匀而稳定。以往很多机床采用磁粉离合器或磁粉制动器来控制电极丝的张力，但由于磁粉离合器有控制力矩不均匀的缺点，目前已经逐渐被直流电动机取代。

③ 电极丝走丝速度。若线切割加工中电极丝移动过慢，电极丝上某一点可能产生多次放电，使得这一点的蚀除量过大，在电极丝张力和火花放电爆炸力的共同作用下很易断丝，所以要结合工件厚度，根据放电频率正确调节电极丝走丝速度。粗加工和精加工的放电频率不一样，走丝速度也不一样，如电极丝直径小、工件厚、粗加工，而且要求放电频率高，则走丝速度相对要高。加工中可参考所配的工艺数据库给出的电极丝走丝速度。

④ 导电块。导电块多用银钨合金制成，导电性好，并且耐磨。在加工过程中，导电块与移动的电极丝一直保持着良好的接触，从而导致导电块磨损。一般低速走丝机用的导电块在工作了 50～100h 后，就须检查一次。在实际加工中，如在上下导丝器附近断丝，通常是导电块引起的，应检查导电块，将导电块卸下后用清洗液洗掉上面黏附的脏物，若磨损严重可换个位置或更新导电块。

⑤ 废丝处理。低速单向走丝电火花线切割加工是单向走丝，加工中会产生大量废丝。若不及时取出废丝，易在极间产生附加电容，并且有可能与加工区域的电极丝直接导通，从而产生能量集中释放，引起断丝，甚至短路，以至于无法进行正常加工。因此在废丝落下时，要及时取出。目前高档机床都有废丝自动处理装置。废丝处理方式有两种：一是把切丝装置放在废丝排出口处，由特殊的旋转刃口将废丝拉伸断裂成小段；二是把断丝装置安装在加工头内，切断的废丝由冲水管道排出。

(2) 与工作液相关的因素。低速单向走丝电火花线切割加工用的工作液大多数为纯净水和蒸馏水并经过离子交换树脂处理而得到的去离子水，其廉价且无污染。加工中使用工作液的主要作用如下。

① 绝缘作用。工作液绝缘性能要合适，电阻率一般在 50kΩ·cm 左右。绝缘性能太低，将产生电解而形不成击穿火花放电；绝缘性能太高，则放电间隙小，排屑难，冲洗效果较差。当工作液电阻率不能恢复正常时，应及时更换离子交换树脂，以保证工作液的绝缘性能。

② 冷却作用。在放电过程中，放电点局部瞬间温度极高，尤其是大电流加工时更高，可达10000～12000℃。为防止电极丝烧断和工件表面局部退火，必须充分冷却。因此，工作液应有良好的吸热、传热和散热性能。

当工作液的性能明显变差时，工作液中存在的杂质粒子大大增加，工作液的介电性能明显降低。这样，一方面会造成由杂质粒子构成的导电桥导致接触放电的概率大大增加；另一方面，由于工作液的导电性能增加，使得加工间隙增大，此时的加工波形的特征是出现一连串几乎没有开路和击穿延时的放电脉冲。这时输入到加工间隙的能量密度非常大，极易造成断丝，必须更换工作液。

放电过程中产生的蚀除产物也是造成断丝的因素之一。由蚀除产物搭桥或两电极上相对突出的尖点偶尔相遇而形成的微短路状态，具有较大的接触电阻，由于电极丝的运动，这种微短路很易被拉开而形成火花放电。此种火花放电没有击穿延时，属于偏短路状态或微短路状态，此时脉冲电源输入到加工间隙的能量密度远大于正常加工时的能量密度，使得在电极丝的黏着部位产生脉冲能量集中释放，导致电极丝产生缺陷，可能造成断丝。因此加工过程中必须及时冲走这些蚀除产物。材料的切割量在主切时是最大的，产生的蚀除产物也最多，因此粗加工时的冲水量要比后续几次修整的大。为了有效地冲走蚀除产物，若没有工件几何形状的限制，还应尽量让喷嘴贴近工件表面，形成几乎封闭式加工，使水冲进切缝，更好地改善冲刷状况，并且上下喷水压力要相当。

(3) 与伺服控制相关的因素。电火花加工采用放电间隙伺服控制系统以维持极间处于一定的“平均”放电间隙，保证电火花放电加工正常而稳定地进行。因此伺服进给速度必须与工件的蚀除速度保持一致，从而保持加工间隙为一定值。如果伺服速度超过蚀除速度，就会出现频繁短路现象，同时增大断丝的可能性；反之，伺服速度过低，低于蚀除速度，两极间偏于开路，使切割速度降低，表面粗糙度变差，也会产生断丝的可能性。所以伺服进给应均匀、稳定。由于脉冲放电的频率很高，并且放电间隙的状态瞬息万变，因此要求进给调节系统根据间隙状态的微弱信号能进行快速调节，保障加工稳定性，从而避免断丝的发生。

(4) 与脉冲电源相关的因素。

① 主要电参数的影响。

a. 脉宽。脉宽是单个脉冲能量的决定因素之一，因此它对切割速度、表面粗糙度等都会产生重要影响。脉宽增加，单个脉冲放电能量也增加，切割速度逐渐提高，但当脉宽超过某一范围时，散失在工件和电极间的放电脉冲能量增加，反而会削弱蚀除作用，同时由于蚀除产物的抛出作用不会随脉宽的增加而显著提高，这必然会使短路的概率提高，切割速度减小，甚至断丝；另外由于单脉冲能量的增大也会使电极丝的振动加强，从而降低了工件表面质量，使表面粗糙度值增大，断丝也会发生。因此，纳秒级的窄脉宽是目前低速单向走丝电火花线切割脉冲电源的主要研究方向。

b. 脉间。通过对改变脉宽、脉间、工件厚度和功率晶体管数的对比试验发现，脉间对切割速度的影响很大。在工作液恢复极间绝缘性的条件下，可适当减小脉间，使单位时间内放电次数增加，从而提高切割速度。当脉间改变时，由于脉宽及单个脉冲能量不变，因此对工件表面粗糙度的影响不明显，但脉间过小，工作区的介质来不及恢复到绝缘状态，蚀除产物也不能及时排出，会使加工状态不稳定，提高了工作区短路的概率，极易引起断丝。由于断丝先兆持续的时间短，防断丝控制的实时性要求高，因此控制参数的选择非常重要。在线切割加工中，脉间能够快速调节向放电间隙输入的能量，同时脉冲间隔变大，使放电间隙电蚀产物排除的时间增加，能有效改善放电集中现象，使断丝概率大大降低，这样，脉间就成为防断丝控制的首选控制参数。

② 脉冲电源控制策略的影响。目前研究最热门的课题之一就是如何精确控制单个放电脉冲能量。由于低速单向走丝电火花线切割加工是高频放电切割（脉宽 50ns～2μs，脉间 1～15μs)，对单个脉冲能量的在线控制较难。利用现代高新技术，目前已研究出对单个放电脉冲能量在线控制电源，使切割效率飞速提高，并能有效防止断丝和烧弧。瑞士+GF+公司在 ROBOFIL 240/440 机床基础上开发的 CC 数字脉冲电源，最大峰值电流可达 1200A，最大击穿电压（幅值）提高了 25%，在粗加工中，最大切割效率达到了 $400mm^2/min$。这么高的峰值电流，能稳定、高效率地切割而没有断丝，就在于它采用了窄脉宽及精确的单个放电脉冲能量控制技术。该电源除了能有效地进行逐个脉冲检测，还采用了 PILOT- EXPERT 专家系统，极好地控制集中放电的能量，从而在防止断丝的同时也解决了局部过热的问题。

对于等能量脉冲电源，研究结果表明断丝有两个重要先兆。

a. 电火花放电频率在短时间内（50ms～2s）突然上升，过高的放电频率使电极丝局部温度很高，进而导致断丝。

b. 正常电火花放电概率下降，异常放电概率逐渐上升也是断丝的一个先兆。由于非正常放电，将导致电极丝损耗加大，电极丝变细，最终致使电极丝被拉断。

脉冲电源控制中为了防断丝可在粗加工中采用汽相抛出的方式。所谓汽相抛出加工，即放电加工中，利用热膨胀和局部微爆炸，使工件材料以汽相蚀除、抛出。汽相抛出同时带走大量热量，不仅工件受热影响大大减少，电极丝受热影响也大大减少，不会因瞬间过热和骤冷产生微观裂纹，从而有效防止断丝。

造成断丝的因素还有脉冲波形中出现的反向脉冲。目前放电电源中多采用晶体管，由于晶体管特性和整个放电回路具有的附加感抗等特性，加上是高频放电，使得在放电加工中高频反向脉冲过大，而反向脉冲将直接对电极丝产生蚀除，使电极丝损耗加大，从而引起断丝。解决方法多为在原电路基础上加上反向吸收回路，通过调节吸收回路中的电子元件，控制高频反向脉冲的大小。

（5）其他因素。断丝还有很多其他因素，像工件的材质、切割路线等。线切割加工时，为了减少断丝，可对不同材质区别对待，选取相应的加工参数。例如，加工某些喷砂、锈蚀及黏附热处理渣的工件时，要先清除表面的杂物，否则开始加工时往往会因表面杂物造成电极丝在接触部位发生能量集中释放，导致断丝；在选择切割路线时，应尽量避免破坏工件材料原有的内部应力平衡和整体的刚度平衡，防止工件材料在切割过程中因在夹具等作用下，由于切割路线安排不合理而产生显著变形；走丝装置对断丝影响也很大；工件与上下导丝器的距离不能太大，若太大，电极丝在两导丝器的长度将加大，从而使得电极丝的振动幅度加大，增加了断丝的可能性。

2. 断丝情况的检查

如果在加工时频繁出现断丝现象，可进行下述检查。

(1) 在入口处断丝。

① 检查工作液箱中的液面是否过低，导致少量空气进入加工间隙。

② 检查过滤纸芯是否破裂，导致工作液污染，杂质冲入加工间隙。

③ 边缘切割时检查工作液是否未完全包裹住电极丝，致使少量空气进入加工间隙。

④ 检查选择的加工条件是否正确。

⑤ 检查电极丝是否有折曲或扭曲。

⑥ 检查上进电块是否有磨损沟槽或未紧固。

在入口处开始切割时还需要注意以下情况，对端面或开始孔切割时，如液压过高，则会对电极丝产生扰动，如图5.41(a) 所示，容易产生断丝。此时须调整喷液使其沿工件表面均匀流下，同时要把 Z 轴升高5mm左右，如图5.41(b) 所示。如果边缘切割太慢，也可以采用图5.42示的方式，装上夹具，并采用穿丝孔附近的切割条件。

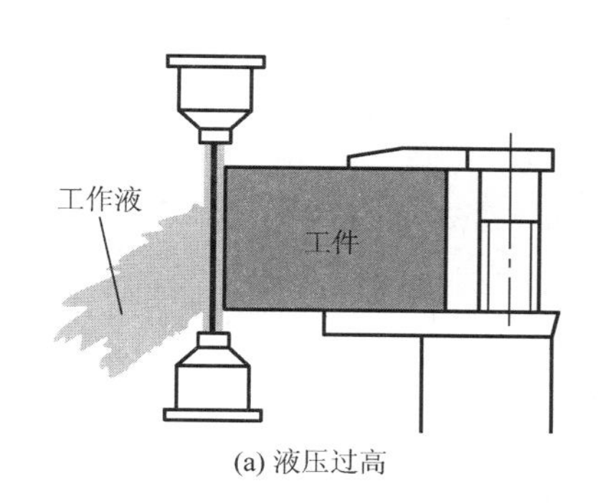

(a) 液压过高

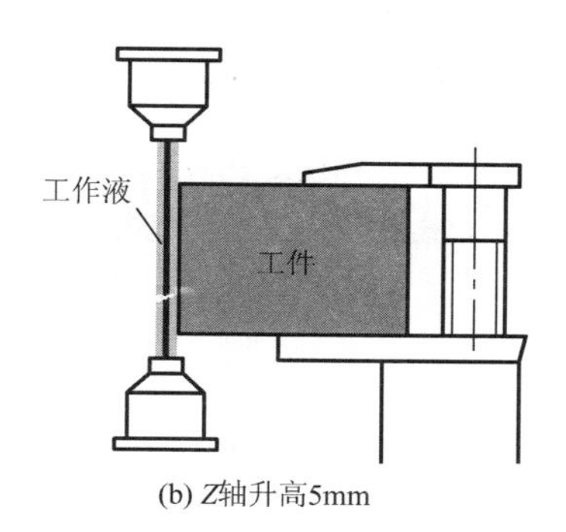

(b) Z轴升高5mm

图5.41 边缘切割注意问题

对于穿丝孔附近切割要求如下。

① 当穿丝孔径较小时，如上下喷嘴贴紧工件，此时由于蚀除产物无法排出，容易造成断丝［图5.43(a)］，因此在最初3mm的加工过程中，可以将 Z 轴抬高0.5～1mm［图5.43(b)］，同时降低切割能量。

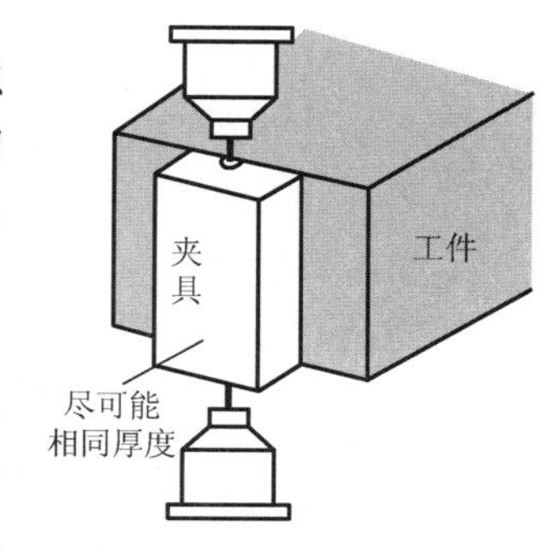

图5.42 采用夹具进行边缘切割

② 当穿丝孔径较大时，因为容易产生在空气中的放电，加工状态比较差，此时必须采用同边缘切割时一样的加工条件，如图5.44所示。切入工件后，需离开端面开始孔5～10mm，方能依加工条件表设定的液压进行加工（实际情形视加工形状而异）；对于具有边缘和突出部分或厚度不一致的工件（图5.45），在加工时应特别注意，需要及时调整加工参数及喷液条件，避免断丝的发生。

(2) 在中部断丝。

① 检查工作液电阻率是否过小。

② 检查过滤纸芯是否破裂，导致工作液污染，杂质冲入加工间隙。

③ 检查选择的加工条件是否正确。

④ 检查走丝系统各过渡轮处是否有聚污或磨损滑动，致使电极丝行走异常。

⑤ 检查电极丝走丝时是否振动过大。

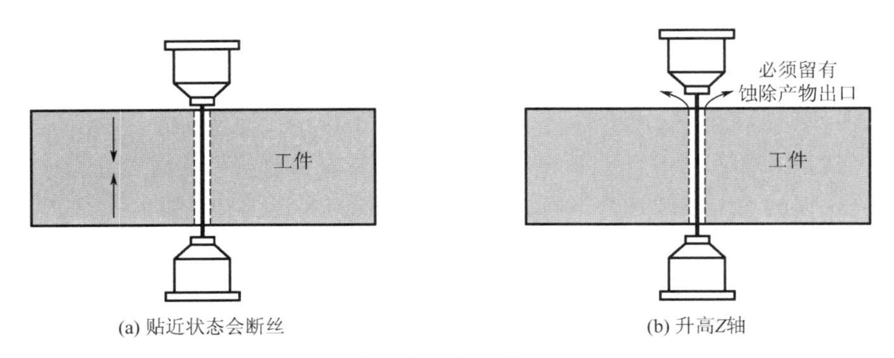

(a) 贴近状态会断丝　　(b) 升高Z轴

图 5.43　升高 Z 轴进行小穿丝孔附近加工

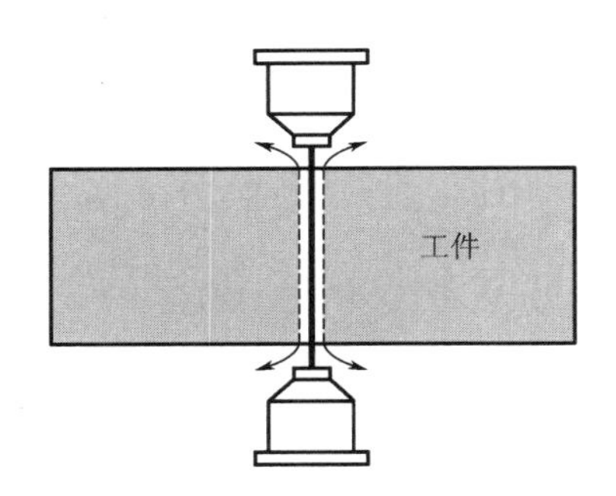

图 5.44　穿丝孔较大时的加工

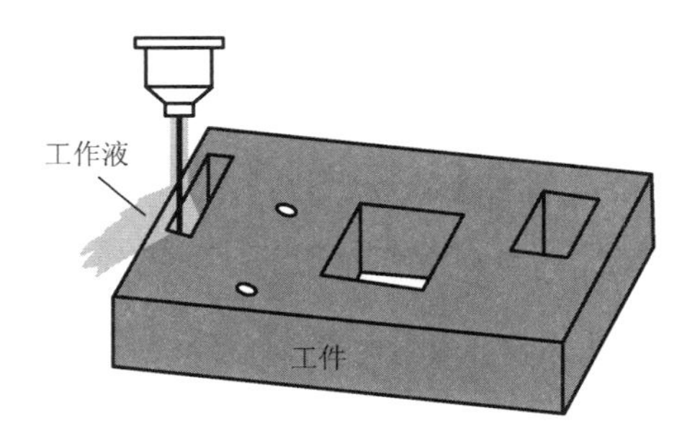

图 5.45　切割靠近工件边缘情况

⑥ 检查有无蚀除产物或异物进入加工间隙。

(3) 在出口处断丝。

① 检查电极丝走丝速度是否过低。

② 检查上下进电块是否磨损过大。

③ 检查上下导丝器有无损伤。

④ 检查下导丝器下方的过渡轮运转是否正常。

(4) 在放电开始或多次切割时断丝。

① 检查工作液是否未完全包裹住电极丝。

② 检查下喷嘴工作液压力是否过高。

③ 检查加工能量是否过高。

④ 检查工件表面是否生锈。

(5) 解决断丝的基本措施。

① 选择好的电极丝。要尽可能使用优质电极丝，避免采用伪劣商品。

② 合理控制电极丝所受张力。通常加工时，电极丝所受张力只要在设计允许范围之内（或超过少许），电极丝就不会产生拉断的情况。因而操作者每间隔一段加工时间就必须用表测量一下电极丝的张力，使其保持在合理、适用的范围内。

③ 检查导电块的磨损及清洁情况。低速走丝机一般在加工了 50～100h 后就必须考虑改变导电块的进电接触位置或者更换导电块，有污垢时需用洗涤液清洗。必须注意的是，当变更导电块的位置或者更换导电块后，必须重新校正电极丝的垂直度，以保证加工工件的精度和表面质量。

④ 有效的冲水条件。放电过程中产生的蚀除产物是造成断丝的因素之一。蚀除产物在电极丝的黏附部位会产生脉冲能量集中释放，使电极丝发生熔断。因此，在加工过程中必须有效冲走这些蚀除产物颗粒。

⑤ 良好的水处理系统。加工中去离子水的电阻率必须控制在适当的范围内。绝缘性能太低，将产生电解而形不成击穿火花放电；绝缘性能太高，则放电间隙小，排屑难，易引起断丝。因此，在加工时应注意观察电阻率表的显示，当发现电阻率不能恢复正常时，应及时更换离子交换树脂。此外，还需检查与工作液有关的条件，如加工液量、过滤压力表等。

⑥ 保证走丝机构的畅通。走丝机构故障会导致电极丝的张力波动，当电极丝上出现小裂纹时，会加速电极丝的断裂。当遇到张力波动的峰值时，裂纹马上扩展，电极丝就会立即断裂。因此当发现走丝机构有故障时，应及时排除，避免断丝。

⑦ 适当调整切割参数。低速单向走丝电火花线切割加工参数一般都由参数库选取，但由于工件的材料、所需要的加工精度及其他因素的影响，操作者不能完全照搬说明书上的切割条件，而应以这些条件为基础，根据实际需要做相应的调整。

⑧ 工件装夹的稳定性。如果加工中工件没夹紧，产生晃动，则可能引起电极丝也跟随晃动，使得脉冲能量产生波动，发生断丝。严重的还可能导致工件报废，所以加工时一定要固定好加工工件。

⑨ 及时清理废料。废料落下后，若不及时取出，有可能与电极丝直接导通，产生能量集中释放，引起断丝。因此在废料落下时，要及时取出废料。

⑩ 工件的材质。线切割加工时，为减少断丝可对不同材质的工件选取相应的加工参数。加工某些锈蚀及黏附热处理渣的工件时，必须要先清除表面的杂物，避免能量集中释放而导致断丝。

5.3.4 切割进给速度异常

若在正常加工条件下，切割进给速度偏低较多，应进行下述检查。

(1) 检查上下进电块是否磨损过大。

(2) 检查上下进电块是否紧固。

(3) 检查各进电线接头是否紧固。

(4) 检查电极丝走丝时张力是否正常，是否振动过大。

(5) 检查是否使用了劣质电极丝。

(6) 检查喷嘴与工件表面的距离是否过小。

(7) 检查加工条件是否适当。

(8) 检查工作液电阻率是否过低。

(9) 检查工作液压力是否偏低。

5.3.5 加工表面线痕过多

(1) 检查电极丝张力是否过低。

(2) 检查上下进电块是否磨损过大。

(3) 检查上下进电块是否紧固。
(4) 检查电极丝走丝时张力是否正常，是否振动过大。
(5) 检查电极丝是否受到扭曲。
(6) 检查是否使用了劣质电极丝。
(7) 检查上下导丝器有无损伤。
(8) 检查加工条件是否正常，进给速度是否适当。
(9) 检查偏移补偿量是否正确。

5.3.6 加工表面粗糙度异常

(1) 检查加工条件是否正常。
(2) 检查工作液是否受到污染。
(3) 检查工作液电阻率是否过低。
(4) 工件厚度较大时，表面粗糙度大些，属于正常。
(5) 不同的材质，表面粗糙度有所差异，属于正常。

5.4 低速单向走丝电火花线切割典型加工零件示例

5.4.1 低速单向走丝电火花线切割主要工艺水平示例

1. 细丝切割

细丝切割是指用直径小于 ϕ0.07mm 的电极丝进行切割。要用细丝实现正常切割，保证加工精度和表面质量，对机械系统、高频电源、检测控制、抗干扰性能、工作液系统都提出了难度更高且更复杂的技术要求。瑞士+GF+公司通过对数字脉冲电源、检测控制系统和走丝系统的优化，可用最小直径 ϕ0.02mm 的电极丝（钨丝）进行微细加工。采用浸液式加工，工作液为煤油类油基工作介质，最低表面粗糙度为 *Ra* 0.05μm，转角切割最小内角半径为 11μm，最小窄缝宽度为 22μm，切割样品如图 5.46 所示。日本 MITSUBISHI 公司使用圆筒型直线电动机驱动，减小传动误差和提高伺服响应速度，使用直径 ϕ0.05mm 的电极丝可以实现可靠、稳定的加工，切割典型样品如图 5.47 所示，相邻面之间宽度为 2mm，表面粗糙度为 *Ra* 0.1μm，加工精度±2μm。日本 SODICK 公司使用直线电动机，采用完全非接触 *XY* 直交工作台，并通过高分辨率光栅尺，实现了工作台最小驱动单位 10nm。直线电动机的高响应特性及工作台的纳米级驱动，使得利用极细丝进行厚工件精加工成为可能，采用油基工作液，最小电极丝直径为 ϕ0.02mm，加工表面粗糙度为 *Ra* 0.06μm，切割样品如图 5.48 所示。

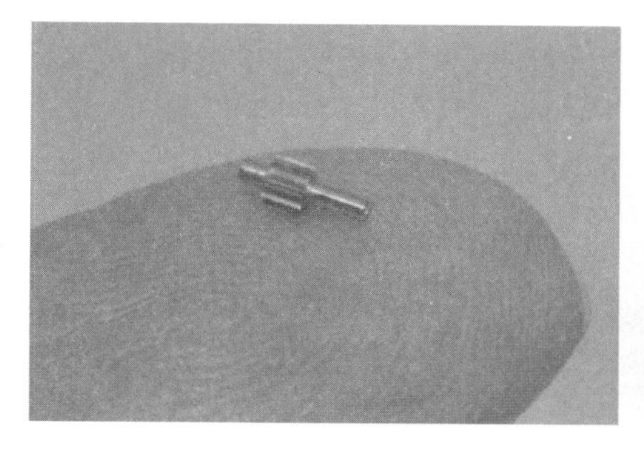

图 5.46 瑞士+GF+公司细丝切割样品

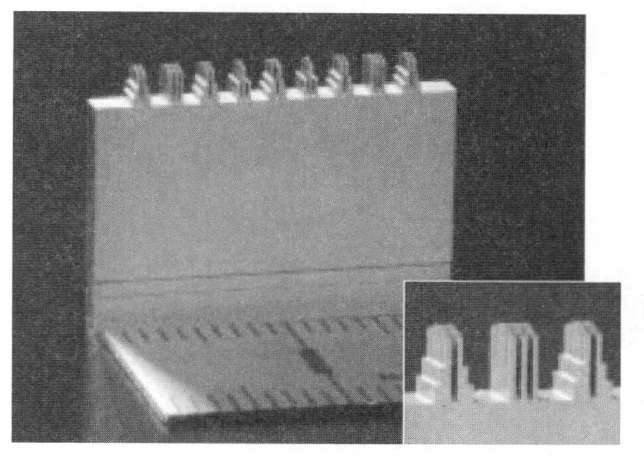

【线切割配合件】

图 5.47 日本 MITSUBISHI 公司细丝切割典型样品

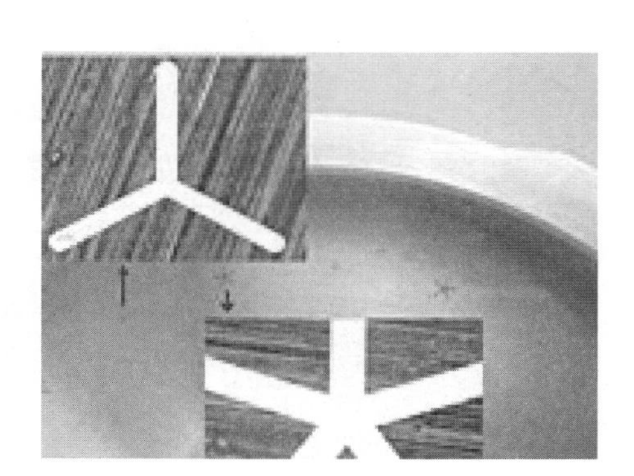

图 5.48 日本 SODICK 公司细丝切割样品

2. 镜面切割

镜面切割一直是人们的追求目标。镜面一般指加工表面粗糙度 $Ra<0.2\mu m$，此时的加工表面具有镜面反光效果。研究表明，具有镜面切割效果的加工表面，其表面变质层厚度均匀，极少有微裂纹，并且有较高的耐磨性和耐蚀性，不需抛光即可用作零件的最终表面。有学者指出镜面的出现不仅仅取决于表面粗糙度，而且取决于放电凹坑的空间形状，脉冲电源是实现镜面切割的关键。瑞士+GF+公司 ROBOFIL 系列机床采用 CC 数字脉冲电

源，加工表面粗糙度 $Ra<0.2\mu m$，切割样品如图 5.49 所示。日本 FANUC 公司采用 MF2 微细加工脉冲电源，最低表面粗糙度为 Ra 0.1μm，如图 5.50 所示。

图 5.49　瑞士+GF+公司镜面切割样品

机型：α-C400iA

加工电源：MF2(选配)

材质：超硬(钨钢)

工件厚度：30mm

电极丝：ϕ0.20mm(BS)

加工次数：9次

表面粗糙度：Ra 0.09μm

加工时间：11小时13分钟(两侧)

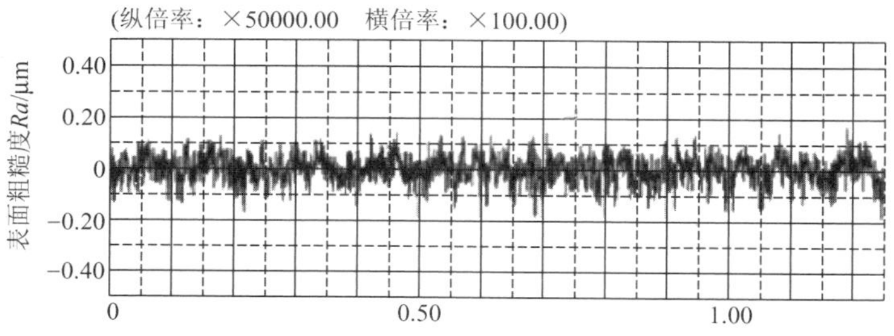

图 5.50　日本 FANUC 公司镜面切割

3. 高厚度及大型工件切割

低速单向走丝电火花线切割在一些特殊条件下，可以实现高厚度切割，目前商品化机床有报道的最高切割厚度是西班牙 ONA 公司机床的 800mm。对于高厚度的线切割加工，电极丝的选用、电极丝振动的抑制、走丝速度、断丝控制、工作液系统和加工电源等都需要系统考虑。低速走丝机在进行高厚度加工时，由于电极丝在切缝内停留时间较长，而且为了抑制电极丝的振动，会施加较大张力，并且使用普通黄铜丝加工很容易造成断丝，因此一般选用抗拉强度大的复合电极丝（钢芯电极丝），并采用较高的走丝速度。供液系统一般采用浸液式加工，电源为高厚度专用电源。目前日本MITSUBISHI公司、MAKINO公司机床最大切割厚度为500mm。瑞士+GF+公司机床最大切割厚度在500mm左右。日本SODICK公司机床最大切割厚度为600mm，加工厚度200mm的钢工件，经过四次切割后，加工精度在±2μm，表面粗糙度为Ra 0.35μm。日本FANUC公司机床最大切割厚度为510mm。图5.51所示为日本FANUC公司机床高厚度切割工件，工件材质为SUS304钢，厚度为475mm。图5.52所示为位于美国得克萨斯州的Reliable EDM公司采用改进的低速走丝机在涡轮上切割键槽，其高度达34in（863mm）。该公司生产的机床最大切割厚度已经达到64in（1625mm），加工工件的质量超过10000lb（4500kg）。某大型齿轮电火花线切割加工如图5.53所示。

图5.51 日本FANUC公司机床高厚度切割工件

图5.52 美国Reliable EDM公司机床在高厚度涡轮上切割键槽

图5.53 某大型齿轮电火花线切割加工

【大型线切割机床】

4. 锥度切割

锥度切割主要应用于成型刀具、电火花成形加工用电极、带有拔模斜度的模具和多种零件（如斜齿轮、叶片等）的加工。对于锥度特别是大锥度的切割，由于受较多因素尤其是电极丝空间及重复位置精度的影响，加工精度和表面粗糙度要比常规加工差得多。在锥度切割过程中，由于电极丝有一定的刚性，电极丝的运动实际轨迹与理论轨迹并不完全重合，因此会产生锥度误差。低速走丝机一般采用大半径圆弧导丝器、软丝和软件修正的方式以减小锥度误差。图 5.54 所示为日本 SODICK 公司锥角为±45°的切割样件。瑞士+GF+公司开发的 TAPER－EXPERT 锥度切割专家系统包括电极丝的选择、导向系统、电极丝回路稳定性和基准平面的软件修正，通过实时矫正电极丝的位置，使锥角切割精度可以达到±1′，最大锥角 45°，工件厚度超过 510mm 时，切割锥度仍可达到±30°。日本 MAKINO 公司采用锥度切割专用导丝器、镀层电极丝和软件修正的方式进行锥度加工，最大锥度±30°，切割样品如图 5.55 所示。日本 FANUC 公司切割锥角为±20°，厚度为 50mm 的模具钢，经过四次切割后，表面粗糙度为 Ra 0.8μm，样品如图 5.56(a) 所示。图 5.56(b) 所示为 FANUC 公司机床加工的耐热合金叶片榫齿。

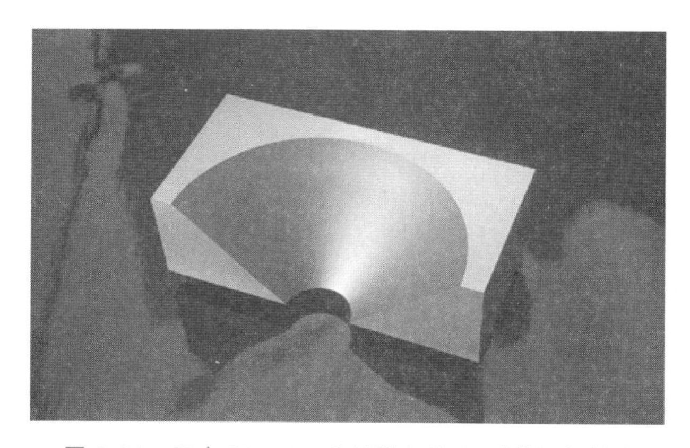

图 5.54　日本 SODICK 公司锥角为±45°的切割样件

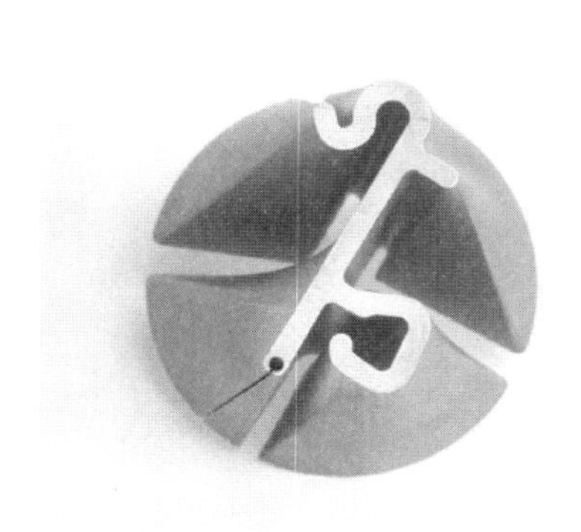

图 5.55　日本 MAKINO 公司大锥度切割样品

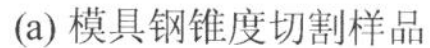

(a) 模具钢锥度切割样品

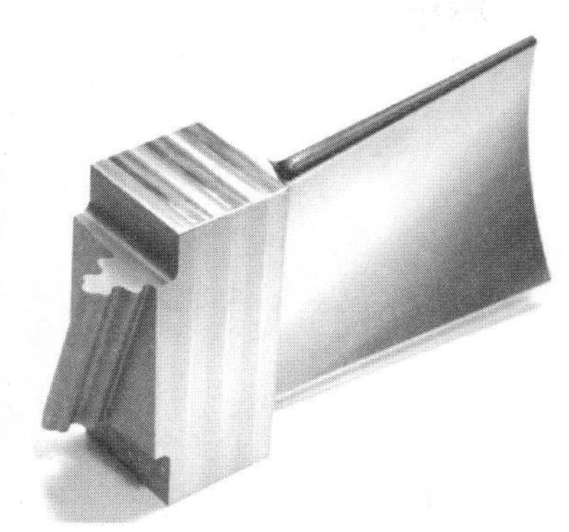

机型：α-C400iA
工件材质：耐热合金
工件厚度：38mm(结合部分)
电极丝：φ0.20mm(BS)
锥度：18°
加工次数：4次
表面粗糙度：*Ra* 0.5μm
加工时间：2小时38分钟

(b) 耐热合金叶片榫齿

图 5.56 日本 FANUC 公司锥度切割工件

5. 难加工材料切割

难加工材料由于具有良好的物理、化学性质被广泛应用于刀具、模具行业。难加工材料具有高强度、高韧性、高耐磨性和强抗腐蚀性等特性，如硬质合金、PCD、钛合金等。PCD 由于其特殊的物理性质，给加工带来了很大的难度，传统的机械加工（研削等）对硬度极高的 PCD 进行微细加工是极困难的，需要造价高昂的金刚石砂轮并需要根据加工形状准备不同的砂轮，与加工量相比，砂轮损耗巨大，效率低，使得加工成本大幅度增加。日本 FANUC 公司采用 AC 电源，防止 PCD 中的黏结剂钴发生电解作用而流失，提高了 PCD 刀具的表面质量，四次切割后 PCD 表面如图 5.57 所示。在加工时为了防止电极丝与工件发生干涉，使用旋转轴进行加工。加工过程中利用接触传感器进行自动测量，便于形状测量后的再次加工，可以提高加工的形状精度。在拐角加工时通过对放电脉冲进行计数，将正常放电脉冲和短路放电脉冲进行区分，从而控制加工过程中的放电能量，在保持形状精度的同时，缩短加工时间（粗加工时间可以缩短 18%）。PCD 刀具在机床上的自动测量、加工及成品如图 5.58 所示。日本 FANUC 公司机床切割的 PCD 成型刀具如图 5.59 所示。瑞士+GF+公司机床 CC 数字脉冲电源在加工 PCD 刀具时，采用能量完全调校过的微火花可以获得尖锐、强力且持久寿命的切割边缘，能获得较高的形状精度，如图 5.60 所示。

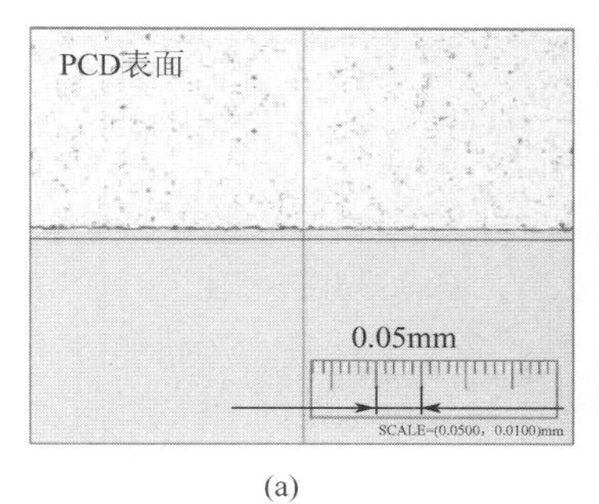

(a)

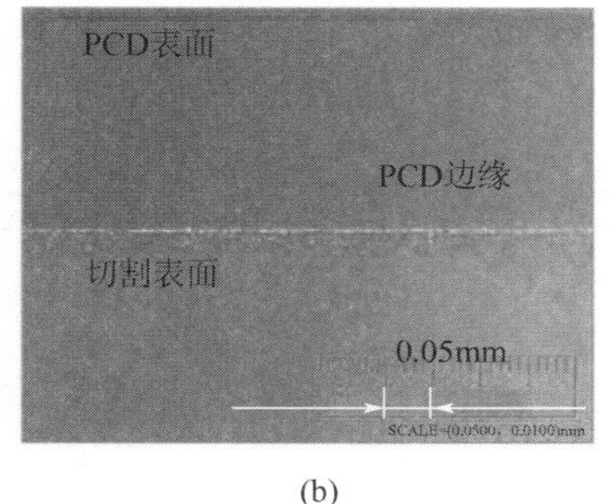

(b)

图 5.57 四次切割后 PCD 表面

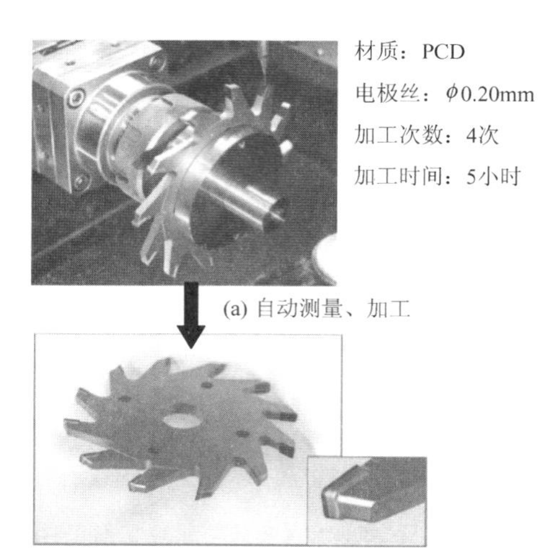

材质：PCD

电极丝：ϕ0.20mm

加工次数：4次

加工时间：5小时

(a) 自动测量、加工

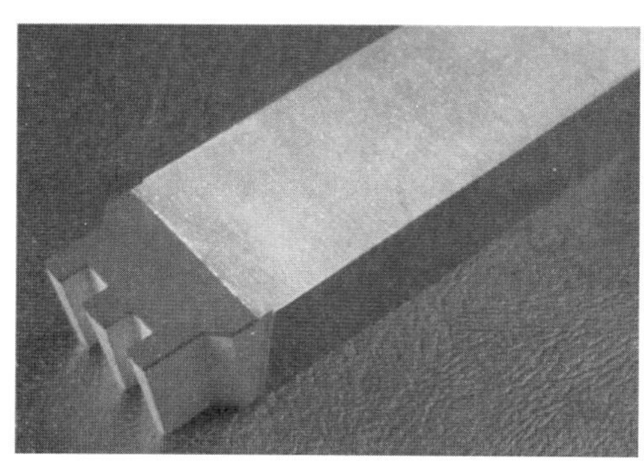

(b) 成品

图 5.58　PCD 刀具在机床上的自动测量、加工及成品

机型：α–C400iA

加工电源：MF2(选配)

材质：PCD(CMX850)

电极丝：ϕ0.20mm(BS)

加工次数：5次

表面粗糙度：*Ra* 0.11μm

加工时间：2小时

(a) 成品

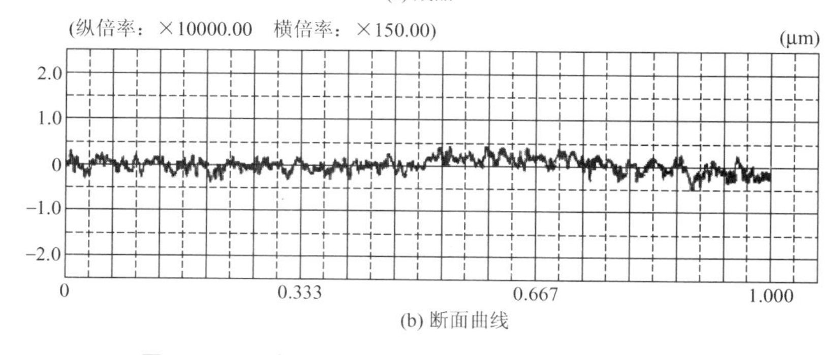

(b) 断面曲线

图 5.59　日本 FANUC 公司机床切割的 PCD 成型刀具

钛合金的熔点高，导热性较差，化学性质活泼，因此加工钛合金需要采用高脉冲频率和窄脉宽的专用加工电源，以减少烧伤和表面变质层。日本 MITSUBISHI 公司采用能够实现微细表面加工的 FPC 电源，在加工厚度为 40mm 的钛合金工件时，形状精度小于±5μm，表面粗糙度为 *Ra* 0.28μm，工件如图 5.61 所示。瑞士+GF+开发的 CC 数字脉冲电源在火花放电过程中，可以把钛表面与铜或锌颗粒的污染降到最低，并不会使其表面发生氧化。钛合金表面受影响层经过四次精加工后几乎看不见，加工工件的机械特性完全保持不变，其微观表面对比如图 5.62 所示。

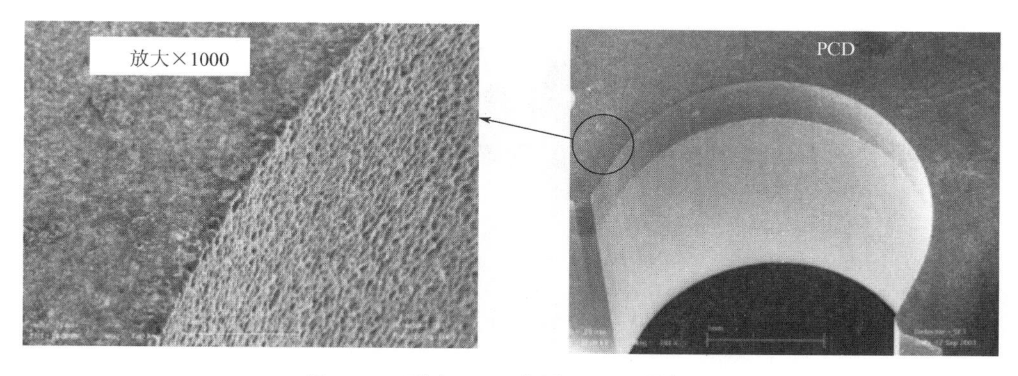

图 5.60　瑞士+GF+公司 PCD 刀具加工

图 5.61　日本 MITSUBISHI 公司的钛合金线切割加工工件

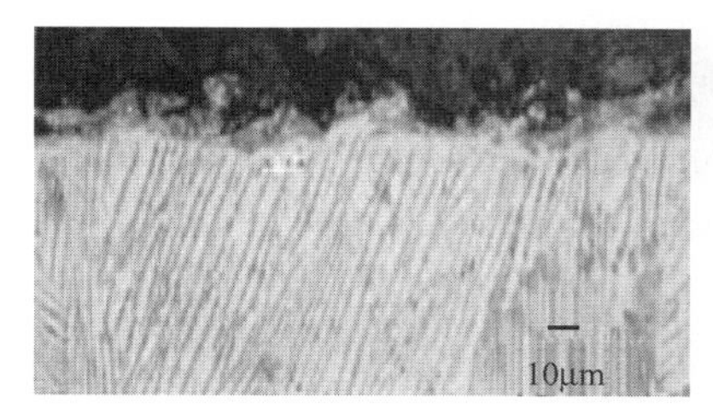

(a) 钛合金粗加工表面

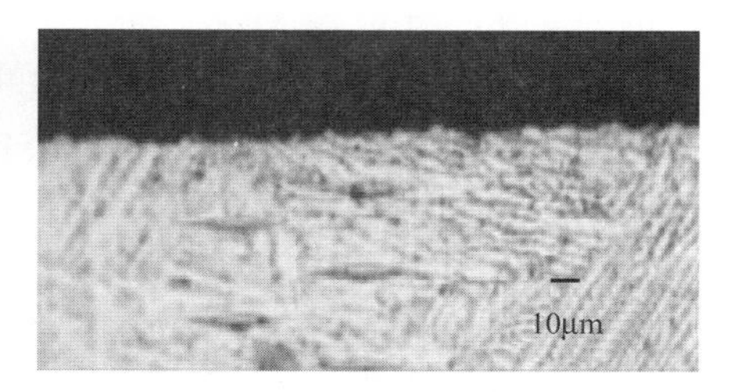

(b) 钛合金第四次精加工后表面

图 5.62　瑞士+GF+公司钛合金加工微观表面对比

石墨化学性质稳定，具有良好的润滑性、可塑性和导电性，广泛用于化工、医疗器械、核能、航空航天等众多领域。石墨的熔点为（3850±50)℃，具有良好的导电性，导热性超过钢、铁、铅等金属材料。但由于其具有高熔点，良好的导热性，在线切割加工时，很容易出现切不动的现象。石墨的良好的导电性，使得加工后的蚀除产物很快使去离子水的电阻率降低，容易造成加工不稳定。日本 FANUC 公司 α－C600iA 机床在特定条件下，加工厚度为 250mm 的石墨工件，经过一次切割后，表面粗糙度为 Ra 0.8μm，加工精度为±20μm，薄肋最窄部分为 0.3mm，样件如图 5.63 所示。

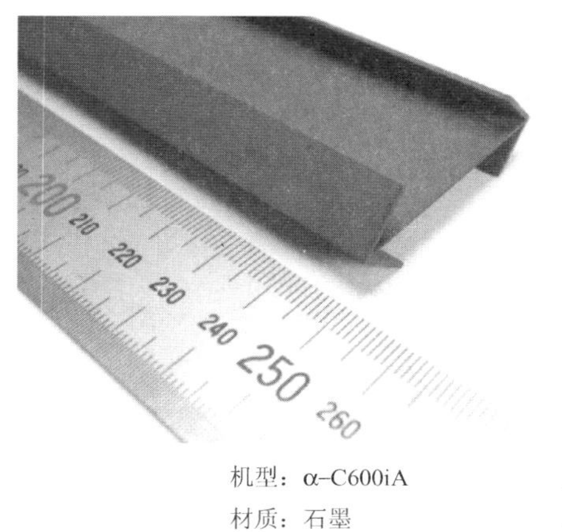

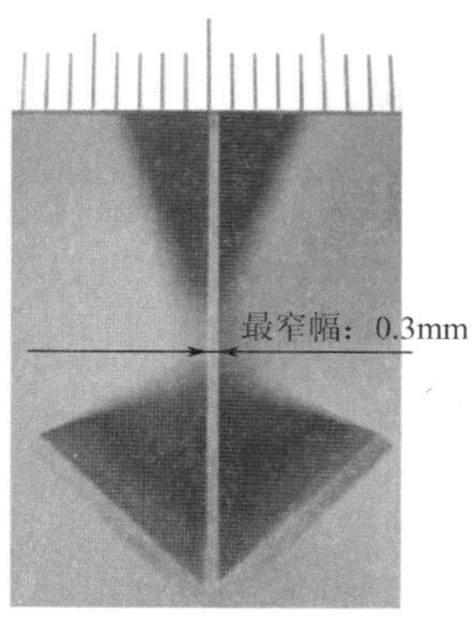

机型：α-C600iA　　形状精度：±20μm

材质：石墨　　表面粗糙度：*Ra* 0.8μm

工件厚度：250mm　　加工次数：1次

电极丝：ϕ0.20mm(BS)　　加工时间：25小时

图 5.63　日本 FANUC 公司机床切割的石墨样件

6. 高精度加工

用于电子行业的高速冲压模具要求具有很高的凹凸模配合间隙，因此需要很高的加工精度。零件的加工精度与机床的结构刚性、控制系统及电源等多方面因素有关。瑞士+GF+公司的轮廓专家系统，无论加工工件的形状或者加工高度如何，机床均能自动调整粗加工和精加工时的加工参数；在拐角加工时，机床能不断地自动调整加工参数及切割速度以保证获得精确的几何形状，轮廓精度可达±2μm，样件如图 5.64 所示。日本 MITSUBISHI 公司采用直线电动机驱动，并通过对机床结构的优化和采用热位移补偿技术等措施，加工厚度 30mm，孔径 ϕ80mm 的钢工件，圆度误差为 0.98μm。日本 FANUC 公司通过对电源的优化，加工厚度 30mm，孔径 ϕ10mm 的钢工件，经过五次切割后，表面粗糙度为 *Ra* 0.28μm，圆度误差为 0.8μm，样件如图 5.65 所示。日本 SODICK 公司采用浸液式加工，工作介质为油基工作介质，加工厚度 20mm 的工件，经过十次切割后，圆度误差为 0.68μm。

图 5.64　瑞士+GF+公司高精度加工样件

图 5.65　日本 FANUC 公司高精度加工样件

5.4.2 典型零件加工

【刺猬状滚筒模具的加工】

1. IC引线框架

引线框架是集成电路的重要部件，随着IC向高密化、小型化、多功能化方向发展，引线框架冷冲模具也随着IC芯片集成规模的增大变得越来越复杂和多样化。由于引线框架冷冲模具要求具有很高的寿命，模具制造必须选用超精细颗粒的硬质合金作为刃口材料，同时要求有极高的加工精度和装配精度，工艺复杂、制造难度极大。在传统加工中，引线框架模具是采用精细研磨的方式加工的，近年来采用细电极丝进行微细电火花线切割加工已成为可能，目前可加工内部间距小于146μm的引线框架模具。

日本MITSUBISHI公司采用一系列新技术用于小缝典型IC引线框架的加工。引线框架模具材料为9mm厚的硬质合金，电极丝直径为ϕ0.10mm，采用高精度间隙控制系统用于第一道至第六道切割，在第七道和第八道工序完成精加工。加工时间为35min，表面粗糙度Ra<0.5μm，形状精度小于1.4μm。IC引线框架模具的形状精度测量如图5.66所示，模具实物如图5.67所示。

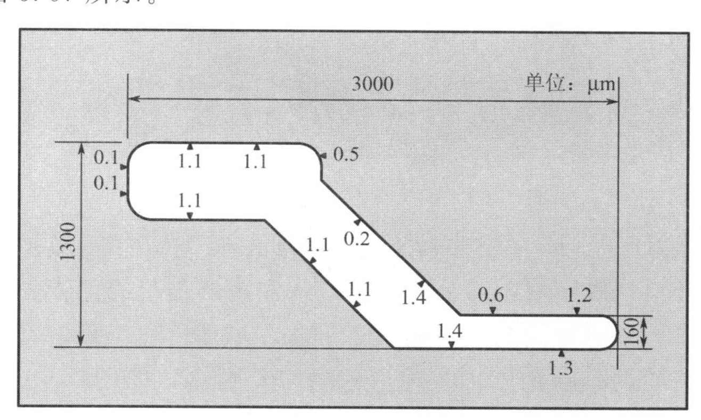

图5.66 IC引线框架模具的形状精度测量

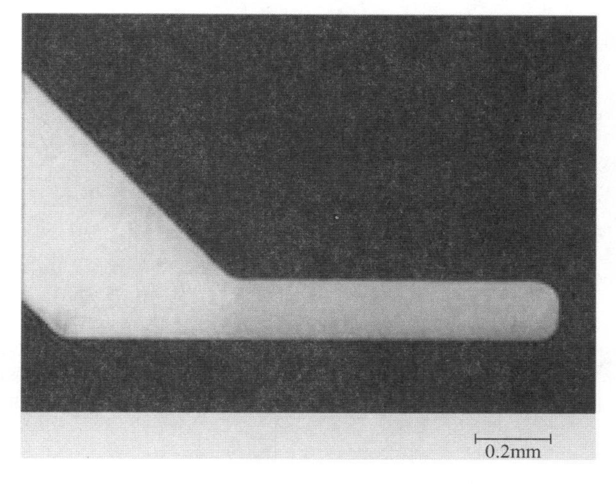

图5.67 IC引线框架模具实物

2. 斜齿轮加工

齿轮作为常用标准件广泛用于机械行业，而航空航天和赛车的特殊需求，使齿轮的制造材料和工作环境发生了巨大的变化，传统的齿轮加工方式往往制造成本极高，并且有时还很难满足零件的加工精度和表面质量要求。电火花线切割是精密零件加工的一种重要手段，可以很好地满足高硬度材料和高精度的加工。图 5.68 所示为斜齿轮电火花线切割加工，可以实现±45°的锥度切割，机床可以通过选配旋转轴，在加工过程中使工件倾斜并旋转，实现斜齿轮的高精度加工。

【斜齿轮加工】

图 5.68　斜齿轮电火花线切割加工

瑞士+GF+公司的 CA 系列浸水式精密数控低速走丝机采用直线光栅尺直接检测工作台的实际移动量，并可消除所有由丝杠间隙、热膨胀或磨损引起的误差，以保证齿轮轮廓精度。在拐角处依靠系统具有的智能化的拐角策略，不须用户干预，系统会自动进行拐角策略的调整，保证齿轮的形状精度，实现齿轮的完美啮合，如图 5.69 所示。机床采用高速无电解脉冲电源，一次粗切，三次修切后表面粗糙度 $Ra<0.3\mu m$，而且可以保护工件表面不受腐蚀、电解和阴极氧化，从而减少或者消除了表面变质层，提高了齿轮的使用寿命，齿轮表面显微照片如图 5.70 所示。

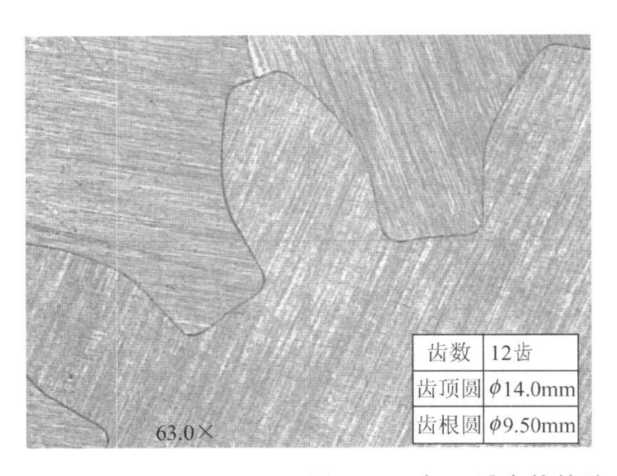

图 5.69　加工后齿轮的啮合情况

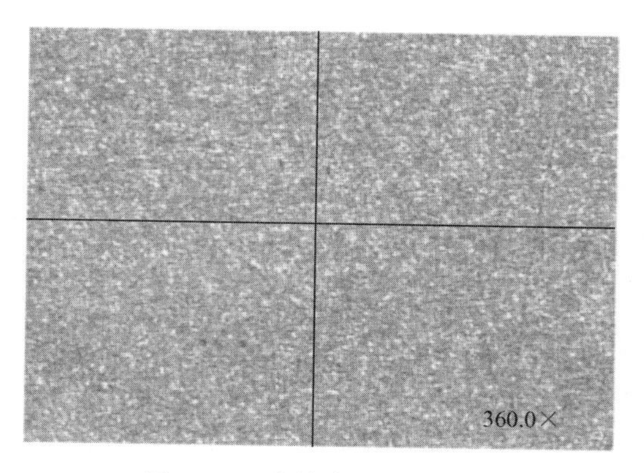

图 5.70 齿轮表面显微照片

3. 凹凸模加工

随着模具产品的多样性，模具的形状也越来越复杂，曲面零件越来越多，传统加工已经很难满足模具的加工要求，特别是配套的凸模和凹模，通常需要较高的加工精度和表面质量，如采用传统加工方法精铣或钳工研配的方法，不仅生产难度大，加工成本高，而且加工精度和表面质量仍然得不到保证。电火花线切割在加工复杂形状和加工成本方面都有独特的优势，对于一般要求的凹凸模加工，线切割加工后基本都能满足要求，对于有高配合精度的凹凸模，如落料模、冲孔模等，特别是在拐角切割时，由于电极丝的滞后效应，如果拐角半径过小，会使凸模外圆尺寸过切而产生过多凹陷，凹模内圆尺寸切割不足而凸出，导致拐角的形状误差加大，并且工件越厚，误差越大，使模具的精度大大降低。

中国台湾 ACCUTEX 公司机床采用 Clearance Master 新转角控制技术，通过对切进转角与切出转角采用不同的切割模型及对粗切与修刀使用不同的控制方案，并根据工件的材质、厚度，电极丝直径与切割次数，选择适当的加工参数及各次修刀的修正值，实现了转角高精度、高速度加工。凹凸模拐角加工局部照片如图 5.71 所示。对于连续小半径转角切割，依然可以保证很好的转角精度。在有配合要求的凹凸模加工中，轮廓外形准确，单边精度达到 3～5μm，使凹凸模顺利配合，并保持要求的间隙。经过四次切割后，表面粗糙度为 *Ra* 0.7μm。凹凸模加工样品如图 5.72 所示。

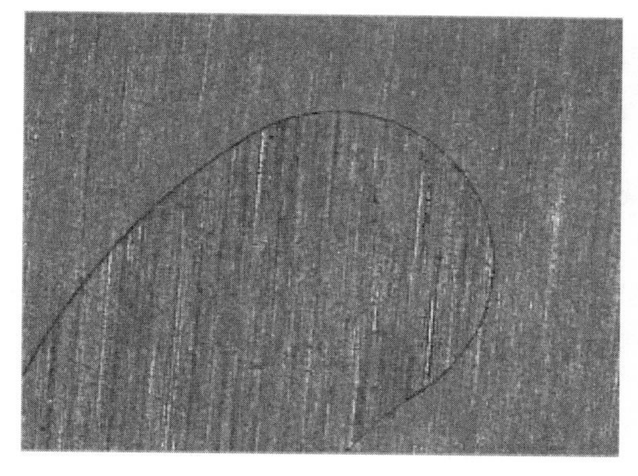

图 5.71 凹凸模拐角加工局部照片

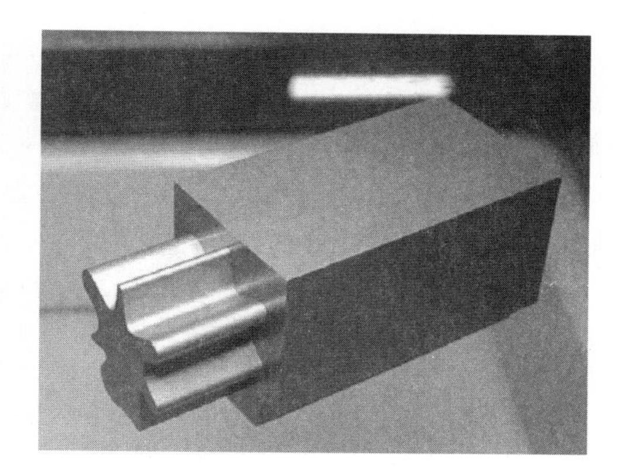

图 5.72 凹凸模加工样品

4. 涡轮盘榫槽的加工

涡轮是航空发动机的重要部件，主要由涡轮叶片和涡轮盘两大部分组成。分体式涡轮转子中，涡轮盘与涡轮叶片通过榫槽与榫齿配合连接。榫槽和榫齿的位置及载荷分布如图 5.73 所示。由于榫槽与榫齿的配合在高离心载荷、热载荷和振动载荷等十分恶劣的条件下工作，为保证工作的稳定性及可靠性，对两者的加工精度和表面质量有很高的要求。涡轮盘通常是由镍基高温合金或钛合金加工形成的复杂回转体类零件，而且涡轮盘上的榫槽形状复杂、加工空间狭小及存在一定的斜度，目前一般采用拉削的加工方法。涡轮盘的传统加工过程如图 5.74 所示，车削粗加工→热处理→车削和磨削→拉削（或铣削或电火花线切割）→表面强化处理。由于材料的可切削性较差和加工难度大，存在刀具形状复杂、刚性小、易损耗、成本高等问题，加工精度和表面质量也不易得到保证。

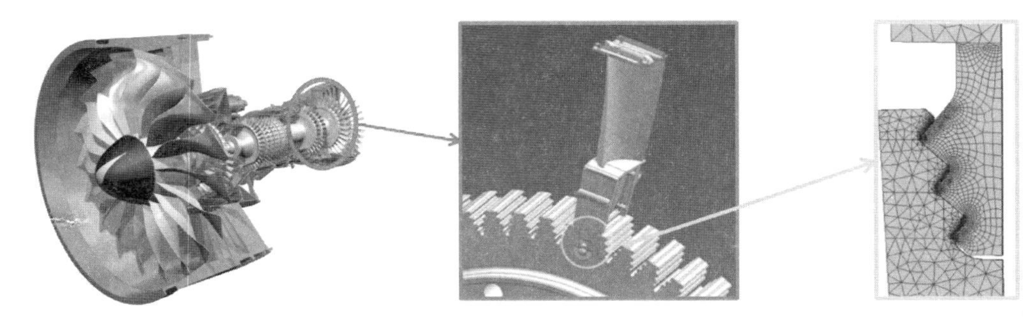

图 5.73 榫槽和榫齿的位置及载荷分布

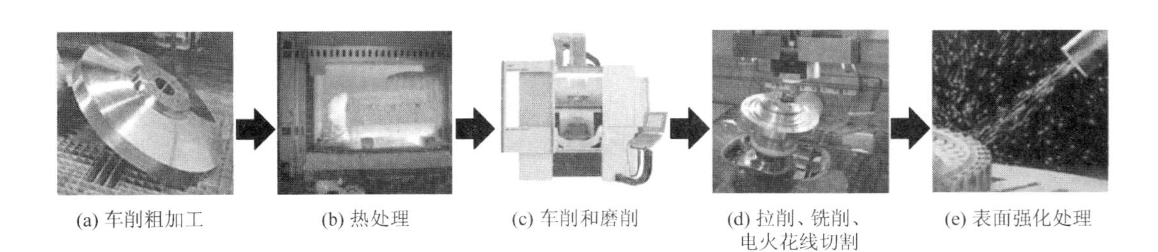

(a) 车削粗加工　(b) 热处理　(c) 车削和磨削　(d) 拉削、铣削、电火花线切割　(e) 表面强化处理

图 5.74 涡轮盘的传统加工过程

线切割技术作为一种半精加工或精加工的特种加工方式，针对榫槽的加工特点，可以很好地解决上述传统加工方式存在的问题，并且在保持相同生产率的条件下，加工成本比拉削加工降低约 40%。图 5.75 所示的瑞士+GF+公司榫槽线切割加工机床为 CUT 200 Dedicated 浸液式线切割机床，工作台可以实现绕 Z 轴 360°旋转和水平方向±25°倾斜，切割锥度为±30°，最佳表面粗糙度为 Ra 0.1μm。图 5.76 所示为该机床加工榫槽。高温合金 718（榫槽材质）加工后的微观表面如图 5.77 所示。线切割加工后的晶粒大小均匀，尺寸在 10～80μm，榫槽边缘的表面变质层厚度接近于零、无微裂纹和微孔、无熔化层及相变。

采用线切割加工榫槽具有以下优点。

（1）为保证榫槽与榫齿配合工作的可靠性，榫槽与榫齿需要一定的连接强度，因此必须减少或避免在加工过程中由刀具半径产生的过切而造成根部强度降低，而采用线切割基本可以不考虑刀具半径问题。

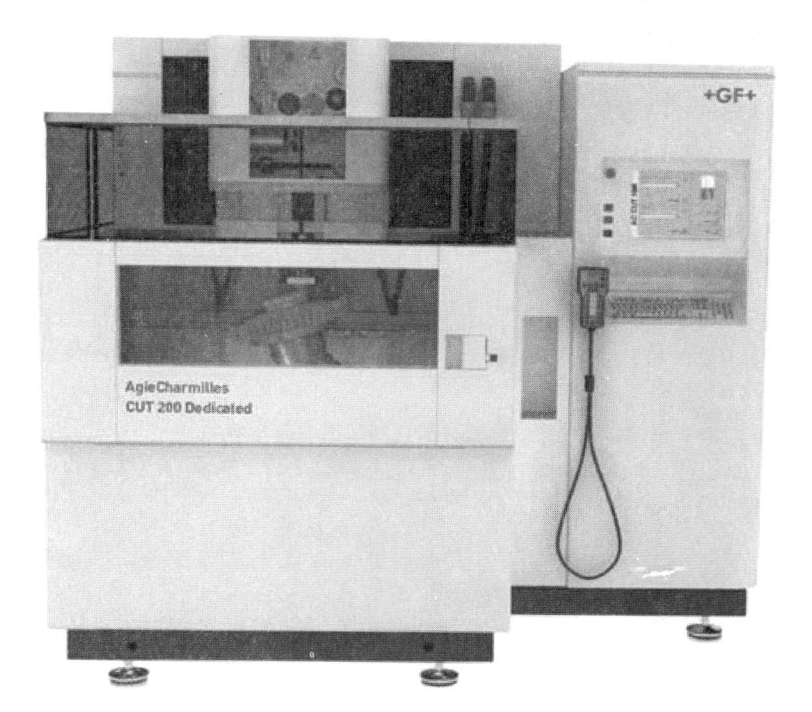

【发动机涡轮盘榫槽加工】

图 5.75　瑞士+GF+公司榫槽线切割加工机床

图 5.76　瑞士+GF+公司线切割机床加工榫槽

(2) 高温合金属于难加工材料且榫槽的形状复杂、加工空间狭小并存在一定斜度，这些特性正是线切割加工的优势所在。线切割具有加工灵活性大（特别适用于窄缝及复杂形状的加工）、自动化程度高、与加工材料的硬度及强度无关等特性。

(3) 使用新电源技术减小或消除了热影响层，从而提高了加工表面的完整性。

(4) 利用丰富的软件功能能实现加工过程实时监测、跟踪及工件在线测量等，轮廓精度和尺寸精度能够得到保证。

(5) 不需要考虑刀具损耗，工艺重复性高，成本大幅度降低。

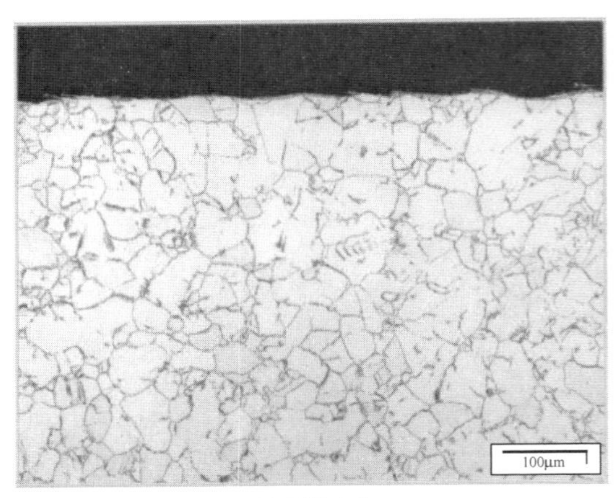

(a) 晶粒大小

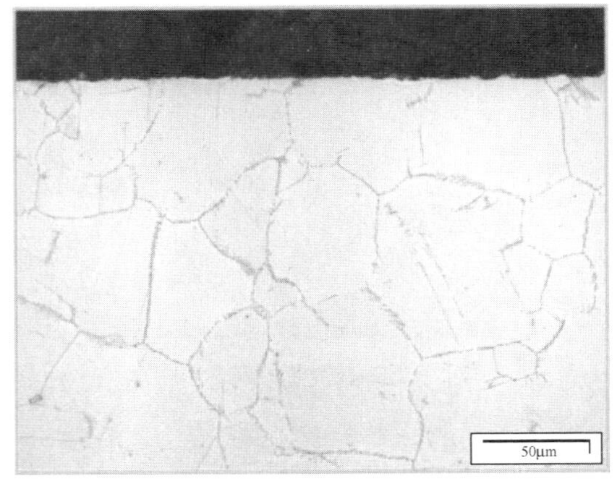

(b) 表面变质层情况

图 5.77　高温合金 718（榫槽材质）加工后的微观表面

5. 涡轮叶片固定环

涡轮盘与涡轮叶片由榫槽与榫齿配合连接，而涡轮叶片固定环（图 5.78）是用于固定叶片的零件。由于涡轮叶片在高振动载荷、离心载荷等恶劣条件下工作，因此涡轮叶片固定环与叶片之间需要有较高的配合精度，以保证叶片可靠、稳定地工作。同时，涡轮叶片是三维曲面零件，叶片固定环是大型回转体类零件，而叶片固定环的槽是曲面，因此一般的加工方法根本达不到加工要求。中国台湾 EXCETEK 公司设计了涡轮固定环线切割机床 R2000，专门用于涡轮叶片固定环的加工，如图 5.79 所示。双支柱可以牢固地夹住环形工件，外圆加工直径可达 600～2200mm，最大加工厚度为 150mm，切割锥度为±20°。

【涡轮固定环线切割专用机床】

图 5.78　涡轮叶片固定环的加工

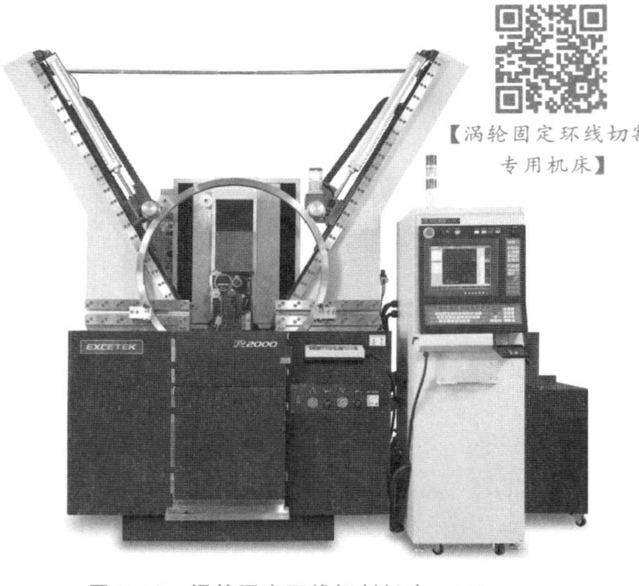

图 5.79　涡轮固定环线切割机床 R2000

5.5 低速单向走丝电火花线切割运行成本的降低

随着低速单向走丝电火花线切割在技术成本方面的不断上升，降低运行成本和提高性能已经成为亟待解决的问题。运行成本的降低主要表现在工业消耗品的消耗、合理的工艺、设备的保养与维护及设备的运行管理等方面。

1. 工业消耗品的消耗

（1）电极丝。由于低速走丝机的电极丝是单向走丝的，电极丝走过之后就作为废丝处理，因此电极丝的消耗在很大程度上决定了运行成本的高低。提高电极丝在单位时间内的切割效率对降低运行成本具有十分重要的意义。减少电极丝的消耗主要从以下几个方面考虑。

① 降低走丝速度。走丝速度的降低是成本减少的最明显措施。如果走丝速度按 10m/min 进行加工，1h 将消耗电极丝 600m，如果一盘电极丝总长 18500m，则只能用 30h。在实际加工中，可以根据实际加工需要将走丝速度降低到 1.0～3.0m/min，这样一盘电极丝可用 15～20 天。降低走丝速度，虽然节省了电极丝，但同时带来一个问题，在加工较厚工件时，电极丝损耗较大，以至于切割的零件带有锥度，导致加工精度降低。一般解决的方法是利用低速走丝机的锥度切割功能，采用反向锥度补偿的方法以消除因电极丝损耗造成的尺寸误差，一些高精度的低速走丝机均配备电极丝损耗补偿功能。

② 提高切割效率。加工相同的工件，单位时间内切割效率提高，在走丝速度不变的情况下，由于切割时间变短，电极丝的消耗也会相应减少。如日本 MITSUBISHI 公司的 MV-R、MV-S 系列机床，通过提高切割效率，电极丝消耗减少 42%以上。随着进给速度的增加，工件的切割表面质量会降低，因此可以在保证加工要求的前提下，尽可能提高切割效率。

③ 减少穿丝次数。机床每穿一次电极丝，会浪费约 2m 的电极丝。因此减少穿丝次数也能节省电极丝。但如要加工孔则穿丝是必需的，能减少穿丝次数的是既需加工孔又需加工外轮廓的工件。按照通常的加工方法，加工孔需穿一次电极丝，加工外轮廓又需要穿一次电极丝，加工一个零件需要穿两次电极丝，如果采用第一件先加工孔，第二件先加工外轮廓，下一件再先加工孔，这样加工 n 次需穿丝 $n+1$ 次，基本上平均一件穿一次电极丝，比常规加工方法少穿一次电极丝，从而节省了电极丝。

④ 选择合适的电极丝。在不同的加工要求下，选择不同的电极丝。例如，在加工精度和表面质量要求较高的条件下，一般应选择镀锌丝，避免使用黄铜丝加工带来的精度和表面质量问题。虽然镀锌丝比黄铜丝单价高，但镀锌丝可以在保证加工要求的前提下，大幅度提升切割效率。此外，选择合适的电极丝直径对切割效率也有较大影响，如工件在没有特殊的条件限制下，应尽可能选择中等直径的电极丝，不要选用直径太大或太小的电极丝，导致切割效率降低或断丝。

（2）其他消耗品。其他消耗品还包括过滤器、离子交换树脂、进电块、张力轮等。这些消耗品都需要根据机床的工作时间进行定期检查和更换。日本 MITSUBISHI 公司的 MV-R、MV-S 系列机床采用一些独特的方法，提高了这些消耗品的使用时间。过滤器通过调节主切和修切时去离子水的过滤流动速率来延长使用寿命；优化电源参数，使去离子水的电阻率维持在相对较高的水平，减少了离子交换树脂的消耗；进电块和张力轮可以采用合理的设计，多次使用，如图 5.80(a) 所示，其中进电块每个面可以使用 24 次，使用寿命也大幅度延长，张力轮通过调整支撑环的位置，每个张力轮可以使用四次，相当于普通张力轮寿命的 4 倍，如图 5.80(b) 所示。

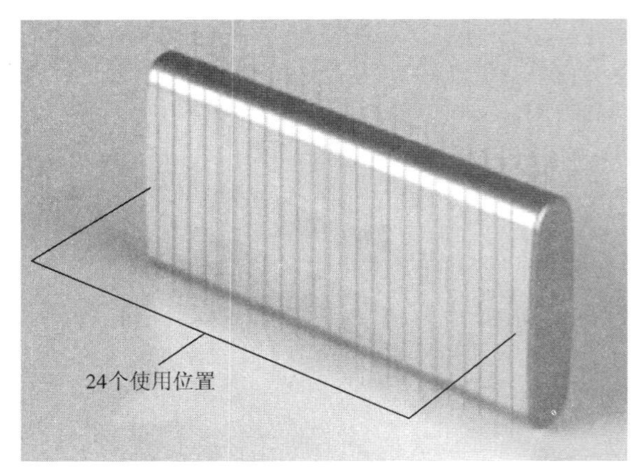

(a) 进电块

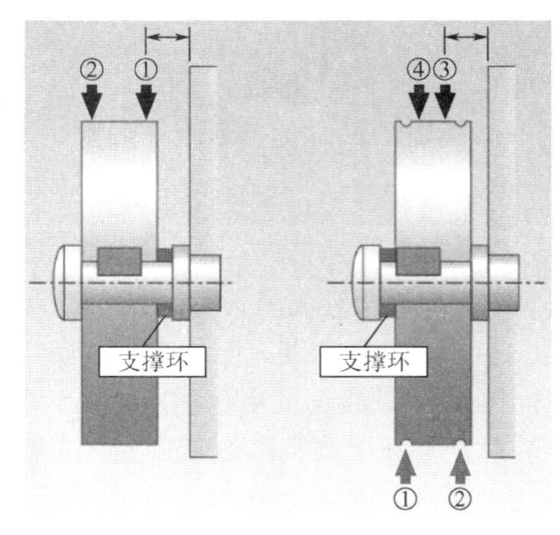

(b) 张力轮

图 5.80　日本 MITSUBISHI 公司线切割机床消耗品

通过以上合理的方法，日本 MITSUBISHI 公司 MV－S、MV－R 系列机床比 FA 系列机床各种工业消耗品的使用比例大幅度减少，总运行成本降低分别为 39%、42%，如图 5.81 所示，对于低速走丝机这种高运行成本的机床而言，这对降低零件加工成本有重要意义。

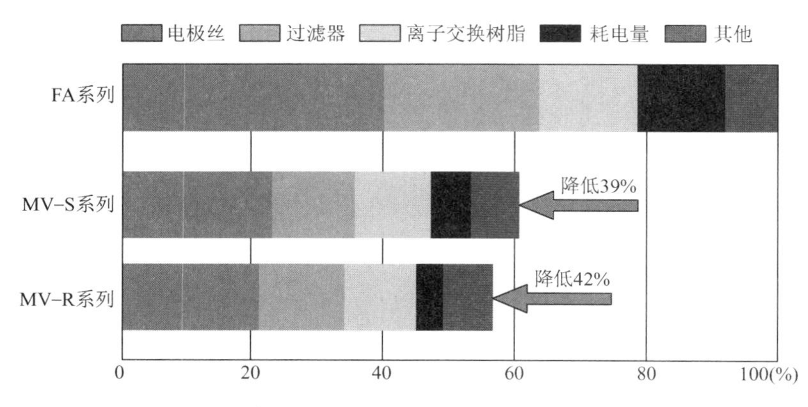

图 5.81　日本 MITSUBISHI 公司低速走丝机运行成本对比

【日本 MITSUBISHI 公司低速走丝机运行成本对比】

2. 合理的工艺

(1) 优化切割路径。对于一块板料上需要割出多个工件的情况，或者是需要精修的情况，不能完全按照机床上自动生成的程序来加工，需要进行人工优化，减少走刀路径长度，否则会存在走刀路径过长的问题。

在选择切割路线时，应尽量只产生一块废料，避免产生几块不连续的废料，在选择工件坯料时，应考虑尺寸问题。如图 5.82(a) 所示，由于坯料宽度方向尺寸太小，会产生五块废料，从而造成不必要的停机和人工操作。此外，当电极丝进行边缘切割时，冲液情况会变差，切割效率也会受到限制。图 5.82(b) 所示的加工只产生一块连续的废料，避免了上述问题。

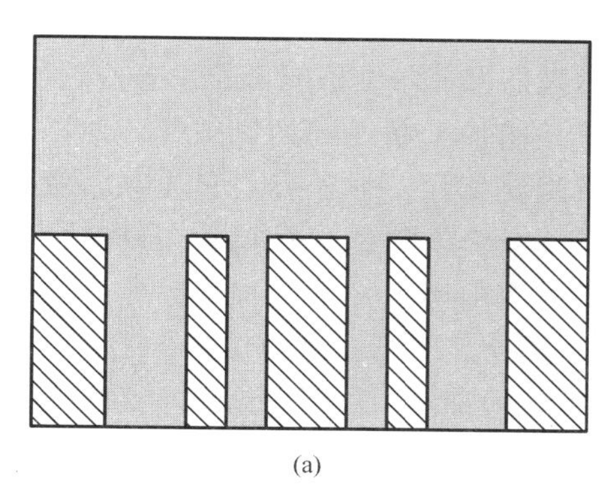

(a)

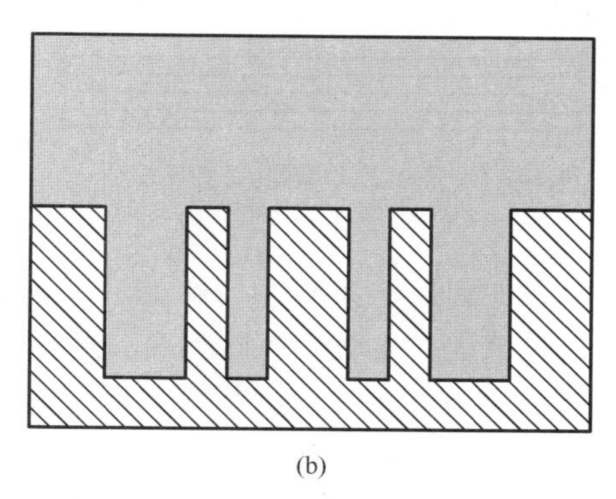

(b)

图 5.82 切割路径不同时的加工情况

(2) 提高空走刀速度。切割引入段、两处需切割部位之间都不可避免地需要空走刀。空走刀虽然不进行切割，但也消耗电极丝，如机床默认空走刀速度是 5.5～7mm/min，可将其提高到 25mm/min，减少走刀时间，从而减少电极丝消耗。

(3) 贴面加工。喷嘴应贴近工件上下表面，保证有足够的喷液压力用于蚀除产物的排出，从而保证切割效率。

(4) 多块薄板叠加加工。形状复杂的薄板类零件在用线切割加工时，如单块加工，整体效率较低且成本较高，还要考虑加工精度问题，可采用多块叠加加工，如图 5.83 所示，板边缘用螺钉或螺栓固定，也可采用焊接的方法，这样提高了加工精度，也降低了加工成本。

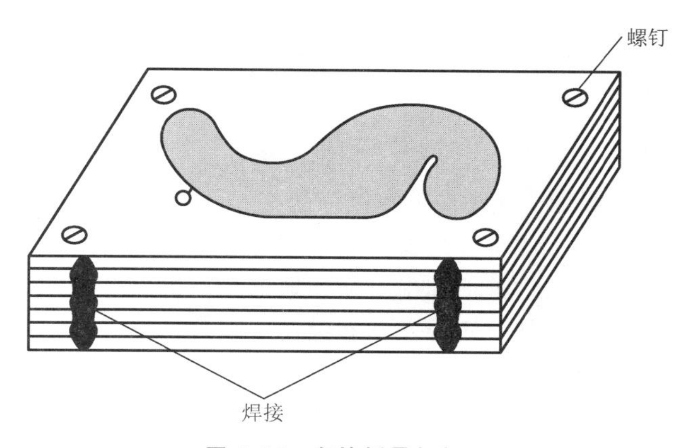

图 5.83 多块板叠加加工

(5) 预加工非复杂形状。与传统加工方式（车、铣等）相比，低速单向走丝电火花线切割在加工复杂形状零件方面具有显著的优势，但是其切割效率较低，成本较高。为了降

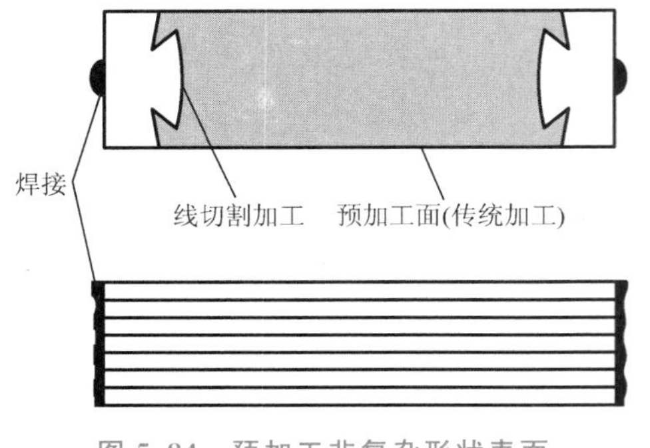

图 5.84　预加工非复杂形状表面

低加工成本，如果零件在某些部分用传统加工方式可以达到加工要求，可以先使用传统方式进行预先加工，再进行线切割加工，如图 5.84 所示。

3. 设备的保养与维护

合理的保养与维护能延长设备的使用寿命，保证零件的加工精度和切割效率，对降低运行成本有重要作用。导丝器、进电块、喷嘴、过滤器、离子交换树脂、水箱和自动穿丝组件等在使用一段时间后，都要进行检查，防止在加工过程中出现异常或加工后零件达不到要求。如进电块表面太脏或磨损严重，要及时清洁或更换，否则会大幅度降低切割效率；离子交换树脂使用时间过长，去离子水的电阻率降低，使加工不稳定，造成不必要的停机。

4. 设备的运行管理

对设备进行合理的管理，可以提高生产率，对降低运行成本也是关键的措施。电火花线切割在一定条件下可以实现无人加工，但低速走丝机在加工中仍然需要进行人工干预，如工件的安装、拆卸等，若在机床上配备机械手，则可实现零件的搬运、装夹和拆卸等一体化操作，一方面可以减少人工成本，另一方面可以减少停机次数，最大化地提高生产率。

5. 其他方式

随着低速走丝机自动化程度的提高，可以实现长时间（大于 24h）的无人监管加工，机床可以根据加工任务，在加工完成后自动进入节能模式，各工作单元功耗最小化，使电能的浪费降到了最低。

5.6　机床维护保养

电火花线切割机床属于精密加工设备，需定期对机床进行维护保养。这就是操作者经常说的“七分操作、三分养护”。只有做好机床的维护保养工作，才能使其稳定可靠地工作，保证加工质量，降低加工成本和延长机床使用寿命。机床的维护保养周期取决于工作情况和环境状况，要根据机床维护保养手册适当地进行。机床的保养包括供液系统、导丝装置、传动机构、工作介质冷却装置的保养和废丝处理等。

1. 供液系统的保养

（1）更换过滤芯。每个工件开始加工之前，需要通过检查过滤芯的使用寿命表判定过滤芯是否还有足够的有效期限，在此过程中，操作者需考虑将要进行的加工类型（粗加工、粗加工和精加工，还是仅仅精加工）。在工作过程中，如果屏幕上显示过滤芯筒的剩余使用寿命不足以完成这项工作，那么必须先关闭断流阀，只使用其中一个过滤芯继续工作，并快速更换另外一个过滤芯。如果过滤芯筒内的压力已超过图表中的最大值或者过滤芯的剩余使用寿命不足以完成下一项工作，那么必须更换过滤芯。更换过滤芯后，如果离子交换树脂状态良好，电阻率会慢慢地上升，经过1～1.5h，其值会稳定下来。瑞士+GF+公司机床更换过滤芯操作过程如下。

① 关闭断流阀。断流阀位置如图5.85所示。

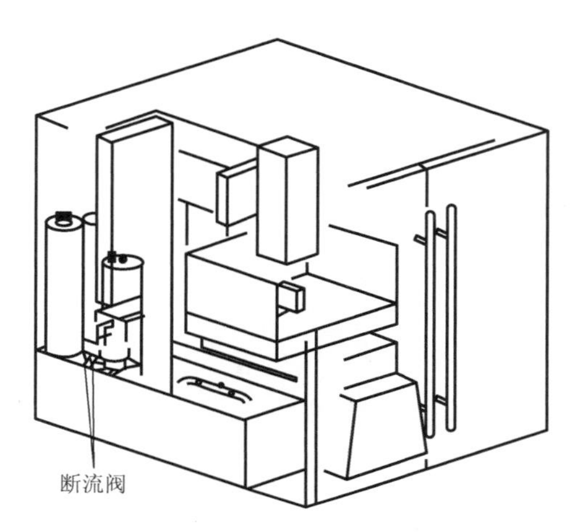

图5.85 断流阀位置

② 待工作介质排放干净，打开过滤芯筒，如图5.86所示。

③ 取出已使用过的过滤芯，并换上新的过滤芯。

a. 逆时针旋转旋钮6以取下盖子3。

b. 用手拔出两个过滤芯1中前方的那一个。

c. 用抽出器2拉出后面的过滤芯，并将抽出器放回筒内。

d. 安装两个新的过滤芯。不要将使用过的过滤芯筒清洗后再次使用，和新的过滤芯筒相比，清洗过的过滤芯筒使用寿命太短。

e. 将O形圈4和5与盖子3一起装上并装紧。

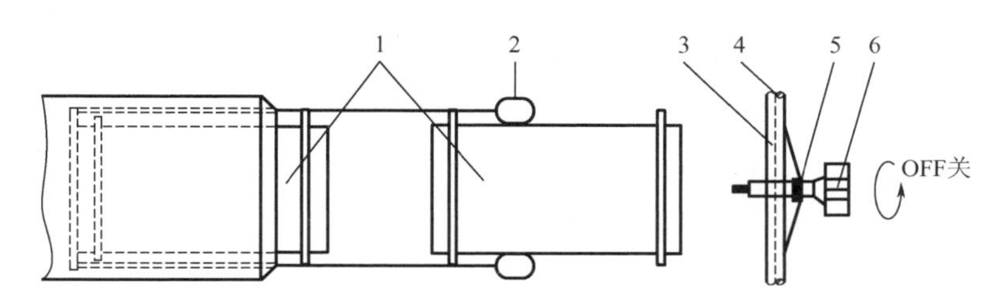

图5.86 更换过滤芯

1—过滤芯；2—抽出器；3—盖子；4、5—O形圈；6—旋钮

(2) 更换离子交换树脂。去离子水在使用一段时间后，离子交换能力下降，电阻率会降低，不能进行稳定的加工，因此需要定期更换离子交换树脂。如果显示器屏幕上出现去离子水相关提示信息，则意味着工作介质的电阻率低于用户的设定值，在这个信息旁会显示实际的电阻率，单位一般为kΩ·cm。瑞士+GF+公司的机床水箱及接口示意图如图5.87所示，按照以下步骤更换离子交换树脂。

① 拆开进水管路 3 和回水管路 2，使工作介质从容器的出口流出。

② 取出去离子装置 9，并将其放在提前准备好的合适容器内。

③ 松开盖子卡钳，并将盖子 4 与结合带 5 移开。

④ 倒出离子交换树脂，用手敲击容器，使剩余的掉落。

⑤ 卸下防护过滤器 6，并用气枪对其进行清洁（清洁的效果可凭目测）。

⑥ 用气枪清洁盖子里的防护过滤器 7（清洁的效果可凭目测）。

⑦ 用水仔细清洗去离子装置的套管、盖子和结合带。

⑧ 重新换上 10L 的离子交换树脂，装上结合带并盖上盖子。

⑨ 重新将去离子装置装进水箱，并连接好进水管路 1 和回水管路 2。

⑩ 在屏幕上重新设置所需的电阻率值。

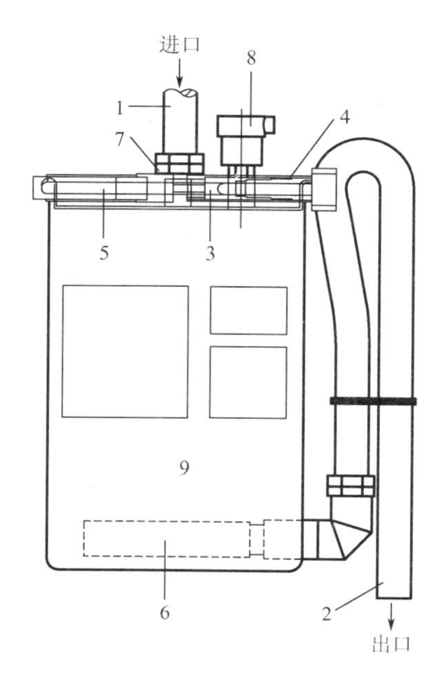

图 5.87　瑞士+GF+公司的机床水箱及接口示意图

1、3—进水管路；2—回水管路；4—盖子；5—结合带；

6、7—防护过滤器；8—压力表；9—去离子装置

（3）更换工作介质。通常设备运行 2000h 要清空一次工作液箱（大约每年一次）。瑞士+GF+公司机床更换工作介质步骤如下。

① 如果在补给系统和水箱连接器之间有预去离子系统，需关闭断流阀。

② 排放工作液箱的水，按如下步骤进行。

a. 进行完最后一次切割加工后，让供液系统继续运行至少一个小时，以使蚀除产物的微粒和重金属能够沉淀到过滤器和离子交换树脂里，并搅动起污水箱底部的沉淀物。

b. 排空工作液箱并将其清洗干净。

c. 确保电阻率不小于 50kΩ·cm（清除过后，在允许范围内，仍残留一定含量的重金属）。

d. 供液系统中的水只能从净水箱内清空（过滤后的水）。污水箱里的工作介质必须经过过滤，通常通过清洁箱将其排放到下水道（注意要遵守当地的法律法规），只有在装有

专门处理工业废水的清洁系统的情况下，才能排放污水箱里的工作介质。由于电蚀下的废物里含有重金属，所以不允许将其直接排放到下水道或一般的废物区。

e. 供液系统中只能注入预先去离子的水。用手动方法注水，直到水达到一定的高度并且能够流进污水箱里；往污水箱内注水，一直注到超过过滤器积水盘下的红色标记。

(4) 清洁电阻率探测器。电阻率探测器用于测定工作液箱内去离子水的电阻率。在机床运行500h后，必须清洁固定在绝缘体上的电阻率探测器，用棉签等，清洁石墨材料的测量表面，然后用工业酒精除去油污。两个测量表面的最大间距不能超过4.5mm。如果超过这个上限，必须更换探测器。

2. 导丝装置的保养

(1) 导丝器的清洁或更换。为保证加工精度，每日应对导丝器进行清洗，并检查其有无磨损或破裂，应更换磨损或破裂的导丝器。在更换直径不同的电极丝时，一般需要更换适合电极丝直径的导丝器。导丝器由拼合导向块A（凹型、固定侧）和拼合导向块B（凸型、可动侧）组成，如图5.88所示。电极丝通过宽的一面安装在上侧，窄的一面安装在下侧（工件侧）。

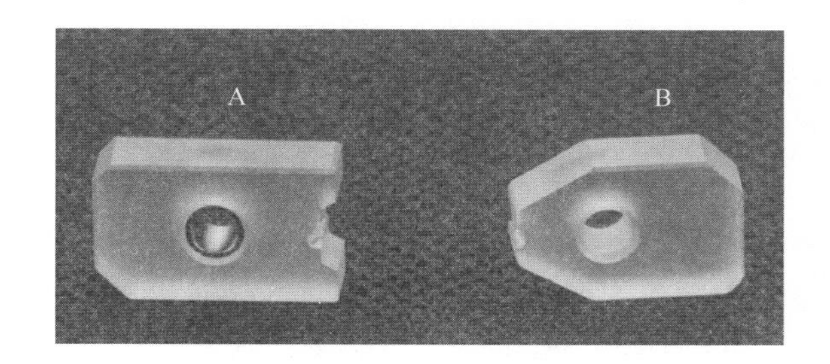

图5.88 导丝器结构

日本SODICK公司机床导丝器的更换方法如下。

① 按面板上控制导丝器闭合键，使拼合导向块闭合。

② 拆卸喷嘴基座和导向盖，如图5.89所示。

图5.89 拆卸喷嘴基座和导向盖

③ 拆卸拼合导向块 A、B，如图 5.90 所示。按面板上导丝器打开键，导向器打开，拼合导向块 B 会失去支撑落下，为了不使拼合导向块 B 落入加工槽内，应用手接着；如果按面板上导丝器打开键，拼合导向块 B 没有落下，有可能夹有废屑，可用手取下，并用喷枪吹去废屑。

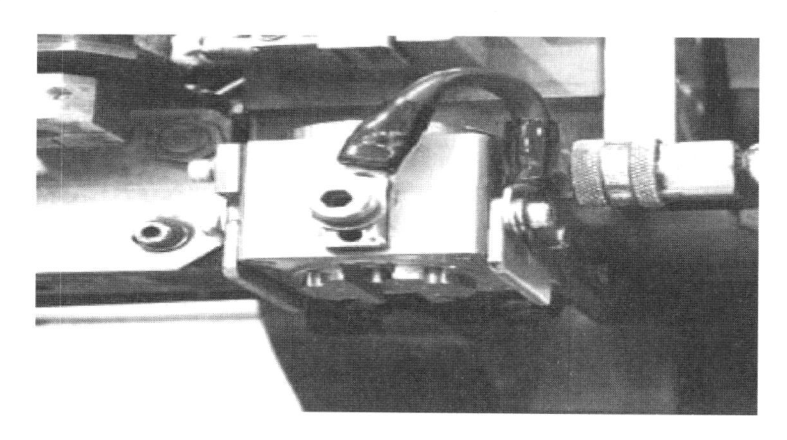

图 5.90　拆卸拼合导向块 A、B

④ 更换拼合导向块 A、B。

⑤ 安装导向盖。

⑥ 确认控制装置画面的状态表示。

（2）进电块的清洁或更换。进电块长时间在同一地方使用，容易发生磨损，使导电性能明显下降，容易发生断丝，因此需经常清洁以保持良好状态。机床在 24h 运行时，每隔 3～5 天，需要检查两个进电块是否光亮，有无侵蚀，有无明显磨损。若导电块磨损，需移动进电块，使电极丝与进电块有良好的接触。进电块如图 5.91 所示。

【进电块调整】

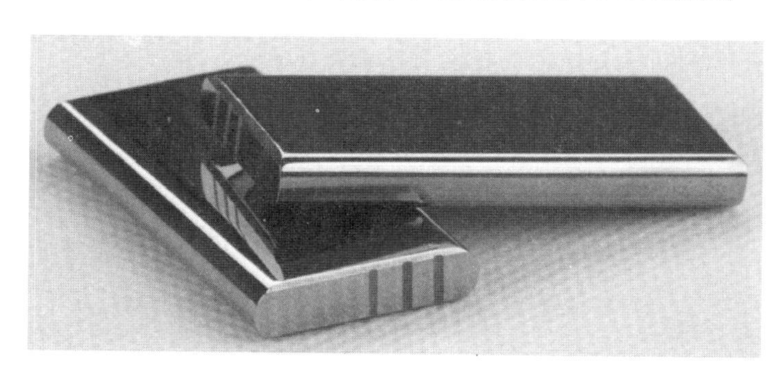

图 5.91　进电块

日本 SODICK 公司机床通过调整规来改变进电块的位置。调整规（图 5.92）圆棒部分切 0.5mm 齿距的沟，松动圆盘部的螺钉，进电块移动一个步距并在此位置固定。

① 在进电块间隙插入调整规的细端，挪动进电块至触到调整规的槽时止。

② 每挪动一格调整规的槽后固定。

③ 在调整规细的一侧前端碰到的地方，固定进电块。

图 5.92 调整规的使用

进电块清洁或更换的步骤如下。

① 拆卸上导丝器的进电块。在导丝器开闭部的里面有固定进电块的螺钉，按照图 5.93(a) 所示插入扳手，松开螺钉；从进电块侧面的孔中插入扳手，把进电块从相反一侧推出，如图 5.93(b) 所示。

(a)

(b)

图 5.93 进电块的拆卸

② 拆卸下导丝器的进电块。松开从机床正面看过去在反面的螺钉，用与上导丝器进电块拆卸同样的方法拆卸下导丝器进电块。

③ 用细的金属刷或者细砂纸（不能用小气流气枪）将导电块和电极丝接触点之间磨损留下的金属残余物去掉。重新组装时，需要确保电极丝从导电块一个新的部位通过。磨损严重时需更换进电块。

④ 安装进电块。

3. 传动机构的保养

每周都要对 X、Y、U、V 轴和 Z 轴进行几个来回的快速移动操作，并要达到整个行程，即从一个极限开关移动到另一极限开关。这个过程很重要，因为它可使润滑油脂在循环滚珠式进给丝杠、丝杠螺母和导轨的全行程上都进行重新分配，从而确保最优工作状态。中国台湾 CHMER 公司机床传动机构的保养如下。

(1) 导轨、滑块保养。

① 用除锈润滑高压式喷雾，清除表面灰尘、杂质，如图 5.94 所示。

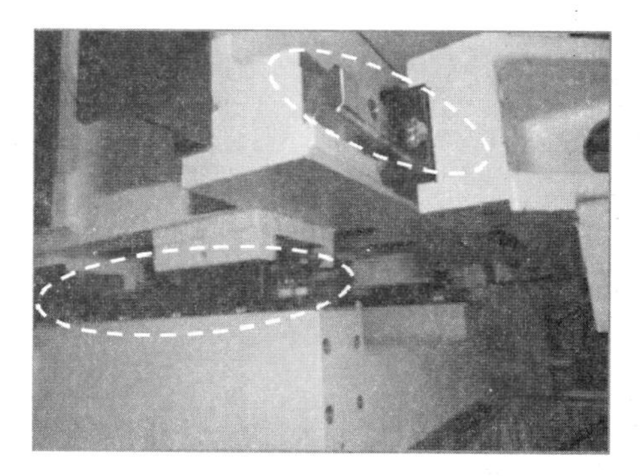

图 5.94 导轨表面除尘

② 加入润滑油或润滑脂。X、Y 轴为自动注油，使用润滑油；U、V、Z 轴为润滑脂润滑，可由注油孔将润滑脂注入，如图 5.95 所示。

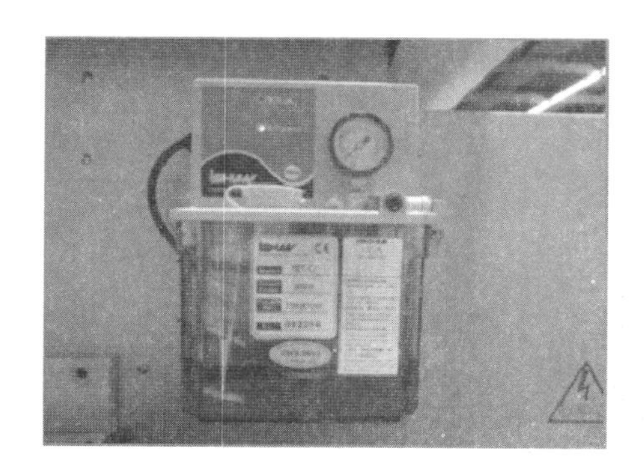

图 5.95 导轨、滑块润滑

（2）丝杠保养。

① 用除锈润滑高压式喷雾，清除表面灰尘、杂质。

② 除尘完成后，将润滑油注于 X、Y 轴的丝杠上，并全行程移动；将 U、V、Z 轴的丝杠涂上润滑脂，并全行程移动，如图 5.96 所示。

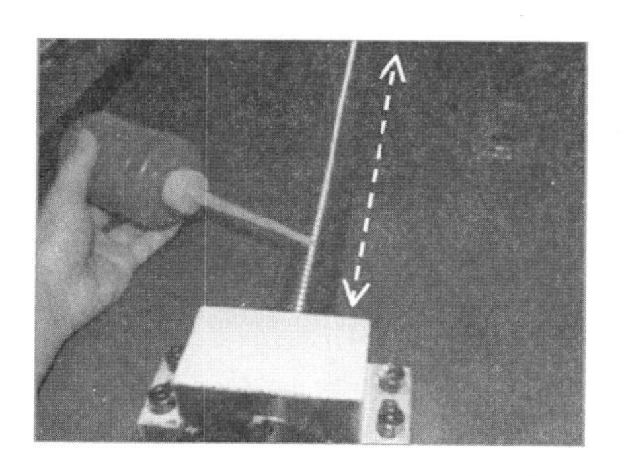

图 5.96 丝杠润滑

4. 工作介质冷却装置的保养

工作介质冷却装置是使因放电加工而温度上升的工作介质冷却，并使液温保持一定的装置。工作介质温度上升会使机器产生热变形，从而对加工精度产生影响，并且在液温较高的状态下加工时，工件容易生锈。当过滤器、冷凝器上有灰尘积留时，空气难以进入，不能进行工作介质的冷却。此时应该取下空气过滤器，用喷枪吹去灰尘，再使用软的海绵、家用的中性洗涤剂等进行清扫；冷凝器上的尘埃用长毛刷子去除。

5. 废丝处理

废丝箱收集由剪丝器切断的电极丝，每更换一次电极丝线轴或当废丝箱里的废丝装到废丝箱容积的 2/3 时，需要清空废丝箱。

6. 极间线的维护（更换）

如极间线在损伤的状态下进行加工，加工能量不能正常供给，会发生切割速度降低、电极丝易断等问题。因此清扫加工槽的同时需要对极间线、连接线进行检查，对于有损伤的、有腐蚀物质的，需要更换。同时需经常检查电容器盒，导电部和工件台面上的各接点是否连接牢固。如果发现极间线断线、硬化等，必须更换极间线。极间线及电源输出线的端子部分均经焊接处理，如因外力而脱开，必须经焊接处理后才能使用。

7. 电磁阀清洁

电磁阀是自动工作的阀门，用于打开或关闭线切割机床的水和油、空气等的路径。此时，由于电磁阀担负着许多用途，因此不管是没有喷液，还是漏水，均应最先检查、维护电磁阀。

中国台湾 CHMER 公司机床电磁阀的清洁步骤如下。

（1）拆下电磁阀的四个固定螺栓，如图 5.97 所示。

图 5.97　电磁阀的拆卸

（2）检查 O 形环及挡水布是否破损或变形，并清除表面杂质，如图 5.98 所示。

（3）回装时特别注意勿遗失弹簧，完成后进行送水测试。

8. 加工特殊材料工件时更换工作介质

（1）硬质合金。在加工硬质合金材料时，硬质合金中的黏结剂钴以离子状态溶解在水中，导致去离子水的电阻率急剧下降，使离子交换树脂的使用寿命缩短，这种情况下必须经常检查工作介质。

图 5.98 电磁阀的清洗

(2) 铝。高蚀除率材料（铝）会相应地降低水的电阻率，并导致形成较厚的沉淀物（泥浆）。加工过程中会产生氢氧化铝且很难渗漏出去，并在泥浆中触发副反应，产生的气体会在过滤套管里引起压力聚集。这时可以采取以下措施。

① 换水更加频繁，采用一种不同于以往的加工操作模式。

② 加强保养管理，不超过 20h 就要把工作区的泥浆冲洗一次，这是因为氧化铝会成为研磨剂，并且泥浆会凝结。

③ 不要把过滤器放在泥浆里。

④ 在没有浸没、没有吸液、没有去离子作用的情况下进行设备操作，也就是说，开始放电加工之前，使去离子作用尽可能的低，然后在控制命令中进行设置；如果电阻率降低太快，则在一个中断过程中需再次重复本程序。

9. 设备保养

设备保养见表 5-2。

表 5-2 设备保养

项次	项 目	周期	检查方法	处 置	备 注
1	机械外表	每日	(1) 检查是否需要清洁。 (2) 有无水滴	擦洗、擦拭	限用擦拭，禁止使用带压力的空气吹水滴，如果使用带压力的空气吹水滴将导致水滴进入机床本体内部，可能使机床的丝杠和导轨生锈，使机床精度下降或损坏
2	操作面板指示灯	每日	检查各指示灯是否正常	更换	
3	电极丝垂直度	每日	使用垂直校正器	重新校正	切割锥度工件前用软刷清洁导轮面
4	导轮	每日	各导轮是否平稳运转	清洗、更换	

续表

项次	项　目	周期	检查方法	处　置	备　注
5	上下喷嘴	每日	检查喷水是否集中	更换新品	喷嘴出口是否损坏
6	上下导丝器	每日	检查是否有杂物、碎屑造成短路	调整、更换	
7	工作台积水	每日	检查管道是否畅通	清理水管通道	勿使铜线、杂物落入水槽
8	挡水板	每日	检查防水是否良好	更换	
9	水质电阻率表	每日	测试是否可正常工作	更换离子交换树脂	连续空载运作下，仍不能改进水质时更换
10	注油器	每日	工作前润滑 X、Y 轴全行程一次		检查油箱内油量
11	过滤器纸芯	每日	检查压力表是否超过 1.5kg/cm^2	更换纸芯	一次两个，依当地工业废弃物法规处理
12	下线臂	每日	检查是否清洁	清洗	尤其是浸水式机床更应保持清洁，否则会影响切割精度
13	上下机头进电块	3～5天(24h运转时)	取下检查，是否需要清洁及切痕大小	使用软刷蘸稀盐酸清洗，更换接触面位置	除锈剂或清洁剂（K－200)勿流入水箱
14	废丝箱	每日	检查废电极丝是否超过箱子容积的 2/3	清理废电极丝	
15	去离子水槽	每日	检查去离子水水量	关机情况下水槽水量至少到水槽的 1/2	勿使水泵吸不到水
16	上下钻石眼模	每日	取下检查是否有磨损或通气孔阻塞	清洗，更换	
17	电源箱后空气过滤网	每周	检查是否需要清洁	清洗	

续表

项次	项　　目	周期	检查方法	处　　置	备　　注
18	冷却器空气过滤网	每周	检查是否需要清洁	清洁	
19	上下导引头	每周	检查是否需要清洁、有无磨损伤痕	清洗、更换	
20	上导丝器基座	每月	检查是否有杂物堵塞	拆下基座使用软刷蘸稀盐酸清洗	稀盐酸勿流入水箱
21	下导丝器基座	每月或每两周	检查电极线是否破皮造成短路或碎屑堵塞	拆下基座使用软刷蘸稀盐酸清洗	必须先关闭电源并使用手电筒检查
22	上机头电极线	每两周	检查电极线是否破损	使用胶布包扎或防水处理	
23	下机头电极线	每两周	检查电极线是否破损	使用胶布包扎或更新	接地
24	上机头接地线	每两周	检查电极线是否破损	使用胶布包扎或更新	工作台接地螺钉锁紧与电源箱内接地线
25	下机头接地线	每两周	检查电极线是否破损	使用胶布包扎或更新	
26	全行程润滑	每周	(1) 为避免丝杠和导轨生锈，每周各轴应全行程润滑移动六次以上。 (2) 确认各轴全行程行走不会有工作物、遮水布或电极线等物品干涉。 (3) 手拉注油器8～12次。 (4) 手动操作 X、Y、U、V、Z 轴全行程移动，注意移动中不会发生碰撞。 (5) 手拉注油器8～12次。 (6) 手动操作 X、Y、Z 轴全行程运动五次以上，确保移动中应不会发生碰撞		避免丝杠及导轨生锈
27	收线吸水装置	每月	拆下检查是否需要清洁	清洗疏通	
28	磁盘驱动器	每月	检查是否需要清洁	清洁磁盘	
29	通风过滤网	每月	检查是否需要清洁	清洗过滤网	

续表

项次	项　　目	周期	检查方法	处　　置	备　　注
30	Z 轴滑动面	每月	检查运动是否灵活，有无异声	人工抹润滑脂	
31	电源箱	每月	是否灰尘太多	使用吸尘器清洁	
32	收线电动机电刷	三个月	检查是否有磨损	更换	
33	U 轴滑动面	三个月	检查运动是否灵活，有无异声	人工抹润滑脂	
34	V 轴滑动面	三个月	检查运动是否灵活，有无异声	人工抹润滑脂	
35	X 轴滑动面	三个月	检查运动是否灵活，有无异声	注润滑油	
36	Y 轴滑动面	三个月	检查运动是否灵活，有无异声	注润滑油	
37	水流量阀	三个月	检查是否需要清洁	拆下清洁、清洗	电磁阀
38	水质传感器	一个月	检查是否需要清洁	清洗	
39	加工液水槽	三个月	检查有无沉淀物	清洗	污水槽与清水槽
40	Z 轴丝杆	六个月	检查运动是否灵活，有无异声	人工抹润滑脂	
41	U 轴丝杆	六个月	检查运动是否灵活，有无异声	人工抹润滑脂	
42	V 轴丝杆	六个月	检查运动是否灵活，有无异声	人工抹润滑脂	
43	X 轴丝杆	六个月	检查运动是否灵活，有无异声	注润滑油	
44	Y 轴丝杆	六个月	检查运动是否灵活，有无异声	注润滑油	
45	冷却器氟利昂	一年	水温是否保持正常	添加氟利昂	

思考题

1. 简述电火花线切割加工的工艺流程。
2. 电极丝如何分类及如何选择？
3. 简述电极丝垂直度校验的几种方法。
4. 线切割加工过程中极间状态调整的基本原则是什么？
5. 引发电极丝断丝的主要因素有哪些？该如何处理？
6. 如何降低低速单向走丝电火花线切割运行成本？

第6章 我国电火花线切割的发展和未来

我国独有的高速走丝机以其高的性价比在机械零件加工和中低端模具生产中展现出巨大的市场潜力，发展前景广阔。近年来，国内生产高速走丝机企业为了应对日益激烈的市场竞争，满足客户不断提升的加工需求，将提高机床的加工精度和加工表面质量作为主攻方向；在低速走丝机方面，国内也有一些研究单位和相关企业在国家相关扶持项目的支持下进行了深入研究、开发和生产，并取得了良好的成效。本章主要对近年来国内电火花线切割行业一些新的技术进展和应用进行概述和分析，并提出未来的发展趋势。

6.1 高速往复走丝电火花线切割概述

高速往复走丝电火花线切割或往复走丝电火花线切割简称高速走丝线切割（俗称“快走丝”）是我国在20世纪60年代研制成功的具有完全自主知识产权的数控电火花线切割加工机床。其走丝速度一般为8～12m/s，电极丝一般采用ϕ0.08～ϕ0.20mm的钼丝或钨钼丝并往复使用，工作介质为乳化液、复合工作液或水基工作液等。这类机床主要用于满足一般模具的加工要求。

高速往复走丝电火花线切割加工的优点在于其具有良好的性价比，与低速单向走丝电火花线切割相比，附加设备较少，生产成本低，由于电极丝反复使用，运行成本低，一般只有低速单向走丝电火花线切割的几十分之一甚至百分之一。高速走丝机由于走丝速度高，工作介质附着在电极丝上，因此容易被带入加工区域，使极间冷却、排屑及消电离可以得到保障，所以能够进行厚度1000mm以上工件的切割。目前高速走丝机长期稳定切割效率已普遍达到150mm^2/min以上，最高切割效率已经超过300mm^2/min，最大切割厚度能达到2000mm，机床的加工精度可达到±0.01mm，工件的表面粗糙度一般为Ra 2.5～Ra

5.0μm，最佳可达 Ra 0.8～Ra 1.0μm。因此，在中低精度、表面质量要求不高的中小批量零件加工或大型零部件加工（如船舶用大型齿轮及军工大型特殊材料零件加工）中，高速往复走丝电火花线切割具有广阔的市场应用前景。

目前，业内俗称的“中走丝”电火花线切割机床实际上是具有多次切割功能的改进型高速走丝机，一般是在高速走丝机上附加导丝器及电极丝张力控制装置等，控制系统可以实现多次切割功能，以提高加工表面质量和加工精度，同时控制系统已经建立了简单的数据库供用户选用。其主切粗加工时采用高速（8～12m/s）走丝及大能量切割，在多次切割修整时采用低速（1～3m/s）走丝及小能量修刀，通过多次切割减少材料变形、电极丝换向冲击及电极丝损耗带来的误差，使加工表面质量与加工精度得以提高，目前所能达到的加工精度在±0.005mm 以内，表面粗糙度在 Ra 1.2μm 左右，最佳表面粗糙度可以达到 Ra 0.6μm，加工质量介于高速走丝机与普通低速走丝机之间。

高速走丝机由于结构简单，性价比高，在大型机械零件加工和中低端模具加工领域市场潜力巨大，已经广泛应用于精密模具、航空航天、军工、汽车等制造领域，在相关制造领域中发挥着难以替代的作用，目前在我国已经得到迅速发展，并批量出口到世界各地，尤以东南亚、中东、南美、欧洲等居多。目前高速走丝机年产量已达 3 万～6 万台，整个市场的保有量已超过 60 万台。高速走丝机在我国经过半个世纪的发展，已经形成专业化、规模化、集约化发展的态势，目前生产区域主要集中在江苏、浙江及北京等地区，在产品的成本及专业技术的积累方面，高速走丝机在世界范围内具有不可替代的优势，在满足国内市场需要的前提下，必然随着产品的进一步完善和世界各国及地区对该产品了解的深入而逐步在世界范围内获得推广应用。但由于高速走丝机加工中需要较多的人工操作及干预，并且操作环境较差，因此目前仍主要应用在发展中国家和地区。

市场统计数据显示，在高速走丝机中，“中走丝”机呈现出高速增长的态势，目前“中走丝”机年产量已占高速走丝机年总产量的 1/3，而在“中走丝”机中，性能优异的精密“中走丝”机又占“中走丝”机的 20%～30%，如图 6.1 所示。“中走丝”机和精密“中走丝”机所占的比例每年都在增长，因此最终“中走丝”机必将替代普通高速走丝机，而精密“中走丝”机必将逐步取代普通“中走丝”机；同时市场也会趋向细分化，如在高速走丝机中，各种专用的线切割机床将应运而生。

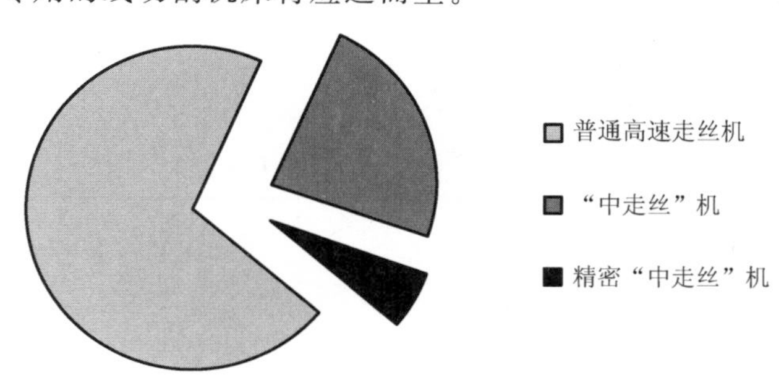

图 6.1 普通高速走丝机、“中走丝”机和精密“中走丝”机年产量比例

高速走丝机今后发展的主要目标除了进一步提高自身的工艺指标外，更重要的是通过机床操作的自动化、智能化及环保性的提高，适应操作者尤其是新一代操作者及国外客户对设备的要求。

6.2 “中走丝”的产生及发展现状

20世纪80年代上海医用电子仪器厂杜炳荣高级工程师在国内率先在高速走丝机上采用多次切割工艺进行了精冲模具的加工，随后南京航空学院（现南京航空航天大学）金庆同教授指导的研究生郭钟宁、刘志东对高速走丝机多次切割的可行性及工艺规律进行了一系列研究，论证了在改进的高速走丝机上进行多次切割的可行性，并且达到了较高的表面质量及加工精度。但由于受到当时工作介质极间冷却问题的影响，致使一次切割效率不高(稳定切割效率在80～100mm²/min)，并且由于当时编控系统自动化程度不高，多次切割时需要大量的手工操作及人工干预，影响了多次切割的实用性。随着21世纪初刘志东研制的复合工作液的市场化及高速往复走丝电火花线切割软硬件技术的发展，俗称“中走丝”的高速走丝电火花线切割多次切割技术首先在浙江及江苏地区兴起，并逐渐完善。

对于高速走丝机而言，“中走丝”机是其近期的发展方向这点是毋庸置疑的。但高速往复走丝电火花线切割由于自身往复走丝的工艺特点，使加工精度不可能与低速单向走丝电火花线切割抗衡，因此其发展目标是在加工精度方面最终能接近或取代部分普通低速单向走丝电火花线切割加工，同时充分利用其良好的性价比，重点进行高效、长期稳定的切割加工，尤其是在高厚度及高厚度大锥度切割方面，稳定、持久的高效切割是一个永恒的话题。

6.2.1 “中走丝”机的概念

“中走丝”机是指具有多次切割功能的高速走丝机，加工质量介于高速走丝机和普通低速走丝机之间。“中走丝”线切割主要通过对高速走丝机的机械和控制系统的升级及控制系统的智能化，如在多次切割时，可以由控制系统自动设置修刀轨迹、高频参数、修刀量及进给跟踪速度，操作人员不再需要人工设置高频参数的选择、组合，系统能提供对应的切割参数，并且用户也可以根据材料特性等对各种参数进行修正，形成相应的用户工艺数据库。

目前“中走丝”机达到的加工指标见表6-1。

表6-1 “中走丝”机达到的加工指标

项目	加工指标	
切割效率	一次切割	15000mm²/h(250mm²/min)
	三次切割（割一修二）	100mm²/min，Ra<1.4μm
表面质量及一致性精度	最佳表面粗糙度	Ra 0.6～Ra 0.8μm
	切割工件一致性	40mm厚的工件加工精度长期稳定在±0.005mm以内

6.2.2 “中走丝”机参考特征

典型“中走丝”机外观及结构如图6.2所示。“中走丝”是一个俗称，目前对其并没有准确的定义，只是局限在切割机床所能实现的功能上。但从发展的角度看，精密“中走丝”机应该具备以下参考特征。

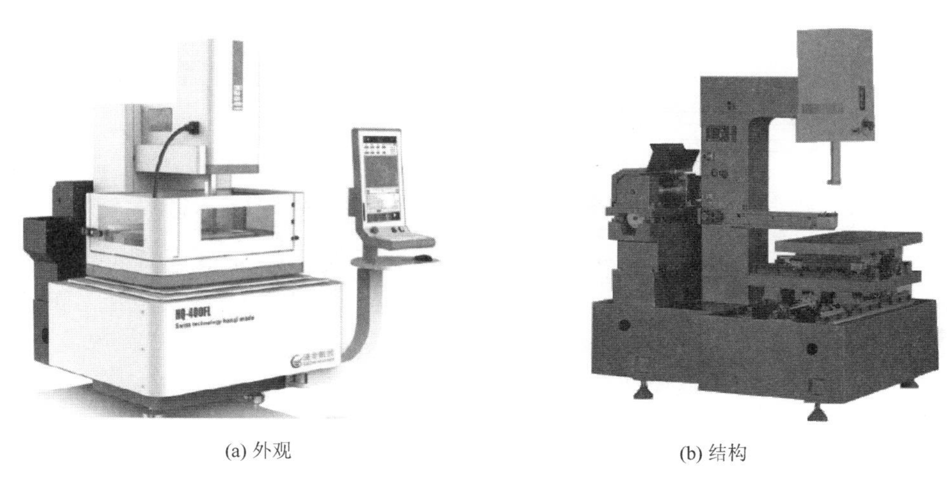

(a) 外观　　(b) 结构

图6.2　典型“中走丝”机外观及结构

1. T型床身及C型线架

床身是机床的基础部件，$X-Y$坐标工作台、卷丝筒、丝架都安装在床身上。“中走丝”机的床身结构一般为T型全支撑结构（图6.3），机床整体采用树脂砂精密铸造，整机铸造经过热处理消除内应力，确保刚性与精度持久性。对于拖板结构，一般长轴在底部，短轴和工作台置于上部，这样工作台全行程运行都不会超出行程和床身范围，降低了机床重心并有效增加了机床的稳定性，从而尽可能保障机床的动态精度与静态精度的一致性。

与低速走丝机目前普遍采用的X、Y轴独立移动床身，对称设计并考虑热变形及累计误差等设计相比，“中走丝”机床身及线架的设计还仅仅停留在结构设计方面，后续还必须考虑到结构设计的优化、热平衡及材质选择等一系列问题。

图6.3　T型床身

C型线架可以减少电极丝走丝的路径，并且可以提高整个走丝系统的刚性，将锥度部分上升到顶部，减少了锥度机构的抖动，如图6.4所示。导丝器可升降，尽可能做到贴面加工，并且Z轴升降（图6.5）无需拆卸电极丝，从而保障了电极丝的空间位置精度及稳定性。

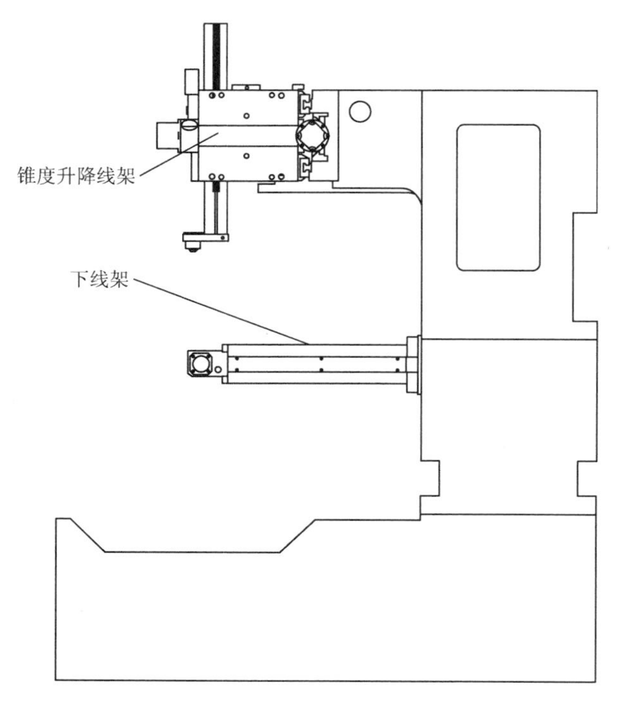

图 6.4　典型“中走丝”线架结构示意图

图 6.5　导丝器上下升降 Z 轴可调方式

2. 张力控制及导丝机构

图 6.6 为目前“中走丝”机常用的走丝系统示意图。该走丝系统采用双向弹簧式自动紧丝方式。弹簧式自动紧丝装置系统惯性较小，因此对电极丝张力的变化调节比较敏感。

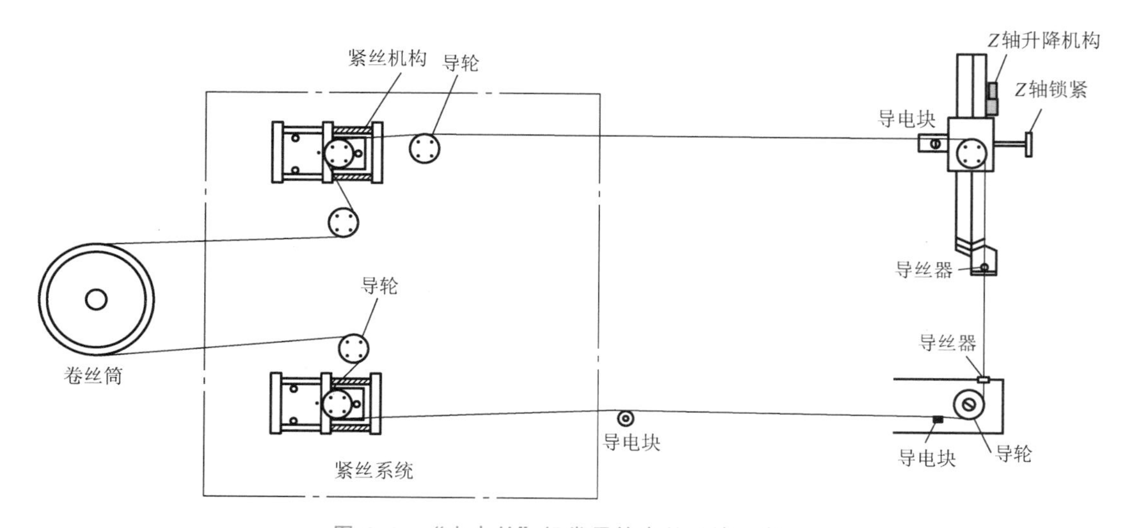

图 6.6　“中走丝”机常用的走丝系统示意图

“中走丝”机的电极丝在加工过程中一直处于消耗阶段，因此对于张力机构而言，还需要根据不同的加工要求及电极丝的直径调节张力，更重要的是由于往复走丝的特性，还应该保障正反向往复走丝时电极丝张力的均衡。因此未来“中走丝”机张力控制系统的发展最终还是要以具有检测功能的闭环控制正反均衡的张力系统为发展目标。图 6.7 所示为一种张力闭环系统，可对高速运行的电极丝张力状态进行检测，并实时调整以达到张力均衡。未采用张力控制机构前及采用张力控制机构后电极丝张力实时波形如图 6.8 和图 6.9 所示。

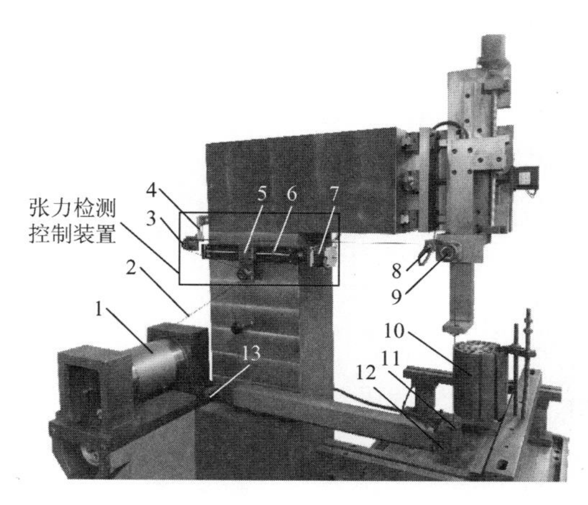

图 6.7 张力闭环系统

1—卷丝筒；2—电极丝；3—张力轮；4—应力传感器；5—滑块导轮；6—丝杠；7—步进电动机；8—导电块；9—上导轮；10—工件；11—环形导丝器；12—下导轮；13—挡丝棒

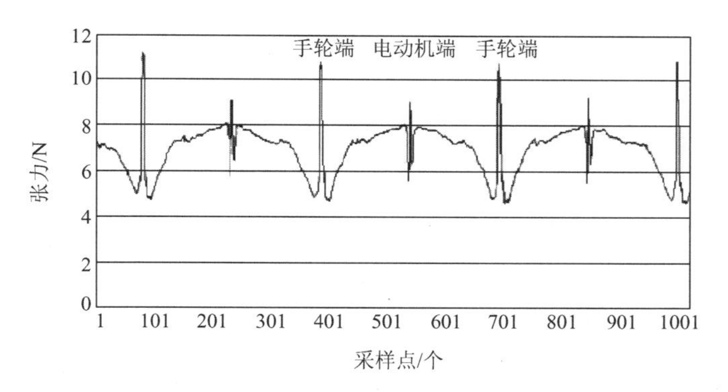

图 6.8 未采用张力控制机构前电极丝张力实时波形

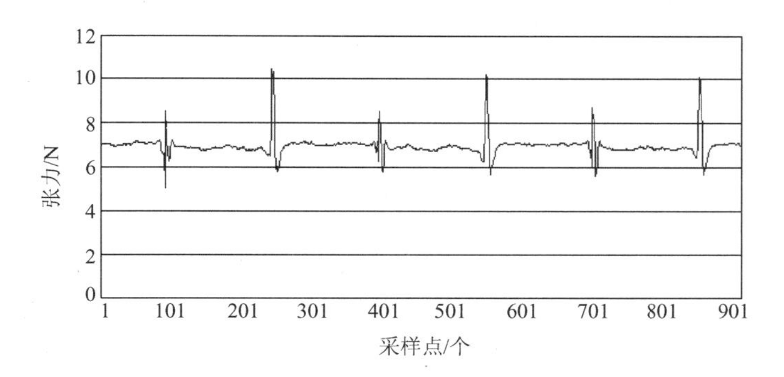

图 6.9 使用张力控制机构后电极丝张力实时波形

3. 新型运丝及走丝系统

目前传统的运丝系统卷丝筒要完成旋转和左右往复直线运动，以实现螺旋状排丝功能，这样必然导致卷丝筒在运行过程中形成振动，由于卷丝筒的一端固定着电动机，因此也会导致卷丝筒在运动时产生偏重，出现包括单边松丝等一系列问题。为解决此问题，已有公司设计了运丝电动机与卷丝筒分离侧放的机械结构，如图 6.10 所示。此结构减少了因运丝系统左右直线运动同时卷丝筒电动机旋转运动而产生振动，导致电极丝发生抖动等问题，采用排丝与紧丝机构减少了电极丝单边松丝的产生，减少了运丝距离，有效减少了电极丝运行振动与电极丝高速运动的抛丝现象，使加工时机床运行的平稳性有所提高，加工精度、表面粗糙度有一定改善。卷丝筒固定运丝系统结构如图 6.11 所示，卷丝筒固定运丝机构布局如图 6.12 所示。

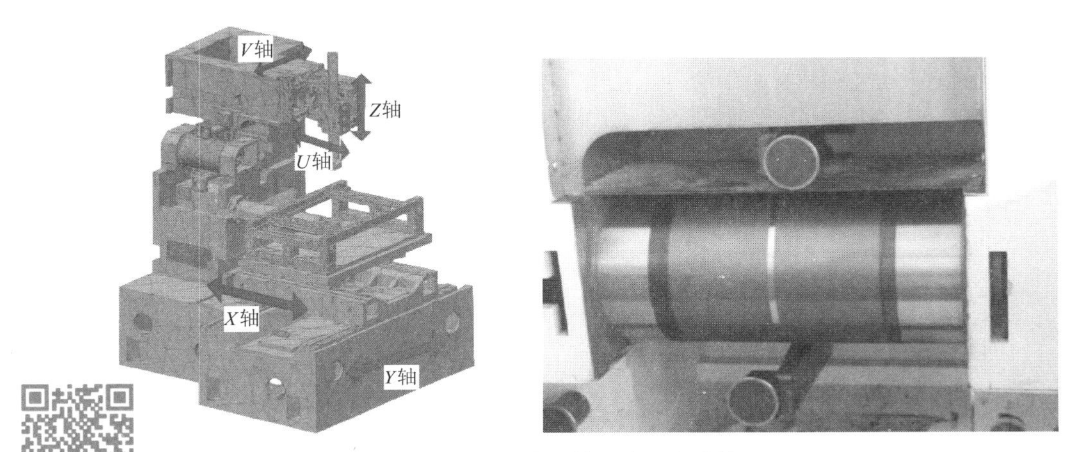

图 6.10 卷丝筒固定机床结构

【卷丝筒固定运丝系统上丝操作】

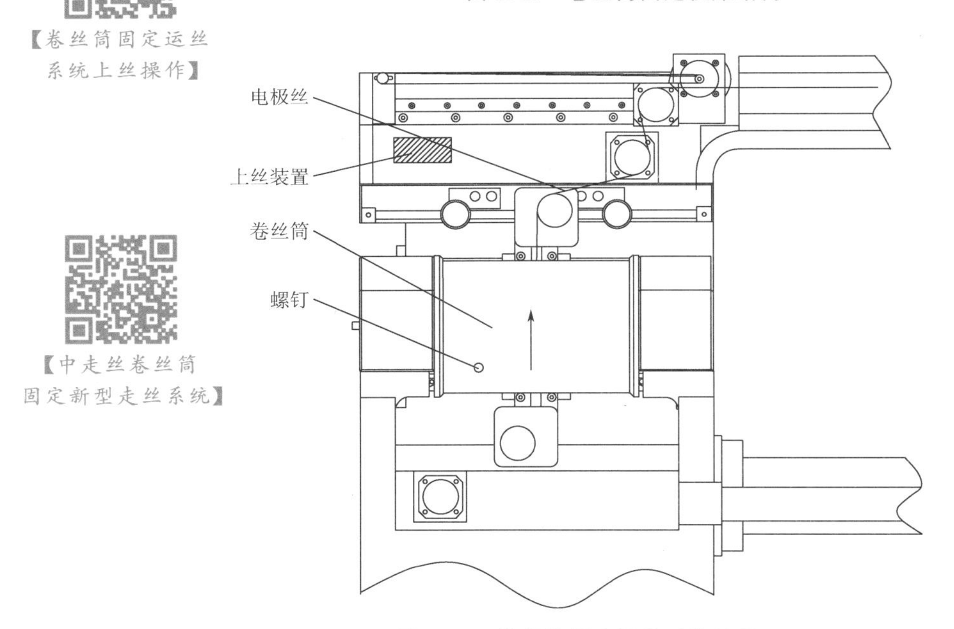

【中走丝卷丝筒固定新型走丝系统】

图 6.11 卷丝筒固定运丝系统结构

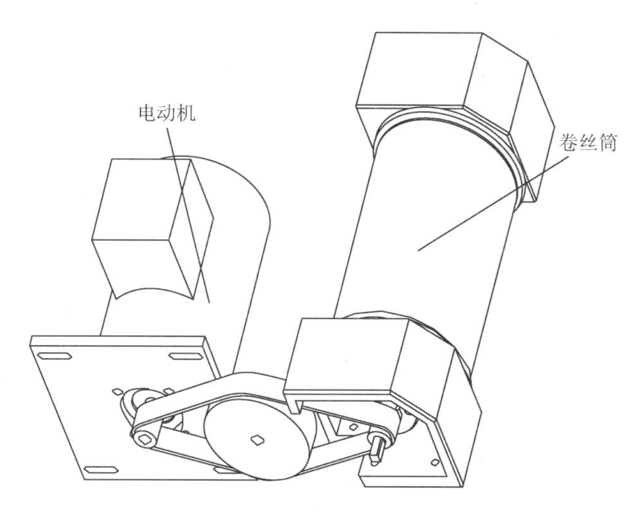

图 6.12　卷丝筒固定运丝机构布局

为解决目前往复走丝频繁换向导致的电极丝空间位置的变化产生的换向机械纹，业内已经研发出双卷丝筒超长丝往复走丝线切割加工技术（图 6.13），可实现超长走丝，电极丝长度达 10000m 以上，单向连续加工时间可超过 1h。因此，一次单向走丝可完成一个或多个加工面的加工任务，消除了“中走丝”机切割频繁换向所导致的换向机械纹，节省了电极丝换向高频关断的时间，但在遇到跳步孔较多及断丝时如何能快捷处理等方面还有许多问题值得深入研究。

图 6.13　双卷丝筒超长丝往复走丝线切割加工

此外，针对现有的高速往复走丝电火花线切割采用单卷丝筒循环往复走丝，必然会产生电极丝的损耗问题，提出了一种双卷丝筒电极丝渐进式走丝方式。通过双卷丝筒使电极丝一方面完成高速往复走丝，另一方面通过往复走丝的不对等性，使电极丝整体微量推进，以抵消电极丝的损耗，使得在整个切割过程中，电极丝的损耗通过整体电极丝的渐进进给而抵消，保障在大面积切割中，切缝中的电极丝直径基本不变，从而在一定程度上保障了加工精度不会因为电极丝的损耗而丧失，当断丝情况发生时电极丝可以沿宽度一致的切缝快速空切到断丝点或在断丝点原地穿丝。另外，采用双卷丝筒结构保障了加工区域电极丝的张力处于恒定状态。电火花线切割双卷丝筒电极丝渐进式走丝方式工作原理如图 6.14 所示。

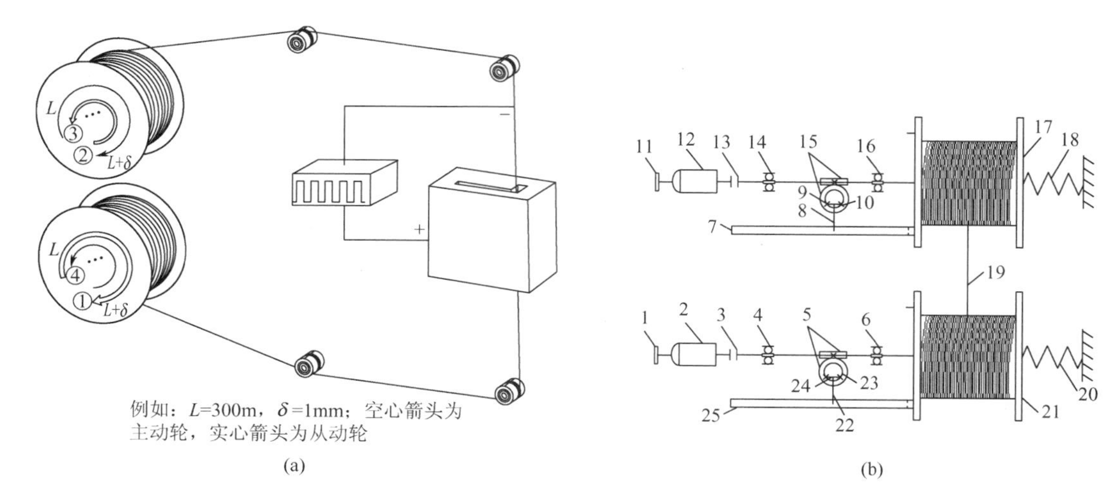

图 6.14　电火花线切割双卷丝筒电极丝渐进式走丝方式工作原理

1、11—信号采集器；2、12—伺服电动机；3、13—联轴器；4、14、6、16—轴承；5、15—蜗轮蜗杆；7、25—凸轮；8、22—齿轮轴；9、10、23、24—锥齿轮；17、21—卷丝筒；18、20—弹簧；19—电极丝

利用单片机控制卷丝筒的转动，实现电极丝的渐进式运动，如先正向走丝 $(300+\delta)$m，然后反向收丝 300m，再正向走丝 $(300+\delta)$m，然后反向收丝 300m，如此往复运动。这样每次循环总有 δ 长度的新丝补充进入加工，因而电极丝的损耗可以通过每次循环补充的 δ 长度电极丝进行补偿，减少了加工过程中电极丝的损耗。

采用这种走丝方式，可以基本消除往复走丝电火花线切割电极丝损耗对加工的影响，当然具体结构及控制的实现还需要进一步细化。

整体电极丝的渐进进给抵消了加工过程中电极丝的损耗，使切缝中电极丝的直径基本不变；同时保障了加工区域的电极丝处于恒张力状态；兼顾高速往复走丝电火花线切割和低速单向走丝电火花线切割的优点，因此比较容易实现自动穿丝功能。

4. 采用半闭环及闭环控制方式

由于“中走丝”机对定位精度、重复定位精度要求的提高，目前普遍采用伺服电动机与丝杠直连（图 6.15）的半闭环驱动控制方式以减少传动链导致的传动误差，并且对产生的传动误差进行螺距补偿。同时，必要的生产调试及加工环境要求也是必需的，没有必要的恒温措施，装配精度及补偿精度均很难保障。

目前已经有厂家设计了采用伺服电动机及光栅尺进行全闭环控制的工作系统（图 6.16），进一步提高了机床的加工精度及加工的稳定性。系统自动实时补偿精度误差，使机床始终保持高精度状态，避免了长期使用过程中机械磨损导致的精度误差。

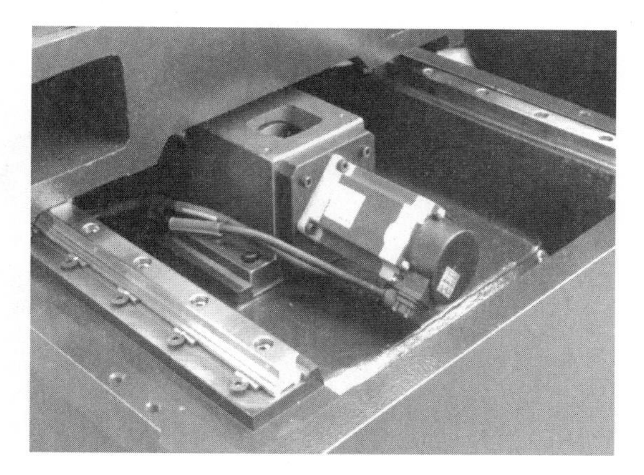

图 6.15 伺服电动机与丝杠直连

(a) 安装实物

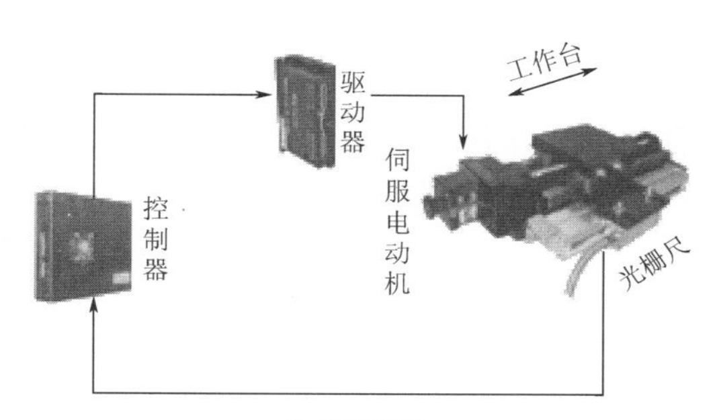

(b) 控制原理

图 6.16 伺服电动机及光栅尺全闭环控制系统在“中走丝”机上的应用

此外，采用圆筒型直线电动机驱动方式的“中走丝”机也已面世。由于直线电动机驱动过程中运行平稳、噪声小，运动部件摩擦小、磨损小、使用寿命长、安全可靠，而且采用直接驱动方式，不存在时间或结构上的滞后，能实现伺服跟踪的高响应性和平稳性。直线电动机安装在工作台上作为一个整体直接驱动工作台做直线运动，光栅尺直接安装在工作台上，工件和电动机一同运动。直线电动机简化了传动结构，避免了旋转运动转换为滚珠丝杠的直线进给所引起的螺距误差、反向间隙等诸多问题；采用光栅尺得到的工作台的位置能直接反馈到直线电动机上，无间隙的影响，可以闭环控制实现高精度的位置控制，因此具有良好的跟踪性，能实现高速度及高响应性。相比于旋转电动机，在直线电动机伺服驱动系统中，电动机和工作台之间消除了传动链，工作台位置信号传递准确，定位精度大大提高，并且系统具有较高的响应性能。直线电动机驱动系统中减少了中间转换机构，因此在运行时可以准确跟踪给定的加工路径，使加工尺寸误差降低。尤其在加工细小零件时，因传动系统的惯性小及灵敏度高，可以实现较准确的切割，使加工的形状精度提高。图 6.17 所示为直线电动机驱动式“中走丝”机及拖板结构。

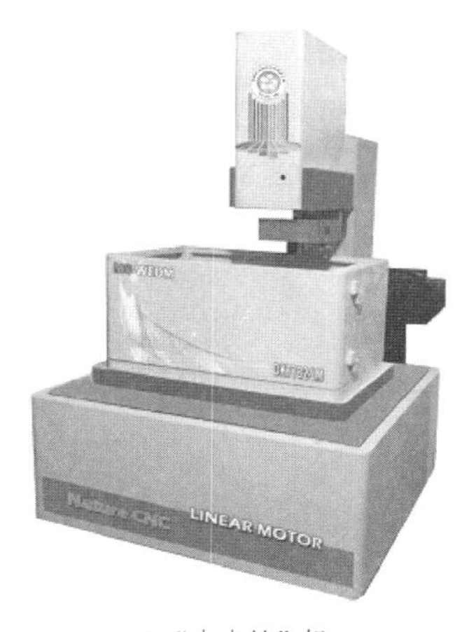

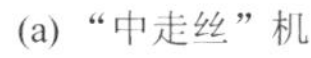
(a) “中走丝”机

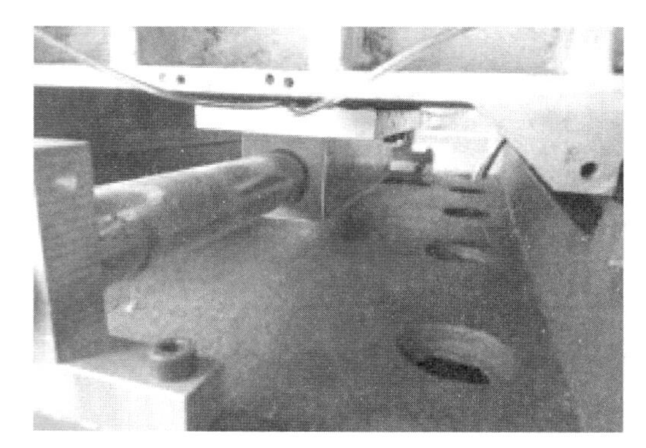
(b) 拖板

图 6.17　直线电动机驱动式“中走丝”机及拖板结构

5. 一体机结构及封闭造型

一体式“中走丝”机［图 6.18(a)］具有良好的整体外观，是“中走丝”机外形的发展趋势，并且采用半封闭或框形挡水结构［图 6.18(b)］，使得工作液基本不外泄，从而保持清洁的操作环境。某些机床采用了升降式挡水板，以方便安装工件及节省空间。

(a) 一体式“中走丝”机

(b) 框形挡水结构

图 6.18　一体式“中走丝”及框形挡水结构

目前“中走丝”机工作液通常采用多层过滤高压水箱进行过滤，实物如图 6.19(a) 所示，过滤原理如图 6.19(b) 所示。

对于纯水剂工作液，可以采用分子膜过滤水箱系统进行过滤。图 6.20 所示的水箱采用高精度分子膜作为过滤主体，在分子膜过滤前加粗过滤，将大颗粒物滤除，然后通过高精度分子膜将氧化物及细微铁渣全部滤除。水箱的过滤、反洗、排渣等动作均由电动阀及水泵自动控制，并且配备压力表、流量表等测量仪器，使用户可以更加直观地掌握水箱的工作状态。

(a) 多层过滤高压水箱实物

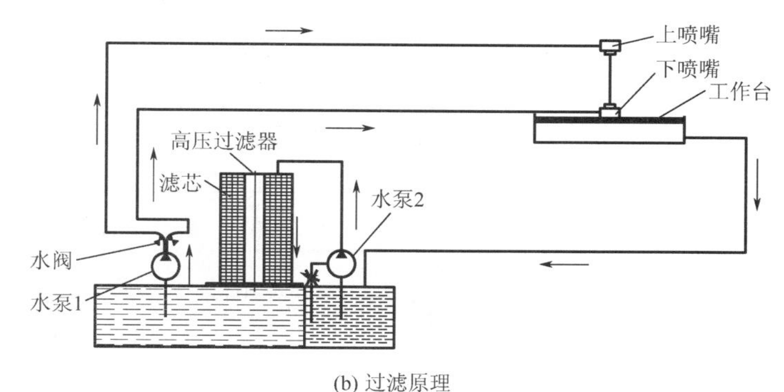

(b) 过滤原理

图 6.19 多层过滤高压水箱实物及过滤原理

图 6.20 分子膜过滤水箱系统

6. 具有加工参数智能化及实用稳定的工艺数据库

“中走丝”机在控制系统智能化方面应尽量排除人为因素，同时获得持久稳定的加工效果，因此应具备以下功能。

(1) 加工参数智能化。图 6.21 为一种自适应电参数调节原理。其主要工作过程为上位机根据加工要求（如表面粗糙度）对脉冲参数进行预判断，根据判断结果和脉冲电源性能选择合适的脉冲参数，生成的脉冲参数数据通过 RS-232 串口发送给脉冲电源。在实际应用时，选取脉冲参数还应考虑工件材料、厚度和电极丝直径等因素。这就需要建立一个完整的工艺数据库，并需要有一定的自我学习能力。

典型的“中走丝”机 E-cut 智能数控系统支持 X、Y、U、V、A 五个轴数字化控制并可灵活扩展，添加了转角与尖角控制策略，提高了加工精度。其控制系统如图 6.22 所示。

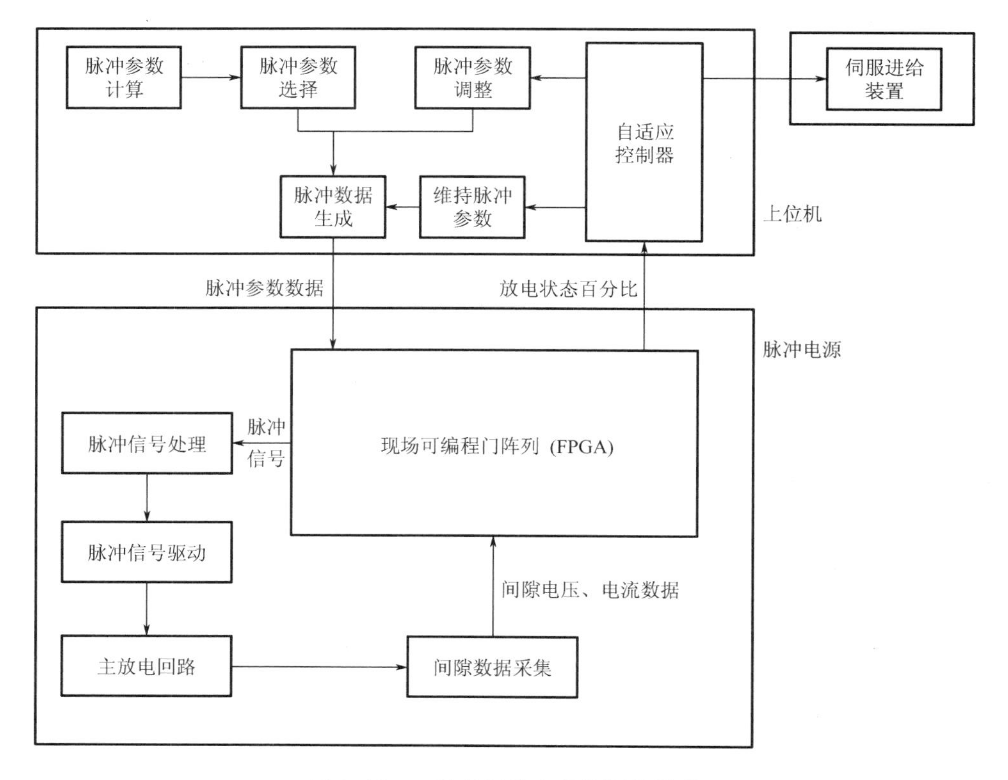

图 6.21 一种自适应电参数调节原理

(2) 切割跟踪智能化。电火花线切割加工中，极间放电状态的检测是十分重要的，而间隙放电状态是一个随机性强且十分复杂的过程，影响因素很多，检测和控制均有较大难度，因此需要对间隙放电状态及电压特性进行分析，为间隙放电状态检测系统的开发提供正确的理论依据，从而提高放电状态检测系统的准确性、实用性、可靠性，使电火花线切割加工的自适应控制得以改善，保证放电加工处于稳定、高效的状态。

目前，大多数线切割放电状态检测系统是借鉴电火花加工放电检测系统，如间隙电压与电流平均值检测法、间隙平均脉宽电压检测法、间隙脉宽电压数字平均法和高频检测法等，并采用设定固定阈值的方法对电火花线切割加工过程的三种基本间隙放电状态进行检测，但检测到的间隙平均脉宽电压并不是单值函数，无法自动识别加工状态，不能适应各种工况和工艺参数的变化，而且此类系统不能很好地满足线切割加工需要，尤其对变厚度、变截面加工更不适应，并且对于普通有阻晶体管脉冲电源（非节能型）而言，其加工时的间隙电压和间隙电流趋向于理想的矩形波，而近年来出现的节能型无阻脉冲电源的放电加工间隙电压和电流变化更复杂，随机性强，影响因素多，检测比较困难，故常规的固定阈值检测方法很难实现对其准确的检测。因此需要一种新的间隙放电状态检测方法来适应伺服控制系统。有阻电源和无阻电源的电压及电流波形对比如图 6.23 所示。

一种浮动阈值间隙放电状态检测系统框图如图 6.24 所示。

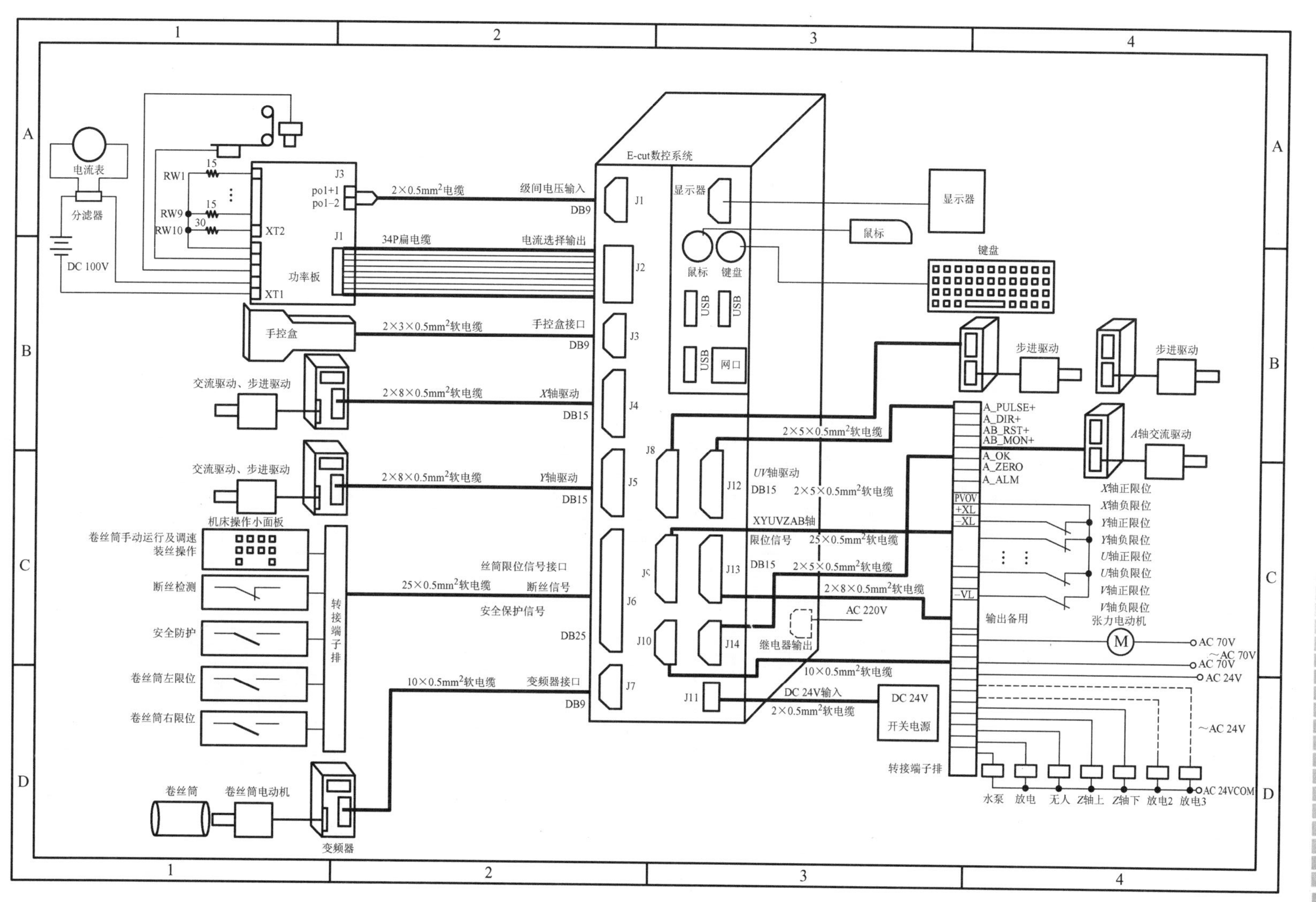

图6.22 E-cut智能控制系统

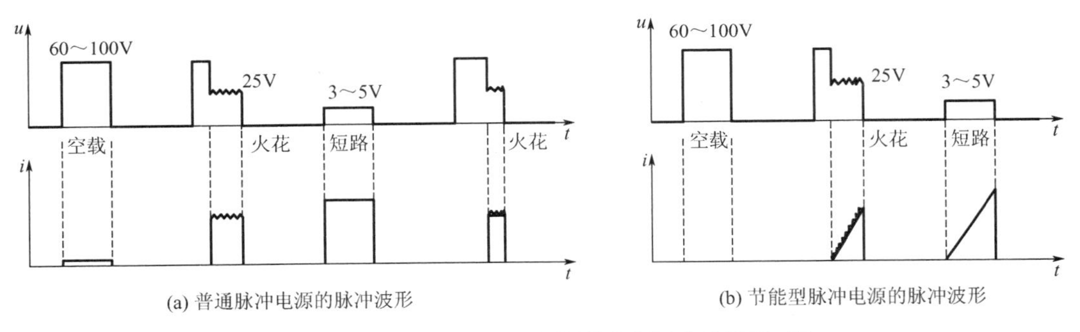

图 6.23 有阻电源和无阻电源的电压及电流波形对比

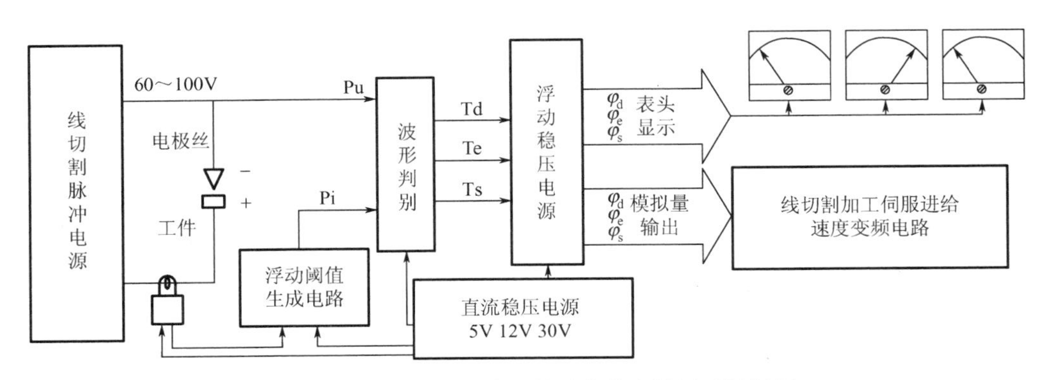

图 6.24 一种浮动阈值间隙放电状态检测系统框图

浮动阈值间隙放电状态检测法的基本原理就是通过在线实时采样间隙电压和间隙电流，并根据随间隙电流在线实时浮动的电压阈值与间隙电压在线实时比较的结果，在线实时地鉴别电火花线切割加工过程中的开路、火花放电和短路这三种放电状态。该检测方法提高了放电状态的检测精度，解决了以往固定电压阈值检测法存在的缺陷，即不能适用于非矩形加工电流波形和加工峰值电流变化范围大的缺陷。方波和三角波时浮动阈值电压（空载和火花放电状态的浮动阈值电压 U_{de}、火花放电和短路状态的浮动阈值电压 U_{es}）波形如图 6.25 所示。

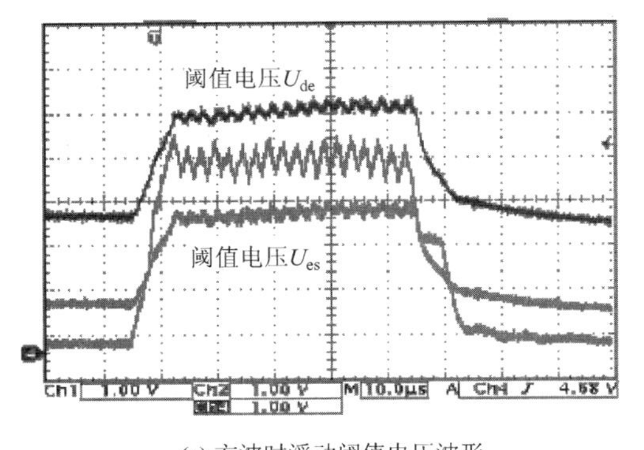

(a) 方波时浮动阈值电压波形

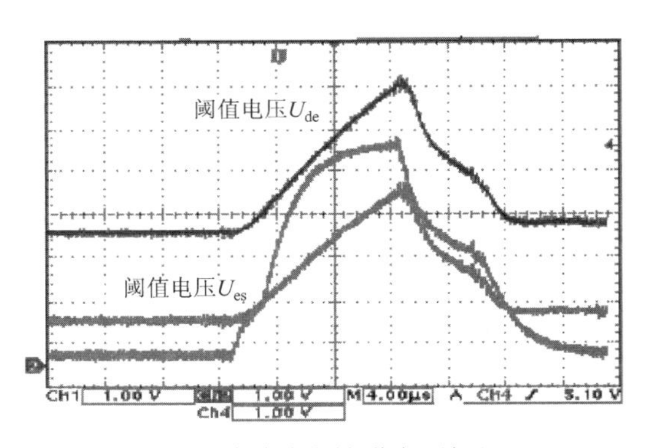

(b) 三角波时浮动阈值电压波形

图 6.25 方波和三角波时浮动阈值电压波形

(3) 数据库智能化。专家数据库设计为开放式，用户可根据经验对数据进行修改，形成个人专业数据库，数据库还可以设计成具有学习功能。数据库管理模块系统结构如图 6.26 所示。某型控制柜专家库界面如图 6.27 所示。

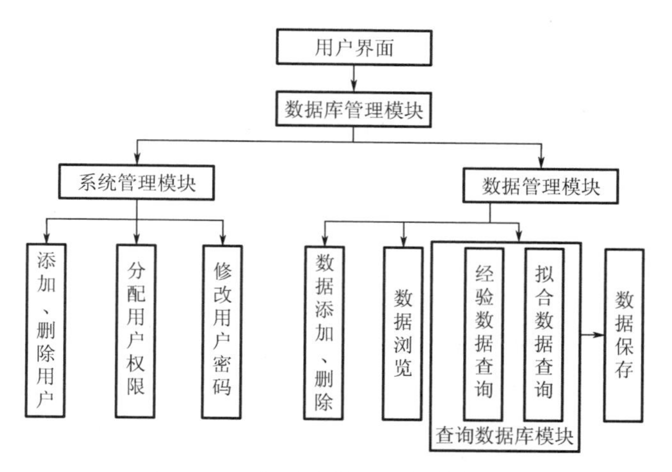

图 6.26 数据库管理模块系统结构

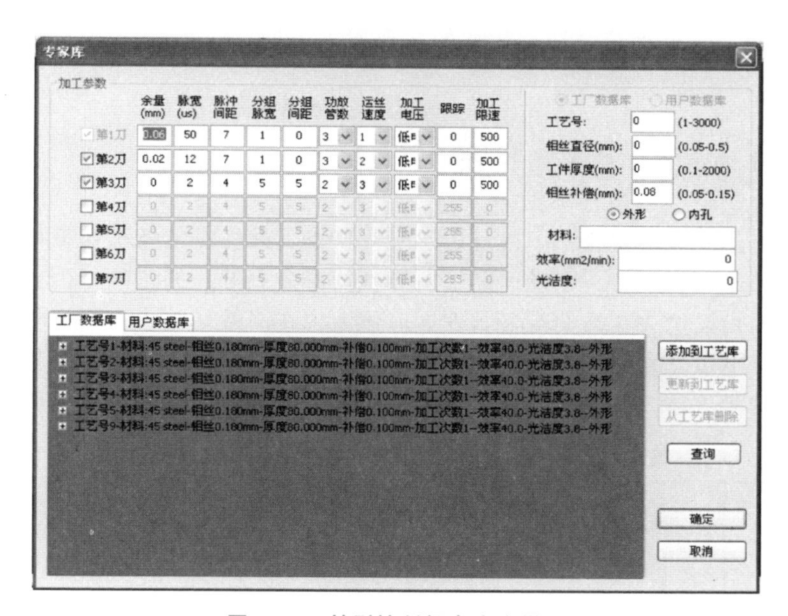

图 6.27 某型控制柜专家库界面

(4) 操作控制人性化。近几年由于数字电路的飞速发展，工控机控制系统逐渐代替了单板（片）机控制系统，同时随着用户对机床多任务处理功能的需求，往复走丝也面临着进入多任务实时操作环境。HL、HF、迈科全、WinCut、AutoCut 等编控软件经过大量实践及改进后，能够满足电火花线切割技术的快速发展需求，并实现机床的稳定控制与工件加工。最新推出的面向智能制造与工业互联网时代的控制系统采用编码器、播放器架构；操控端与执行端通过网络相互连接，显著降低了设备的故障率和维护成本；与目前传统的工控机＋运动控制卡的方式相比，新系统仅通过网线实现分系统之间的连接，很好地解决了传统插卡方式存在的可靠性痛点问题，更有利于消除放电电磁干扰影响；网络分布式系统，方便扩展与集成，同时升级换代更灵活。该系统具有强大的联网功能，用户可以对机床的状态进行远程监控，通过智能手机就能对加工进度、状态等进行实时掌控，也提升了工厂的自动化和信息化水平。

6.3 “中走丝”的未来

由上述分析可知，“中走丝”相对于低速单向走丝电火花线切割而言，还处于发展的初期阶段，在技术研发方面只是构建了一个框架，还有许多细化的工作需要开展，而对于高速往复走丝电火花线切割而言，随着零件及模具加工业要求的不断提高及市场竞争的日益激烈，高速走丝机已经逐渐呈现出两种发展态势：一种以中小批量零件加工生产为主要目标，要求机床具有长久稳定的高切割效率；另一种是以“中走丝”为载体，在稳定高效切割的前提下，将提升机床的加工精度和表面质量作为发展的主攻方向，采用多次切割技术，并不断提高机床的智能化、操作的自动化程度、工作的洁净化及机床的环保性要求。高速走丝机发展主要目标是替代部分普通低速走丝机。目前“中走丝”机的发展已经成为往复走丝电火花线切割机床的主要发展方向，也大大增强了高速走丝机的市场竞争力。

6.3.1 正确定位“中走丝”技术

由于“中走丝”仍然摆脱不了往复走丝一些特点（如往复走丝引起换向冲击、电极丝会产生损耗、采用钼丝加工、走丝速度快、导丝器寿命短等）的影响，因此加工精度不可能超越低速单向走丝电火花线切割，其发展应该定位在高效切割、高厚度切割、大锥度切割，甚至在某个电极丝直径范围的细丝切割，而在这些领域，保持“中走丝”高的性价比是其显著特征的最终体现。低速单向走丝和“中走丝”加工的指标差异见表 6－2。

表 6－2　低速单向走丝和“中走丝”加工的指标差异

项　目	低速单向走丝	“中走丝”
最高切割效率/(mm^2/min)	500	300～400
最高加工精度/mm	±0.001	±0.005
腰鼓度	300mm（模具钢）四次切割，±9μm（FANUC） 300mm（钢工件）四次切割，±6μm（MITSUBISHI）	100mm 三次切割，5～10μm 200mm 三次切割，15～20μm
拐角精度	60°内角拐角精度 1μm	拐角控制策略还需细化
表面质量	*Ra*＜0.05μm，表面变质层控制在 1μm 以内	*Ra* 0.6～*Ra* 0.8μm，还未涉及表面完整性研究

针对“中走丝”的加工工艺指标，应围绕可操作性及客户可享用性而确定，不要误导市场和客户。如切割效率应该是客户可以实际使用的长期稳定的切割效率，而不是短期的表演效率甚至是通过某些技术手段实现的高效率；加工精度应该是连续切割多个零件的稳定性或一致性精度等。

6.3.2 技术研发方向

高速往复走丝电火花线切割自身的特点决定了高速走丝机是一种适合中低精度零件高效稳定切割和高厚度、大锥度切割及特种材料切割的设备，因此在这些领域进行深入的研究是十分有必要的。以往对高速往复走丝电火花线切割的研究还缺乏系统性及深入性，从目前对高速往复走丝电火花线切割的研究发现，其加工机理的复杂性并不比低速单向走丝电火花线切割简单，还有很多问题未被人们认识，还有许多技术值得认真研究。目前涉及高速往复走丝电火花线切割的主要核心问题有特殊的放电机理、智能高频脉冲电源控制、电极丝张力控制、工作液量化控制和工作台精度控制等。而对于高速往复走丝电火花线切割市场的进一步拓展，尤其是面向世界市场最核心的问题是加工过程的量化控制，当然也包括加工介质的量化及处理和排放问题。以往高速往复走丝电火花线切割的操作很大一部分需要依靠经验丰富的操作人员进行干预，国外用户及目前新生代的国内操作人员对于这种方式都是很难接受的。因此对各个参数进行量化控制尤其是电极丝张力、工作液寿命及对应工艺指标的获取等是必然的趋势。

目前在使用复合工作液条件下，切割效率、工件表面质量和电极丝寿命等指标已经获得大幅度的提升，但经过一段时间加工后，复合工作液失效是必然的，而到目前为止还没有一种实用且有效的方法判别复合工作液是否失效。为此在工作液寿命研究及判断方面仍需做大量的研究工作。

基础机理及工艺应用方面需要继续深入研究，同时要在整个行业内形成知识产权保护的氛围，鼓励“中走丝”产品创新。

1. 高效稳定切割

21世纪复合工作液的概念被市场接受后，复合工作液极大地改善了放电切割的极间状态，使得高速往复走丝电火花线切割加工工艺指标尤其是切割效率在经历了从20世纪80年代至21世纪初的沉寂后，目前已经有了质的提高。高速往复走丝电火花线切割良好的性价比的一个重要体现是能进行高效、长期稳定的切割加工，尤其是在高厚度切割方面，因此对于高速往复走丝电火花线切割而言切割效率的提高及持久性是一个永恒的话题。

目前采用智能脉冲电源，配合复合工作液，可以达到的切割指标如下：最大切割效率已经接近 $24000mm^2/h$（$400mm^2/min$），多次切割（割一修二）后，综合效率达到 $10000mm^2/h$（$167mm^2/min$），表面粗糙度 $Ra<1.5\mu m$。上述指标已经接近或达到普通低速单向走丝电火花线切割的一般切割效率要求，但由于高速往复走丝电火花线切割的设备成本很低，运行成本仅仅是低速单向走丝电火花线切割的几十分之一甚至百分之一，因此高速往复走丝电火花线切割在中低精度的模具加工及中小批量零件的切割生产中具有巨大的市场潜力，并获得了广泛的应用。

目前低速单向走丝电火花线切割的最高切割效率已经达到 $500mm^2/min$，但由于走丝速度的限制，其切割效率的提升主要围绕着以下几个方面进行。

(1) 汽化蚀除机理的提出与实现。目前先进的低速走丝机采用的脉冲电源的脉宽仅几十纳秒，峰值电流在1000A以上，形成汽化蚀除，不仅使切割效率提高，而且使表面质量大大改善。

(2) 采用单个放电脉冲能量优化脉冲电源及智能化脉冲电源。

目前国外许多学者提出了单个脉冲能量优化脉冲电源的概念，其本质是消除局部的重复不均匀放电，避免电极丝断裂。目前单个放电脉冲能量优化脉冲电源已经成为新型脉冲电源研究的热门，智能化脉冲电源必将成为传统脉冲电源的替代品。研发智能化的高频脉冲电源，开发加工的工艺数据库，使其具有自动选取最佳脉冲参数的能力，可以减少加工中出现的短路、电弧放电等不正常加工状态，避免断丝的产生，以满足加工的稳定、快速进行，并保证零件的加工质量，而且降低工件加工质量和加工速度对操作者的依赖，大幅度地提高加工生产率，降低产品的加工成本，大大提高机床的自动化程度。

(3) 各种针对特殊要求而研制的电极丝。自从1977年黄铜丝开始进入市场，1979年镀锌电极丝发明以来，已经有很多新型的镀层电极丝及复合电极丝被研制出来并用于低速单向走丝电火花线切割，以适应各种加工的需求。切割效率在 $500mm^2/min$ 时，一般采用直径在 $\phi 0.33mm$ 以上的特种电极丝。

(4) 由于低速单向走丝电火花线切割在介质的选择、走丝速度的提高及喷液压力的提高方面可以提供的改进措施并不多，在此方面，对于提高切割效率的贡献十分有限。

而对于高速往复走丝电火花线切割而言，高效切割的研究刚刚掀开崭新的一页，对电源、伺服控制策略、介质、电极的放电加工系统的研究还未全面开展，可以做的工作还有很多，潜力也很巨大。高速往复走丝方式与生俱来的良好的极间冷却、洗涤及消电离特性还未得到充分发挥。图6.28展示了在高效切割方面，低速单向走丝电火花线切割与高速往复走丝电火花线切割所采取的措施的对比。从图中可以看出，高速往复走丝可以采取的措施很多。在高效切割方面，高速往复走丝电火花线切割加工需要进行的工作主要如下。

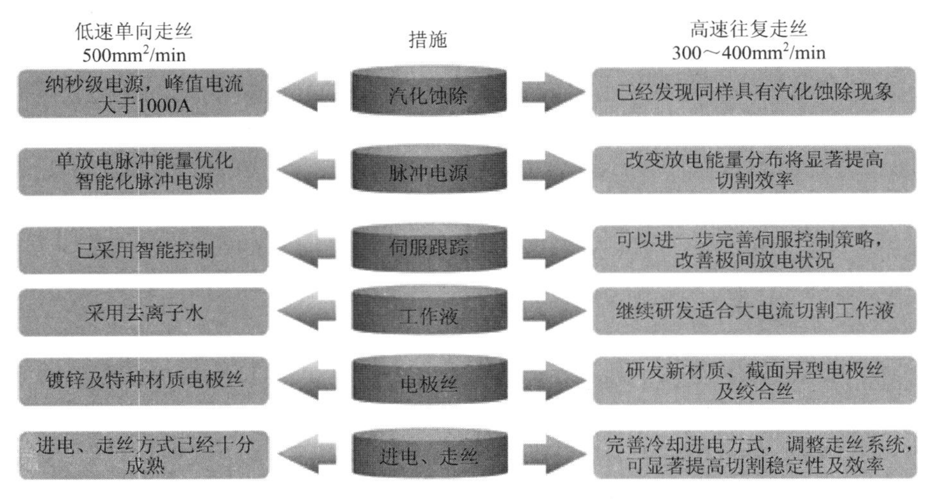

图6.28 低速单向走丝电火花线切割与高速往复走丝电火花线切割的高效切割措施对比

（1）汽化蚀除机理的实现，高速往复走丝电火花线切割在能量密度达到一定条件下也同样具有汽化蚀除效应。

（2）在以下诸多方面。

① 脉冲电源。脉冲电源是对火花放电蚀除起到关键作用的因素。针对当前高速走丝机所采用的脉冲电源能够提供的平均加工电流一般较小（实用的平均加工电流一般小于6A），与低速走丝机平均电流（已达到 40～50A）相比，脉冲放电能量的上升空间还很大。对于其蚀除机理的研究才刚刚开始，目前进行的单脉冲试验已经初步发现，在高速往复走丝电火花线切割中同样存在熔化及汽化蚀除的差异，蚀坑表面存在明显的熔化和汽化特征。此外，由于高速往复走丝和低速单向走丝脉冲电源放电的差异，高速往复走丝在高效切割时，由于脉宽较大，单脉冲的波形还可以通过各种脉冲电流的组合达到提高蚀除体积的作用。由图 6.29 可知，在同样的脉冲放电能量和其他条件下，三种波形下的单脉冲蚀除坑大小不同。至于整体电源系统的设计，因为还涉及如何降低电极丝损耗等问题，还需要进行系统的研究。

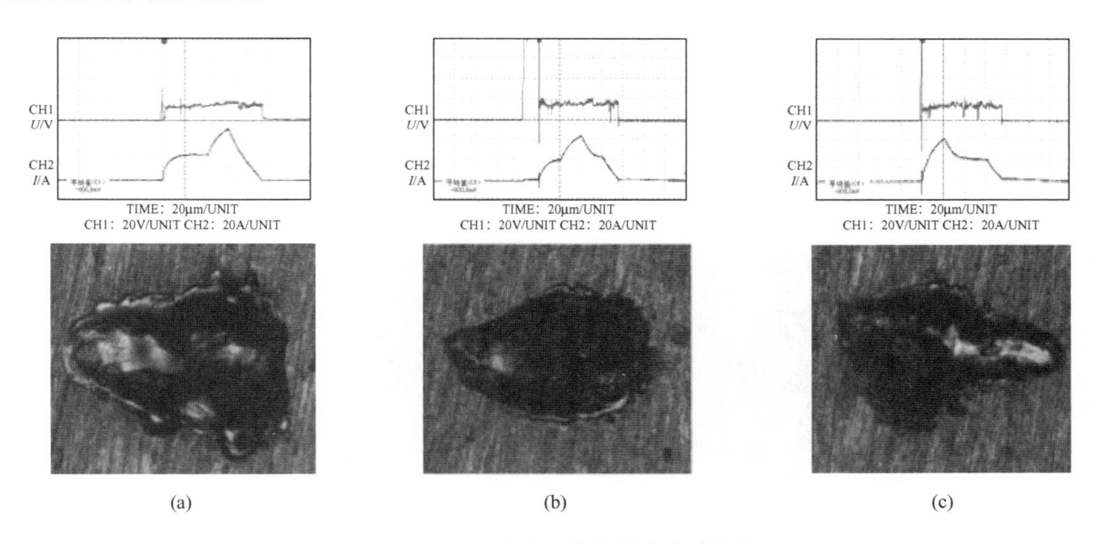

图 6.29 不同脉冲组合的单脉冲放电坑

② 伺服跟踪策略。高效切割时，由于极间的介质状况已有所改变，而且极间的蚀除产物、脉冲电流等情况等均发生了改变，必然会对极间放电状态产生不同于一般小电流加工情况时的影响，因此其伺服控制的方式也必须根据极间状态的变化而有所调整。

③ 工作液。工作液是脉冲放电的工作介质，对切割效果具有很重要的影响。在保障极间处于良好洗涤、冷却、消电离条件下，使工作液具有更高汽化点的组分，以减少工作液在极间的汽化量。此外，还可以增加工作液在电极丝表面的吸附性能，使电极丝尽可能多地将工作液带入切缝；采用阳离子胶团保护技术，包裹电极丝，利用胶团保护膜自身的汽化带走部分正离子轰击电极丝后产生的热量，使电极丝尽可能少受损伤。目前 ϕ0.18mm 电极丝已经能承受 25A 的切割电流。电极丝表面保护原理如图 6.30 所示。新研制的高速加工工作液目前已可以稳定进行 300mm^2/min 的切割，并能实现综合效率 10000mm^2/h、表面粗糙度 *Ra* 1.4～*Ra* 1.8μm 的“中走丝”修刀。

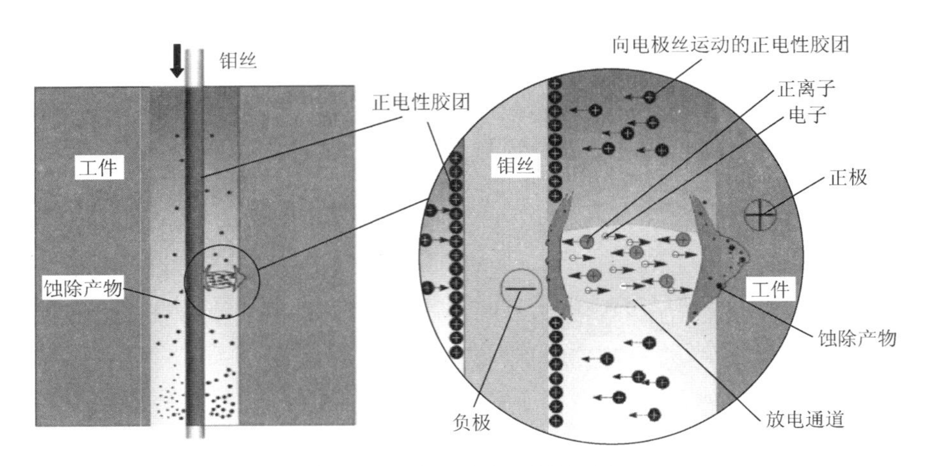

图 6.30 电极丝表面保护原理

④ 电极丝。电极丝的材质及组分、截面形状、直径大小等对放电加工具有重要的影响。在高效切割时，由于放电能量的大幅度提高，电极丝的电特性将变得更加重要，电阻率的降低、发热的减少将成为电极丝需要解决的主要问题，因此新材质的电极丝将会替代现有的纯钼电极丝。截面异型电极丝的研究目前已经有所进展，在高效、高厚度切割方面已经体现出明显的优势，这方面的研究将会持续进行。绞合丝原理及实物照片如图 6.31 所示。

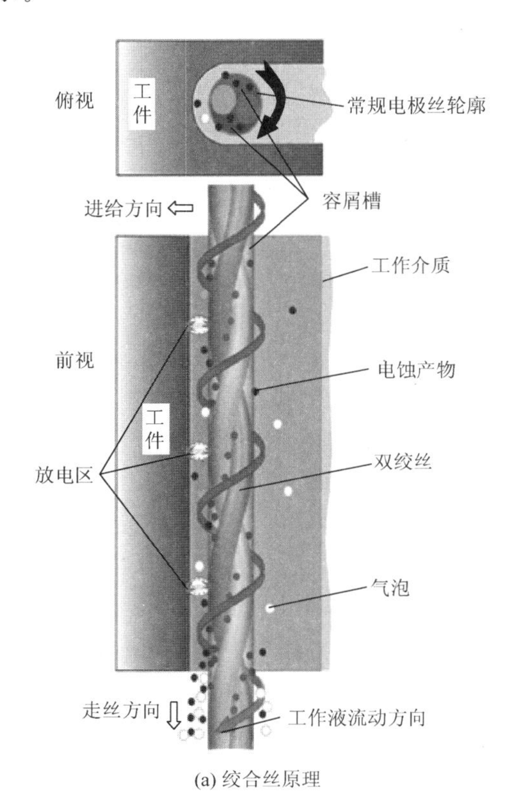

(a) 绞合丝原理

(b) 实物照片

图 6.31 绞合丝原理及实物照片

⑤ 进电、冷却及走丝方式。进电在大能量加工条件下是一个十分关键的问题。首先，由于钼丝不是良导体，自身存在比较大的电阻，这个电阻在加工电流比较小的情况下，对切割效率和稳定性影响不大，但一旦电流升高后，从进电点到加工区域段的电阻就会消耗较大的脉冲电源能量，而这个能量消耗会导致电极丝发热，切割效率降低；其次，进电的接触点也会有接触电阻，因此如果接触面积过小，则此点接触电阻将升高，在加工过程中发热更加严重，必将大大增加钼丝在进电点的损伤概率；最后，钼丝在走丝过程中，不可避免会有微弱的跳动，这种跳动一般肉眼不易察觉，但实际是存在的，一旦在进电点产生微弱的跳动，在小能量加工时对钼丝危害不大，但在大能量加工时，一旦有微小的跳动，就会导致进电点接触不稳定，而且会因为跳火（往往人眼不易察觉）而导致断丝。因此针对上述情况，对于切割电流超过 10A 的高效切割，需要按图 6.32 所示改进进电方式。

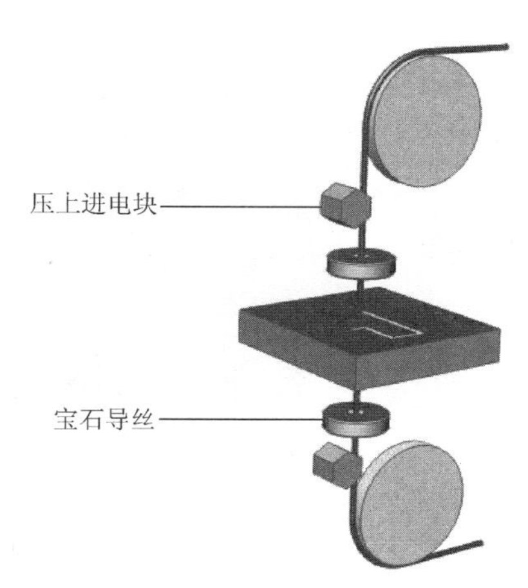

图 6.32 大电流切割进电方式

a. 进电点前移，靠近加工区，以减少脉冲电源能量在钼丝上的损耗。

b. 为减少接触电阻，需要尽可能大地增加进电的接触面积，建议用大圆弧状进电接触方式进电。此外，为保持钼丝与进电块良好的接触，应定期检查和更换接触线段，一般建议加工 50h 更换一次位置。

c. 为减少进电点发热的情况，在进电处最好增加工作液冷却。

d. 维持进电点的稳定（这点非常关键），不允许进电点产生跳动，因此建议采用图 6.32 所示的进电块压在钼丝上的方式，而不是钼丝挂在进电块上的方式，以增加接触点的可靠性。当然进电的方式是多种多样的，但是必须保证可靠进电。

上述各因素综合研究和作用的结果，必将大大促进高速走丝机切割效率的大幅度提升。在目前已有良好基础的前提下，可以预见，在不久的将来，高速往复走丝电火花线切割的切割效率必将超越低速单向走丝电火花线切割的切割效率。

2. 高厚度切割

高速往复走丝电火花线切割有别于低速单向走丝电火花线切割的一个显著特点是能进行稳定的高厚度（厚度大于 500mm）切割。低速走丝机的极间冷却主要依靠去离子水高压喷入放电间隙，因此，在一般切割条件下，当切割厚度超过 200mm 后，由于去离子水进入切缝难度增加，会使切割效率显著降低，断丝概率大大提高。而高速走丝机的极间工作介质主要依靠电极丝带入，因此，采用洗涤性良好的复合工作液后，冷却、洗涤及消电离等问题已不再成为高厚度切割的阻碍。目前商品化的高速走丝机的最大切割厚度已超过 1500mm，并且已有 2000mm 以上切割厚度的定制产品上市，如图 6.33 所示。

但适合高厚度切割这一特点并未在目前“中走丝”加工中得以体现，面对电火花加工应用主要领域之一的塑胶模具行业，似乎“中走丝”并未体现出应有的作为，其主要原因在于“中走丝”在高厚度切割时，腰鼓度还未得到很好的控制。

“中走丝”在高厚度多次切割时形成较大腰鼓度的原因十分复杂，主要体现在以下方面。

(a) 大厚度切割机床

(b) 样件

图 6.33　大厚度切割机床及样件

(1) 相对于低速单向走丝电火花线切割，“中走丝”采用的高频电源脉宽较大，因此对于电极丝的爆炸力作用时间长，易对电极丝造成大冲量，从而使电极丝容易偏离理论空间位置。

(2) 由于走丝速度较高，张力机构对电极丝的张力控制响应速度不够，也会导致腰鼓度的产生。

(3) 由于钼丝本身不是良导体，在修刀时，从进电点到工件中部会产生能量衰减，导致放电时在工件上下面和中间产生能量差异。

(4) 工作液电阻率的存在会影响极间的放电间隙及状态。

(5) 修刀时，如果不能很好控制空载脉冲，会对电极丝产生不稳定的静电力。

目前业内“中走丝”能获得的腰鼓度指标是直体切割、100mm 厚工件，腰鼓度 5～10μm。工件加厚，腰鼓度会急剧增大，从而影响加工精度。因此对于高厚度工件，不能按常规的多次切割参数进行切割，必须采用一些特殊的方法进行。

3. 大锥度切割

高速往复走丝电火花线切割能进行高厚度切割的优势同样体现在大锥度切割，尤其是高厚度、大锥度的塑胶模具切割方面，根据模具行业统计，各类型腔模具已经占据整个模具行业的一半左右，而在该领域采用低速单向走丝电火花线切割加工塑胶模具，尤其是高厚度、大锥度的塑胶模具还是有难度的。同时为保证运丝的长期稳定性，必须提高 U、V 轴的刚性。

针对现有的高速走丝机在切割大锥度工件时电极丝定位及喷液装置不能实现随动导丝及喷液的问题，业内已经推出了一种新型六连杆大锥度随动导丝及喷液机构，如图 6.34 所示。

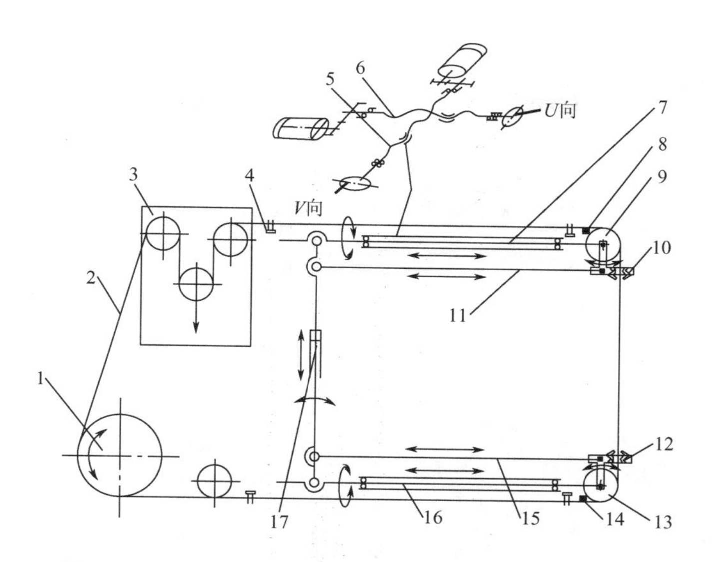

图 6.34 六连杆大锥度随动导丝及喷液机构结构示意图

1—卷丝筒；2—电极丝；3—恒张力机构；4—宝石叉；5—V 向丝杠；6—U 向丝杠；7—上直线轴；8—上进电块；9—上导轮；10—上导丝器；11—上连杆；12—下导丝器；13—下导轮；14—下进电块；15—下连杆；16—下直线轴；17—套筒连杆

六连杆大锥度随动导丝及喷液机构由于电极丝方向始终与导丝器中的 V 形槽重合（图 6.35），设计于导丝器上的喷嘴喷出的工作液始终能包裹住电极丝并随电极丝进入加工区，因此能起到很好的洗涤、冷却和消电离作用，对于加工精度、切割效率和表面质量的提高起到积极作用。随动导丝及喷液大锥度机构如图 6.36 所示，加工现场如图 6.37 所示。

以往由于受制于大锥度结构，高速走丝机大锥度加工精度不高，仅仅作为一种能进行锥度切割的工具，在大锥度切割工艺方面，尤其是对大锥度的加工精度、高厚度切割、多次切割、大锥度高厚度多次切割等一系列切割要求均未进行过系统和深入的研究，因此在这个领域，高速走丝机在大锥度切割方面的优势还未被行业认识。随着大锥度随动导丝及喷液机构的逐步成熟及稳定，在大锥度切割这一领域，高速走丝机将由于其较高的性价比而进一步在塑胶模具及一些特殊锥度零件的加工市场体现出低速走丝机无法匹敌的优势。目前业内已设计制造出为加工特殊零件而定制的大锥度机床，图 6.38 所示即为一种能在 500mm 厚度范围内局部实现 ±50°超大锥度切割的高速走丝机结构示意图，由于 U 轴行程超过 500mm，V 轴行程超过 1200mm，因此在 V 轴采用了龙门结构。

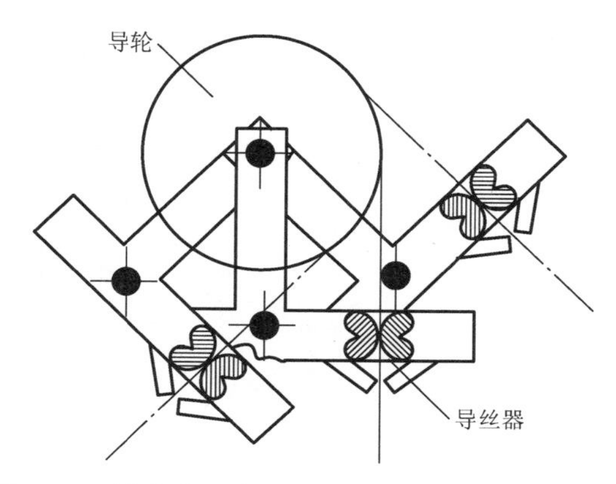

图 6.35 锥度头 U 向运动时随动喷液导丝器运动图

由于大锥度切割中 $X-Y$ 平面及 $U-V$ 平面切割速度的差异性，有时 U、V 轴的进给速度需要数倍于 X、Y 轴的进给速度，因此大锥度切割高速走丝机，尤其是超大锥度切割高速走丝机，U、V 轴必须采用伺服电动机驱动控制。

图 6.36　随动导丝及喷液大锥度机构

图 6.37　随动导丝及喷液大锥度机构加工现场

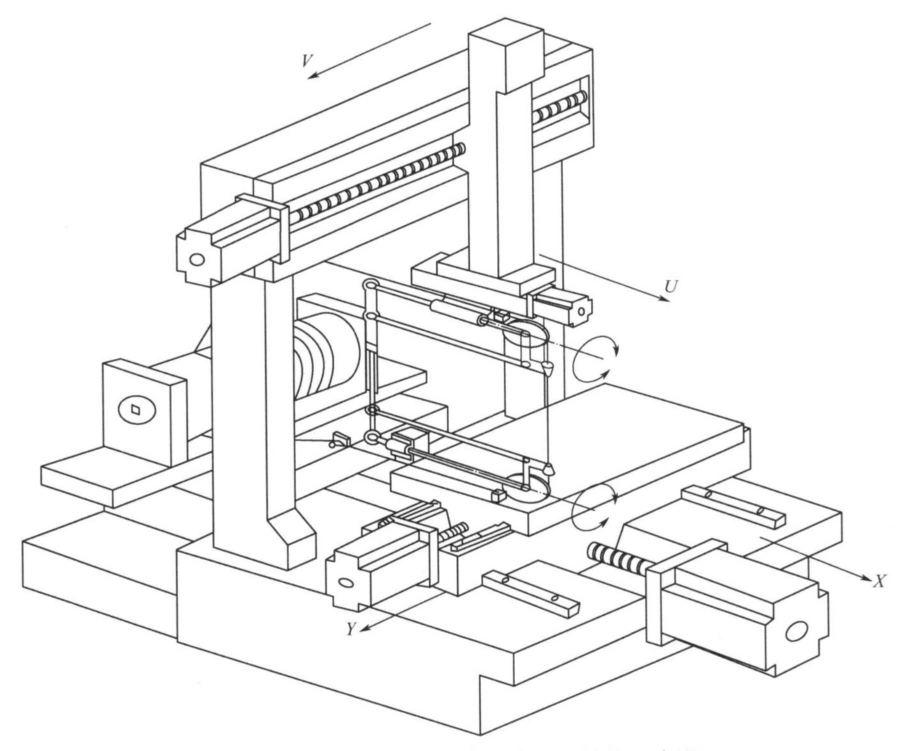

图 6.38　超大锥度切割高速走丝机结构示意图

4. 多次切割精度的稳定及表面完整性的研究

目前“中走丝”对于厚度在 80mm 以内的一般形状工件多次切割最高指标已经能达到表面粗糙度 $Ra<0.8\mu m$，加工精度长期稳定在 $\pm 0.005mm$ 以内。对于 40mm 以内的工件，最佳表面粗糙度已经可以达到 $Ra<0.6\mu m$。

“中走丝”下一步要解决的重点问题主要如下：第一，解决较高厚度工件的多次切割并进一步改善表面完整性问题，以将“中走丝”进一步应用在高厚度、大锥度塑胶模具的多次切割方面；第二，如何提高多次切割的拐角精度，目前已经有线切割控制系统可以根据不同的转角设定停顿时间和停顿时的高频放电能量，也可以选择转角角平分线过切、转角延长线过切进行加工；第三，控制系统要支持螺距补偿功能，甚至进一步采用闭环控制系统以显著提高大工件的加工精度和大行程跳步的精度，并且支持伺服电动机驱动，可以进行快速移动、快速空走、快速找圆心等，以显著节省加工时间并提高加工精度；第四，需要对“中走丝”多次切割的表面完整性进行研究，目前“中走丝”在脉冲电源修整脉宽小于1μs条件下，最佳表面粗糙度已经达到 $Ra<0.6\mu m$，这几乎是目前“中走丝”修整表面粗糙度的极限。“中走丝”与低速单向走丝电火花线切割修整表面粗糙度对比见表6-3。从表中可以看出，“中走丝”在修一时修刀效果要好于低速走丝电火花线切割，在修二时效果接近，但越往后，“中走丝”修刀几乎没有作用，而这其中主要的问题就是在小能量修刀的情况下，由于电极丝是钼丝，具有较高的电阻率，因此将能量“吃”掉了，此外由于“中走丝”工作液具有一定的电阻率，因此小能量条件下极间不能形成有效放电，导致无法再进行细化修整。

表6-3 “中走丝”与低速单向走丝电火花线切割修整表面粗糙度对比

	主切	修一	修二	修三	修四	修五	修六	修七	修八
中走丝表面粗糙度 $Ra/\mu m$	5.0～6.0	2.0～2.5	1.0～1.5	0.5～0.8					
低速走丝表面粗糙度 $Ra/\mu m$①	2.67	2.20	0.67	0.38	0.26	0.20	0.15	0.11	0.08

① 数据来自中国台湾ACCUTEX公司系列机床。

为改善低速单向走丝电火花线切割表面的完整性，减少甚至消除变质层，人们进行了大量的研究，其中最主要的成果就是发明了抗电解电源和EL电源。而高速往复走丝电火花线切割，由于原来只是一种粗加工的手段，因此对于其加工表面完整性的研究几乎没有开展。步入“中走丝”加工阶段，由于采用具有较高电导率的复合工作液作为工作介质，极间的电化学加工是客观存在的，但由于复合工作液本身具有防锈组分，是否会形成软化层，变质层有哪些特性；对于不同材料，如模具钢和硬质合金，变质层有什么不同；对于一些特殊材料，如钛合金的切割表面完整性有什么变化，这些研究都将列入后续的议事日程。

5. 细丝切割

微细电火花线切割加工技术是利用细电极丝对工件进行放电蚀除实现加工的。低速单向走丝机细丝加工一般采用的电极丝直径为 $\phi20\sim\phi50\mu m$，加工过程中工具电极的损耗会通过微细电极丝的持续进给实现补偿，减少工具电极的损耗对加工结果的影响，提高加工精度。微细电火花线切割加工工艺的灵活性使其广泛应用于窄缝、窄槽、微齿轮、微刀具、微模具及形状复杂的微结构等微小零部件的加工。目前的细丝电火花线切割领域，几乎被低速单向走丝电火花线切割垄断。在细丝加工时，放电能量非常微弱，随着电极丝直径与放电能量的大幅度减小，放电过程及其作用机理都发生了本质的变化，对走丝系统、微精电源、加工过程控制策略等的要求极大地提高。但从基本的切割机理考虑，由于高速往复走丝电火花线切割走丝速度快，电极丝获得的冷却更加及时，其切割的持久性、稳定性及切割效率指标，还有性价比将大大高于低速单向走丝电火花线切割的细丝切割，为此通过对现有高速走丝机进行改进，调整伺服策略、脉冲能量、电极丝走丝系统、张力控制及低损耗工作液等手段，已经实现了 ϕ0.05mm 电极丝的连续稳定切割。随着各个领域对尺寸更加微小、结构更加复杂零件的需求，需要提高微细电火花线切割加工技术的加工能力以适应发展。

微细电火花线切割加工采用的微细电极丝在加工过程中的稳定性是影响加工微小结构尺寸精度和表面质量的关键因素。由于微细电极丝是柔性的，在电火花放电力的作用和工作液的扰动下很容易产生振动，直接影响微细电火花线切割加工的尺寸精度和形状精度。控制微细电极丝使其在加工过程中保持稳定，能够很好地保证窄缝、窄槽等结构的加工精度和几何尺寸一致性。

6.3.3 操作自动化、智能化及洁净化

随着企业用工成本的不断上升、社会环保意识及操作人员自我保护意识的加强，对机床操作自动化、智能化及洁净化的要求越来越高，更多的工作需要依靠机床自身来完成。上丝的方便性和自动化程度是高速往复走丝电火花线切割实现操作自动化的迫切需要。目前应该先着力解决自动上丝及保障电极丝上丝后张力均衡的半自动化上丝机构；然后，需要减少操作过程中对操作人员经验的依赖，因此能根据加工状况对加工参数自动做出调节的智能型脉冲电源及自适应控制系统将成为必然的发展趋势，而加工中各种参数的量化控制则成为自适应控制系统发展的基础。对操作的洁净化要求将会成为决定往复走丝加工方式能否持续发展的最关键因素之一，当然也是最难解决的问题之一。洁净化操作包括工作介质本身的洁净控制、加工中飞溅及雾化的处理、工作介质的更换及后处理等问题。这些问题已经引起业内的高度重视。目前新型“中走丝”机已经普遍采用了半封闭或封闭外形设计（图 6.39），针对加工时工作液的飞溅和雾化进行防护，以改善操作环境。

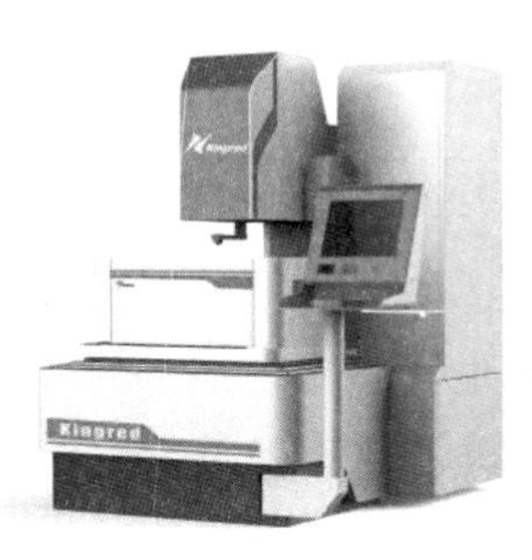

(a) 半封闭外形1

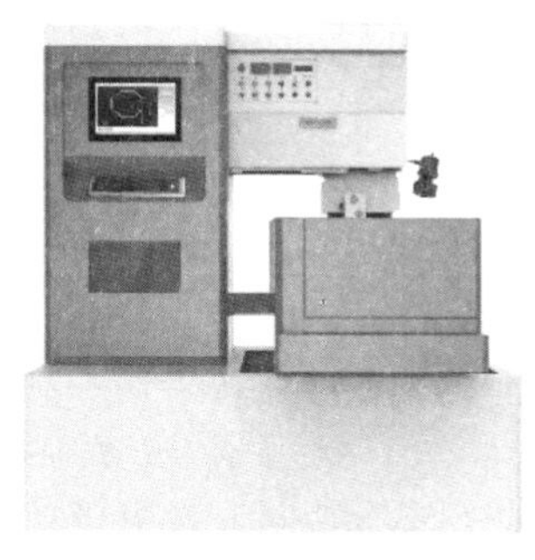

(b) 半封闭外形2

(c) 封闭外形

图 6.39 “中走丝”机半封闭或封闭外形设计

6.3.4 节能环保及废液处理

以往人们对“中走丝”关注较多的是机床的切割效率、加工精度和加工表面质量等技术指标，对于机床的操作洁净化关注甚少。在机床的关键技术指标已经达到一定高度的现今，高速往复走丝电火花线切割洁净化操作已经引起在业人员的高度重视。此外，如何对废弃的工作液进行处理，以达到环保排放要求已经成为迫切需要解决的重要课题，并成为高速走丝机能否拓展国外较发达国家和地区市场的关键。目前高速往复走丝电火花线切割工作原液的年生产量已经超过 10^4t，稀释成工作液最后排放到大自然的将超过 10^5t，而这些废液，尤其是油剂工作液的废液由于降解困难，已经对环境造成了很大的污染，这是必须解决的问题。现在采取的主要措施是逐步淘汰油剂工作液，推广环保组分的复合型工作液，研发新一代纯水剂工作液，对废液进行集中统一处理。

6.3.5 互联网技术的进一步应用

采用标准互联网协议，机床与外部计算机终端、手机进行连接，以及机床与机床之间的连接（图 6.40），实现远程操作指令与加工程序的传送、各类信息的采集、报警与运行状态信息使用微信发送或邮件发送并已得到实际应用。

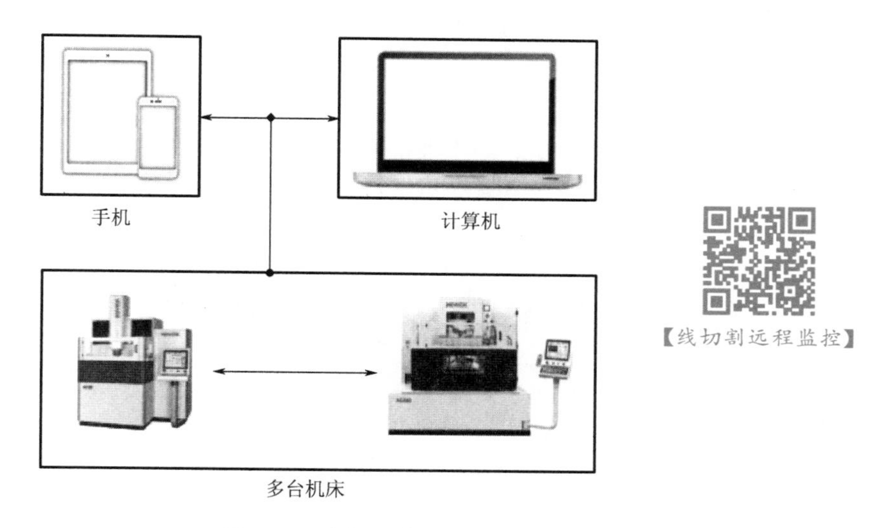

图 6.40 多机互联

可以设想未来电火花线切割机床制造厂在云端的服务器（图 6.41），既能完成对客户机床各类数据与信息的收集、分析、计算、优化，又能及时、有效地向客户提供优化后的加工工艺参数、程序，以及机床易损件更换、故障提前判断的预警等。

这些利用互联网技术所产生的新功能扩展了客户对机床操作、运行管理等的方便性，加强了机床制造商与用户之间在设备保全、维护等方面工作的有效性。

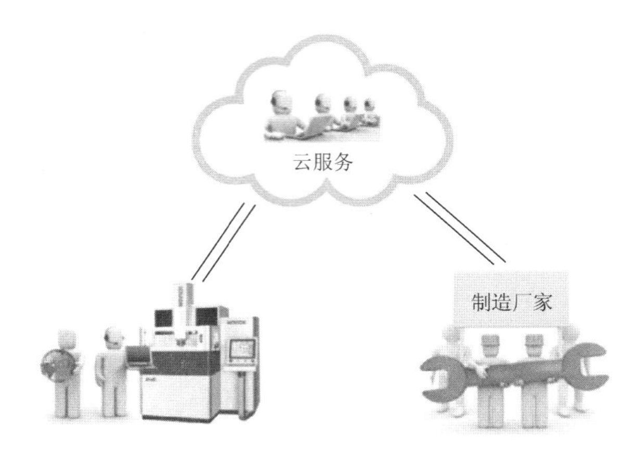

图 6.41 线切割云服务

6.3.6 立足于满足未来智能化生产的需要

智能化生产制造是未来的发展趋势，电火花线切割机床将作为智能化生产过程中的一个单元，需要与其他加工制造设备组网形成自动化、智能化的加工生产线，并有效连接到生产信息化管理系统，按照管理系统设置的节拍去完成各自单元的工作；在这方面，电火花线切割机床与数控金切设备、三坐标测量机、机器人、零件库等组成一条自动化加工生产线，实现批量精密零件自动化加工解决方案，而且这样的解决方案一定会被越来越多的客户应用到实际生产中。

而“中走丝”机还需要进一步提高自动化、无人化加工等方面的能力，在电极丝的自动上丝、断丝后的自动穿丝、加工液槽的自动升降、标准化工装与夹具的使用、机器人的连接等方面进行技术改进与提升，以适应未来智能化制造的发展需求。

6.4 我国的低速走丝机

我国的低速单向走丝电火花线切割技术研究起步较晚，但市场巨大。据行业初步统计，自 2009 年以来，国内市场上的低速走丝机年销售量在 3000～4000 台，而其中约 90% 的机床，尤其是高档精密机床均是通过进口或由国外企业在中国设厂生产的。国内目前还缺少与国外高端产品相抗衡的机床。进入 21 世纪后在国家科技重大项目及相关政策的支持下，在业人员对低速单向走丝电火花线切割加工技术进行了大量的研究工作，并取得了良好的成效。但从整体上说，与国外发达国家相比，还存在较大的差距。

(1) 数控系统方面，国内相对发展较慢，能够在低速走丝机上实现稳定控制的编程控制系统不多，同时针对低速单向走丝线切割加工的多次切割、拐角控制策略、节能脉冲电源、自动穿丝等方面的研究也相对较少。而欧洲国家及美日等发达国家和地区不仅对低速单向走丝线切割加工技术中上述内容已经进行了深入的研究，而且针对变截面加工自适应控制、智能化控制、工艺参数库等方面做了深入的研究，并且获得了较好的工艺效果。

（2）机床的加工精度控制方面，国内外基本采用伺服电动机与光栅尺实现闭环控制，以达到理想的定位精度。但是国内由于基础制造水平的差异，定位精度与国外相比依然有一定的差距。部分发达国家生产的低速走丝机采用直线电动机作为驱动电动机，使线切割机床具有更高的定位精度及快速响应能力，我国在这方面也已经有商品化的机床面世。北京 NOVICK 公司的 AG360T 低速走丝机 X、Y 轴使用了直线电动机（图 6.42），机床的精度保持性与零件加工精度都有很大程度提高。此外，通过对整机结构热平衡的研究，成功地将机床温度场检测和误差补偿系统用到机床上，显著地提高了机床动态位置精度和零件加工精度；采用光栅尺全闭环控制技术，提高了机床的坐标定位控制精度，日常零件加工精度高达±0.002mm。

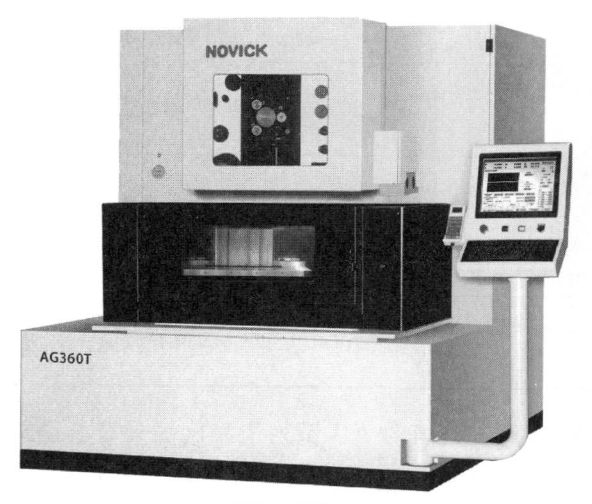

(a) AG360T低速走丝机

(b) 直线电动机驱动系统

图 6.42　北京 NOVICK 公司的 AG360T 低速走丝机及采用的直线电动机驱动系统

由于机床采用了光栅尺全闭环控制系统，因此环境温度对光栅尺本身测量必然产生影响。温度场检测和误差补偿技术的简单原理是，设定直线光栅尺的标准工作温度为 20℃，一般情况下，检测精度仅对该温度有效。环境温度升高或降低都会影响最终的检测数值。在机床本体的不同区域进行温度采样，把采样的温度传输给控制系统，NC 控制软件对温度进行分析处理，并对 X、Y、U、V、Z 轴的伺服运动进行温度补偿，从而保障机床精度更高且持久稳定。试验证明在环境温度 22℃时，机床 X 轴未进行温度补偿时的激光检测结果为定位精度 A=0.0040mm，而进行温度补偿时，机床 X 轴检测定位精度 A=0.0021mm。

此外，目前国内在业人员也开始关注低膨胀系数的陶瓷部件在低速走丝机上的使用。

（3）脉冲电源研究方面，节能与高效脉冲电源依然是目前电火花线切割发展的重要方向。国内相关企业在国家相关项目的支持下取得了长足的进步和发展，设计了一系列适用于低速走丝机的节能型和高效型脉冲电源。北京 NOVICK 公司的新脉冲电源技术的应用使得该公司机床产品的主切效率达到 350mm^2/min，而且能够持续加工。通过对微小脉冲能量的控制，结合稳定的恒张力运丝控制系统，多次切割后表面粗糙度能够达到 Ra<0.2μm，目前这一指标为国产同类产品的最高水平。并且在该产品的脉冲电源回路里，能够将多余

的电能回收并二次应用到放电加工回路里，提高了能源利用率。相比于原有产品，新产品节能 30%以上。

(4) 加工工艺指标方面，国内低速走丝机与国外产品相比，具体对比数值见表 6-4，技术差距还是比较明显的。

表 6-4　低速单向走丝加工工艺指标国内外机床对比

比较内容	国外低速走丝机	国内低速走丝机（NOVICK 公司产品）
最高切割效率/(mm^2/min)	500	350
加工精度/mm	±0.001	±0.002～±0.003
割一修三表面质量	小于 *Ra* 0.25μm	*Ra* 0.30～*Ra* 0.35μm
腰鼓度	300mm（模具钢）四次切割，±9μm (FANUC)	200mm（模具钢）四次切割，±7μm
	300mm（钢工件）四次切割，±6μm (MITSUBISHI)	300mm（模具钢）四次切割，±12μm
拐角精度	60°内角拐角精度 1μm	60°内角拐角精度 1μm
最佳表面质量	*Ra*<0.05μm，表面变质层控制在 1μm 以内	*Ra*<0.2μm，表面变质层小于 5μm

(5) 智能化及功能扩展方面。北京 NOVICK 公司的 AG 系列产品已经具有自动穿丝装置，因此设备能够实现持续无人化加工，特别是在薄板多孔位切割方面，零件切割效率有了明显提高。该设备在传统五轴的基础上，增加了第六轴功能。这一功能的增加使该机床的应用范围更广，如对木地板刀具的加工，只需通过一次装夹，就可将刀具上的各刃口加工完成。

下面主要从数控系统及其自动化控制、脉冲电源等方面简单介绍国内低速走丝电火花线切割的研究进展。

6.4.1 数控系统及其自动化控制

在多年开发基于 Linux 电火花成型机数控系统的基础上，上海交通大学开发了全软件 Linux 线切割机床数控系统 WEDM-CNC，如图 6.43 所示。该数控系统采用多任务实时操作系统为 Ubuntu10.04 加 RTAI 实时内核，硬件平台则由工控机、运动控制卡、I/O 卡和电源控制卡组建而成。运动控制卡接收计算机发出的进给脉冲和方向信号驱动伺服电动机，I/O 卡用来控制机床正常运行所需的一些开关量，电源控制卡用来设置加工中所需的电参数。另外，WEDM-CNC 数控系统采用了上海交通大学发明的单位弧长增量插补法，主要用于数控机床中对空间曲线进行插补。单位弧长增量插补法以弧长为自变量，在每个插补计算周期内的弧长增量均为一个单位长度，通过计算该增量在各个坐标轴上的投影，在各个坐标轴上分别对增量投影并使用四舍五入法来确定该轴是否应进给。该方法兼具脉冲增量插补法和数据采样插补法的优点，使得曲线插补既能拥有脉冲增量插补法精度高、计算简单的优点，又能使线速度和角速度保持均匀，可以对两个或两个以上的曲线运动进行同步插补，还可以实现多个以角度及位移为自变量的多轴联动复杂空间曲线插补。

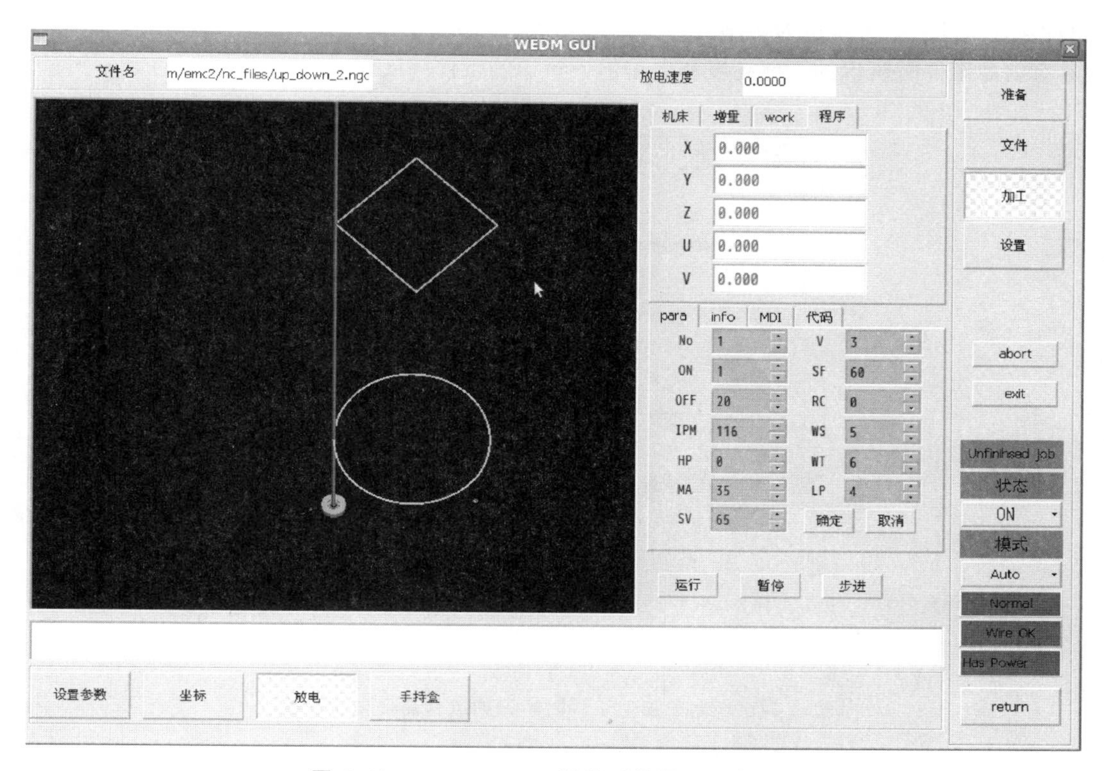

图 6.43 WEDM－CNC 数控系统图形用户界面

另外，随着数控线切割机床的广泛应用，与之相配套的自动编程系统也不断地涌现。国外数控编程技术开发应用较早，其线切割自动编程系统较先进，功能相当强大。国际上著名的电加工机床制造厂家都研制出自己的线切割加工自动编程系统，如瑞士+GF+公司的 PPS、日本 SODICK 公司的 FAPT 系统，基本反映了这一领域的国际先进水平。目前，应用较广泛的编程系统有 APT－IV/SS、EUKID、UGII、INTERRAPH、Pro/Engineering、MasterCAM、ESPRIT 等。其中，加工使用较多的软件为 MasterCAM、UG 和 ESPRIT。MasterCAM 属于中档的 CAD/CAM 一体化软件，面向低速走丝机，具有完善的画图功能和编程功能，但是其操作难度非常高。因此，国内针对以下技术方面做出了较多的研究，获得了显著成果。

1. 变厚度识别及其自适应控制技术

近年来，电火花线切割加工领域研发出了可根据切割工件厚度变化而做出自动调整的控制策略。由于加工过程中工件厚度发生变化时电极丝上的热密度会发生改变从而易导致断丝，高度变化引起加工间隙的变化进而导致加工精度发生变化。国内专家学者针对该技术进行了大量攻关，并取得了比较明显的成果。

上海交通大学研究了支持向量机应用于工件厚度识别的技术。支持向量机（SVM）是基于统计学习理论的一种学习方法，基于结构风险最小化原则，广泛地应用于模式识别、系统辨识等方面。该技术被用来建立工件厚度与放电频率和加工速度之间的数学模型，不需要预先求得工件厚度系数，使工件厚度的辨识过程更加直接。同时，工件厚度辨识模型具有很好的预测性。图 6.44 所示为切割阶梯形工件时辨识的工件高度和误差值，图 6.45 所示为切割具有斜面工件时辨识的工件高度和误差值，辨识的工件高度误差小于 2mm。

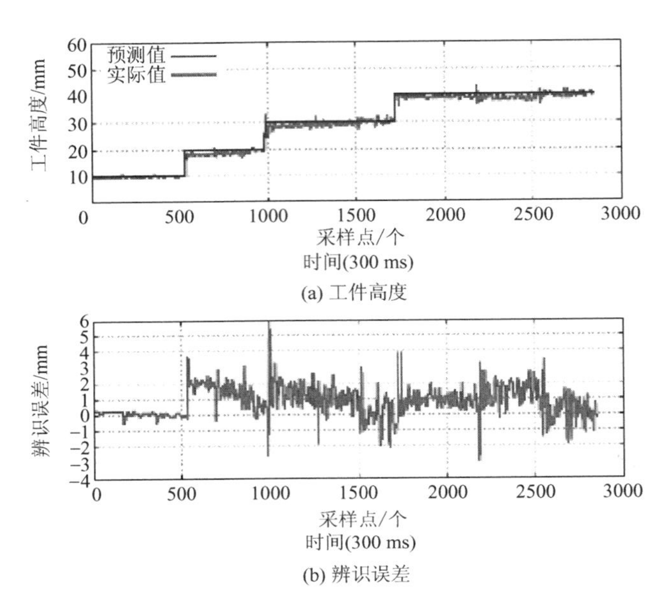

图 6.44　切割阶梯形工件时辨识的工件高度和误差值

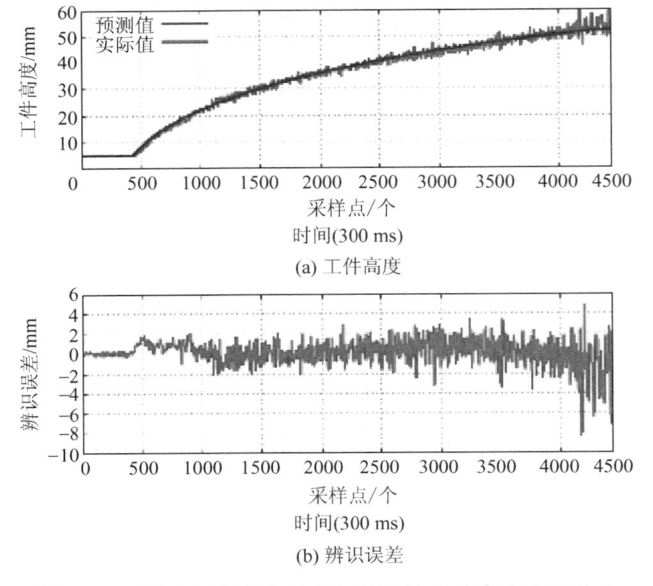

图 6.45　切割具有斜面工件时辨识的工件高度和误差值

2. 自动穿丝功能

国外线切割机床全部配置了自动穿丝机构，穿丝成功率和自动化程度都很高。自动穿丝的可靠性是长期无人检测操作成功的关键。自动穿丝系统是一个综合了电动、气动、喷流、控制、检测等多个环节的复杂系统。国内具有自动穿丝功能的低速走丝机已开始进入市场，自动穿丝通过对电极丝通电加热，再用压缩空气迅速冷却的方式，对穿丝前的电极丝进行淬硬预处理，解决了电极丝柔软易弯曲、不易成形的问题。电极丝的运动采用高压水喷流、真空吸气等技术进行引导，结合检测传感技术，及时判断穿丝状况，同时对电极丝可能出现的弯曲等异常情况及时进行检测判断和快速多次试穿。北京NOVICK公司应用在AG系列低速走丝机上的自动穿丝机构（图2.36），能实现自动剪丝、穿丝功能，主要用于在穿丝孔位置的自动穿丝，当在加工中出现断丝现象时机床将中断加工并需要人工操作。使用自动穿丝装置对电极丝的要求：电极丝直径 ϕ0.15～ϕ0.30mm，采用偏硬的黄铜丝或者镀锌丝，最大工件厚度为210mm（大行程为300mm），工件表面不平度小于0.1mm，工件厚度超出规定时应采用手工操作，最大工件厚度不低于200mm时穿丝孔径不低于 ϕ3.0mm，最小的穿丝孔径为 ϕ0.8mm，如果超出规定范围应采用手工操作，使用气压0.5MPa，压缩空气流量30L/min。

3. 拐角加工精度控制技术

对于影响低速走丝机拐角加工精度方面，国内外也做了大量的研究工作，对电极丝变形引起工件形状误差建立了数学模型，进行了仿真分析；瑞士+GF+公司采用光学传感器在线观测电极丝受力时的变形量，通过控制算法来补偿电极丝引起的误差进而实现高速加工等。

国内对于拐角精度控制研究了具有切入、切出、拐角精度控制策略及变厚度切割策略，实现了加工过程的智能控制。在大量的工艺试验基础上，采用增加轨迹工艺延长线、拐角降速等待、放电适应控制等策略提高了拐角切割精度。图6.46、图6.47所示分别为工件在电火花线切割加工控制中无、有拐角控制技术时的加工形貌。

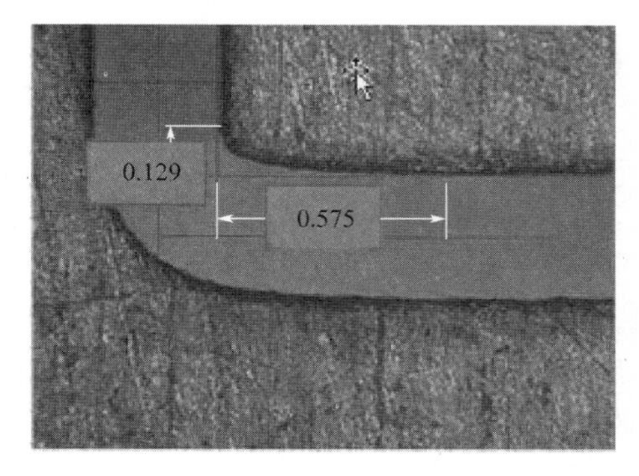

图6.46 工件在电火花线切割加工控制中无拐角控制技术时的加工形貌

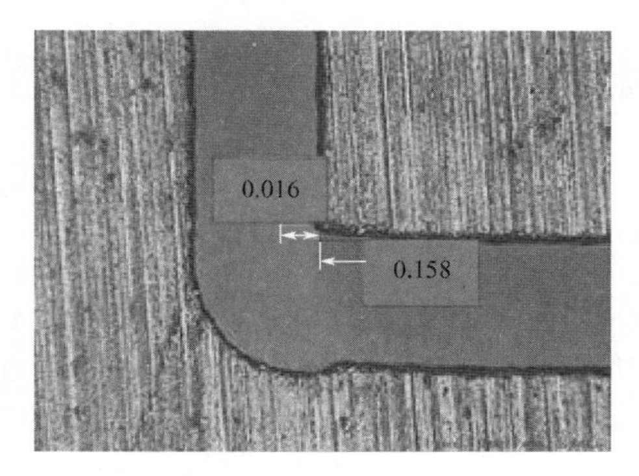

图6.47 工件在电火花线切割加工控制中有拐角控制技术时的加工形貌

6.4.2 脉冲电源

低速走丝机的加工性能很大程度上取决于脉冲电源技术与加工放电过程的智能控制，而脉冲电源又是其中最重要的决定因素。衡量脉冲电源的重要指标一方面是粗加工时的切割效率、精加工时的表面粗糙度及表面完整性，对于细丝加工还需要具有很好的精密微细加工能力；另一方面，从电源能量利用率的角度出发，高效率还要求电源所消耗的能量尽可能多地转化为放电通道的加工能量，而不是损耗在电阻等耗能元件上变成热量。

国内的低速走丝机在国家科技重大专项“高档数控机床与基础制造装备”的资助下，研发了新型的脉冲电源，具有代表性的是苏州三光科技公司生产的LA500低速走丝机，如图6.48(a)所示。该机床配置了无电解粗加工电源及纳秒级微精加工电源，实现了脉宽小于50ns的功率脉冲的放大及传输，可以实现最佳加工表面粗糙度不超过*Ra* 0.2μm的微细镜面加工。通过优化脉冲电源主振控制策略，强化功率回路的阻抗配置、能量传输效率，提高了加工状态检测的精准度及快速性，较大幅度地提高了切割效率，最大切割效率可达350mm^2/min。北京NOVICK公司推出的AW310T带自动穿丝装置的浸水式高精密低速走丝机[图6.48(b)]，使用先进的脉冲电源和放电回路控制技术，实现了全数字化控制，能够精确地检测和控制每一个放电脉冲，从而获得高的切割效率及良好的表面质量，能实现最佳表面粗糙度*Ra* 0.3μm的微细镜面加工，尺寸精度小于±3μm；另外，该机床内置了人造金刚石（PCB）加工电源，可以满足特殊需求的加工。

(a) LA500低速走丝机

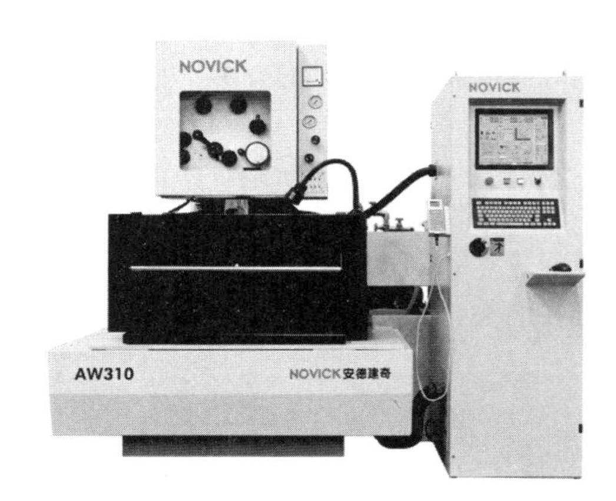

(b) AW310T低速走丝机

图6.48 国产低速走丝机

北京NOVICK公司设计的交变极性无电解脉冲电源也成功应用于其系列机床产品中，解决了加工工件的变质层问题，有效提高了加工工件的表面质量。通过交变极性的无电解电源的应用，使加工零件的表面粗糙度有了较大改善，最佳表面粗糙度达到*Ra* 0.17μm。

该交变极性无电解脉冲电源的主要技术指标如下。

（1）最小脉宽2ns，最大脉宽50μs。

（2）最小脉间4μs，最大脉间40μs。

（3）最小单位脉冲峰值电流0.4A，最大单位脉冲峰值电流400A。

（4）加工状态自动检测、调整和伺服进给自适应控制。

实际加工时，加工工件和电极丝之间的高频脉冲放电电源在几十微秒时间内作周期性交变极性，两个极性之间的平均电压为零，使加工中产生的正、负离子基本在原地不动，负离子不会涌向变极性的加工工件，解决了加工工件的变质层问题，提高了加工工件的表面质量。结合纳秒级高频脉冲控制技术的无电解脉冲电源，实现微能量加工，工件表面粗糙度可以达到不超过 Ra 0.2μm，使加工零件的表面质量有了很大的提升。

6.4.3 其他

在低速走丝机的研究中，电极丝走丝方案及走丝机构的研究占据了非常重要的地位，在很大程度上决定了加工工件的加工质量和稳定性。苏州电加工机床研究所有限公司研发了配置 A 轴的六轴数控低速走丝机，并开发了 A 轴旋转与直线轴联动控制的专用工艺软件及计算机适应控制数控软件，有效解决了回转零件的线切割加工难题。

该机床配置的脉冲电源具有放电状态高速检测电路和高效可控纳秒级主振技术及其波形控制策略，能够实现最高峰值电流近 1000A 的纳秒级超窄高峰值电流无电阻放电加工，同时对 VMOS 功率器件的高速保护采用了 RC 快速吸收、快速能量回馈及能耗吸收三重保护技术，切割效率可达 350mm^2/min，最佳加工表面粗糙度不超过 Ra 0.2μm。

该机床通过非对称环形端面切割机构配合旋转轴 A 轴，解决了现有普通低速走丝机无法加工非对称环形端面的问题。

对于加工内径较小的环形端面凸轮，由于电火花线切割机床线臂都比较粗，并且受到线臂空间与工作台距离的限制，无法将环形工件伸入线臂进行切割加工。当遇到这种情况时可以通过设计一个细的弯曲臂附件（图 6.49），采取在 X 方向与旋转轴进行直线联动的加工方法，实现端面凸轮等特殊零件的加工。图 6.50 为具有端面凸轮结构的零件及其端面曲面展开。

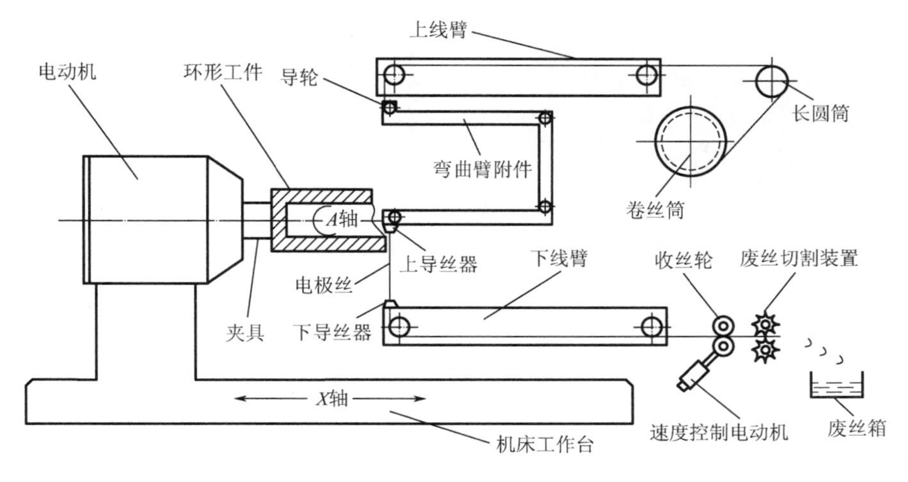

图 6.49 环形端面凸轮加工原理

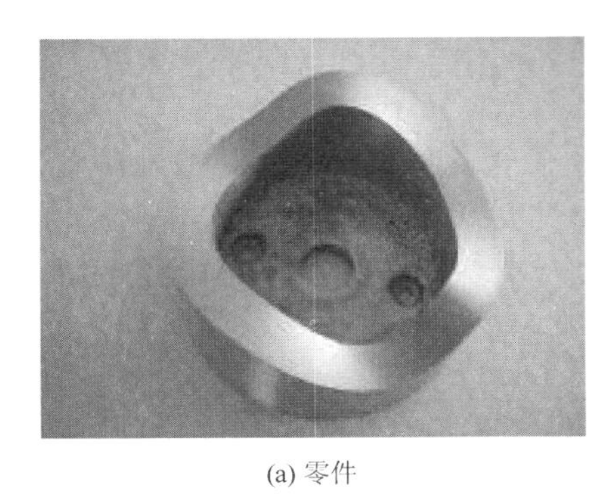

(a) 零件

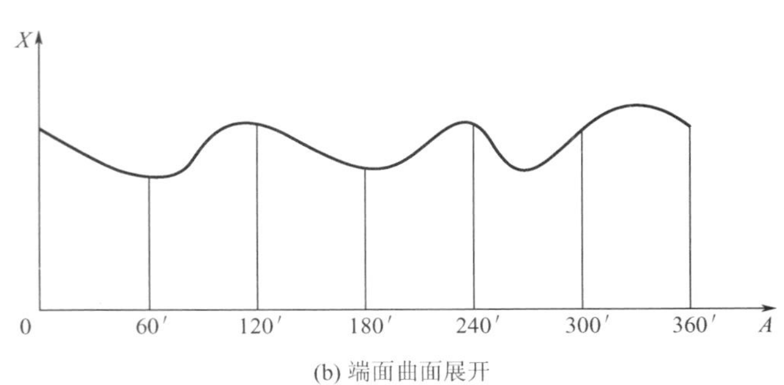

(b) 端面曲面展开

图 6.50 具有端面凸轮结构的零件及其端面曲面展开

苏州电加工机床研究所研制的 DK7632 低速走丝机还研发了微细丝恒速、恒张力控制的走丝系统，实现了最小电极丝直径 ϕ0.05mm 的稳定加工。

在变质层控制方面，北京 NOVICK 公司的低速走丝机在加工高温合金材料 GH4169 零件时，通过调整切割工艺方法、加工参数、提高放电状态检查与处理能力等几方面，使高温合金材料 GH4169 零件切割表面变质层小于 5μm，而机床未做相关技术调整前，切割零件表面变质层大于 30μm。处理前后表面变质层微观照片如图 6.51 所示。

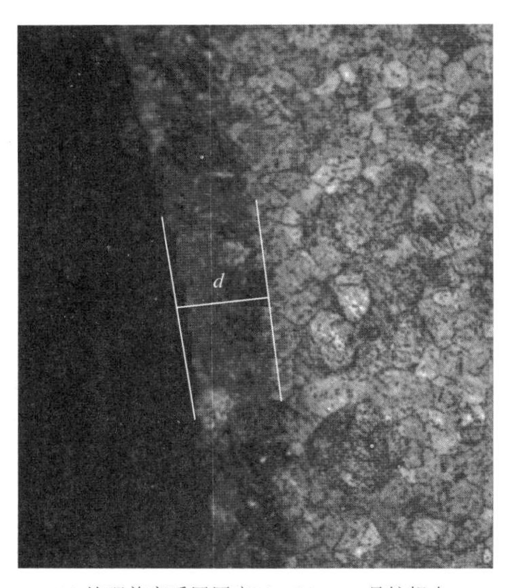

(a) 处理前变质层厚度19～30μm，晶粒粗大

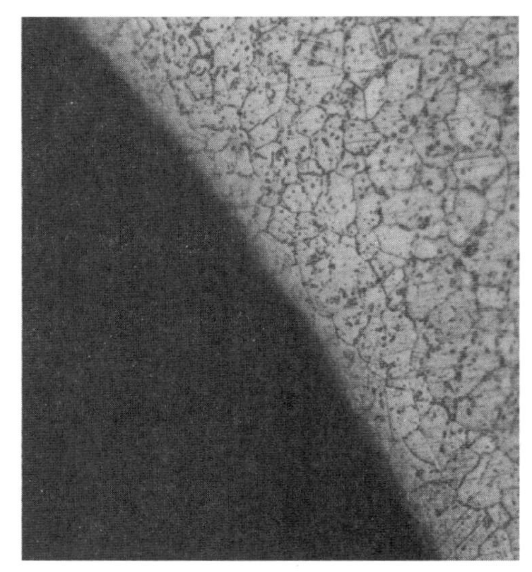

(b) 处理后变质层厚度3～5μm，晶粒细小

图 6.51 处理前后表面变质层微观照片

思考题

1. 俗称“中走丝”的线切割机床是什么机床？其结构上有什么特点？
2. “中走丝”机有什么优势？我国往复走丝电火花线切割机床的发展趋势是什么？
3. “中走丝”技术的发展应定位在什么方面？
4. 为什么说在不久的将来，高速走丝机的切割效率超越低速走丝机是可能的？
5. 我国的低速单向走丝电火花线切割技术与国外的先进技术相比差距主要体现在哪些方面？

参考文献

曹凤国，2014. 电火花加工［M］. 北京：化学工业出版社.

陈德忠，2006. 精密数控低速走丝电火花线切割加工技术［J］. 电气制造(3)：37 - 40.

陈德忠，2006. 低速走丝电火花线切割机床简述［J］. 电气制造(10)：47 - 49.

陈久川，王冰，李东阳，2005. 低速走丝电火花线切割加工断丝原因分析及处理［J］. 华北航天工业学院学报，15(4)：23 - 25，38.

陈玉娟，于兆勤，郭钟宁，2007. 低速走丝线切割机床走丝系统的应用［J］. 机电工程技术，36(4)：91 - 94，124.

狄士春，黄瑞宁，于滨，等，2003. 低速走丝电火花线切割加工断丝原因分析及处理［J］. 电加工与模具(5)：12 - 15.

狄士春，黄瑞宁，于滨，等，2004. 慢走丝电火花线切割脉冲电源的研究现状及发展趋势［J］. 航空精密制造技术，40(6)：12 - 16.

狄士春，于滨，赵万生，等，2003. 国外电火花线切割加工技术最新进展［J］. 电加工与模具(3)：12 - 16.

董晓东，2006. 慢走丝电火花线切割机床走丝系统的研究［D］. 哈尔滨：哈尔滨工业大学.

方群，朱红萍，朱承德，等，2009. 低速电火花线切割机走丝机构的设计与仿真［J］. 机械设计与研究，25(6)：100 - 103.

方相龙，2013. 微细电火花线切割恒张力控制系统研究［D］. 哈尔滨：哈尔滨工业大学.

冯巧波，周佳骏，2010. 慢走丝电火花线切割加工精度影响因素的研究［J］. 机械设计与制造(8)：185 - 186.

高长水，宋小中，刘正埙，1997. 电火花微细加工微能脉冲电源研制［J］. 航空精密制造技术，33(3)：9 - 11.

韩江，陆荣峰，祖晅，等，2005. 慢走丝电火花线切割加工中恒张力控制系统设计［J］. 合肥工业大学学报（自然科学版），28(11)：1389 - 1392.

韩强，狄士春，赵万生，1999. 慢走丝线切割电解锈蚀放电状态的分析和控制［J］. 航空精密制造技术，35(2)：10 - 12.

何建营，2014. 基于 DSP 的慢走丝线切割机脉冲电源研究［D］. 哈尔滨：哈尔滨理工大学.

李朝将，2007. 低速走丝线切割脉冲电源数字化交流调压技术研究［D］. 哈尔滨：哈尔滨工业大学.

李明辉，2002. 电火花线切割技术的研究现状及发展趋势［J］. 模具技术(6)：49 - 52.

梁庆，伍端阳，2015. 数控慢走丝线切割机床锥度加工方法与技巧［J］. 模具工业(1)：61 - 66.

刘建国，1996. 低速走丝电火花线切割机走丝系统的张紧机构与张力初探［J］. 上海机床(3)：19 - 21，32.

刘少垣，2007. 低速走丝线切割上位机控制软件的设计与开发［D］. 哈尔滨：哈尔滨工业大学.

刘欣，2009. 低速走丝线切割机床断丝故障及处理方法［J］. 电加工与模具(B04)：59 - 61.

刘新华，2006. 低速走丝电火花线切割机控制系统的设计与开发［D］. 南京：南京航空航天大学.

刘志东，高长水，2011. 电火花加工工艺及应用［M］. 北京：国防工业出版社.

孟宪旗，林火根，梁志宁，等，2016. 慢走丝线切割电极丝加工技术研究［J］. 模具制造，16(1)：68 - 71.

倪高红，2005. 低速走丝线切割运动控制系统的设计与开发［D］. 南京：南京航空航天大学.

潘春荣，罗庆生，2000. 慢走丝线切割加工工件表面质量的改善与提高［J］. 模具工业(10)：50 - 52.

沈洪，2002. 低速走丝电火花线切割机走丝系统的现状和发展［J］. 电加工与模具(6)：17 - 19.

宋昌才，2002. 由三菱电火花线切割机（WEDM）看电加工机床的发展［J］. 新技术新工艺(5)：6 - 8.

宋萌萌，肖顺根，2011. 慢走丝线切割机恒速恒张力的智能控制系统设计与研究 [J]. 机电信息(12)：153，155.

孙英杰，2007. 低速走丝线切割机床电极丝恒速恒张力控制 [D]. 哈尔滨：哈尔滨工业大学.

许春龙，2008. 低速走丝电火花线切割加工中的常见问题及对策 [J]. 机械工程与自动化(4)：166 - 168.

许庆平，朱宁，陆晓淳，等，2012. 单向走丝电火花线切割机床微细丝运丝张力系统的研究 [J]. 电加工与模具(5)：41 - 44.

严泽长，2003. 提高慢走丝线切割加工精度的工艺方法 [J]. 模具制造(2)：51 - 52.

杨林，谢建华，张省，2015. 慢走丝研究现状 [J]. 通信电源技术，32(2)：36 - 38，74.

叶军，陈德忠，2012. 第十二届中国国际机床展览会特种加工机床评述（下）[J]. 世界制造技术与装备市场(1)：69 - 73，76.

叶军，陈德忠，2013. 第十三届中国国际机床展览会特种加工机床评述 [J]. 世界制造技术与装备市场(5)：23 - 32，417.

叶军，2005. 数控低速走丝电火花线切割加工技术及市场发展分析 [J]. 电加工与模具(B04)：13 - 16.

张伟明，2016. 带自动穿丝装置的高精度六轴数控慢走丝线切割机床的研发和应用 [J]. 世界制造技术与装备市场(5)：42 - 47.

赵刚，2006. 电火花线切割加工节能脉冲电源的研究 [D]. 哈尔滨：哈尔滨工业大学.

周志凯，2002. 低速走丝电火花线切割机使用经验 [J]. 电加工与模具(2)：16 - 17.

朱宁，许庆平，朱伟根，等，2008. 低速走丝电火花线切割加工工艺研究 [J]. 电加工与模具(3)：59 - 63.

邹金喜，马立新，贺洪，2011. 慢走丝机床的走丝性能研究 [J]. 硬质合金，28(5)：50 - 54.

ABBAS N M，SOLOMON D G，BAHARI M F，2007. A review on current research trends in electrical discharge machining (EDM) [J]. International Journal of Machine Tools and Manufacture，47(7)：1214 - 1228.

ANTAR M T，SOO S L，ASPINWALL D K，et al，2011. Productivity and workpiece surface integrity when WEDM aerospace alloys using coated wires [J]. Procedia Engineering，19(19)：3 - 8.

CHEN Z，HUANG Y，ZHANG Z，et al，2014. An analysis and optimization of the geometrical inaccuracy in WEDM rough corner cutting [J]. International Journal of Advanced Manufacturing Technology，74(5 - 8)：917 - 929.

DAUW D F，BELTRAMI I，1994. High - precision wire - EDM by online wire positioning control [J]. CIRP Annals - Manufacturing Technology，43(1)：193 - 197.

DAUW D F，STHIOUL H，DELPRETTI R，et al，1989. Wire analysis and control for precision EDM cutting [J]. CIRP Annals - Manufacturing Technology，38(1)：191 - 194.

FIROUZABADI H A，PARVIZIAN J，ABDULLAH A，2015. Improving accuracy of curved corners in wire EDM successive cutting [J]. International Journal of Advanced Manufacturing Technology，76(1 - 4)：447 - 459.

GHODSIYEH D，GOLSHAN A，SHIRVANEHDEH J A，2013. Review on current research trends in wire electrical discharge machining (WEDM) [J]. Indian Journal of Science and Technology，6(2)：154 - 166.

HABIB S，OKADA A，2016. Study on the movement of wire electrode during fine wire electrical discharge machining process [J]. Journal of Materials Processing Technology，227：147 - 152.

HO K H，NEWMAN S T，RAHIMIFARD S，et al，2004. State of the art in wire electrical discharge machining (WEDM) [J]. International Journal of Machine Tools and Manufacture，44(12 - 13)：1247 - 1259.

HSUE A W J，YAN M T，KE S H，2007. Comparison on linear synchronous motors and conventional rotary motors driven wire - EDM processes [J]. Journal of Materials Processing Technology，192 - 193(5)：478 - 485.

KIM K S，CHOI S B，CHO M S，2002. Vibration control of a wire cut discharge machine using ER brake actuator [J]. Journal of Intelligent Material Systems and structures，13(10)：621 - 624.

KINOSHITA N, FUKUI M, KIMURA Y, 1984. Study on wire - EDM: inprocess measurement of mechanical behaviour of electrode - wire [J]. CIRP Annals - Manufacturing Technology, 33(1): 89 - 92.

LIAO Y S, CHU Y Y, YAN M T, 1997. Study of wire breaking process and monitoring of WEDM [J]. International Journal of Machine Tools and Manufacture, 37(4): 555 - 567.

LIAO Y S, HUANG J T, CHEN Y H, 2004. A study to achieve a fine surface finish in wire - EDM [J]. Journal of Materials Processing Technology, 149(1): 165 - 171.

LUO Y F, 1995. An energy - distribution strategy in fast - cutting wire EDM [J]. Journal of Materials Processing Technology, 55(3 - 4): 380 - 390.

LUO Y F, 1999. Rupture failure and mechanical strength of the electrode wire used in wire EDM [J]. Journal of Materials Processing Technology, 94(2 - 3): 208 - 215.

PLAZA S, ORTEGA N, SANCHEZ J A, et al, 2009. Original models for the prediction of angular error in wire - EDM taper - cutting [J]. International Journal of Advanced Manufacturing Technology, 44(5 - 6): 529 - 538.

PRASAD N B V, PARAMESWARARAO C V S, MALLESWARARAO S S, 2015. Studies on wire selection for machining with WEDM [J]. International Journal of Computer Science Trends and Technology, 3 (3): 300 - 303.

PURI A B, BHATTACHARYYA B, 2003. Modelling and analysis of the wire - tool vibration in wire - cut EDM [J]. Journal of Materials Processing Technology, 141(3): 295 - 301.

RAJURKAR K P, WANG W M, LINDSAY R P, 1991. On - line monitor and control for wire breakage in WEDM [J]. CIRP Annals - Manufacturing Technology, 40(1): 219 - 222.

SANCHEZ J A, PLAZA S, DE LACALLE L N, et al, 2006. Computer simulation of wire - EDM taper - cutting [J] . International Journal of Computer Integrated Manufacturing, 19(7): 727 - 735.

SELVAKUMAR G, JIJUK B, 2016, Veerajothi R. Experimental study on wire electrical discharge machining of tapered parts [J]. Arabian Journal for Science and Engineering, 41(11): 4431 - 4439.

TAKAYAMA Y, MAKINO Y, NIU Y, et al, 2016. The latest technology of wire - cut EDM [J]. Procedia Cirp, 42: 623 - 626.

WILLIAMS R E, RAJURKAR K P, 1991. Study of wire electrical discharge machined surface characteristics [J]. Journal of Materials Processing Technology, 28(1 - 2): 127 - 138.

YAN M T, LAI Y P, 2007. Surface quality improvement of wire - EDM using a fine - finish power supply [J]. International Journal of Machine Tools and Manufacture, 47(11): 1686 - 1694.

YAN M T, LIU Y T, 2009. Design, analysis and experimental study of a high - frequency power supply for finish cut of wire - EDM [J]. International Journal of Machine Tools and Manufacture, 49(10): 793 - 796.